U0184273

# 边缘计算系统

## 设计与实践

杨剑　李长乐◎著

# DESIGN AND PRACTICE

## OF EDGE COMPUTING SYSTEM

北京大学出版社
PEKING UNIVERSITY PRESS

# 内 容 简 介

目前市场上边缘计算相关的书籍偏理论方面的比较多,而本书则特别强调理论和实践相结合,书中的很多案例、思路和总结都是来源于实际的项目和实践经验。本书不仅说明边缘计算技术是什么(what),而且解释为什么(why)和指导怎么做(how)。

本书对边缘计算涉及的技术领域进行了比较全面的介绍和总结。全书共分为10章,第1章是总体介绍;第2~5章主要介绍边缘计算涉及的基础设施层面的知识和技术,包括硬件、存储、通信和安全几个方面;第6~9章主要介绍边缘计算架构和应用层面的知识和技术,包括微服务、数据处理、工业物联网和机器学习几个方面;第10章介绍了三个典型的边缘计算开源框架。

本书内容全面,贴近实际,实用新颖,可读性强,特别适合从事物联网和边缘计算领域的工程和研究人员阅读和参考;也适合希望了解边缘计算的架构师、工程师和项目管理者阅读;还适合计算机和信息技术专业的学生,以及物联网和边缘计算技术爱好者阅读。

## 图书在版编目(CIP)数据

边缘计算系统设计与实践 / 杨剑,李长乐著. — 北京:北京大学出版社,2023.11
ISBN 978-7-301-34301-2

Ⅰ.①边… Ⅱ.①杨… ②李… Ⅲ.①无线电通信 – 移动通信 – 计算 Ⅳ.①TN929.5

中国国家版本馆CIP数据核字(2023)第147822号

| | |
|---|---|
| 书　　　　名 | 边缘计算系统设计与实践 |
| | BIANYUAN JISUAN XITONG SHEJI YU SHIJIAN |
| 著作责任者 | 杨 剑 李长乐 著 |
| 责 任 编 辑 | 王继伟 |
| 标 准 书 号 | ISBN 978-7-301-34301-2 |
| 出 版 发 行 | 北京大学出版社 |
| 地　　　　址 | 北京市海淀区成府路205号　 100871 |
| 网　　　　址 | http://www.pup.cn　　　 新浪微博:@北京大学出版社 |
| 电 子 邮 箱 | 编辑部 pup7@pup.cn　　 总编室 zpup@pup.cn |
| 电　　　　话 | 邮购部 010-62752015　 发行部 010-62750672　 编辑部 010-62570390 |
| 印 刷 者 | 河北滦县鑫华书刊印刷厂 |
| 经 销 者 | 新华书店 |
| | 787毫米×1092毫米　 16开本　 20印张　 482千字 |
| | 2023年11月第1版　 2023年11月第1次印刷 |
| 印　　　　数 | 1–3000册 |
| 定　　　　价 | 89.00元 |

未经许可,不得以任何方式复制或抄袭本书之部分或全部内容。
**版权所有,侵权必究**
举报电话:010-62752024　 电子邮箱:fd@pup.cn
图书如有印装质量问题,请与出版部联系,电话:010-62756370

## 前言
### INTRODUCTION

## 边缘计算是万物互联的核心技术

边缘计算技术是在云计算和物联网的基础上发展起来的,是信息技术基础设施和架构发展的自然演进。在几十年的计算机技术发展历史中,计算机的架构从大型机到客户端/服务器,再到云计算。信息技术不但改造了各行各业,而且创造出了互联网这个新兴行业,将人与人连接到了一起。随着物联网技术的逐渐普及,以及虚拟现实等新兴技术的兴起,信息系统开始从云+端的模式逐步演进到云边端的结合。其中的边缘计算技术将是未来万物互联的核心。

边缘计算不是一门单一的技术,而是一系列软硬件技术的综合应用体系。边缘计算几乎涉及信息技术的所有方面。每一个涉及的领域都有非常广泛的专业知识、技术及经验。边缘计算技术的价值不是技术本身,而是将边缘计算融合进各行各业而产生的协同效应。未来,随着物联网技术和边缘计算技术的进一步发展和成熟,相信所有的行业都将从中受益;同时,这个领域会有越来越多的创新机会涌现出来。学习和了解边缘计算的知识和技术,应该是所有紧跟技术前沿的IT人的“必修课”。

边缘计算是一个综合的知识和技术体系,而且边缘计算的商业机会处于各个行业和边缘计算的交会处。也就是说,能够发挥出边缘计算能力的不是在于这项技术本身,而是在于这项技术和其他行业的结合上。我们可以看到,物联网、边缘计算加上边缘智能已经在众多行业开花,从智能制造、智慧交通、智慧农业,到智能医疗、自动驾驶等。无数的应用场景和创新正在发生,期待未来的边缘计算能够创造出更多的发明机会。

各种硬件、软件和通信技术的发展是促成边缘计算出现和发展的技术基础;同时,技术的发展也带来新的需求和痛点,从而成为推动边缘计算应用和发展的动力。与通信技术结合的移动边缘计算(Mobile Edge Computing,MEC)将是未来实现低时延、高可控通信(uRLLC)的5G场景的重要支撑点,未来实现100ns时延的无线网络必然需要MEC技术。如果云计算是现代信息技术的大脑,那么边缘计算就是大脑的延伸和触角,很多计算任务将会下沉到边缘。边缘智能将人工智能带入各种生产和生活领域,将成为人工智能技术和实际场景相结合和落地的主要技术手段。

## 写作本书的初衷

边缘计算是一个综合的技术体系,涉及的领域虽然主要在信息技术领域,但是覆盖知识的广度和深度很高,要写好边缘计算的书籍有相当的难度。笔者有幸在工作中参与了多个与物联网和边缘计算相关的前沿项目,对这个方向有一些心得和体会,因此希望将积累的知识和经验通过这本书和各位同行分享。如果书中的知识和总结能够为各位读者提供一些参考思路,则非常荣幸。不过,鉴于笔者知识水平有限,错漏和不足在所难免,希望大家能够指正和补充。另外,也希望能够和大家探讨与物联网和边缘计算相关的话题,以期相互学习与提高。

## 本书特色

● 内容全面:本书基本覆盖了边缘计算的各个方面,读者可以通过本书对边缘技术有一个非常全面的了解和认识。

● 面向各类读者:本书既有深入的理论和架构研究,同时也有各种实用的方法、技巧和解决思路,无论是边缘技术爱好者还是本领域的专业人士,均能从中有所收获。

● 贴近实际:书中的很多解决方案和案例都是出自笔者亲历的项目和研究中的问题,对于实际工程应用有一定的启发和指导作用。

● 实用新颖:所有涉及的知识点和理论都尽量能够以真正应用中的技术为基础,同时在每一部分都能够介绍一些最新的研究方向和成果。

● 趣味性:不但介绍了大量的专业知识,而且穿插了很多有意思的内容,使本书既有知识性,也兼顾趣味性。

## 本书读者对象

● 物联网和边缘计算技术爱好者。

● 边缘计算工程人员和研究者。

● 物联网工程人员和研究者。

● 软件开发与测试人员。

● 通信技术研发人员。

● 信息技术从业人员。

● 各院校计算机和信息科学专业的学生。

## 资源下载

本书所涉及的源代码已上传到百度网盘,供读者下载。请读者关注封底"博雅读书社"微信公众号,在对话框中输入图书77页的资源下载码,根据提示获取。

## 致谢

笔者特别要感谢家人的支持,尤其是我的女儿 Apple 的鼓励。同时,感谢马立新教授、李长乐博士和赵天明对书稿提出的意见和建议;感谢离散行业网络协同制造支撑平台项目组和流程工业智能制造基础信息平台工厂操作系统项目组的专家和领导提供的支持和帮助。感谢编辑的耐心等待和理解,同时感谢在本书写作过程中给予笔者帮助的所有朋友和同事。

**特别说明:**本书部分研究内容获得国家重点研发计划(2020YFB1711204 和 2019YFB1705701)支持。

**温馨提示:**读者在阅读本书的过程中遇到问题可以与笔者联系,笔者的电子邮箱是 Rocky@YangJian.co,微信是 EdgeComp。

# 目 录
CONTENTS

## 第1章 　边缘计算介绍

**1.1　边缘计算简史** ·········· **2**
　　1.1.1　IT基础技术的演进历史 ········ 2
　　1.1.2　挺进边缘计算 ········· 4

**1.2　云计算、IoT和边缘计算** ········· **7**
　　1.2.1　近边缘端和远边缘端 ········· 8
　　1.2.2　边缘计算的应用场景 ········· 9

**1.3　通信与硬件技术的发展对边缘计算的推动** ········· **11**
　　1.3.1　计算单元和存储系统 ········· 13
　　1.3.2　能源管理和收集 ········· 15

　　1.3.3　通信技术 ·········· 18

**1.4　热门技术和边缘计算** ·········· **20**
　　1.4.1　5G技术和边缘计算 ········· 20
　　1.4.2　云计算、边缘计算和IoT ········· 23
　　1.4.3　机器学习和边缘计算 ········· 24
　　1.4.4　移动边缘计算和移动云计算 ·········· 26

**1.5　云计算平台提供的边缘计算服务** ··· **26**
　　1.5.1　AWS IoT Greengrass ········· 27
　　1.5.2　阿里云 Link Edge IoT ········· 27
　　1.5.3　百度智能边缘 ········· 29

## 第2章 　边缘计算的硬件

**2.1　不同运算核心硬件在边缘计算中的应用** ········· **33**
　　2.1.1　CPU与冯·诺依曼体系 ········· 33
　　2.1.2　GPU与并行处理 ········· 38
　　2.1.3　FPGA与ASIC ········· 45

　　2.1.4　未来的新计算技术 ·········· 49

**2.2　边缘网关和边缘服务器** ·········· **50**
　　2.2.1　边缘网关 ········· 51
　　2.2.2　边缘服务器和边缘一体机 ········· 52

**2.3　各种传感器技术** ·········· **55**

## 第3章 　边缘计算存储系统设计和实现

**3.1　边缘计算存储系统设计** ·········· **61**

　　3.1.1　边缘计算的分布式存储系统 ········ 61

3.1.2 分布式存储理论基础 …………62

**3.2 开源分布式存储系统** …………**66**

3.2.1 直连式存储和集中式存储 ………66

3.2.2 大规模分布式存储技术 …………67

3.2.3 分布式存储系统总结 …………94

**3.3 存储系统硬件技术的发展** …………**94**

3.3.1 早期存储硬件技术 …………94

3.3.2 固态硬盘(SSD)技术 …………95

3.3.3 未来的存储硬件 …………96

**3.4 极端条件下的边缘数据存储** ………**97**

3.4.1 边缘计算和云存储能力的盲区 …97

3.4.2 用卡车把数据送回去 …………98

# 第4章 边缘计算的通信

**4.1 物联网和边缘计算的通信概述** …**101**

4.1.1 对于边缘设备和物联网设备的通信
要求 …………101

4.1.2 边缘计算底层通信协议的分类 …102

4.1.3 应用层和消息层协议 …………104

4.1.4 通信相关标准组织介绍 …………105

**4.2 边缘计算网络层通信协议介绍** …**107**

4.2.1 RPL 协议 …………108

4.2.2 LoRa 协议 …………109

4.2.3 NB-IoT 协议 …………110

4.2.4 LTE-M 协议 …………112

4.2.5 Sigfox 协议 …………113

**4.3 现场边缘网络和通信** …………**114**

4.3.1 近距离网络通信协议之一:蓝牙
技术 …………114

4.3.2 近距离网络通信协议之二:
ZigBee …………116

4.3.3 近距离网络通信协议之三:
Wi-Fi …………118

**4.4 应用层协议** …………**118**

4.4.1 MQTT 协议 …………119

4.4.2 CoAP 协议 …………121

# 第5章 边缘计算的安全性

**5.1 边缘计算面临的安全性挑战** ……**125**

5.1.1 边缘计算面临的重大安全挑战 …125

5.1.2 信息安全领域是全新的战场 ……126

5.1.3 谈谈震网病毒 …………127

5.1.4 Mirai 病毒 …………129

**5.2 计算机安全的一些基本概念** ……**131**

5.2.1 计算机安全的本质 …………131

5.2.2 计算机系统安全的常用方法和
概念 …………133

5.2.3 计算机加密算法介绍 …………136

5.2.4 网络安全技术 …………140

**5.3 从可信计算到可信边缘计算** ……**143**

5.3.1 可信计算介绍 …………143

5.3.2 TPM 1.2、TPM 2.0 和 TPCM …144

5.3.3 基于 TPM 2.0 的可信计算 …146

5.3.4 可信边缘计算 …………147

**5.4 边缘计算安全问题分类** …………**148**

5.4.1 边缘接入安全问题 …………149

5.4.2 边缘服务器安全问题 …………150

5.4.3 物理安全问题 …………151

**5.5　构建安全的边缘计算架构** ⋯⋯⋯**152**　　5.5.1　边缘计算安全综合设计 ⋯⋯⋯153

5.5.2　边缘计算安全实践清单 ⋯⋯⋯154

## 第6章　边缘计算的微服务架构和消息机制

**6.1　微服务架构介绍** ⋯⋯⋯⋯⋯**157**

　　6.1.1　典型的微服务架构 ⋯⋯⋯⋯157

　　6.1.2　IoT+边缘计算的微服务架构 ⋯⋯158

**6.2　关于容器技术** ⋯⋯⋯⋯⋯⋯**159**

　　6.2.1　容器技术（Docker）介绍 ⋯⋯160

　　6.2.2　Docker引擎 ⋯⋯⋯⋯⋯⋯160

　　6.2.3　虚拟机和容器的区别 ⋯⋯⋯162

　　6.2.4　进一步深入容器技术 ⋯⋯⋯164

**6.3　微服务技术深度解析** ⋯⋯⋯⋯**165**

　　6.3.1　软件开发模式和架构的回顾

　　　　　思考 ⋯⋯⋯⋯⋯⋯⋯⋯⋯165

　　6.3.2　微服务架构核心组件 ⋯⋯⋯168

　　6.3.3　P2P协议下的微服务通信 ⋯⋯173

　　6.3.4　讨论Kubernetes和边缘计算 ⋯⋯175

**6.4　边缘计算的微服务架构设计** ⋯⋯**179**

　　6.4.1　边缘计算微服务架构的考量 ⋯⋯179

　　6.4.2　边缘计算架构设计 ⋯⋯⋯⋯180

## 第7章　边缘计算的数据处理

**7.1　边缘计算数据处理的价值** ⋯⋯⋯**184**

　　7.1.1　传统的数据分析流程 ⋯⋯⋯184

　　7.1.2　数据价值的思考 ⋯⋯⋯⋯⋯185

**7.2　流数据采集和存储** ⋯⋯⋯⋯⋯**186**

　　7.2.1　流数据概述 ⋯⋯⋯⋯⋯⋯186

　　7.2.1　设备接入和数据采集 ⋯⋯⋯188

　　7.2.3　边缘时序数据存储 ⋯⋯⋯⋯192

**7.3　时序数据处理** ⋯⋯⋯⋯⋯⋯**197**

　　7.3.1　完整时序数据处理框架TICK ⋯⋯197

　　7.3.2　Prometheus和Grafana监控系统 ⋯⋯201

　　7.3.3　流处理系统 ⋯⋯⋯⋯⋯⋯204

**7.4　时序数据分析和预测方法** ⋯⋯⋯**207**

　　7.4.1　时序数据的整理和可视化 ⋯⋯207

　　7.4.2　时序数据的一些重要概念 ⋯⋯211

　　7.4.3　统计时序预测方法 ⋯⋯⋯⋯212

　　7.4.4　ARIMA模型训练和预测 ⋯⋯215

## 第8章　工业边缘计算

**8.1　工业边缘技术介绍** ⋯⋯⋯⋯⋯**219**

　　8.1.1　工业边缘计算的发展现状 ⋯⋯219

　　8.1.2　工业边缘的应用场景 ⋯⋯⋯220

　　8.1.3　传统制造业信息系统改造 ⋯⋯222

**8.2　工业通信协议与接入技术** ⋯⋯⋯**224**

　　8.2.1　不同工业通信协议介绍 ⋯⋯224

　　8.2.2　OPC UA协议及IT与OT的融合 ⋯⋯229

　　8.2.3　工业通用接入技术 ⋯⋯⋯⋯233

**8.3 边缘计算基础设施和成本** ········ **236**

8.3.1 边缘计算对基础设施的影响 ······236

8.3.2 边缘计算解决方案成本估算 ······239

# 第9章　机器学习和边缘计算

**9.1 常用机器学习方法** ············ **242**

9.1.1 机器学习的类型 ···········242

9.1.2 机器学习的步骤和评估指标 ······244

9.1.3 基于概率的机器学习方法——朴素
贝叶斯分类 ·············247

9.1.4 数据简化和降维 ···········250

9.1.5 决策树分类 ·············254

9.1.6 传统的回归预测方法 ·······257

**9.2 深度学习方法介绍** ············ **262**

9.2.1 多层感知机 ·············262

9.2.2 CNN和RNN ············264

**9.3 强化学习** ·················· **265**

**9.4 机器学习在边缘计算中的应用** ··· **274**

9.4.1 工业边缘计算平台机器学习
案例 ··················274

9.4.2 强化学习在机器人控制中的
应用 ··················279

# 第10章　边缘计算开源框架

**10.1 EdgeX Foundry** ············ **282**

10.1.1 EdgeX Foundry简介 ········282

10.1.2 EdgeX Foundry的设备服务和核心
服务 ················283

10.1.3 EdgeX Foundry的支持服务和应用
服务 ················286

10.1.4 系统管理微服务 ·········289

**10.2 KubeEdge** ················ **290**

10.2.1 KubeEdge简介 ··········290

10.2.2 KubeEdge的安装和配置 ·······292

10.2.3 KubeEdge对于K8s的改进 ·····296

**10.3 轻量级机器学习框架TensorFlow
Lite** ···················· **298**

10.3.1 TensorFlow Lite的安装和运行 ···299

10.3.2 TensorFlow Lite模型的优化 ······301

10.3.3 给TensorFlow Lite模型添加元数据
（Metadata） ·············304

**10.4 边缘网络价值和未来的挑战** ··· **308**

10.4.1 梅特卡夫定律和贝克斯特罗姆
定律 ················308

10.4.2 未来信息技术发展的制约因素和
边缘计算的关系 ··········310

# 第1章

## 边缘计算介绍

　　边缘计算技术是连接终端用户、物理设备及所有可连接事物的关键核心技术。随着物联网技术的发展,边缘计算技术越来越多地承担了存储、处理和使用分布在不同地理位置、在不同时间产生的大量终端数据的任务。同时,随着大数据、机器学习、通信、软件及硬件技术的发展,整个计算机体系架构开始逐渐由云计算/数据中心+终端应用的模式向云边端结合的方向发展。在可预见的未来,大量的计算和存储将会下沉到边缘。目前各大云计算服务商都根据自身的优势,推出了各自的物联网和边缘计算平台,以顺应这个发展趋势。

# 1.1 边缘计算简史

边缘计算技术并不是突然出现的,而是计算机技术发展和演进的结果。本节首先回顾IT基础技术的演进,介绍信息系统架构的几个主要发展阶段,然后介绍边缘计算的发展过程、主要技术和发展趋势。

## 1.1.1 IT基础技术的演进历史

在短短的几十年里,IT技术的基础架构已经经历了好几轮天翻地覆的变化,从最早期的大型机到客户端/服务器,再到云计算,再到如今的边缘计算时代。可以看到,IT基础架构每隔20年左右就会有一次比较重大的转变。

### 1. 20世纪60年代初至20世纪70年代末:大型机时代

这个时代是计算机技术发展的起步阶段,那时大型的主机系统是非常昂贵和精密的。通常,一台计算机就要占满整个机房,所有的计算任务基本上都在物理机房里完成。数据和程序通过极端难用的终端设备输入计算机,然后等待程序执行和处理。大型机不但操作起来十分烦琐,而且学习这些机器的使用方法也非常困难,因此大型机必须由专业人员操作、维护和保养。例如,早期的航空公司订票系统需要手工录入规定字体的数据,然后将这些录好的数据卡片输入计算机系统进行处理,效率极为低下。在美国的一些航空公司,至今还保留着这些古董级系统。

### 2. 20世纪70年代末至2006年:客户端/服务器时代

时间到了1978年,Intel公司发布了微处理器芯片8086和8088,推动微型计算机逐渐成为计算机系统的主流。这个时期以苹果电脑和IBM兼容机为代表的PC(个人计算机)逐渐发展起来,PC的运算能力越来越强,很多办公和游戏软件可以单独运行在PC中。从20世纪80年代后期开始,互联网进入了高速发展阶段。伴随着网络时代的来临,大量的PC连接到了互联网上。客户端+服务器模式的网络应用开始成为主流,其中包括C/S模式和后来的B/S模式。互联网公司开始发展起来,它们的服务器技术一开始就采用了普通商用微型机硬件和架构。例如,谷歌公司最早的服务器就是自组装的Intel X86系统的集群。那时应用程序的用户访问量和IT系统的复杂程度还远远不能和现在相比。微软公司这样新崛起的科技巨头还只是专注于单机的操作系统和应用软件。传统企业IT系统的基础设施需求通常只需要几台IBM或HP的商用服务器,再加上少量的存储设备就可以满足。当时的互联网公司也是自己建立数据中心,维护从服务器到网络的所有IT基础设施。

### 3. 2006年至2020年:云计算时代

这个时期,互联网应用从种类到用户数量都出现了爆发式的增长。紧接着,随着移动通信技术的发展,移动互联网应用也开始逐渐发展起来。移动互联网技术从2015年开始成为主流,如今互联网已经无处不在,成为整个现代社会的基础设施之一。不仅高科技企业,传统企业的经营和管理也在不同程度上完成了数字化。事实上,现代企业的一个重要特征就是管理和运营的全面信息化。而站在信息化浪潮尖端的互联网企业需要处理海量的数据,并向大量的用户提供服务;互联网企业需要维护成百上千台计算机组成的庞大集群。大规模分布式计算的理论和实践随着产业界的需求,逐渐发展和完善起来。

与此同时,传统企业对信息技术的需求也大大增加了,有一定规模的企业通常也需要维护大型的数据中心才能支撑各种企业信息系统。这些信息系统产生的大量数据又需要更大规模的存储系统。IT系统的支出已经成为每个企业运营费用的很大一部分。对基础设施,比如服务器、网络设备和存储设备的采购和日常运维会产生非常大的成本;此外,经验丰富的IT系统专家其实并不容易招聘到。企业或创业者自建并自己运维IT基础设施不但成本高昂,而且还不稳定。鉴于这种情况,出现了几种新的IT服务形态,被称为云计算,它们分别是SaaS(Software as a Service)、PaaS(Platform as a Service)和IaaS(Infrastructure as a Service)。

最早出现的云计算服务形态是SaaS,同时也是云计算服务最为常见的形式。其实质是互联网应用的扩展,使用Web程序提供原来需要桌面客户端或桌面软件才能完成的功能。例如,Google Apps、Salesforce、Cisco WebEx及各种在线存储服务等。

对大多数的互联网用户来说,PaaS可能是使用和了解最少的云服务形态了。它是把软件平台或框架作为服务提供给客户的云计算服务形态。不过,PaaS对于程序员来说,却是非常时髦的话题。比如各大云平台提供的容器集群服务,各种Serverless服务框架(如AWS的Lambda、阿里云的函数计算、Heroku、Google App Engine等)。这些服务使应用运行的底层服务器、网络等都不需要程序员来考虑和维护。他们需要做的只是专注于用代码实现需求,然后把代码部署到PaaS服务中。这样大大简化了应用的部署和维护工作,提高了开发效率。PaaS对于边缘计算的影响也非常大,像容器服务和Serverless框架也是边缘计算框架非常重要的有机组成部分。

IaaS的出现要特别归功于亚马逊AWS(Amazon Web Service)的EC2(Elastic Compute Cloud,弹性云计算)和S3(Simple Storage Service,简单存储服务)。简单来说,就是将其内部的虚拟化服务器平台和存储系统直接提供给第三方使用。由于其较强的伸缩性、弹性和按使用付费的方式,可以给企业和创业者节省大量IT基础服务开支。而且由于其易用性,大大简化了应用服务器的部署和维护。亚马逊能够率先推出这样的业务确实令人感到有些意外。首先,当时其主营业务是B2C电子商务,与IT服务毫不相干。其次,亚马逊不是一家传统意义的科技公司,其核心技术团队的创新能力和技术能力不如谷歌、苹果等硅谷巨头。此外,亚马逊公司长期亏损,直到2015年才实现首次盈利,不像其他的科技巨头有充足的资金保障。据说,其IT基础设施服务之所以能在2006年就正式对外开放,是因为乔治·贝索斯要求公司内部的项目在一开始就要考虑今后能够提供给外部用户使用。如今,各大IT巨头基本上都推出了自家的弹性云、弹性存储、弹性网关等服务。美国的主要云服务提供商是AWS、微软Azure和Google GCP;国内的第一大云服务提供商是阿里云,以及第二梯队腾讯、百度、华为等。

### 4. 2020年至今：边缘计算时代

边缘计算、云计算和物联网的融合与发展将会是未来几年的趋势。一方面，随着通信技术、电子技术、人工智能、区块链技术的发展，对边缘计算能力的需求越来越大。另一方面，公共治理结构和公司内部组织架构的扁平化，要求现代组织内外部的协作方式能够打破空间和物理界限的限制。大量的数据和计算要求能够在终端、工厂、办公室、住宅和机器本地处理。所有的运算和数据都放到中心化的云端数据中心已经变得不太适合，在成本和技术上都不太现实。

比如智能驾驶，如果实时的数据都要传回云平台，处理后再传回车辆端，那将会对车辆和行人的安全造成危害。因为车辆到数据中心的网络连接是不可靠的，互联网的延迟和可靠性保证。将这些数据和计算下沉到边缘设备上，车辆间通过数据链互相通信，通过算法即时作出反应（在几十毫秒内）才能够保证对突发情况的快速响应。其实，从客户端/服务器架构发展到云计算架构，紧接着大量的服务和计算下沉到去中心化的边缘端，也是技术发展的一个自然演进过程。

## 1.1.2 挺进边缘计算

边缘计算其实和最近流行的去中心化的概念有一定的关联性和相似性，不过涉及的领域更广泛。边缘计算理论和应用的发展也经历了一个比较漫长的过程。

边缘计算的起源可以追溯到20世纪90年代，Akamai建立了世界上第一个内容分发网络（Content Delivery Network，CDN）系统。当时，这项技术的提出和实施是为了提高访问互联网网页的速度。20世纪90年代的互联网传输速度普遍还比较慢。受到硬件设备和基础设施的影响，跨越比较长的地理距离的数据传输延迟和丢包非常严重。当时互联网用户打开一个网页经常要等待很长时间，甚至直接超时和报错。以Tom Leighton为首的一群麻省理工学院的学者为了解决这个问题，提出了把网页的静态（图片、脚本等）内容放在距离用户地理位置接近的节点上，并通过算法提供分布式资源访问的CDN系统。其本质是一种本地的静态资源缓存服务，以提高浏览Web页面的速度。同时，CDN也有效地分流了主服务器的压力，这使网站的并发性得到很大提高。直到现在，CDN依然是提高互联网应用访问速度，提高Web服务器并发能力的重要技术手段。

1997年，Brian D. Noble发表了论文 *Agile Application-Aware Adaptation for Mobility*。这篇论文实际上奠定了分布式网络应用的基础。文章中介绍了如何将不同的应用（网页浏览、视频播放、语音识别等）分散运行在资源非常有限的移动设备上，以降低对服务器处理一些特定功能的要求。

2001年，可扩展和去中心化的应用开始出现。这些应用有一个大家非常熟悉的名字，叫P2P（Peer-to-Peer）应用，也称为P2P覆盖网络（Peer-to-Peer Overlay Networks）。这种应用是将网络中存储的对象通过分布式哈希算法进行分块和传输，每个计算机节点以平等的方式连接在网络上，可以同时接收和传输分块的存储内容。这种新的网络技术迅速被互联网文件下载和视频播放软件采用。P2P技术提高了整个网络的利用率，不但降低了连接数据中心的主干网的压力，而且对降低媒体类应用的延迟有非常大的帮助。

云计算技术，尤其是IaaS和Paas的出现和应用，对边缘计算技术的发展也有着巨大的促进作用。

很多云计算应用中涌现出来的新技术,比如容器服务、Serverless应用等也是边缘计算的重要技术基础。2006年,亚马逊公司正式推出了其弹性云计算服务,事实上开创了一块崭新的领域。尽管云计算是IT基础服务领域中的一个巨大成就,但也有着自身的局限性。随着智能移动设备、自动驾驶、智能家居和工业物联网的发展,中心化的云计算服务开始显得力不从心。这些新的应用场景需要有大量廉价的边缘计算和存储能力,用于满足低延迟的响应和数据传输。而且很多应用并不需要一个中心化的处理系统,完全可以通过边缘设备处理,这样可以大大减轻云计算数据中心的计算压力。

微云和雾计算是边缘计算的前身,再往前迈一步其实就是边缘计算了。早在2009年,Satyanarayanan等人就提出了微云(Cloudlets)的概念。当时他们关注的问题主要是终端应用在调用云服务时的延迟性。由于互联网本身的局限性,通过互联网提供服务的云计算平台在应对网络延迟和可用性这些不确定因素时,并没有什么好的策略。Cloudlets其实就是把一些小型的低成本数据中心部署在距离实际的客户或终端设备地理位置比较近的地方,以弥补中心化的云服务系统的不足。

Cloudlets的设计思路其实和CDN非常相似,但是其主要提供的是数据存储和计算能力。2012年,思科(Cisco)公司在Cloudlets的基础上提出了雾计算(Fog Computing)的概念,其基本想法还是把云计算的能力分散到不同的地理位置,更加靠近实际使用云服务的终端设备和终端用户。解决方案是,在大量不同的地理位置建立小型的云计算中心。其最终目的是要提供更加可靠和可伸缩的物联网服务,以应对数量越来越庞大的物联网设备和它们产生的海量数据。图1-1所示是边缘计算技术的发展历程。

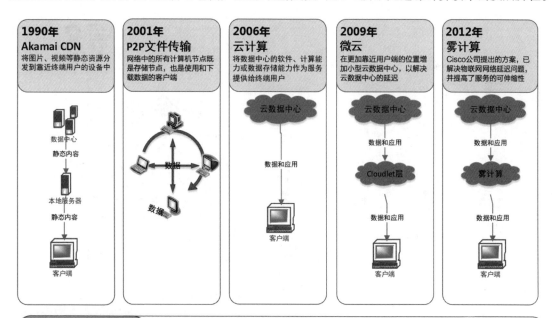

图1-1　边缘计算技术的发展历程

为了应对大规模的物联网应用,云计算+边缘计算的概念终于出现了,这也是本书要介绍的重点内容。如今,物联网解决方案涵盖了非常广泛的领域和技术。我们看到,今天大多数最新的物联网方案都是结合了云计算和边缘计算的综合方案。云计算和边缘计算是互相补充和互为依靠的关系。目前,当企业需要执行计算资源密集型任务或需要大量的存储资源时,采用云计算技术应是首选方案。

很多应用必须依靠强大的云平台实现,比如大数据分析、大规模样本的人工智能学习、数据可视化、流数据处理,以及传统的基于关系型数据库的企业应用软件。而那些需要本地自动执行、低延迟、能够应对低可用性网络连接、实现快速响应的应用,则需要采用边缘计算的软硬件解决方案。由于终端设备、网络技术和传感器技术的发展,连入互联网的设备数量将呈爆发式增长,如图1-2所示,边缘计算领域将会是未来发展最快的IT领域之一。2019年10月,Gartner公司在2020年十大战略性技术研究趋势报告 *Gartner Identifies the Top 10 Strategic Technology Trends for 2020* 中提到,The Empowered Edge(增强的边缘计算)和Distributed Cloud(分布式云计算)是其中的两个方向。

文章中指出,"当前对边缘计算的大部分关注主要来自物联网系统的需求。这些物联网系统需要工作在网络不稳定和分布式的环境中。边缘设备为制造、零售等特定行业的嵌入式设备提供服务。但是,不久的将来,边缘计算会成为几乎所有工业领域应用的主导因素之一。未来,会有更加先进和专业的计算设备和存储系统助力边缘计算。各种复杂边缘硬件和软件,比如机器人、无人机、自动驾驶汽车和分布式操作系统,将加速这一进程。"

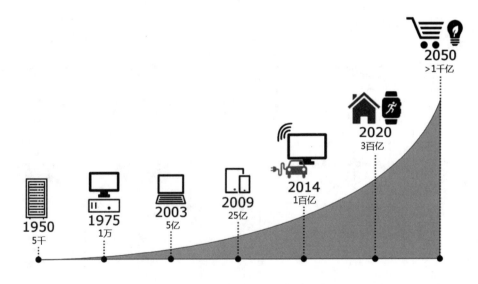

图1-2　连入互联网设备的增长情况和预测

来源:Capra M, Peloso R, Masera G, et al. Edge computing: A survey on the hardware requirements in the internet of things world[J]. Future Internet, 2019, 11(4): 100.

# 1.2 云计算、IoT 和边缘计算

随着信息技术和互联网技术的发展,云计算作为新的 IT 基础设施,已经成为企业信息系统的标准方案。托管服务与自行管理和部署的服务器和网络已经逐渐被公有云和私有云取代。另外,互联网经过二十多年的发展,已经通过终端设备将人类社会连接了起来。最近十多年,移动互联网完成了人与人之间 7×24 小时连接的任务,信息社会改变了人们社交、出行、消费和娱乐的方式。技术的进步不会停下来,随着通信、计算机硬件和软件技术的发展,下一步将会是万物互联和智能化的社会,物联网和人工智能将会在后互联网时代推动下一轮的技术革命。

边缘计算技术作为云计算和终端设备的桥梁,将会越来越重要。总之,云计算、物联网和边缘计算这三个方面其实是互相依赖、互相融合的关系。这三个方面是相辅相成的,不应该也不可能隔离开来。笔者在本书中也是秉持这样的态度。虽然主要介绍边缘计算,但在每一个部分其实都会综合这三个方面来介绍,这样才能够给予读者更加全面和完整的知识和技术体系。

物联网和边缘计算的理论和技术本身还处在不断的发展和完善中,各种标准的讨论都一直没有停止过,有理论界的,也有工业界的,现在其实还没有形成一个主导的技术体系或标准。本书会尽量按照主流的技术方向来介绍,帮助大家把握住边缘计算领域的趋势和大的方向。同时,对比较重要的技术点,也会展开详细讨论。尤其像现在非常流行的深度学习、微服务、大数据等技术方向,这些技术应用到物联网和边缘计算领域会有很多非常特殊的变化和需要注意的地方,本书会对这些方面特别加以关注。

IoT(Internet of Things)这个名词最早在 1999 年出现,当时是在供应链自动化领域被提出来的。中文的翻译叫作物联网,这个翻译非常准确,就是指万物互联的一种网络,是互联网的下一个重要发展方向。在互联网完成了人与人之间的连接以后,下一步就是智能设备的互联互通,实现人与物、物与物的全面连接和智能协作。物联网本身其实分成了工业物联网和消费物联网两大方向,它们既有共同的特征,也有各自不同的地方。

通常,消费物联网(CIoT)指的是人们日常使用的消费品的物联网应用,比如可穿戴设备、智能家电等。工业物联网(IIoT)通常是与商业活动和工业生产相关的物联网应用,用于改进和提高安全性、生产效率、协作效率等。

埃森哲的研究报告表明,在 IoT 领域中,工业物联网可能会成为未来发展更加迅速的分支。预计到 2030 年,工业物联网技术的应用对经济的贡献可达 14.2 万亿美元。看到这个数字也许让人觉得很不可思议,不过这是在 2030 年全球经济规模基础上的预测,届时中美的 GDP 都在 30 万亿~40 万亿美元的量级。消费物联网的增长速度会逐渐降低,不过仍然会大大改变人们的工作、学习和生活方式,这也是一个巨大的市场。

消费物联网设备通常都是面向大众的通用型设备,比如智能手环、智能音箱、自动驾驶汽车、智能家电等。而工业物联网设备常常都是针对特定领域或场景研发的设备,比如智能机械、特殊的传感器、PLC（可编程逻辑控制器）等。

消费物联网终端设备对边缘计算的数据存储和处理能力要求比较高，比如自动驾驶汽车需要处理海量的图像和传感器资料；智能摄像头也要实时处理视频图像，识别和监控视频中的物体和人类。而工业物联网对边缘计算的时延、安全性和稳定性的要求非常高，需要快速响应设备和环境的交互，准确地控制流程，对设备的监视、控制和反馈形成闭环。

如今，工业物联网和边缘计算已经成为驱动工业4.0和智能制造相关的产业革命的核心技术，部署工业物联网设备和融合系统将成为新建和改造工业系统的标准做法。

云服务、边缘计算和各种传感器及智能系统是紧密联系在一起的综合性系统。虽然在企业IT环境和数据中心外运行的计算机系统并不是个新事物，但是如今的边缘计算系统可以看作整个企业IT管理系统的向外衍生，而且边缘计算系统必须处于企业信息系统或企业物联网的覆盖和管理范围内。

### 1.2.1 近边缘端和远边缘端

如图1-3所示，在设备端，大量的传感器将数据上传到边缘服务器或网关，然后边缘网关通过广域网将数据上传到云服务数据中心。越接近设备端，节点数量越多。越接近云服务数据中心，则总的数据量更多，数据处理能力也更强大。为了方便阐述，边缘设备可以细分为近边缘端和远边缘端两层。

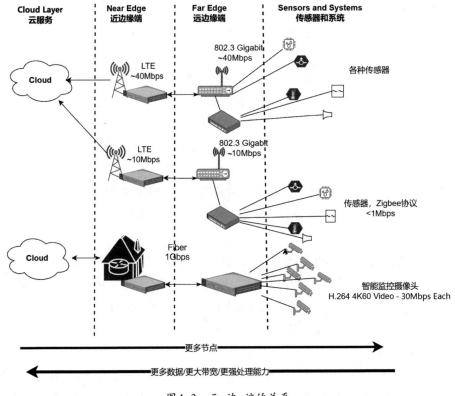

图1-3　云、边、端的关系

(1)近边缘端:指远边缘和云服务之间的一部分基础设施。在实际部署中,近边缘端系统可以与广域网通信基础设施同时存在,例如,在移动信号发射塔和通信信号交换站同时部署边缘硬件。这一层可以承载复杂的计算服务,比如软件定义广域网(SD-WAN)。

(2)远边缘端:指能够与云服务或近端设备进行通信管理和数据交换的各类设备。这一层距离云服务最远,但它仍然可能与云服务及其附近的边缘组件保持通信。这一层最接近终端用户或终端设备和传感器,通常要求具有硬件级别的实时性响应、终端安全防护和低延迟等功能,并可以作为大型个人局域网(PAN)的网关。

通过对边缘计算近端和远端的解释也可以发现,简单地将传感器连接到远程计算机设备并不是边缘计算,就像一个使用未连接网络的PC玩计算机游戏的人并不是在线游戏玩家一样。然而,一旦传感器将数据传送到云服务,并且这些传感器通过边缘设备与云服务协同工作,那么就应当被视为完整的边缘计算系统了。

传统的蓝牙设备连接和SCADA(Supervisory Control and Data Acquisition,数据采集与监视控制)系统是不能够被看作边缘计算系统的,这些应用往往只在一个有限的场所或地理范围内使用。数据的处理规模、处理能力和安全性的要求也没有现代的边缘计算系统那么严苛。必须将传统的PAN或SCADA与边缘计算网关+云服务整合起来,才能够称为真正意义上的边缘计算。

## 1.2.2 边缘计算的应用场景

通常来说,边缘计算主要用于解决以下4个物联网领域的问题。

(1)降低延迟:边缘计算系统可以部署到距离终端用户和设备比较近的地方,这样自然就可以避免数据传输中各种多余的网络跳转和传播。某些对延迟敏感的应用程序,如基于云的游戏和视频流,有严格的实时延迟和性能要求,也包括需要实时决策并执行重要安全机制的机械设备等。

(2)节约带宽和容量:在很多情况下,边缘端到云计算数据中心的带宽有限,在数据流量高峰时刻的影响尤其明显。此外,海量数据的存储对于数据中心的成本压力也非常大。边缘计算技术可以通过信息过滤、缓存和数据压缩技术来有效地利用带宽,同时减少数据中心的数据存储和计算压力。

(3)弹性计算和存储:很多情况下,很难保证连续和稳定的数据传输。例如,物流应用程序可以实时跟踪车辆和货物信息,其中包括关键货物温度数据。车辆在通过隧道、偏远地区和地下通道时,有时可能会失去数据连接。这种情况下,简单地"丢失"数据是不可接受的。因此,这些类型的系统必须确保边缘计算系统能够在本地缓存数据,直到通信恢复。这些边缘计算系统也会采用故障转移或切换路由技术,以便在主通信运营商服务不可用的情况下切换到备选运营商的数据传输服务。

(4)安全和隐私保护:很多应用中会涉及采集和处理个人隐私信息或保密信息的情况,这种情况必须根据相关的管理条例和规范进行处理。例如,监控设备往往会通过生物特征自动识别某些人,这些数据在传输到云端前必须做必要的模糊化,有时监控录像中的儿童信息必须被抹去,这些需求会要求边缘端进行大量的数据处理。

除了上面介绍的这些常见应用领域,边缘计算其实还在向更加深入和宽广的领域发展,这些新的领域包括普适计算和综合感知这两个方向。普适计算是一个强调和环境融为一体的计算概念,而计算机本身则从人们的视线中消失。在普适计算的模式下,人们能够在任何时间、任何地点,以任何方式进行信息的获取与处理。而综合感知技术具有将边缘传感器数据聚合到广泛的环境感知系统中的能力。

普适计算会改变我们和机器及计算机交互的模式。通常模式下,我们需要通过一个固定的计算终端设备和信息系统进行交互,然后获得环境的信息或发出指令控制某个设备的功能,例如,计算机的人机交互界面(屏幕、键盘和鼠标)。普适计算则尽量避免一个直接交互的计算终端的存在,取而代之的是人所在的环境和计算机融为一体,与环境的交互就是输入,也就是与计算机系统的交互,环境中的物体和传感器能够自我感知并通过智能的边缘计算系统和云端程序相连,所有设备根据环境的变化及与人的交互作出反应并提供信息、服务和响应。整个计算机系统在过程中无感知又无处不在。这种技术虽然听起来非常抽象,但是目前很多的机构和企业都在进行研究。边缘计算是普适计算的核心引擎,需要能够支持大量人工智能的运算和数据处理,同时还要无感知。普适计算需要能够实现以下特征。

(1)不可见:系统本身不应该引起注意。计算应该无处不在,无时不在,但不能够基于特定设备。需要某个技术功能时看得见,不需要时则不出现。

(2)嵌入式:物体本身可以嵌入传感器,并具备一定的计算能力和通信能力。

(3)无感知:环境和计算机进行无缝的复杂交互。

(4)相互连接:由不同事物和对象组成的环境应该协同工作并相互通信。这对于目前各个相互竞争的通信和协同标准来说是一个挑战。

普适计算给边缘计算设计人员带来的挑战是:需要采用物联网和边缘计算技术,构建一种与人类交互但不会被人类明显察觉的设备。边缘计算系统可以拥有很强大的计算能力——可以与数据中心的刀片服务器一样强大。但是,在提供强大的人工智能和物联网功能的同时,其物理结构必须对环境中的人是透明的,这在工程上是很大的挑战。这意味着我们必须考虑硬件、通信系统和基础设施,进行形式、空间、声音和视觉的综合设计。例如,不能有闪烁的灯光、高速风扇噪声、外露的电缆等。总之,这是边缘计算技术、完美人居环境及建筑艺术理念相结合的一种概念性研究方向。目前很多提供智能家居的企业,比如亚马逊、小米等做的产品已经有一定这方面的雏形,但还远远没有达到预想的效果。

综合感知系统是一个非常新的概念,是 2017 年由 Gierad Laput、Yang Zhang 和 Chris Harrison 在一篇名为 *Synthetic Sensors: Towards General Purpose Sensing* 的文章中最先提出的。一个设备被放置在一个环境中,内置的边缘人工智能系统被训练来了解发生了什么,这种装置根据需求和地点的不同,会选择不同的传感器和边缘计算系统。这些传感器可能包括加速度计、温度传感器、声压传感器等。设备经过训练,能够理解这些传感器如何受环境影响。例如,某个综合感知系统可以放在一个房间里,实时通过各个传感器的数据了解到炉灶上的哪个点火位置是点燃的,洗碗机是否在运行,水龙头是否开着,并作出推断和决定后续行动。

图 1-4 展示了采集到边缘服务器的五个传感器数据。这些实时信号通过一个训练过的机器学习推理引擎进行处理,以检测事件并推断出现在窗户的开关状态。这组传感器可能还缺少的是一个真

正的摄像头,以提供机器视觉判断。这是一个简单的综合感知系统的例子,通过振动、声音、温度、湿度和气压的变化情况判断窗户开关状态。

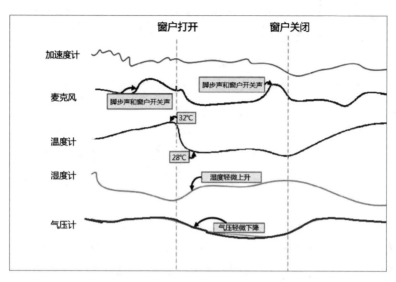

图1-4 五个传感器的综合感知系统

# 1.3 通信与硬件技术的发展对边缘计算的推动

通信和硬件技术的发展也是推动边缘计算技术的核心驱动力之一。我们可以看到,最近几年连接到网络的设备除移动电话和PC外,还有各种工业自动化设备、机器人、智能家居、智能电器、智能交通设备、安防和监控系统等。这些设备本身和这些设备附带的传感器会产生大量的数据,同时设备也需要云端和边缘设备提供各种功能。物联网中接入设备的数量在迅速增长。另外,其中的这些终端设备本身对计算能力、存储能力和带宽的要求也大大提高了,尤其是增强现实(AR)/虚拟现实(VR)还有人工智能技术的发展和应用,对边缘计算能力提出了更高的要求。尽管现阶段,一些技术还要进一步地发展和改进,但是这些技术正在成为下一轮技术投资和研发的热点。

我们在边缘计算系统中有可能使用到从数据中心的大型刀片服务器,到野外部署的小型嵌入式设备在内的各种规格的计算机硬件。边缘计算项目中会涉及各类硬件的研发或选型,不过在大多数的场景中,我们需要考虑的主要还是低功耗的通信技术及小型的计算设备。

首先,通信领域为迎接物联网和边缘计算的爆发做好了准备。随着5G网络标准和技术的成熟,从2018年年底开始,全球各大电信运营商就开始了对5G网络的规划和布局。从2020年开始,5G网络的大规模建设开始启动。5G本身只是数据通信网络的服务,并不是万能药。但是,其高带宽、低延迟及能够对不同应用类型服务分层的特点,对物联网和边缘计算技术的应用起到了非常关键的促进作用。

其次,各种边缘硬件设备也逐渐发展成熟起来。比较常见的如 Arduino、树莓派、Intel NCS2、Google Coral USB Accelerator、NVIDIA Jetson Nano 等。这些设备的功能覆盖了从边缘数据分析、AI 处理、通用计算到数据存储等各方面的能力。专用边缘设备普遍是低能耗、设计简单、成本低廉的小型系统,并且使用和部署有非常强的灵活性。

对物联网设备的分类和性能指标的制定也非常重要,但是在这个领域中还没有通用的参考标准。尽管如此,这个方向还是有一些比较前沿的研究,这些研究对设计未来的物联网设备、边缘设备,还是有很大的参考价值的。

中国科学院计算技术研究所的研究报告 *Ecosystem of Things: Hardware, Software, and Architecture* 提出把物联网设备根据大小尺度分成五种类型:极小型(直径小于 1 毫米)、毫米级、厘米级、分米级和米级的。这种分法其实有些过细,而且在实际的应用中可能并不适用,其实只要分为微型(边长在小于 1 毫米到数毫米级别的)、小型(边长在厘米到分米级别的)和大中型(边长在几分米到几百米级别的)即可。另外,这个研究报告还提出了一个大的分类法,把物联网设备分为简单设备和复杂设备。

另外,有必要提到一个名词的使用。在涉及物联网的英文版文献中,都会把各种物联网相关的设备用 Thing 这个单词来表述。事实上,物联网的物包括了各种人造和非人造的物体,是一个非常宽泛的概念,而设备其实通常指的是能够实现某种功能的人造系统或机械。如果只是使用设备来描述这个 Thing,其实并不完全准确,可能用物体比较好,但是这样又很难让读者理解。总体来说,对于物联网的研究和开发,我们主要还是针对狭义上设备的控制及数据收集、处理、分析和利用。所以,本书中除了特别需要提到的地方,对于 Thing 和 Device 的中文名称都统一用设备来描述。表 1-1 列出了根据不同特征划分的物联网设备的类型和参数。

表 1-1　根据不同特征划分的物联网设备的类型和参数

| 设备类型 | Simple Thing(简单设备) | | | Rich Thing(复杂设备) |
|---|---|---|---|---|
| 设备尺寸 | 毫米级 | 厘米级 | 分米级 | 米级 |
| 例子 | MM Computer | ESPduino | Raspberry Pi 3B | Tesla Model S |
| 尺度因素 | 0.607mm | 0.994cm | 1.04dm | 5.54m |
| 功率 | 16nW | 792mW | 5.1W | 40W |
| 内存 | 0.5kB | 520kB | 1GB | 8GB |
| ROM | 84Byte | 448kB | BootLoader | BootLoader |
| 处理器 | ARM Cortex-M0+ | Xtensa | ARM Cortex-A53 | ARM64 and GPU |
| Flash | No | 4MB | 4GB | 64GB |
| 处理器位数 | 32 | 32 | 64 | 64 |
| 芯片工艺 | 55nm | 40nm | 40nm | 12nm |
| 通信接口 | 可选 | Wi-Fi、蓝牙 | Wi-Fi、蓝牙、以太网 | 4G、Wi-Fi、蓝牙 |

对于特别微小的设备,现在出现了新的名词,叫作 Internet of Nano Things(IoNT)。对于这类设备

的网络,其实还处在非常早期的研究阶段,本书不做过多叙述。在生命科学和医疗方面,这种微型设备未来会有很广泛的应用。

另外一个影响物联网设备的重要指标是能量利用效率。由于不同的物联网设备会有不同的使用环境,在很多实际的使用场景中,设备的能源供应是有限的,并不能确保随时都能给边缘设备不间断地供电。很多边缘设备需要依靠自带的电池工作很长时间,因此综合能效也是边缘设备非常重要的指标,在很多领域中,我们希望能够有高能效比的设备。在边缘设备领域中,我们用"算力/单位功率"来度量设备的能效。

当前的工业级微控制器(Micro Controller Unit,MCU)的功耗在0.5~544.5mW,能效可以达到0.735~13.89GOPS/W。在研的新型MCU,能效可以达到77~374GOPS/W。未来的边缘设备和物联网数据处理设备能够用更少的能量获得更加强大的运算能力,这将会进一步推动物联网技术的发展。

人工智能(AI)加速芯片领域,针对特定的AI加速,可以比MCU达到更高的能效水平。这对AI技术在边缘端的应用是一个非常鼓舞人心的消息。在AI芯片的研制方面,我国的寒武纪公司的产品是走在技术前列的。

在尖端高能效技术研究方面,美国国防部高级研究计划局(DARPA)和SRC公司宣布的JUMP研究项目,其中一项目标是研发3200TOPS/W的智能感知计算系统。

### 1.3.1 计算单元和存储系统

无论我们采用什么样的边缘网关或边缘服务架构,都需要有中央计算单元和存储器。事实上,我们在边缘计算系统中使用的技术并没有什么特别的地方。最具挑战性的是,需要在现有的OEM设备或分立模块搭建的系统基础上,确定哪一种配置和性能更适合特定场景的应用。我们必须在性能、稳定性、功耗和成本上取得一个平衡,而这些因素往往是互相制约的。如果我们足够幸运,有可能在实际的应用中直接采用双至强处理器加上512GB内存的MEC刀片服务器。但是,在绝大多数时候,我们肯定需要在各种硬件中作出选择,采用合适的硬件方案。我们在讨论计算设备时,性能永远是需要考虑的因素。对于边缘设备,性能的一个重要决定因素就是中央处理器(CPU)的处理能力,而中央处理器的处理能力又与能耗直接相关,通常性能越强的处理器能耗越高,采购和使用的成本也会更高(更多能耗,更多更贵的外围辅助元件)。

中央处理器指令集分为复杂指令集(CISC)和精简指令集(RISC)两种,在实际的应用中,我们经常能够接触到的CPU架构有Intel和AMD的X86架构和ARM架构。当然,也有一些比较少见的架构,比如MIPS、RISC-V、SuperH、Spark及PowerPC。目前来看,除X86架构是复杂指令集外,其他芯片架构都是采用的精简指令集。值得一提的是,我国国产的龙芯使用的LoongISA是基于MIPS64的精简指令集架构,并扩展了1400多条向量处理、虚拟化和二进制翻译的扩展指令。不过,从龙芯3A5000开始,龙芯中科技术股份有限公司似乎决定将彻底和美国技术切割,重新设计了所有的基础指令集系统,并内置了SM2/3/4国密算法处理模块,使该芯片成为专为我国特殊应用领域打造的完全自主产权芯片。

基于CISC的CPU能够提供更多更复杂的功能指令,比如X86芯片可以直接用一条指令读取内存和寄存器的数据并进行计算,这样执行一条指令实际上需要多个时钟周期。而基于RISC的CPU通常一条指令在一个时钟周期内就能够完成。基于RISC的CPU,通常从内存中读取数据到寄存器和寄存器中的数据进行计算会被分成两条指令来执行。基于CISC的CPU尽可能在芯片的硬件层面提供更丰富的功能。而RISC通常只会提供必要的指令,大多数的功能实现交给软件层面进行解决。由于CISC的指令数量多且复杂,因此通常其指令长度都是可变的;而RISC的指令长度一般都是固定的,以便于简单快速地存储和读取指令,同时也可以简化指令队列的设计。

另外,不同的计算系统在处理数据时采用不同的字节顺序设计,分为大数端(MSB)和小数端(LSB),指的是在系统中表示数据的二进制码最末一位是最高位(大数端)还是最低位(小数端),如图1-5所示。大多数系统只能支持其中一种,在设计时就已经确定。不过,目前很多最新的处理器在启动阶段是可以设定字节顺序的类型的。总之,编译好的程序代码必须和运行的处理器兼容才能够正常执行。在IoT系统中,我们有必要关注这一点。因为数字传感器采用的是一种顺序,而边缘服务器在处理数据时却是另外一种顺序,这时就必须使用硬件或软件进行字节顺序的转换。无论用哪种方式转换,其实都会涉及额外的计算效率损失和能量消耗,这在整体设计和软硬件选型时有必要给予充分的考虑。

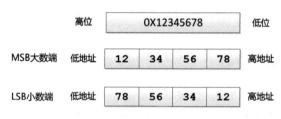

图1-5 大数端和小数端的区别

目前比较主流的内存技术包括DRAM(DDR)、Low Power DDR(LPDDR)和Graphics DDR(GDDR)。这些内存技术在芯片层面的本质都是一样的,只是在速度、功耗和价格上有区别,如表1-2所示。

表1-2 主流内存设备的参数

| Memory | DDR4 | LPDDR4 | GDDR5 |
|---|---|---|---|
| 最大数据传输速率 | 3.2Gb/s | 4.267Gb/s | 8Gb/s |
| 接口位宽 | 64+8bits | 双16-bit通道 | 多个32-bit通道 |
| 最大容量 | 128GB | 2GB | 1GB |
| 电压 | 1.2V | 1.1V | 1.6V |
| 安装方式 | Surface or DIMM | Surface or Module | Surface |
| 价格 | 较低 | 中 | 高 |

未来的DDR6的性能会更强,能够达到目前DDR5的两倍左右。在一些对数据计算可靠性要求高的场合,如服务器和重要的边缘计算系统中,可以采用ECC技术的内存芯片,其加入了错误校验和恢复的功能。由于在机房和很多边缘计算的环境下,电磁环境比较复杂,电磁干扰也比较严重,因此加

入ECC功能能够确保数据计算的正确性和系统的可靠性。

部署在边缘设备上的长时间存储设备通常是固态硬盘(SSD)这样的固态闪存存储系统,这是因为这种存储设备的随机读写性能较高、能耗低、数据密度大、对振动不敏感,非常适合移动设备和小型边缘设备使用。不过,闪存的存储部件是由NAND芯片组成的,芯片的擦除和写入寿命是有限制的(表1-3)。而且一旦芯片损坏,数据无法恢复。因此,对于这些固定的存储设备,必须用有效的手段进行监控,并每隔一段时间对数据进行备份,更换存储模块,以确保系统能够长期稳定地运行。

表1-3　闪存单元种类和特点

| Memory | SLC | MLC | TLC | QLC |
|---|---|---|---|---|
| 每单元容量 | 1bit | 2bits | 3bits | 4bits |
| 读延迟 | 25μs | 50μs | 75μs | >100μs |
| 写入速度 | 200~300μs | 600~900μs | 900~1350μs | >1500μs |
| 擦除时间 | 1.2~2ms | 3ms | 5ms | >6ms |
| P/E次数 | 100000 | 3000 | 1000 | 100 |
| 价格 | 极高 | 高 | 中 | 低 |
| 典型容量 | 1~32Gbit | 32~128Gbit | 128~256Gbit | >256Gbit |

## 1.3.2 能源管理和收集

由于边缘计算工作环境的多样性,以及边缘设备的部署数量有可能是巨大的,因此如何给设备提供持续稳定的能源常常也是边缘计算中的重要问题和挑战。在不久以前,并没有太多可靠的技术可以为偏远地区的大量边缘设备提供有效的电力支持。如今,微型化的电池技术、能量采集技术和高密度储能技术的发展和应用,为边缘设备的大规模部署和应用提供了可靠的保障。

能源管理涉及的范围比较广,我们仅对物联网和边缘计算相关的能源供应技术进行介绍。边缘计算能源管理需要考虑的方面有:传感器能量的供应,数据采集的频率,无线通信的信号强度和范围,计算设备处理器的性能和工作主频,能源的泄漏和低效的供电,伺服器和电机的储能,等等。

边缘计算领域常用到的能量存储目前主要是以锂电池为主,从大型的集装箱式储能装置到嵌入设备中的小型电池单元都会用到锂电池技术。当然,广义上很多其他类型的储能技术,包括物理储能技术,在某些情况下也有可能被使用,但是这些内容过于庞杂,而且在边缘计算领域中并不主流。

电池的供电电压和剩余电量之间的关系不是线性的,因此配置或开发合适的电池管理系统(BMS)常常是整个储能系统的关键所在。在设置整个边缘计算系统时,需要考虑整个系统需要的电能供应量和供应方式,然后再考虑功能和成本,设计出合适的综合供能方式。

### 1. 电池技术

电池的容量单位用安培小时(Ah)来表示,简单的电池剩余使用时间预测公式如下。

$$t = \frac{C_p}{I^n}$$

式中，$C_p$ 表示 Peukert 电池容量；$I$ 表示放电电流；$n$ 为 Peukert 指数，通常在 1.1 到 1.3 之间。铅酸电池的容量变换特性如图1-6所示。当然，Peukert 指数的值也会受到输出温度、湿度等外界因素的影响。Peukert 效应描述了电池在高放电速率下容量减小的现象，即电池在高电流下放电时，其可用容量通常比在低电流下放电时要小。总体来说，锂电池受 Perkert 效应的影响比铅酸电池要小。

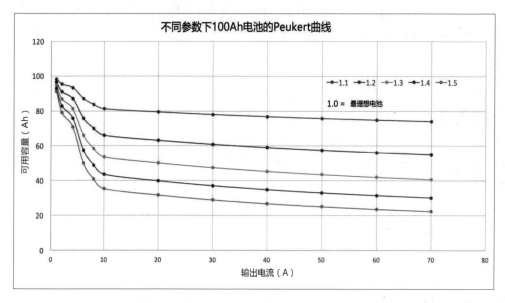

图1-6　铅酸电池输出电流和可用容量的关系

另外一个用于衡量电池性能的指标是电压和电池容量的关系，最好的情况是电压不会因为电池当前容量的变化而变化。但是，实际上是不可能的，电压和电池容量的关系绘制成图形都是一条曲线。没有放电之前的电压最高，放电后的电压最低，而且在电量将要用完之前，电池电压往往会有一个阶跃式的下降，这会对电池性能造成很大的影响。因此，大多数情况下，电池管理系统应该在电压到某个阈值时就切断电流。如图1-7所示，不同类型电池的容量和电压特性曲线的区别非常大。

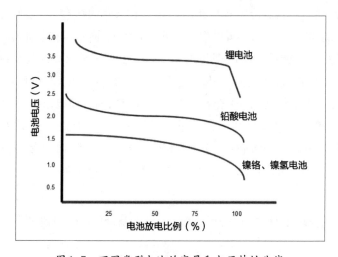

图1-7　不同类型电池的容量和电压特性曲线

从图1-7中可以看出,锂电池在电压性能(工作电压较高)和电压平稳性(曲线比较平直)上比铅酸电池和镍铬、镍氢电池都要优良很多,只是在放电过程末端会有一个比较大的电压下降。根据目前的电池技术,在条件允许的情况下,使用锂电池作为电源是比较好的选择。另外,虽然电压和电池容量不是线性关系,但是可以通过训练非线性模型来估算电池的剩余电量。不过,不同厂家、不同批次,甚至同一批次的电池由于保存状况或使用次数的不同,它们的容量和电压特性曲线都不一样。因此,要比较准确地估计电池的剩余电量,必须通过观察记录该电池多次完整的充放电周期,才能获得比较精确的曲线,从而较准确地估计剩余电量。

### 2. 能源采集

能源采集指的是通过收集环境中的能量,来为设备提供电力。在环境中,有很多能量可以转换成电能,比如温度差、光能、电磁场等。这些能量是很多低功耗边缘设备或物联网设备的主要或辅助供电来源。这种需要采集环境能量的系统,通常都需要比较高效的能源管理系统来捕获和存储电力,同时在不需要用电的情况下关闭设备的非必要功能以节省电力。

目前比较常见的能量采集方式有太阳能、压电效应、热能、无线电射频等。有大量的低功耗物联网和边缘设备适用于通过采集额外电能来延长工作时间,甚至在生命周期中一直保持电能供应。通常,100mW以下的单独模块或硬件都能够受益于能源采集技术,包括GPS定位、蓝牙传输、微型传感器、遥控设备、射频识别(RFID)标签、小型计算器、实时时钟、处于待机模式的微处理器等。

太阳能是一种非常重要的新能源类型,在当今世界的能源体系中发展特别快。事实上,低功耗边缘设备可以使用的光源类型不只有太阳能,任何自然或人工的光源都是可以利用的。半导体光伏效应是光能采集的技术基础,太阳能采集是将巨大的半导体阵列板放置在能够接收到太阳光的地方,从而产生电能。在比较偏远但是日光资源比较丰富的地区,太阳能是非常好的电力解决方案。

不过,由于太阳能的不稳定性及昼夜的变化,在配置太阳能接收和转换设备的同时,也必须采购和安装储能装置,以便将电能错峰平谷。我国相对偏远并且人口密度较低的西北和东北等地的太阳能资源比较丰富。因此,如果是这些地区的项目,其实可以考虑将全部或部分能源采集自光能。

压电效应也是获取环境能量的技术手段之一。压电效应是指一些电介质材料在沿一定方向受到外力的作用而变形时,其内部会产生极化现象,同时在它的两个相对表面上出现正负相反的电荷。如果反复不断地给予压力,则能够通过电路采集到电流并存储能量。因此,各种运动、振动甚至声压产生的机械张力都可以通过压电效应转化为能量。能量收集设备可以将机器、道路和其他基础设施产生的振动、压力和机械能转换成电能。这些能量来源可以产生毫安级的电流,适用于一些有能量存储的极小型边缘设备和系统,产生毫安级电流的过程可以使用微电子机械系统(MEMS)、静电或电磁系统来完成。压电能量收集的原理公式如下。

$$E = \frac{1}{2}QV^2 = \frac{Q^2}{2C}$$

式中,$Q$为平面恒定电荷的大小,$V$为恒定电压,$C$代表压电材料间的电容。能量$E$的大小与产生的平面恒定电荷平方$Q^2$成正比,与压电电容$C$成反比。图1-8所示是压电能量收集器件的原理,

图1-8(a)采用的是双层压电材料,图1-8(b)采用的是单层压电材料。

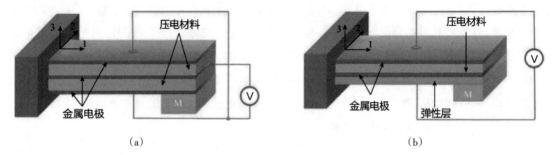

（a）                                （b）

图1-8　压电能量收集器件的原理

温度差形成的热能也可以作为一种辅助的能量获取手段,能够被边缘设备利用的热能转化手段,主要是利用塞贝克效应的热电转换器件完成的。热电转换器通常被称为热电偶或热电发生器(TEG)。塞贝克效应又称为第一热电效应,是指由于两种不同的电导体或半导体的温度差异而引起两种物质间的电压差的热电现象。这种原理也可以用在给可穿戴设备供电上,人体温度和空气温度就能够形成一定的温度差,从而产生能量给设备供能。

常用的热电转换元件能够在5℃的温差上产生3V、40μW的电能输出。现代主流热电转换装置一般都是采用N型和P型的碲化铋半导体,一端电极接触或靠近热源,另一端连接绝缘底座。如图1-9所示,P型半导体在冷端产生带正电的空穴,而N型半导体在冷端产生带负电的电子,然后用导线将两电极连接起来,就产生了电流。

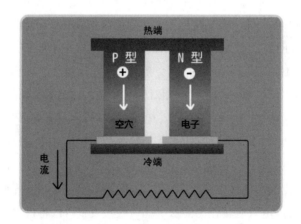

图1-9　热电效应电能收集元件的原理

### 1.3.3 通信技术

这一部分主要涉及的是与边缘计算有关的无线通信技术,这是因为在边缘计算领域中,无线通信技术更为适用,而且更加普遍。当然,在一些特殊的领域中,有线通信技术仍然占非常重要的地位。但是,从物联网和边缘计算的角度来看,尤其在架构和技术选型方面,对于无线通信技术的选择和使用更加复杂,也更加重要。关于边缘计算通信技术相关的内容,会在后面的章节详细介绍。这里只是做一个简单的分类,使读者能够对边缘计算涉及的通信技术要求和特点有一个了解。

到目前为止,通信技术的发展主要还是集中在解决人与人之间通信交流的问题。不过,随着边缘计算技术和各个行业信息化的发展,机器与人及机器与机器之间的通信需求变得更加普遍。虽然这个领域已经有大量的可用技术,但是还没有形成一个比较完整的体系和技术标准。这里主要介绍一下通信技术分类和在边缘计算中的适用性。

总体来说,无线通信技术根据传输距离可以分为无线个人局域网(WPAN)、无线局域网(WLAN)和广域网(WAN)几类,有时我们可能会把Internet从WAN中单独拿出来。在分析和处理技术问题时,遵循奥卡姆剃刀原则是比较有效率的方式。

WPAN是一种通过低功耗无线通信技术,用于在个人工作空间内互连电子设备的计算机无线网络。WPAN是IEEE 802.15工作组的名称,用于拟定和发布相关的标准。目前这个工作组已经更名为无线传感器网络(WSN),名称的改变也说明WPAN包含的内容其实已经超出了无线个人网络领域,其包括近距离(通常15米以内)办公场所、家庭及公共设施等网络连接。

整体上来看,TCP/IP协议在信息传输和交换领域中占据了主导地位。尽管如此,还是有许多通信技术,尤其是在WPAN和WLAN领域中没有使用TCP/IP协议。后面会将目前使用的WPAN技术大致分为基于IP和非IP两种进行介绍。通常,不使用TCP/IP协议的原因是,保持通信配置简单、降低数据报文处理性能要求、降低能耗、减少通信冗余等。

非IP的WPAN技术标准主要是在前面提到的IEEE 802.15工作组的标准体系下定义的。主要的技术有蓝牙(Bluetooth),体现在标准IEEE 802.15.1和IEEE 802.15.2中;ZigBee技术,IEEE 802.15.4定义了其PHY层和MAC层的标准。ZigBee的完整体系是由ZigBee联盟负责维护和发布的,同时这个联盟也负责协议认证和授权。如果开发使用ZigBee协议的设备和元器件,必须取得该组织颁发的授权。Z-Wave是另外一种非IP的WPAN技术,与ZigBee非常相似。不过,其工作频率为900MHz,因此带宽远远低于ZigBee,且一个网络支持的接入设备数量也只有232台。

基于IP的协议主要是应用了6LoWPAN相关标准,这是基于IPv6的低功耗个人区域网络,优点是能够加入基于IP的比较成熟的路由,具有安全及其他网络管理机制,同时也能符合低能耗的要求。Thread协议就是基于6LoWPAN的,其原生支持高级加密标准(AES)。另外,常见的Wi-Fi技术是基于IEEE 802.11协议的,在边缘网络中也经常会用到。虽然Wi-Fi技术本身并不包括TCP/IP相关的内容,但是在大多数情况下,Wi-Fi无线路由器都普遍采用了TCP/IP传输层,因此也常被看作基于IP的协议。

WAN广域长距离的通信要求在边缘计算的应用中也很常见。很多边缘计算的设备和传感器都分布在非常广的地理空间,因此一些低能耗、安全和稳定的广域网通信技术也是边缘计算领域非常重要的通信技术基础。WAN的解决方案主要有两种,一种是基于现有移动通信网络技术的,另一种则是通过自组网或脱离传统移动通信网络的技术。非移动通信网络的WAN技术主要有LoRaWAN和Sigfox,这两种技术在后面通信相关的章节会详细介绍。

# 1.4 热门技术和边缘计算

边缘计算本身并不是一项单一的技术,而是一项综合利用各种技术的系统方法。许多最近非常热门的技术在边缘计算领域中都有极为广泛的应用,这些在本书后面的章节中还会进行详述,本节主要是围绕5G技术、云计算、IoT、机器学习及移动通信等技术领域的应用和发展进行简要介绍,并结合边缘计算技术进行讨论。

## 1.4.1 5G技术和边缘计算

在通信领域中,5G技术无疑是最近几年最火的概念之一。笔者2017年在华为工作时,5G技术的各个主要领域就已经成为当时公司的战略研究和突破方向了,并且预测2020年左右,全球主要电信运营商会开始进行大规模的商业化部署。作为未来整个通信服务的基础设施架构,5G网络的开发和部署无疑会对云计算和边缘计算技术的发展和应用产生举足轻重的作用。

5G标准是面向未来10年的信息技术对数据传输和处理的要求而设计的,主要有以下几个性能和功能方面的要求。

### 1. 连续的广域覆盖

对于移动通信网络来说,做到高覆盖是最基本的要求。为了实现这一点,4G网络在城市中心地带的基站部署密度会达到每间隔200~300米安装一个,而且为了提高覆盖强度,天线大多是10度倾角安装。5G的频率范围比4G的要宽很多,分为FR1和FR2两个频率范围,FR1通常指的是Sub-6GHz,频率范围从450MHz到6000MHz;FR2的频率范围为24250MHz到52600MHz,主要涉及毫米波通信。由于5G可以采用的频段较丰富,国内运营商可以重耕2G/3G使用的800MHz、900MHz等低频段用于NB-IoT等物联网服务,使得5G覆盖能力强于4G。不过,由于5G提供的服务类型更加丰富,且设备数量也会成倍增长,所以最终5G基站的密度肯定会达到甚至超过4G的水平。

### 2. 高容量基站

对于居民、商业服务、写字楼这样的场景,5G网络需要能够提供高带宽和高容量。要求能够达到1Gb/s的用户体验速率、10Gb/s以上的峰值速率和每平方千米10Tb/s以上的流量密度。在恶劣环境下(小区网络边缘、高速行驶的交通工具上等)能够提供100Mb/s的用户体验速率和每平方千米1Tb/s的流量密度。

### 3. 低功耗和大连接

由于需要处理大量远程连入的物联网和边缘设备的请求,要求能够提供海量的连接数量(每平方千米数万或数十万的连接数量)。同时,还要满足低功耗要求,以确保电池能够长时间使用而不更换(5年以上)。

### 4. 低时延和高可靠性

国际电信联盟(ITU)、IMT-2020推进组等国内外5G研究组织机构均对5G提出了毫秒级的端到端时延要求,理想情况下端到端时延为1ms,典型端到端时延为5~10ms。我们目前使用的4G网络,端到端理想时延为10ms左右,长期演进(LTE)的端到端典型时延为50~100ms,这意味着5G将端到端时延缩短为4G的十分之一。而3G的端到端时延为几百毫秒量级。

如图1-10所示,对于5G网络,主要分成了三种业务场景,或者说三种切片,分别提供不同的网络服务质量(QoS)。其中最基础的是eMBB(增强移动宽带)场景,即现在通用的移动通信设备和宽带服务,比如网页、互联网游戏、视频服务等应用。对应的是要求高速、大带宽的应用服务领域,最重要的指标是网络传输速度,对时延的要求不高。标准是在理想条件下连接带宽达到10~20Gb/s。从如今已经完成并冻结的R15标准来看,其主要的应用领域还集中在eMBB的场景。其实eMBB场景下的时延要求不高也只是相对的,由于AR/VR技术的应用也是放在eMBB这个场景切片的,所以其时延要求其实必须小于人的感知能力范围(20ms以内)。这个要求还是高出4G标准的水平的。

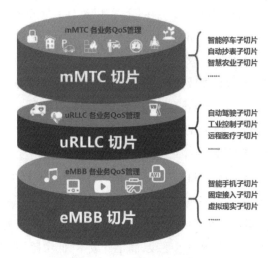

图1-10　5G网络应用场景切片

mMTC(大规模机器类型通信)与eMBB场景面向"人"的服务不同,主要是处理机器或终端设备的大规模连接。实现的是与物的连接,处理的应用主要是面向智能水电表、智能路灯、农业管理、环境预警、安防等应用领域。主要面向的是低速率、低成本、低功耗、广覆盖、大连接的应用场景。这个场景将主要用到5G网络的低频段资源600MHz、700MHz和850/900MHz,例如,爱立信给AT&T建设的蜂窝基站就拥有每个基站接入数百万个连接的大规模IoT的能力。

uRLLC(超高可靠与低时延通信)对应的应用场景是物与物及人与物相连,这些应用包括自动驾驶、高速和高精度工业控制、交通安全控制、远程医疗和手术等。这些应用对带宽、可用性和时延的要求都非常高。时延要求能够达到1ms以内,同时可用性要达到极高的要求。

现阶段从国内外的主要电信运营商升级到5G的计划和时间表来看,还是以非独立组网(NSA)方式为主。这种方式其实就是部分使用4G现有的基础设施(主要是EPC核心网),结合5G的部分功能或模块进行组网的方案。NSA组网方式分成很多种,但是目前来看,最流行的方式应该是R15标准中确定的选项3方式。即继续使用现有4G网络的核心网EPC,改造或跳过4G基站,以便能够和5G NR

接入层连接,提供10Gb/s的连接速度(由于4G基站只能提供最多1Gb/s的连接速度,所以需要改造升级4G基站或直接连入5G基站)。在选项3中,根据改造4G基站还是直接使用5G基站,又分成3x(4G LTE和5G NR共用5G基站接入)、3a(4G基站和5G基站相互独立)和3(改造升级4G基站,同时给4G LTE和5G NR服务)三种方案。

目前通过NSA组网模式,能够在一定程度上实现eMBB场景的应用。但是,对于mMTC和uRLLC这两个场景还是无法满足的。主要原因是,现有4G核心网的承载能力和响应速度还无法匹配后两种场景的要求,而mMTC和uRLLC恰恰是对物联网和边缘计算来说最为重要的。现阶段已经完成并冻结的5G-R15标准其实主要是定义了eMBB相关的应用和组网标准。R16标准对于mMTC和uRLLC的内容和组网要求进行了比较详细的定义,在2020年7月正式完成并冻结。R16版本标准更加关注各垂直行业的需求和实现技术,以及5G整体的性能增强。发布了面向智能交通、智能驾驶领域的5G V2X;面向工业物联网领域的uRLLC增强和时间敏感网络(TSN)的支持,以及对于5G非授权频谱(NR-U)的使用等功能。R16版本要求在5G网络中能够达到1ms空口时延、5ms以内端到端时延;并且将可靠性要求从99.9%提升到99.999%;授时精度达到微秒(μs)级。可以看到,实现R16版本标准,才真正意味着5G技术能够用于对通信要求非常严苛的工业边缘领域,并真正支持高质量的万物互联。

2022年6月9日,5G的R17版本标准冻结。这标志着5G标准的第一个阶段完成,进入了成熟期和稳定期。R17版本标准对于原来的R16进一步进行了服务水平协议(SLA)的补充。另外,在R16的基础上,进一步提高了网络性能要求。室内工厂理想环境下的定位精度由R16的<3m提升到<0.5m,终端在空闲态和非激活态下的能耗比R16节省20%~30%,工业物联网TSN的空口授时精度从R16的±540ns提升到±145~±275ns,并支持多向授时。最重要的是R17引入了新的技术和功能,以加强物联网和边缘连接能力。例如,轻量级新型终端(RedCap)通过降低终端带宽和天线数目、简化双工传输、裁剪协议流程功能、减少功耗开销等技术手段,满足低成本、低功耗、中等数据速率的物联需求,能够与窄带物联网(NB-IoT)形成互补,适配工业传感器、视频监控及可穿戴设备等各种边缘应用场景。天地一体新网络(NTN)技术可以通过卫星链中继实现上千千米的超广域覆盖。新设计的多播广播功能(MBS)通过灵活的传输模式及反馈模式,实现多播广播业务的高效可靠传输,可以在实况转播、公共安全等领域中发挥重要的作用。尤其增强了对边缘计算服务的支持,可以自动发现边缘服务器。增加了边缘应用服务发现功能(EASDF),相当于用户设备(UE)选择边缘服务器的DNS服务,通过UE的位置信息路由到最近的边缘应用服务器上。

5G网络最终要完成独立组网(SA),并将目前的R15/16/17在设备和部署上充分落实,才能够真正获得完整的5G通信能力。电信运营商和设备供应商可能要花数年的时间才能完成所有的网络建设。同时,5G标准不是一个固定的形式,而是不断演进和发展的动态过程。如今,面向未来万物互联的R18标准已经提上第三代合作伙伴计划(3GPP)的议事日程。总之,物联网和边缘计算技术一定会被5G技术深刻影响,但这肯定也会是一个长期的过程。图1-11展示了5G标准路线图,可以看到5G标准和技术的演进不会停止。随着5G技术的不断发展、成熟和应用,未来在边缘端和IoT领域中一定会产生大量颠覆性的创新和应用,会像移动互联网一样改变我们的生活和工作方式。

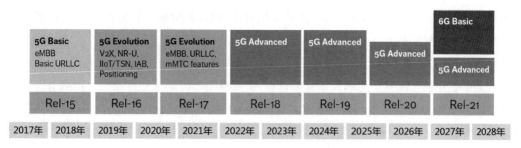

图 1-11　3GPP 的 5G 标准版本发布时间线

来源:爱立信官方网站文章 *5G evolution toward 5G advanced: An overview of 3GPP releases 17 and 18.*

## 1.4.2 云计算、边缘计算和 IoT

云计算、边缘计算和 IoT 这个三元组,通常可以简称为云边端,这三个部分是相互补充和相互依赖的关系。在最近的十年间,企业 IT 基础设施已经从电信公司的托管机房或企业自建的机房转换到了云计算平台。

下面讲一个笔者当年亲历的小故事,以便让大家更深切地体会到云计算所带来的便利。记得2008 年时,我帮客户建立了一个面向中国客户的网站,客户是一家规模很大的外资广告公司。为了网站的性能、稳定性和安全性,该公司需要部署独立的主机。我背着十几公斤的服务器来到上海某郊区的电信托管机房,机房管理员在机房旁边的办公室问了我是哪家代理商,托管多长时间,记录了我的身份证号。然后管理员带我进入了那个两层楼的机房。如果要用一个字来形容当时的电信托管机房的话,那"乱"字是最贴切的了。机房的机架上胡乱堆放着来自不同客户、不同品牌及自装的服务器,后面插着混乱的网线和电线。一进门就感受到巨大的轰鸣声和一股股热浪扑面而来,就像是好多老式飞机引擎同时发动的感觉。墙角的空调被开到最大风量,不过声音早已被几千台各色服务器的轰鸣声盖住了。那个管理员找到了一个空位,把我的服务器用力地塞了进去,又从后面摸索出一根网线插在网卡端口上,然后接上电源。我打开机器,调通服务。管理员给了我外网 IP 地址和一个电话,说道,"有问题打这个电话,24 小时有人值班。"而实际上他们能做的通常就是有问题时帮你重启机器。当时服务器加上 1U 服务器一年的托管费差不多上万元,而得到的服务却极为有限。

后来有了各种云计算平台,我当年的这种经历估计现在很少会有朋友再去体验了。云计算通过虚拟化技术,把专业互联网公司的大规模集群的计算和存储能力提供给用户使用。有了云计算以后,就可以实现按需购买服务器运算资源,节约了企业 IT 成本。而且虚拟化技术使云服务能够有极强的伸缩性、弹性和可靠性。系统的开发和维护团队不再需要关心底层的网络和服务器的问题,提高了应用开发和运维效率。这给整个 IT 行业的发展带来了巨大的促进作用,甚至很多重量级的互联网公司也开始逐渐把 IT 基础设施迁移到公有云上,比如美国的在线流媒体服务商 Netflix 就已经将主要的 IT 基础架构迁移到了 AWS 云服务上。一些最近十年发展起来的互联网公司,如 Airbnb、Uber 等都是AWS 等公有云服务的重度用户。而国内的大量新的创业公司也都采用了阿里云、腾讯云等国内的云平台服务。

尽管云计算拥有这么多的优点,但是当IT发展到物和物、人和物的全连接时代时,公有云计算本身的一些缺陷也暴露出来了。

(1)公有云的物理服务器也是集中在几个到数十个大型数据中心的,所以云服务,尤其是公有云服务本身是中心化的。面对迅速增长的终端设备,云数据中心的运算和存储能力跟不上终端设备增长的需求。如果所有终端设备产生的数据都要进入云平台并进行处理,将会产生极为高昂的成本。持续增长的海量数据处理,要求有几何级增长的云计算能力。这将给云计算数据中心造成非常沉重的压力。

(2)大量的终端设备需要高可用性和极低时延的服务。通常,云数据中心和实际的设备之间的物理距离都比较远,当前网络基础设施(4G及早期5G)还达不到10ms以下的时延要求。

(3)终端设备的运行环境和运行状态是无法确保持续稳定的,边缘端连接核心网的持续可用性无法保证。大量设备工作在恶劣或极端环境中,很难保证和数据中心网络连接的可靠性。

(4)某些传感器和设备产生的数据是比较敏感的,可能涉及个人信息、商业机密或知识产权,最终用户不希望把所有的数据都上传到云。而在信息传输、处理和保存的过程中有可能会导致信息安全问题。

Intel公司的Mark Sharpness在2017年Linux基金会组织的开源峰会上列出了在全连接时代的数据量。2021年互联网用户人均产生数据大约为146GB,如果所有的设备都直接传输数据到云数据中心,这在现有技术和基础设施的条件下,将是不可能完成的任务。云计算平台的存储、计算和分析功能势必需要分流到边缘设备和终端设备上。

随着各种终端设备接入网络,同时对于处理海量连接和数据的要求,很多应用对实时性和可用性的要求越来越高。引入边缘设备已经是非常迫切的需求了。在大多数的物联网应用中,我们其实都有必要开始考虑边缘计算服务的部署和使用。如何在云—边—端这三个维度上设计物联网应用? 如何分配数据和处理能力? 如何做到快速响应,同时还能保证系统的安全可靠? 如何将原来的直接的云+终端的模式迁移到边缘计算模式? 这些问题都是需要去解决的,本书的目的其实也是提出一些技术和方法,去帮助大家解决边缘计算设计和落地到实际项目中的问题。

### 1.4.3 机器学习和边缘计算

机器学习,尤其是深度学习已经成为如今最热门的技术领域之一。不过,相比于火热的人工智能媒体报道和各种概念,真正落地和实际产生的成功案例还是相对比较少的。尤其对于传统企业来说,各种AI概念的应用和落地缺乏真正的应用载体和能够熟练应用AI技术的人才。在边缘计算领域中,人工智能的应用也是非常重要的一个方向。边缘计算在基于地理位置及需要低延迟和快速响应的应用领域中有着天然的优势,其与人工智能的结合是一个非常重要的发展方向。

最近十年中,深度学习、神经网络算法的成熟和计算机本身处理能力的增强,使很多以前非常困难的人工智能问题取得重大突破。比如机器图像识别和自然语言处理,原先研究人员使用过非常复杂的处理方法,如自然语言处理的主流技术是隐马尔科夫模型和其他模糊匹配的算法。而图像识别,尤其是人脸识别方面,曾经占据主导地位的是局部二值模式(LBP)特征方法。

但是,这些方法使用起来非常复杂,而且一直无法进一步提高准确度。当卷积神经网络(CNN)和循环神经网络(RNN)被分别用于图像识别和自然语言处理时,奇迹似乎发生了,长期停滞的机器学习领域出现了重大突破。例如,人脸识别的识别精确度从90%提高到了99%。神经网络技术似乎一夜之间成为沉寂已久的人工智能研究领域的一剂兴奋剂,各种优化算法如雨后春笋般出现,大量的科研人员和资金投入了这个领域。紧接着,阿尔法围棋(AlphaGo)使用深度学习算法和强化学习算法,在2016年以4:1的成绩战胜了人类顶尖围棋棋手李世石。这些成绩的取得确实令人振奋。通过这些新的机器学习技术,我们能够通过训练神经网络模型去完成许多不同的任务。

尽管机器学习已经能够很好地完成许多原先需要借助人的干预才能够完成的任务,但还是有一些制约因素。对于比较复杂的内容识别,或者需要获得更好的准确度时,我们往往需要搭建更深、更大的神经网络,而神经网络的学习对数据的数量和质量也是高度依赖的。大型的神经网络和大量的样本数据,需要密集和强大的计算能力和存储能力,这些都只能够在数据中心提供的运算平台上实现。训练出来的大型神经网络的执行也需要一定的运算能力。由于在很多场景中,没有办法在现场部署复杂的高性能边缘设备,因此对模型的轻量化及设备的小型化提出了更高的要求。

如今,越来越多的工业和物联网应用需要依靠机器学习的算法和模型来自动化流程,并实现很多重要的功能。对于边缘低功耗设备有软硬件两个方面的改进,第一个是在不会严重影响模型预测精度的情况下,让人工智能识别模型更加简单,运行起来更快。现在有不少算法可以简化模型,如YOLO、Mobile、Solid-State Drive(SSD)和SqueezeNet。第二个是采用模型压缩技术,压缩模型会损失一定的精度,但是能够大大提高模型的执行速度。

在很多应用场景中,往往可以牺牲微小的精度来换取更高的执行效率。此外,硬件本身的运算能力也在不断提高。由于半导体技术的发展,在功耗不明显增加的情况下,通过新的工艺生产出来的芯片运算能力已经越来越强大了;同时,Intel、Google推出了可以即时插拔的图像处理器(GPU),可以方便而快捷地提升边缘设备的AI运算性能。在很多地方,还可以直接使用现场可编程门阵列(FPGA)进行机器学习模型的执行。

对于深度神经网络来说,要想获得精确的预测结果,大量的数据样本是必不可少的。事实上,数据的质量和数量在机器学习应用上的重要性是远远大于算法的改进的,这一点我们会在后面涉及机器学习的部分详细讨论。人工智能应用中的边缘设备需要承担一项重要任务,就是数据样本的收集和上传。为神经网络学习积累样本,确保有足够多且高质量的样本数据,用这些样本数据不断训练模型并保持模型的判断精度。我们并不需要收集在边缘端产生的所有数据,在边缘设备上的数据上传云端之前,边缘服务器可以先进行一些过滤和预处理。这些过滤和预处理功能包括去除噪声数据、质量不佳的原始样本;整理、压缩和标准化采集到的数据等。

最近几年,由于受到数据隐私保护、网络带宽限制及数据中心计算能力的制约,分布式机器学习,尤其是联邦学习,成为人工智能领域一个非常热门的研究方向。联邦学习的一个重要理念就是要把数据样本的存储和模型训练的计算分流到大量的边缘设备中。由于边缘设备的不稳定性、通信延迟和设备异构性,产生了很多实际问题,这些问题和挑战也同时给物联网和边缘计算领域带来了很多重大突破的机会。

### 1.4.4 移动边缘计算和移动云计算

如表 1-4 所示,移动边缘计算(Mobile Edge Computing, MEC)和移动云计算(Cloud Edge Computing, MCC)有非常显著的要求差异,下面我们就来详细地介绍 MEC 相比 MCC 的独特优势。MEC 在最近的文献中也被称为 Multi-access Edge Computing,即多接入边缘计算。目前被广泛接受和使用的 MEC 定义是由欧洲电信标准化协会(ETSI)给出的,这个定义主要是为移动通信服务提供的参考,允许应用程序开发者利用通信服务运营商的无线接入网(RAN)设备作为边缘服务器。无线接入设备通常部署在蜂窝网络基站中,也就是允许通过基站的服务器为应用程序提供 MEC 功能的支持。

表1-4  移动边缘计算(MEC)和移动云计算(MCC)的区别

| 特点 | 类型 | |
|------|-----|-----|
| | MEC | MCC |
| 服务器硬件 | 小型数据中心,简单的硬件 | 大型数据中心,大量的高可靠性服务器 |
| 服务器位置 | 与本地无线网关、Wi-Fi路由器或LTE基站部署在一起 | 在专用的服务器机房建筑中,通常有几个足球场大小的面积 |
| 部署 | 相对比较密集的部署,通常是由电信运营商、MEC服务提供商和家庭用户等安装和管理。需要轻量级的配置和计划 | 由大型IT公司或电信公司部署和维护,通常在全球只有有限的地点。需要有复杂的配置和计划 |
| 到终端用户的距离 | 近(数十到数百米) | 远(跨省、跨国界、跨洲界) |
| 系统管理 | 层级化、分散化管理 | 中心化管理 |
| 支持时延 | 少于10ms | 超过100ms |
| 应用领域 | 要求低时延和计算密集型的应用。例如,AR、自动驾驶和互动游戏 | 可容忍较高时延的计算密集型应用。例如,移动电商、健康管理和远程学习 |

## 1.5 云计算平台提供的边缘计算服务

事实上,各大云平台早就在布局边缘技术相关的业务和服务了。这些云平台提供的服务本身通过原有的 Serverless 技术下沉到边缘端,提供了边缘计算能力。这些会在后面的章节中做详细的介绍,本章只做一些简单的介绍。

## 1.5.1 AWS IoT Greengrass

亚马逊的 AWS IoT Greengrass 可以将 AWS 的功能无缝扩展到边缘设备,然后在本地操作其生成的数据,同时可以把数据传输到云端进行分析、处理和存储。AWS IoT Greengrass 还原生地支持 AWS Lambda 函数、Docker 容器这样的功能,并和云端同步。在互联网连接中断的情况下,也能够继续完成这些功能。

如图 1-12 所示,可以通过 Greengrass Connectors 来连接终端的设备和各种程序及应用。通过 AWS IoT Greengrass 这样的边缘服务,我们可以实现近乎实时地响应本地事件,在没有网络连接的情况下脱机运行边缘处理程序,加强云设备和边缘设备的通信安全,通过容器技术和 Lambda 函数简化边缘端程序的开发和实现,从而降低 IoT 应用程序的成本。

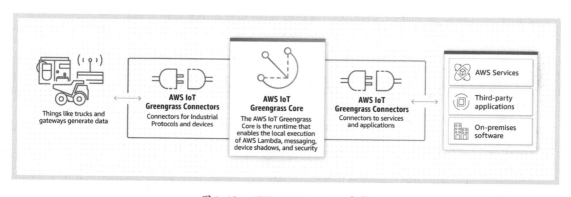

图 1-12　AWS IoT Greengrass 架构

AWS Lambda 是 AWS 推出的一个无服务器计算平台。开发人员可以通过 AWS Lambda 功能快速部署和构建应用程序,而不需要考虑部署服务器或数据库。现阶段,AWS Lambda 支持使用 C#、Python、NodeJS、Java 和 Go 语言开发,支持部署和运行 Web 网页、数据处理、微服务等各种应用程序,非常灵活和方便,是 AWS 主推的 Serverless 实现方案。不过,根据行业内人士推测,AWS Lambda 功能的内部实现应该也是要依托于高效率和可靠性的容器技术来完成的。

AWS IoT Greengrass ML Inference 是 AWS IoT Greengrass 的另外一项重要功能,它可以使用在云上训练好的模型,在边缘端设备上执行机器学习推理,并过滤和保留本地数据,传输回云端作为数据样本。

## 1.5.2 阿里云 Link Edge IoT

阿里云作为国内最大的一家云服务提供商,也推出了自己的边缘计算服务,这是整个阿里云 IoT 体系的一部分。阿里云提供了类似 AWS Iot Greengrass 的边缘计算功能和边缘容器应用部署的功能。

不同的是,阿里是一家更加注重生态的公司,因此提供了第三方的市场,可以提供和购买第三方的硬件、通信协议驱动及边缘 IoT 应用。这使得阿里的 IoT 更加面向第三方的合作者,对于国内的集成服务商也更加友好。

阿里云作为国内云计算平台的领导者,对于边缘计算和IoT的支持是比较全面的,基本上覆盖了物联网技术和边缘计算技术的最主要的应用方向和工具。阿里云的物联网平台称为IoT Hub,提供了物联网设备接入、设备管理、安全管理和数据规则引擎等功能。

如图1-13所示,我们可以看到阿里云的整个生态架构是非常广泛的,包括了万物互联的各个方面,根据不同的协议和环境采用不同的方式连接物联网设备,并通过其云端的消息处理、数据分析和存储能力提供各种服务。尤其要注意的是边缘网关这一块,这是阿里云边缘计算的核心部分,起到了设备(物)和平台(云)的中间环节作用。物联网边缘计算继承了阿里云安全、存储、计算、人工智能的能力,可部署在不同量级的智能设备和计算节点中,通过定义物模型连接不同协议、不同数据格式的设备,提供安全可靠、低时延、低成本、易扩展、弱依赖的本地计算服务。同时,物联网边缘计算可以结合阿里云的大数据、AI学习、语音、视频等能力,打造出云边端三位一体的计算体系。其核心功能包括边缘实例、设备接入、场景联动、边缘应用、流数据分析、消息路由和断网续传等。

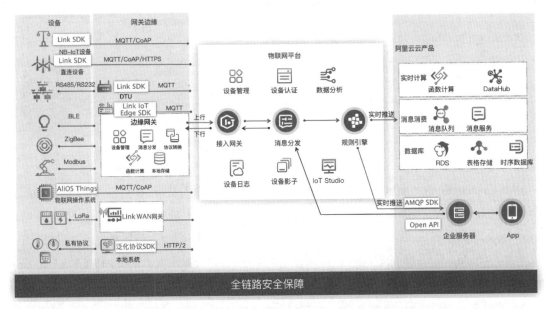

图1-13　阿里云物联网平台架构(截取自阿里云介绍文档)

(1)边缘实例。边缘实例用于在平台端集中管理边缘端的网关、系统、传感器等,是对各种边缘设备的抽象化管理。通过层级目录的方式,配置这些边缘实例的场景联动、函数计算、流数据分析和消息路由等功能。

(2)设备接入。通过边缘实例内置的协议,以及第三方开发的协议模块,可以连接各种不同的终端设备,如工业控制系统、机器人、各类传感器等。

(3)场景联动。对于物联网应用来说,每个场景下的设备都不是孤立的,而是多个设备和传感器相互交互,从而完成某些功能的系统。例如,酒店场景下,当客人开门并入住房间后,能够通过客人原来的入住习惯,获得顾客喜好的室内温度、光照强度等,自动调节空调和灯光系统,让客人获得更好的体验。那在这种情况下,开门信号作为输入,然后系统验证顾客身份并查询云服务的记录,匹配合适的温度和光照强度,将控制指令下发到房间中的空调和灯具。这就完成了一个简单的场景联动。阿里云提供了简单的图形界面来联系不同的设备之间的关系,形成联动闭环。

(4)边缘应用。这个指的是对于一些数据处理和应用可以从云端下沉的边缘端,以提供更加快速的响应,或者是减轻云端服务程序的压力。目前阿里云的函数计算和容器服务可以无缝下放到边缘服务器处理。函数计算是阿里云提供的一种PaaS服务,无须部署云服务器,直接通过一段代码就可以运行并提供服务;容器服务主要是支持了Docker和私有的Docker Hub,并且通过设置可以在云端或边缘设备上运行容器应用。

(5)流数据分析。边缘计算的流数据分析其实是对阿里云流数据处理能力的扩展,用于应对物联网应用场景中本地数据分析和处理的情况。一方面,通过流处理程序,可以过滤、加工、清理和聚合原始采集的数据。另一方面,某些需要实时性和离线分析的数据,可以在边缘服务器上进行处理并快速响应。

(6)消息路由。提供消息路由的能力。可以设置消息路由路径,控制本地数据在边缘节点之间、边缘节点到云端、云端到边缘端的流转,从而实现数据的安全可控。

提供的路由路径如下。

①设备至 IoT Hub。

②设备至函数计算。

③设备至流数据分析。

④函数计算至函数计算。

⑤函数计算至 IoT Hub。

⑥流数据分析至 IoT Hub。

⑦流数据分析至函数计算。

⑧IoT Hub 至函数计算。

(7)断网续传。边缘节点在断网或弱网情况下提供数据恢复能力。可以在配置消息路由时设置服务质量(QoS),从而在断网情况下将设备数据保存在本地存储区,网络恢复后,再将缓存数据同步至云端。这是确保在网络连接不稳定的场景下,物联网终端数据仍然能够被保存和处理。

### 1.5.3 百度智能边缘

智能边缘将云计算能力拓展至用户现场,可以提供临时离线、低时延的计算服务,包括消息规则、函数计算、AI推断。智能边缘配合百度智能云,形成"云管理,端计算"的端云一体解决方案。百度边缘计算服务特别强调了智能这个词,其实也是百度结合了其自身的优势——在国内人工智能领域中有比较强的竞争力,其集成的智能推断功能可以说是百度边缘计算的亮点也是卖点。如果需要在边缘端应用机器视觉、语音识别等与人工智能相关的边缘应用,通常可以考虑百度的边缘计算产品。

百度智能边缘的核心软件包叫作Baetyl,如图1-14所示,提供边缘网关的核心功能,兼容ARM核心的单片机及X86的普通服务器。同时,Baetyl可以本地化运行,支持边缘节点 K3s+Docker 和 K3s+

Containerd 两种配置方式,大大增强了其灵活性。如前面提到的,百度云和边缘计算提供了一般的边缘应用和设备通信功能,支持数据采集、时序数据库、流数据处理等。另外,Baetyl 深度结合了百度在人工智能方面的优势,这主要体现在和百度的另一款边缘端机器学习产品 EasyEdge 的整合上,其在边缘服务器上可以支持各种主流的深度学习框架和模型的应用。

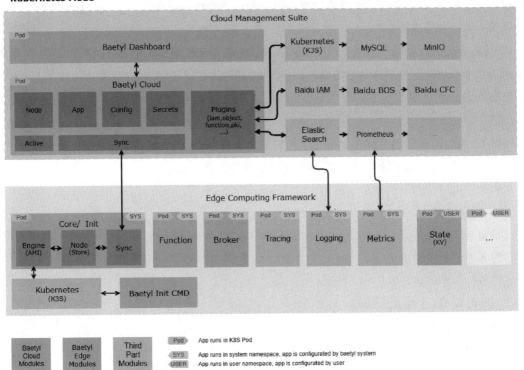

图 1-14　百度物联网智能边缘计算

EasyEdge 是百度基于轻量化推理框架 Paddle Lite 研发的端和边缘深度计算模型平台,能够将原始深度学习模型快速生成适配于边缘节点和智能终端的端侧模型。

目前 EasyEdge 支持 Caffe、PyTorch、TensorFlow、PaddlePaddle、MXNet 和 DarkNet,共 6 种框架;内置支持 Mobile 系列、ResNet 系列、DenseNet 系列、Inception/Xception 系列、SSD 系列和 YOLOv3 系列等 50 多种网络模型;适配 ARM、X86、NVIDIA CUDA、百度 EdgeBoard 等十多种 AI 计算芯片。

使用 EasyEdge,开发人员可以非常容易地在边缘设备上部署和使用各种深度学习模型,在边缘端进行语音、文字、图片和视频信息的实时识别和处理。百度智能云的文档提供了一些实际使用的案例,用户可以参考这些案例来开发自己的应用。

尽管百度智能边缘有自己的优势,但是相较 AWS 和阿里云来说,在平台的成熟度和性能方面还是有一定的差距。但是,对于人工智能识别有特别需求的边缘计算应用来说,百度平台还是有独特的优势的。

另外,Baetyl这个边缘计算平台已经开源了,并且成为Linux Foundation Edge(LF Edge)旗下的孵化项目之一。LF Edge这个开源软件组织是Linux基金会的边缘计算分会,比较著名的边缘计算开源项目EdgeX Foundry也是这个Linux基金会旗下的软件,第10章介绍边缘计算开源框架时会详细介绍这个项目。

# 第2章

---

# 边缘计算的硬件

　　总体来说,边缘计算的硬件架构及技术指标与通常的计算机系统的架构和技术指标没有任何区别,但是由于边缘计算涉及不同的应用场景、使用环境及限制条件,使边缘计算硬件的设计和选型显得非常多元化,甚至在很多情况下,让人感觉无从下手。本章会从几个不同的维度来介绍边缘计算硬件的种类和特点,并在最后一部分介绍常见的传感器技术。

# 2.1 不同运算核心硬件在边缘计算中的应用

　　计算机最核心的部件就是计算单元,我们通常会用到的计算单元种类有CPU、GPU、FPGA和ASIC(专用集成电路)四类。CPU是最常用的计算部件,大多数情况下,服务器或边缘设备都会由CPU提供通用运算和数据处理能力。如今的计算机基础架构均采用的是冯·诺依曼架构,就是以CPU和存储为核心设计和定义的。冯·诺依曼架构同时也是存在时间最久的计算机架构。早期的GPU是专门设计用于计算机图像处理的通用芯片,采取单指令多数据流(SIMD)的方式处理浮点和整数运算,拥有非常强的并行计算和并行数据处理能力。

　　FPGA和ASIC都属于专用数字芯片,不同的是,FPGA是基于可编程门电路设计开发的一类可以通过编程改写内部功能的芯片。而ASIC则是为专门领域和任务设计的数字芯片。

　　无论是云计算还是边缘计算,这些通用和专用的计算硬件都在发挥着各自独特的作用。在设计边缘计算系统时,我们有必要了解不同计算组件的特点,并根据应用场景和需求的不同,而选择不同的核心运算硬件为基础的边缘设备。

## 2.1.1 CPU与冯·诺依曼体系

　　美籍匈牙利数学家冯·诺依曼于1946年提出了存储程序的理论,将计算机程序作为数据对待。程序及该程序处理的数据用同样的方式存储,然后顺序执行。另外,冯·诺依曼体系还将二进制数据存储和运算作为计算机电路和元器件设计的基础,好处是大大简化了电子计算机逻辑电路和存储器件的设计,更加符合电路的工作特性。上面提到的冯·诺依曼体系如今看来并没有什么,但是在计算机刚刚发明的时期确实起到了非常重要的指导作用。

　　传统的计算机系统可以分成哈佛体系(程序指令和数据分离存储)和标准的冯·诺依曼体系(程序指令和数据共享存储),严格来说,以CPU和GPU运算单元为核心的计算机系统都属于冯·诺依曼体系,而以CPU作为中央处理器的计算机架构是最经典的冯氏硬件架构。冯·诺依曼体系架构包含运算器、控制器、存储器、输入设备和输出设备,如图2-1所示。

　　运算器的全称是算术逻辑单元(ALU)。在ALU中,通常集成了执行算术运算和逻辑运算的半导体单元,包括整型加减法功能单元、浮点数计算单元、各种逻辑运算功能单元等。其作用就是把输入的数据根据指令放到合适的运算单元处

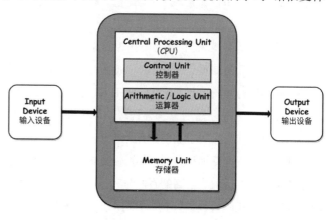

图2-1　冯·诺依曼体系架构

理,并输出计算结果。控制器是计算机的指挥部,负责按顺序或按转移标志的要求,从内存中读取程序指令并交给ALU运算,同时根据指令中的数据地址读取指令计算需要的数据并存入ALU高速寄存器,计算完成后将计算结果存入指令指定的内存地址。控制器除内存数据读取和计算控制功能外,还负责输入/输出设备的数据读写和访问控制。通常,CPU厂家会将控制器和运算器的功能合并到一块芯片中,称为中央处理器单元,也就是CPU。现在CPU都是由上亿晶体管构成的复杂集成电路,由专业的芯片加工企业负责生产、封装和测试。

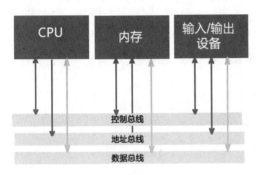

图2-2 计算机内部总线

计算机系统总线通常分为外部总线和内部总线两类。计算机外部总线用于设备与设备之间,或者设备与计算机之间的连接,如以太网就算是一种外部通信总线,这在边缘计算通信的章节会做详细的介绍。图2-2所示是计算机内部总线的示意图,计算机内部总线分为控制总线、数据总线和地址总线三类。控制总线用于传输控制信号,负责将指令和控制信号从CPU发送到各个计算机组件,协调和控制计算机的操作。数据总线用于在CPU、内部I/O及存储之间传输数据。数据总线和地址总线通常都采用并行通信的方式,并行的位数由CPU的运算位数决定。

例如,8086和8088这两种早期的通用芯片,8086为16位处理器,能够处理16位二进制数据的计算,那和这种CPU配套的数据总线和地址总线就是16位的总线结构。8088处理器的执行单元和计算单元也是16位的,芯片基本结构和8086一致,不过为了降低成本和简化电路设计,其采用了8位的数据总线和地址总线,使得8088的性能不如8086,内存直接寻址范围也大大小于8086处理器。但是,8088由于采用了8位数据总线和8位地址总线,使得其数据总线和地址总线是完全分开的,而8086的数据总线和地址总线是在一条16位总线上复用的。

数据总线是双向的,可以在CPU、内存和I/O设备间传输;而地址总线是单向的,从CPU发出,内存只是接收地址总线的数据,然后根据地址信息在内存中找到存储位置后进行读写操作。总线结构在小型计算机上使用得非常普遍,但是它的缺点也非常明显。每个系统时钟周期,只能在数据总线上传输一次数据,这就限制了系统的并发能力。不过,总线结构的优点是结构简单、稳定性高、成本低,其在通用计算机系统领域中使用得比较普遍。我们的PC、手机、平板都是采用的总线数据传输方式。对于大量的小型边缘设备来说,这种通用计算设备占据了所有设备中的绝大多数。

虽然边缘计算与高性能计算机(HPC)这个领域的交集不多,但是为了完整性,还是有必要介绍高性能计算机和高端存储的总线架构。如果大家碰到这些"特种装备",就能够理解为什么它会比普通的商用计算机快得多,同时价格也贵得多。

其实高性能计算机和高端存储所使用的单个存储设备和单个芯片的性能不一定比通用CPU高。高端存储系统能够达到非常高的吞吐量和读写性能是因为依靠了复杂的连接架构,如早期采用ASIC芯片的交换架构和矩阵直连的架构,目前比较常见的是全分布式架构。华为的OceanStor 18000就是全分布式架构,基于PCIe串行连接,最多支持16路控制器。高性能计算机也有用全光纤连接运算器和内存的,能够确保多路CPU可以同时读写内存数据和进行逻辑运算,大大增加了计算机的并发性能和吞吐量。

下面我们看一下对于CPU性能来说比较重要的几个因素。

### 1. 复杂指令集(CISC)和精简指令集(RISC)

CPU架构可以分为复杂指令集和精简指令集架构。CPU的指令集就是CPU能够处理的运算操作的集合,包括算术运算和逻辑运算这两类。复杂指令集和精简指令集的设计思路是不一样的。X86体系是比较典型的复杂指令集,特点是提供了很多能够完成复杂功能的指令,一条指令可以完成比较复杂的运算和处理,这些指令往往是某种高级语言功能的硬件实现。X86体系的CPU就内化了很多这方面的功能,比如大量的浮点计算和逻辑变换等功能。

像ARM、MIPS这些架构的CPU都采用了精简指令集。精简指令集架构是受到加州大学伯克利分校关于CPU指令集的研究启发而研制的。这个研究发现,当时(1979年)的复杂指令集CPU运行的程序中,80%的指令仅仅占了整个指令集系统中20%左右的指令数量。其中最常用的往往是加法、存取数据这些最简单的指令,复杂指令不但增加了指令解析的复杂度,而且还使芯片复杂度和能耗上升。于是很多研究机构和企业开始尝试设计和制造精简指令集的CPU,这些CPU通常只保留程序运行最常用和最基本的指令。

采用了精简指令集设计的ARM架构处理器是目前移动设备和嵌入式设备的主流架构。在很长一段时间内,产业界在涉及需要强大数据处理能力和性能的领域中,倾向于使用复杂指令集的X86架构CPU。而在需要低功耗、低计算密度的情况下,倾向于选择精简指令集架构的CPU,比如ARM架构和MIPS架构的芯片。但是,苹果公司在2020年的"双十一"推出的M1芯片,证明了ARM架构的精简指令集CPU也能够达到甚至超过X86这种复杂指令集体系芯片的性能,而且更省电(只有相同性能X86架构芯片耗电量的30%)、发热更少。这对于未来的边缘设备来说是一个好消息。

M1芯片的出现,给CPU的发展指出了一个以RISC指令集架构为基础的高效和节能的发展方向。同时,M1芯片也是迄今为止集成度最高的系统级芯片(SoC),其整合了8个CPU内核、8个GPU内核、16核的机器学习加速器、高速闪电USB接口,以及各种安全模块和I/O控制系统。

### 2. CPU的流水线深度和分支预测

CPU的流水线(Pipeline)深度和数量也会影响CPU的性能,CPU的运算一般分成几个步骤,分别是取指令、译码和执行。最初CPU的设计人员把这三个步骤分开,于是就有了三级流水线。ARM7就是采用这样的三级流水线,ARM9增加了访存和回写两个步骤,形成了五级流水线。不过,五级流水线存在寄存器冲突的问题,会造成流水线等待。ARM10为了解决寄存器冲突问题,用预期和发送两个步骤取代了取指令步骤,成为六级流水线。ARM11增加了一个预取步骤和一个转换步骤,使流水线深度变为八级,整个内核的指令吞吐量提高了40%。最新的ARMv9架构将流水线深度控制在了10级。

理论上来说,增加CPU的流水线的级数,也就是深度,同时提高CPU的工作频率,就能够提高CPU的处理能力。这样每一级运算需要消耗的时间更少,整体处理速度就会越快。对于Intel和AMD的CPU设计,曾经为了提高性能和追赶摩尔定律,采用过不断增加流水线深度,提高计算机工作频率的升级路线。

在 Intel 的 Pentium 系列 CPU 的时代，CPU 的流水线级数一度上升到了 39 级（Proscott 架构）。这造成了 CPU 核心设计越来越复杂，多出的步骤和更高的主频也造成了 CPU 核心的功耗越来越大，而且一旦运算分支预测失败或 L1/L2 缓存未能命中，从内存读取指令并重填流水线会造成更严重的性能损失。Intel 意识到这种升级路线在未来是无法持续的，因此后来采用了以色列团队研发的 Conroe 架构，通过增加并行部件（超线程技术、乱序执行和多发射）和内核数量的方式提高性能。这也成为 2005 年至今，所有主流 CPU 提升性能的路径。

CPU 的分支预测，也是一个非常重要的提高 CPU 处理性能的方式。通过分支预测的方法，可以在程序分支还没有完成判断的情况下，预测一个可能执行的分支，并将相应的指令放入执行队列中，这样可以避免判断和循环产生分支时，指令流水线的等待。现在指令预测可以做到非常高的正确率，但是如果预测失败，也会产生比较高的开销。这就需要 CPU 的设计人员和专家尽可能提高准确性，使预测失败造成的损失远远小于预测成功带来的性能提升。

### 3. 内核数和多线程

最近十多年，CPU 的发展主要是通过增加芯片的并行处理能力来提高整体的计算和处理能力。一种方式是增加 CPU 的内核数量，AMD 已经将这条路线走到了 64 核的地步，最新的 AMD Ryzen ThreadRipper Pro 3995 系列就使用了 64 内核 128 线程设计。这里有一个挺奇怪的地方，64 个内核不是应该只能运行 64 个线程吗？为什么可以支持 128 个线程？这就是 X86 CPU 中常用的超线程技术了。在每个物理内核上会有两个或多个逻辑内核，如果一个逻辑内核上的线程等待或空闲，另一个逻辑内核就可以开始执行。超线程技术可以更加充分地利用"闲置"运算单元，在普通的非计算密集型任务处理中，CPU 性能可以提高 20%~30%。

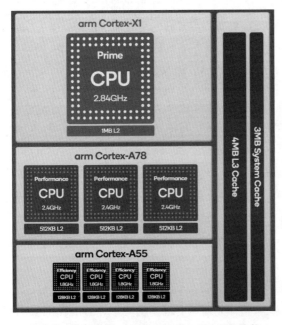

图 2-3　高通骁龙 888 SoC 的 Kryo 680 CPU 结构

不过，这种超线程技术并没有在 ARM 架构的芯片中采用，原因有几点，其中一点是，在实际的测试中，比如游戏应用，CPU 超线程技术会大大增加 CPU 核心的负载，但是往往只能提升很小的性能，这对于 ARM 架构芯片主打的低功耗移动设备和物联网嵌入式设备来说并不一定是最优的选择。主流的移动设备 ARM 架构芯片研发厂商，如高通、三星、华为和联发科等，通常都采用多个高性能 ARM 核心和多个低功耗核心的组合架构。如图 2-3 所示，高通骁龙 888 SoC 的 Kryo 680 CPU 就由 1 个 Cortex-X1 加上 3 个 Cortex-A78 高性能内核，再加上 4 个 Cortex-A55 低功耗内核构成。构成了高性能和低功耗搭配的组合，可以根据实际的应用运算负载，决定采用低功耗内核还是高性能内核进行处理。

提高CPU性能的另外一种方式就是乱序执行和多发射(也称为超标量),通常CPU会同时读取多条指令放入Pre-Decode Buffer中,然后通过指令解码器对指令进行识别,并将指令放到Reorder Buffer中,根据Buffer中指令的依赖关系,重新安排执行顺序。乱序将不同的指令根据依赖关系重新调整执行顺序,然后送入CPU指令流水线处理。乱序执行可以更加充分地利用CPU的处理能力,减少运算器等待时间,提高CPU的处理效率。

超标量就是指CPU在一个时钟周期能够最多接收几条指令同时处理,由于CPU内核的ALU由多个运算和逻辑单元组成,如果同时有几条指令,可以分别送入不同的运算单元去处理。无论是X86还是ARM架构的CPU,都采用了乱序执行和多发射的技术来提高并发处理的性能。但是,X86这类复杂指令集架构在乱序执行和多发射的更进一步应用中,受到了其本身的限制。

首先X86的指令长度是不固定的,位数从1个字节到15个字节都有可能,而且指令数量多,这就使指令解码器复杂度增加。最新的X86或X86-64的芯片通常只有4个到5个指令解码器,而且X86架构难以扩大Reorder Buffer。因为设计Reorder Buffer必须考虑到指令的长度,每个Buffer单元必须大于等于16字节,这样导致过大的Buffer会大大增加芯片的面积和功耗。最新的X86的Reorder Buffer最多只有256个。

上述这些原因制约了在X86的CPU上扩大Reorder Buffer的数量,但是这些限制对于精简指令集的ARM架构处理器的影响就小得多。采用ARM架构的指令集长度固定,都是4个字节。同时,指令数量少,指令简单,这使得指令解码器和乱序执行的分析器都相对简单,能够通过增加Reorder Buffer和指令解码器的数量来提高性能。苹果公司最新研制的M1芯片之所以有如此强劲的表现,很大程度上就是因为其采用了600个Reorder Buffer和8个指令解码器,这使得M1芯片的整体处理能力,尤其是对于现在的复杂应用程序和多任务操作系统来说非常重要的并发能力大大增强了。未来RISC架构的芯片在处理和存取指令的速度、并行能力和简单性等方面的优势将会越来越明显,也许会成为下一代CPU技术革新的主要动力。

如图2-4所示,Core i9-10900K这样的复杂指令集CPU核心为了处理众多指令和支持复杂的流水线结构,其CPU内核占据了大量的芯片空间,同时能耗也非常高。

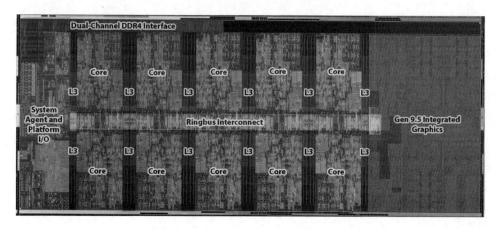

图2-4    Intel Core i9-10900K CPU芯片结构

而以ARM A76和A55内核为CPU核心的华为麒麟990 SoC的CPU内核占的面积和复杂程度就要小得多(图2-5),这也使得这样的芯片能够进一步集成其他更多的功能,例如,5G/4G通信模块、嵌入式神经网络处理器(NPU)、媒体处理模块、系统缓存(Cache)及GPU内核等,同时整体的功耗也会比Core i9-10900K小很多。很多物联网处理设备其实需要的计算能力并不是很高,像树莓派4采用的博通BCM2711 SoC使用了四核64位的ARM Cortex-A72架构CPU,已经足够运行大部分Linux环境下的服务程序了。

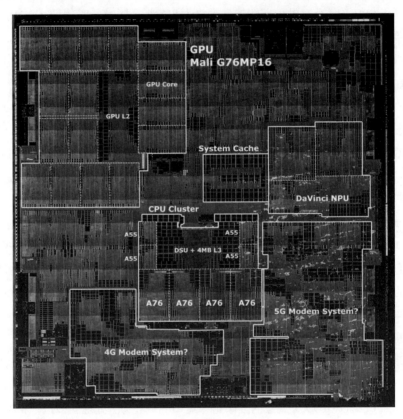

图2-5 华为麒麟990芯片结构

## 2.1.2 GPU与并行处理

CPU是最重要也是最常见的通用计算核心,在运行通用计算和事务处理任务时,非常高效。然而,如果遇到需要进行大量并行运算的情况,CPU虽然也能处理,但是由于ALU数量的限制,以及本身架构设计的问题,其处理任务效率相对来说就比较低了。GPU(Graphic Processing Unit)最早是专门用于进行二维或三维图像处理的集成电路。在三维图像渲染和位置计算中会涉及大量的矩阵运算,这些矩阵运算的计算点位众多,而且为了提高速度,需要大量的同质运算单元同时进行处理。

如今越来越多的应用,包括边缘计算应用,需要使用机器学习。而机器学习模型的训练和推理同样也需要大量的并行、整型或浮点数计算,这正好是GPU所擅长的方向。那么,为什么GPU在人工智能时代能够发挥出这样的能量呢?这还得从GPU的设计理念和架构谈起。用来度量并行技术能力的单位是FLOPS、GFLOPS和TFLOPS,高性能计算机通常也会用这些度量单位来表示运算能力。FLOPS是Floating-point Operation Per Second的缩写,指的是每秒钟处理浮点运算的数量,GFLOPS就是每秒处理多少个$10^9$次浮点数计算,1TFLOPS则等于GFLOPS的1000倍,即$10^{12}$次浮点数计算。目前,高端游戏GPU Geforce RTX 3090可以达到35.7TFLOPS的单精度浮点数计算能力。作为高端专业GPU的A100则可以达到19.5TFLOPS的单精度浮点数计算能力和9.7TFLOPS的双精度浮点数计算能力。

除人工智能应用和图像处理外,在大数据的处理、工业仿真、物理仿真、复杂系统预测等领域中,也需要使用到GPU强大的并行运算能力。GPU本质上是一个异构的多处理单元芯片。GPU中的每一个处理单元和CPU核心类似,有取指令功能、指令解释器、ALU及FPU(浮点处理单元)和结果输出队列。

图2-6所示的NVIDIA Pascal架构内部由大量的并行运算单元组成,图中的每一个小方块代表一个CUDA(统一计算设备架构)核,每个CUDA核中拥有一个整型算术单元和一个浮点算术单元。通常,这个最基本的运算单元也可以称为流处理器(SP),多个SP再加上一些其他的资源,如存储、共享内存和寄存器等,可以组成一个多流处理器(SM)。

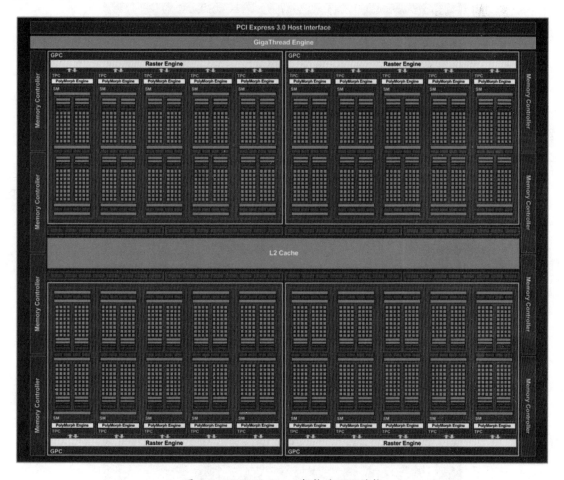

图2-6　NVIDIA Pascal架构的GPU结构

GPU在逻辑上的组织关系为:最小的单元为一个线程(Thread),多个线程组成一个块(Block),多个块组成一个网格(Grid)。

GPU 在物理上的组织关系为:最小的单元为一个 CUDA Core(ALU),又称为 SP,多个 CUDA Core 组成一个 SM,多个 SM 组成图形处理集群(GPC)或称为设备(Device)。

由 CUDA 中的 GPU 在软硬件上的组织关系,可以得到映射关系为:一个 Thread 对应一个 CUDA Core,一个 Block 对应一个 SM,一个 Grid 对应一个 GPC。当然,在实际的程序中,可能并不是这样一致的对应关系。

如图 2-7 所示,采用 Volta 架构的 NVIDIA A100 专业显卡的每个 SM 含有 64 个 FP32 浮点运算单元、64 个 INT32 整型运算单元、32 个 FP64 浮点运算单元和 4 个 Tensor Core 单元。整个显卡拥有 108 个这样的 SM,每个 SM 拥有 8 个 512bit 的二级缓存控制器。Tensor Core 是专门用于矩阵计算的内核,比普通的 32 位浮点运算单元的性能快 12 倍。每个 SM 中有 4 个 Warp Scheduler,用于在 SM 的一个分块中计划并执行并行计算任务。

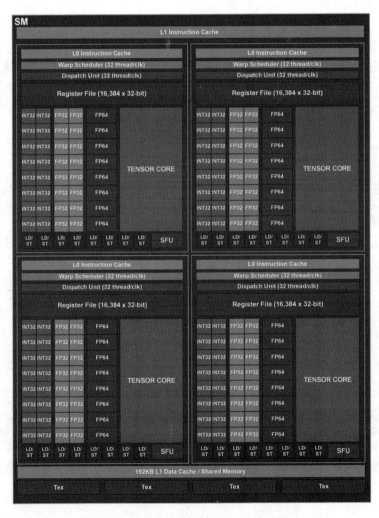

图 2-7　NVIDIA A100 中的一个 SM 结构

我们可以发现,整个的GPU架构就是由大量的重复运算单元组成的,而且这些重复的单元由SP、SM、GPC等几个层次组合在一起,形成了一个多单元、多层级的结构。我们在显卡多线程编程中采用的最小调度单元是线程束(Warp,即32个Thread),每个Warp只能运行在一个SM上。如果一个SM中包含的SP数量小于32,那么一个Warp的任务就会被分成多个时钟周期来运行。目前CUDA架构的Warp的大小为32,且每个Warp内的线程执行同样的指令,如果同一个Warp内的线程沿不同的分支执行(例如,出现If这样的判断语句时),则会导致部分串行执行,降低程序运行的效率。

GPU中的内存包括寄存器(Registers)、本地内存(Local Memory)、共享内存(Shared Memory)、全局内存(Global Memory)、常量内存(Constant Memory)和纹理内存(Texture Memory)。

每个网格分配一个可被整个GPU线程和外界CPU读写的全局内存,以及可被整个GPU线程和外界CPU读取的常量内存和纹理内存。

每个块分配一个块内所有线程可读写的共享内存。

每个线程分配一个可读写的寄存器和本地内存。

GPU运算是一种典型的单指令多数据的并行计算模式(SIMD),这对于需要同时处理大量并行计算的应用来说有非常大的性能提升。

如前面的介绍,在很多情况下,我们都需要编写使用GPU进行加速的程序,而编写GPU加速程序通常需要安装支持一般并行计算的显卡。目前主流的显卡都是能够支持的,前面我们一直用NVIDIA的CUDA作为示例,其实AMD的显卡也有类似的并行计算功能,AMD并行程序开发采用的是OpenCL。OpenCL是一个开放的并行计算库,有众多厂商支持,这里就不对其做详细的介绍了,因为GPU并行计算的编程原理都是类似的,如果了解了CUDA的编程原理,那么学习OpenCL也会非常容易。

在大多数的GPU并行程序编写中,都会涉及很多算法层面的问题。这里不打算深入并行计算算法的层面,而是主要了解一下GPU并行编程的通用模式是怎样的。下面是一个最简单的并行计算数组加法的CUDA程序。

```
# include "cuda_runtime.h"
# include "device_launch_parameters.h"

# include <stdio.h>

cudaError_t addWithCuda(int *c, const int *a, const int *b, unsigned int size);

// 定义可以被CPU调用的向量数组核函数加法方法
__global__ void addKernel(int *c, const int *a, const int *b)
{
    int i = threadIdx.x;
    c[i] = a[i] + b[i];
}
```

```
int main()
{
    const int arraySize = 5;
    const int a[arraySize] = { 1, 2, 3, 4, 5 };
    const int b[arraySize] = { 10, 20, 30, 40, 50 };
    int c[arraySize] = { 0 };

    // 并行执行数组向量加法
    cudaError_t cudaStatus = addWithCuda(c, a, b, arraySize);
    if (cudaStatus != cudaSuccess) {
        fprintf(stderr, "addWithCuda failed!");
        return 1;
    }

    printf("{1,2,3,4,5} + {10,20,30,40,50} = {%d,%d,%d,%d,%d}\n",
            c[0], c[1], c[2], c[3], c[4]);

    // cudaDeviceReset 在程序结束之前必须运行 Reset,
    // 以便能够通过 Nsight 或 Visual Profiler 进行追踪和显示运行状态
    cudaStatus = cudaDeviceReset();
    if (cudaStatus != cudaSuccess) {
        fprintf(stderr, "cudaDeviceReset failed!");
        return 1;
    }

    return 0;
}

// 利用 KUDA 并行计算数组向量的加法
cudaError_t addWithCuda(int *c, const int *a, const int *b, unsigned int size)
{
    int *dev_a = 0;
    int *dev_b = 0;
    int *dev_c = 0;
    cudaError_t cudaStatus;

    // 选择执行运算的 GPU, 如果是单个显卡, 则可以修改这个编号, 目前的 GPU 编号是 0
    cudaStatus = cudaSetDevice(0);
    if (cudaStatus != cudaSuccess) {
        fprintf(stderr, "cudaSetDevice failed!  Do you have a CUDA-capable GPU
installed?");
        goto Error;
```

```
}

// 给每个向量数组分配GPU地址空间,其中两个用于输入(dev_a, dev_b),一个用于输出(dev_c)
cudaStatus = cudaMalloc((void**)&dev_c, size * sizeof(int));
if (cudaStatus != cudaSuccess) {
    fprintf(stderr, "cudaMalloc failed!");
    goto Error;
}

cudaStatus = cudaMalloc((void**)&dev_a, size * sizeof(int));
if (cudaStatus != cudaSuccess) {
    fprintf(stderr, "cudaMalloc failed!");
    goto Error;
}

cudaStatus = cudaMalloc((void**)&dev_b, size * sizeof(int));
if (cudaStatus != cudaSuccess) {
    fprintf(stderr, "cudaMalloc failed!");
    goto Error;
}

// 将输入向量数组从CPU内存拷贝到GPU内存
cudaStatus = cudaMemcpy(dev_a, a, size * sizeof(int), cudaMemcpyHostToDevice);
if (cudaStatus != cudaSuccess) {
    fprintf(stderr, "cudaMemcpy failed!");
    goto Error;
}

cudaStatus = cudaMemcpy(dev_b, b, size * sizeof(int), cudaMemcpyHostToDevice);
if (cudaStatus != cudaSuccess) {
    fprintf(stderr, "cudaMemcpy failed!");
    goto Error;
}

// 在GPU上执行的Kernel程序,做向量数组加法操作
addKernel<<<1, size>>>(dev_c, dev_a, dev_b);

// 检查GPU上运行的Kernel程序是否运行成功,如果出错,则跳转到错误处理步骤
cudaStatus = cudaGetLastError();
if (cudaStatus != cudaSuccess) {
    fprintf(stderr, "addKernel launch failed: %s\n", cudaGetErrorString
(cudaStatus));
```

```
        goto Error;
    }


    // cudaDeviceSynchronize等待Kernel程序完成并返回,CPU必须进行同步,
    // 以确保GPU的Kernel程序执行完成并返回结果。
    // 如果有任何错误发生,跳转到错误处理部分
    cudaStatus = cudaDeviceSynchronize();
    if (cudaStatus != cudaSuccess) {
        fprintf(stderr, "cudaDeviceSynchronize returned error code %d after
launching addKernel!\n", cudaStatus);
        goto Error;
    }

    // 将GPU内存中的输出数组拷贝到主机(CPU)内存中
    cudaStatus = cudaMemcpy(c, dev_c, size * sizeof(int), cudaMemcpyDeviceToHost);
    if (cudaStatus != cudaSuccess) {
        fprintf(stderr, "cudaMemcpy failed!");
        goto Error;
    }
// 错误处理
Error:
    cudaFree(dev_c);
    cudaFree(dev_a);
    cudaFree(dev_b);

    return cudaStatus;
}
```

CUDA编程模型主要是异步的,因此在GPU上进行的运算可以与主机-设备通信重叠。一个典型的CUDA程序包括并行代码及配合的串行代码,串行代码(及任务并行代码)在主机CPU上执行,而并行代码在GPU上执行。主机代码按照标准的C语言进行编写,而设备代码使用CUDA进行编写。我们可以将所有的代码统一放在一个源文件中,也可以使用多个源文件来构建应用程序和库。

一个典型的CUDA程序实现流程遵循以下步骤。

(1)把数据从主机端内存拷贝到设备端内存。

(2)调用核函数(Kernel)对存储在设备端内存中的数据进行操作。

(3)将数据从设备端内存传送到主机端内存。

进行CUDA编程必须知道几个比较重要的概念。

(1)Host:即主机端,通常指CPU端(可以采用标准C语言编程)。

(2)Device:即设备端,通常指GPU端(数据可并行,采用标准C的CUDA扩展语言编程)。Host和Device拥有各自的存储器。CUDA编程包括两部分,一部分是主机端代码,另一部分是数据并行执行

的设备端代码。

(3)Kernel:又称为核函数,它是在GPU端执行的数据并行处理函数,由于Kernel函数算法和设计的不同,在性能上会有很大的差别,因此只有设计出最优化的GPU核函数,才能充分利用GPU的资源。

### 2.1.3 FPGA与ASIC

#### 1. FPGA

现场可编程逻辑门阵列(Field-Programmable Gate Array,FPGA)是一种特殊的可编程定制的集成电路。FPGA可通过编程来定制特定的数字集成电路功能模块,使用硬件描述语言(HDL)改变芯片内电路的连接,从而形成特定功能的集成电路。电路图设计曾经是硬件设计的主流方式,但是随着电子设计自动化(Electronic Design Automation,EDA)工具的普及,用电路图设计硬件的情况变得越来越少,如今只有在模拟电路的设计中还经常会采用电路图设计的方法。当然,模拟芯片的设计也需要用到特定的EDA工具,不过这已经超出了本书的范围。

一个典型的数字芯片是由大量的逻辑门电路连接成的,提供特定运算和处理功能的集成电路。我们进行FPGA或ASIC设计,就是根据需要实现的功能,通过硬件描述语言将芯片功能设计出来,然后通过仿真器模拟和测试芯片的功能,最后将测试通过的代码输入综合器,将程序编译烧录到FPGA中,形成特定的功能模块。ASIC则必须通过代工厂流片,形成固定功能的集成电路芯片。FPGA本身的可编程性及内置的大量可编程逻辑块,赋予了FPGA非常高的灵活性和较强的并行处理能力。我们可以通过对FPGA芯片进行编程,生成专门高效处理某一类大规模并行计算的硬件结构,可以极大地加快算法的运行速度。

对于边缘计算来说,FPGA的灵活性和高效并行使得这种技术能够在很多边缘计算的场景中使用。例如,在现场进行深度学习模型的推理和计算;并行处理大量的实时工业数据;实时分析视频和时序数据等场景。而且由于FPGA的特点,在很多特定的小众边缘计算领域中,需要进行定制的硬件加速,但是大批量定制芯片又不经济的场合,非常适合使用FPGA。FPGA本身支持多种输入/输出接口,可以适配各种边缘设备的接口。

下面我们来看一下FPGA的硬件组成,FPGA中最多也是最重要的组成部分就是通用逻辑块(CLB)了,一个逻辑块通常由查找表(Look Up Table,LUT)、寄存器、选择信号线和进位信号线等部分组成。一个三输入的LUT就可以形成一个8位二进制数输入和单输出的逻辑单元,通过查询查找表,获得逻辑的输出值。一个FPGA芯片由成千上万的逻辑块构成,这些逻辑块都通过不同层级的内部线路相连接。通过改变逻辑、时钟信号和选择信号,可以形成不同的逻辑功能。大多数LUT实现其实是一个RAM电路,用于存储逻辑值,比如三个二进制数A、B和C的逻辑与计算可以通过表2-1所示的查找表实现。不同规格的FPGA包含了几万个逻辑块到几千万个逻辑块不等,高端的FPGA执行速度和集成度都非常高,可以实现非常复杂的逻辑功能,而且还拥有非常高的性能。

表2-1　LUT实现逻辑电路功能

| 实际逻辑电路 | | LUT实现方式 | |
|---|---|---|---|
| A,B,C输入 | 逻辑输出 | RAM地址 | RAM存储的值 |
| 000 | 0 | 000 | 0 |
| 001 | 0 | 001 | 0 |
| … | … | … | … |
| 111 | 1 | 111 | 1 |

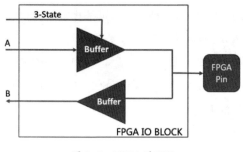

图2-8　FPGA的IOB

除大量的逻辑块外,现代FPGA还有其他组成部分。可编程输入/输出单元(IOB,简称I/O单元)也是FPGA非常重要的组成部分,其单元电路如图2-8所示。IOB是芯片与外界电路的接口部分,可以实现不同电气特性下对输入/输出信号的驱动与匹配要求。FPGA的IOB通常按组(bank)分类,每个bank都能够独立地支持不同的I/O标准。每个bank的接口标准由其接口电压VCCO决定,一个bank只能有一种VCCO,但不同bank的VCCO可以不同。只有相同电气标准的端口才能连接在一起,VCCO电压相同是接口标准的基本条件。通过软件的灵活配置,可适配不同的电气标准与物理特性,可以调整驱动电流的大小,还可以改变上、下拉电阻。目前I/O口能够支持的频率也越来越高,某些高端的FPGA通过DDR寄存器技术,可以支持高达2Gb/s的数据传输速率。

配合FPGA功能的实现,还有其他的一些通用模块,具体如下。

(1)数字时钟管理模块DCM。这个模块提供全局时钟的管理功能。DCM的功能包括消除时钟的时延、频率的合成、时钟相位的调整等。DCM可以实现零时钟偏移(Skew)、消除时钟分配延迟,并实现时钟的闭环控制。另外,FPGA的时钟可以映射到电路板上,用于同步其他的外部芯片,可以将芯片内外的时钟控制一体化,以便于系统统一设计。对于DCM模块来说,其关键参数为输入时钟频率范围、输出时钟频率范围、输入/输出时钟允许抖动范围等。

(2)嵌入式块RAM。大多数FPGA都具有内嵌的块RAM,这大大拓展了FPGA的应用范围和灵活性。块RAM可被配置为单端口RAM、双端口RAM、内容地址存储器(CAM)及FIFO等常用存储结构。CAM在其内部的每个存储单元中都有一个比较逻辑,写入CAM中的数据会和内部的每一个数据进行比较,并返回与端口数据相同的所有数据的地址,因而在路由的地址交换器中被广泛地应用。除了块RAM,还可以将FPGA中的LUT灵活地配置成RAM、ROM和FIFO等结构。在实际的应用中,芯片内部块RAM的数量也是选择芯片的一个重要考虑因素。

单片块RAM的容量为18kbit,即位宽为18bit、深度为1024,可以根据需要改变其位宽和深度,但要满足两个原则:首先,修改后的容量(位宽×深度)不能大于18kbit;其次,位宽最大不能超过36bit。当然,可以将多片块RAM级联起来形成更大的RAM,此时只受限于芯片内部块RAM的数量,而不再受上面两个原则的约束。

（3）内嵌专用硬核/软核。IP（Intelligent Property）核是具有知识产权的集成电路芯核总称,是经过反复验证的、具有特定功能的宏模块,与芯片制造工艺无关,可以移植到不同的半导体工艺中。目前,在很多FPGA芯片中都包含了预先成型的CPU内核、数字信号处理器（DSP）模块及高速乘法器等IP核。这些核可以通过FPGA程序方式提供,也有一些是直接内嵌在芯片中提供的。某些混合型的FPGA甚至还带有数模转换和模数转换模块,用于处理模拟量的数据。

如今的FPGA已经向可编程SoC的方向发展,在芯片中加入了嵌入式CPU内核和各种外围的模块和接口。图2-9所示的Xilinx Zynq-7000中内置了1GHz主频的ARM双核Cortex-A9 MPCore CPU核心,以及各种外围的输入/输出模块。

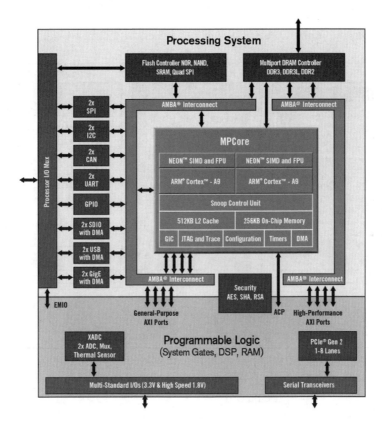

图2-9　Xilinx Zynq-7000可编程SoC

目前FPGA市场占有率最高的两大公司Xilinx和Intel生产的FPGA产品大多是基于静态随机存取存储器（SRAM）工艺的,需要在使用时外接一个片外存储器以长期保存程序。上电的同时,FPGA将外部存储器的数据流写入FPGA的RAM;断电后,RAM数据清除,内部逻辑也同时失去。Actel、QuickLogic等公司可以生产基于反熔丝技术的FPGA,程序只能够烧录一次,这类产品使用成本较高,开发和验证也比较麻烦,但是具有抗辐射、耐高低温、低功耗和速度快等优点。因此,基于反熔丝技术的FPGA通常用于军工、航天等对耐久性、可靠性和性能要求都比较高的场景。

Xilinx最近紧跟AI技术和边缘技术的发展,推出了Versal系列解决方案。Versal AI Edge ACAP(架构如图2-10所示)是面向边缘计算的计算加速芯片解决方案,已在2022年9月批量供货。ACAP是指自适应计算加速平台,可以适应和加速不同需求的计算和应用。在Versal AI Edge ACAP的介绍文档中提到,Versal AI Edge系列采用了7nm Versal架构,并针对低时延AI计算进行低功耗设计,其功耗水平低至20W,并且符合边缘应用中的安全与保密要求。作为一款搭载多样化处理器的异构平台,Versal AI Edge系列能够采用多种计算内核,以匹配不同的机器学习算法。

Versal AI Edge采用了以Arm Cortex-A72和Arm Cortex-R5F作为内核的标量引擎(Scalar Engines),支持通用型的计算任务,通过自适应引擎(Adaptable Engines)支持传感器融合和灵活的并行硬件编程,通过智能引擎(Intelligent Engines)支持人工智能训练和推理。其最高的计算吞吐性能高达17.4TOPS,是上一代产品Zynq UltraScale+的4倍。同时,其单位性能功耗只有GPU的四分之一,能够支持视觉、雷达、激光雷达(LiDAR)及软件定义的无线连接等信号处理工作。

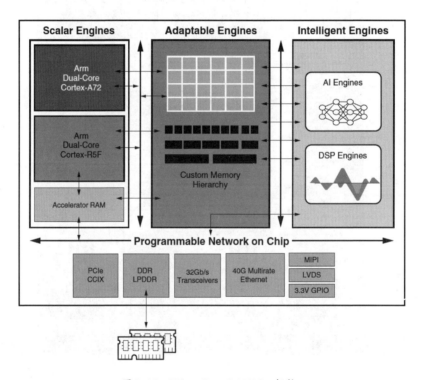

图2-10　Xilinx Versal AI Edge架构

## 2. ASIC

ASIC是将通用的定制芯片作为特定场景和需求设计生产的芯片,通常也是采用FPGA的设计方式,用FPGA进行验证和试用。当设计的芯片功能和性能达到设计要求后,将整个EDA设计文件编译生成后交给芯片代工企业进行生产和加工,形成固定的专用功能芯片产品。目前的各类人工智能芯片及专用的加速芯片都是先用FPGA验证,然后形成ASIC产品。ASIC由于其专用性,在批量生产时与通用集成电路相比,具有体积更小、功耗更低、可靠性提高、性能提高、保密性增强、成本降低等优点。

### 2.1.4 未来的新计算技术

放眼未来,有不少新兴的计算硬件技术的发展值得我们关注,这些技术的研发、成熟和应用,会对物联网和边缘计算技术产生非常重大的影响。

#### 1. 存算一体化技术

对于未来计算机和人工智能发展的存储墙和算力墙该如何破解,不同的学者和工程师给出了不同的答案。目前来看,存算一体化技术似乎是最有希望取得突破性进展的领域。下面我们来看看什么是存算一体化技术。

目前人工智能是非常重要的发展方向,但是深度学习所需的计算量比以前的传统计算机应用的计算量呈几何级数增加。为此,各国的研究机构建造了巨型数据中心和超级计算机。我国的神威·太湖之光超级计算机可以达到93PetaFLOPS的浮点数计算能力,但是消耗的能量也达到了15371Megawatts,基本上可以供应一个小型城市的用电量。为了减少对集中式的数据中心和超级计算机的依赖,我们希望能够在边缘端的采集设备和存储设备上进行数据处理,从而分流掉计算中心的计算压力。

边缘计算技术天生地可以利用到存算一体化技术,我们可以将数据源头采集到的数据存储到边缘服务器,并在内存中即时进行数据计算和处理。边缘计算就是一种分布式的数据处理拓扑架构,能够在靠近数据源头处完成全部或部分的数据运算和处理。数据收集、处理和存储尽量靠近,可以大大节省通信带宽,同时还可以大大减轻对于云数据中心的存储和计算压力。对于机器学习场景,在边缘端的训练还可以提供在中心服务器端训练无法完成的功能。例如,实时训练模型,以实时适应现场状况的变化。

对于当今的机器学习,尤其是深度学习的训练和推理,往往都需要做大量的向量矩阵乘法(Vector-Matrix Multiplication, VMM)计算。根据欧姆定律和霍夫曼定律,这种 VMM 计算可以非常容易地在存储电路上实现。如图 2-11 所示,这种电路主要是由模拟存储电路加上可变电导 $G$ 构成。在每个内存节点都会有一个这样的可变电导,整体会形成一个模拟生物突触的神经网络,这样的结构可以通过本地存储的数据和电导的变换进行 VMM 计算。

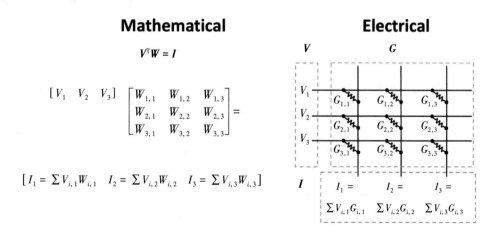

图 2-11　电阻性存算一体化芯片的原理

存算一体相对于目前的冯·诺依曼这种将存储和计算分开的体系来说是一种颠覆性的创新,也更加符合人类大脑处理数据的方式。在传统的计算机架构中,数据存储和计算是被割裂的,而数据的移动在很多应用中往往占用了大量运行时间和计算能力,同时在大规模计算领域中,内存到计算单元的带宽往往成为整个计算机系统的瓶颈。存算一体可以非常好地解决数据搬运造成的问题,而且能够降低计算机系统的整体功耗。

### 2. 全光学和电光混合芯片技术

光子器件具有超大带宽和低功耗的特点,而且光具有高达100THz的超高频和多量子态自由度,使得光子计算成为超大容量、低延迟矩阵信息处理中最具潜力的候选技术方向之一。虽然目前光电计算芯片技术还不成熟,但是各国研究机构和企业都投入大量资金进行研发。近年来,光子矩阵乘法技术发展非常迅速,广泛应用于光信号处理、人工智能、光子神经网络等光子加速领域。这些基于矩阵乘法的应用显示了光子加速器的巨大潜力和机遇。

光子矩阵矢量乘法(MVM)的方法主要分为三类:平面光转换(PLC)方法、马赫–曾德干涉仪(MZI)方法和波分复用(WDM)方法。

光子矩阵乘法网络本身可以用作光子信号处理的通用线性光子回路。近年来,MVM已发展成为各种光子信号处理方法的强大工具。

人工智能技术已广泛应用于各种行业,例如,基于深度学习的语音识别和图像处理。MVM作为人工神经网络(ANN)的基本构建块,可以承担大部分矩阵计算任务。提高MVM性能是ANN加速最有效的手段之一。与传统电子计算相比,光子计算在数据存储和流量控制方面的能力较差,并且光学非线性的低效率限制了其在非线性计算中的应用。由于深度学习中的激活函数都是非线性函数,因此光子矩阵如果用于深度学习的训练和推理,需要结合其他的非线性电子技术。光子计算与人工智能的结合,有望实现智能光子处理器和光子加速器。光子计算在信号速率、延迟、功耗和计算密度方面具有明显优势,不过目前的精度普遍低于电子计算。

在全光人工神经网络成熟之前,特别是在光学非线性效应和全光级联成熟前,光电混合人工智能计算仍是一种更实用、更有竞争力的深度人工神经网络的候选架构。因此,开发高效、专用的光电混合人工智能硬件芯片系统是光子人工智能的核心研究路径之一。

## 2.2 边缘网关和边缘服务器

边缘网关和边缘服务器在很多情况下并没有严格的区分,但是本书在概念的层面还是需要做一下区分。边缘网关的作用主要是用于边缘网络和边缘设备同云端进行通信和交互,而边缘服务器则是用于边缘端的数据处理和各种边缘应用程序的执行。在很多情况下,边缘网关和边缘服务器的功能是合并在同一个设备完成的,称为边缘一体机。由ECC与绿色计算产业联盟(Green Computing Consortium,GCC)联合发布的《边缘计算IT基础设施白皮书1.0》指出,根据不同的部署位置和应用场景,边缘计算的硬件形态有所不同,常见的三种形态是边缘服务器、边缘一体机和边缘网关。

## 2.2.1 边缘网关

边缘网关是部署在垂直行业现场的接入设备,主要实现网络接入、协议转换、数据采集与分析处理。对于边缘网关的要求通常是能够连接各种工业和民用的设备,工业边缘网关需要能够支持多种类型的工业总线协议。通用型的边缘网关通常要求支持各种无线传输协议,比如蓝牙、远距离无线电(LoRa)等;除连接各种设备外,边缘网关还需要将采集到的数据实时传输到云端;能够支持4G、5G、Wi-Fi等无线通信协议及常用的MQTT消息传输协议等。总之,边缘网关的功能就是在边缘端和云端起到承上启下的作用。

边缘网关还有一个比较重要的作用是数据传输前的预处理和过滤,这对于依赖云端计算能力的边缘计算应用非常重要。在实际的应用中,我们通常要对采集的数据进行一定的过滤,去除噪声信号和无价值的数据,并且对数据做一些聚合处理,而不是全部传输到云端,避免浪费有限的云计算资源,节省成本。边缘网关的技术要求通常比传统的企业级网络设备,如企业级的交换机和路由器的技术指标要求低很多,但是对于稳定性、环境适应性和耐久性的要求却要高很多。

边缘网关不但要能够稳定传输数据,而且要能够工作在各种工况环境中,有时甚至需要长期在比较恶劣的户外环境使用,而且要求有较长的寿命,部署的网关要求能够稳定工作数年。目前有很多的物联网项目采用一些普通的嵌入式硬件,虽然刚刚部署完成后系统能够工作,但是如果经过长时间的运行,很有可能出现故障,这对整个系统的运行会造成重大的风险。

对于边缘计算场景,我们可以粗略地分为关键业务边缘计算和普通业务边缘计算。对于关键业务边缘计算,要求整个系统能够7×24小时不间断运行,同时必须保证系统运行稳定,没有严重错误。普通业务边缘计算通常不需要非常严格的可用性,但是仍然需要达到一定的标准。

下面是某型号边缘网关的硬件参数。

(1)CPU:Cortex-A8 AM335x。

(2)2×LAN:10/100Mb/s自适应。

(3)4×RS232/RS485。

(4)2×CAN。

(5)2×USB-Host。

(6)支持4G、Wi-Fi、以太网通信。

(7)内存:1×256MB DDR3。

(8)电源要求:9~30V DC,推荐12V DC。

(9)可扩展存储:32GB(TF卡)。

(10)工作温度:−40~85℃。

(11)工作湿度:5%~95%无凝露。

与传统的IT网络设备相比,这样的硬件配置在性能上其实并不高。但我们可以看到,对于工作温度、工作湿度和电源这几个方面,边缘网关的参数要求是比较苛刻的,需要在比较广泛的工作温度、工作湿度和电源范围内都能够保持正常工作。

边缘网关通常是基于物联网架构设计的工业级嵌入式软硬件一体化设备,可实现工业现场各种设备的数据采集、存储、转发、系统维护、域名管理等功能。用户可在PC、手机上通过工业互联网平台,使用浏览器或App进行数据监控和参数配置。边缘网关具备对下(自动化系统、民用设备等)的协议解析能力(通信协议,如Modbus、DL/T645、CJ/T188等;总线协议,如OPC UA、BACnet IP、KNX、PROFINET、CAN等);对上(云平台和物联网平台)的协议对接能力(如MQTT、TCP、UDP、HTTP等)及通信能力(如以太网、Wi-Fi、4G、ZigBee、蓝牙等)。

在边缘网关这个具体的分类上,由于技术门槛不高,加上巨大的市场需求,造成了厂商众多,但是真正能够提供有特色并且非常稳定的设备的厂商并不多的情况。在边缘网关领域中,尤其是在工业物联网领域中,其实最大的问题是通信协议众多,但不能进行互通,这其实是整个行业的一大痛点。传统的自动化设备商,比如西门子、通用和施耐德等,他们都有自己的一套软硬件平台解决方案,能够在一定程度上实现设备间的互联互通。但是,由于整个自动化产业的分散性,不同的国家、组织和企业都有自己的标准,通过一家企业来做统一的平台或简洁的跨协议通信其实并不现实。实际上,每家企业往往只能保证支持企业自己产品间的互联互通,无法形成一个全行业通用的跨协议工业即插即用通信标准。

在进行工业物联网和边缘计算改造时,其实很多时候都是在做协议的配置和各个系统间通信的协调和匹配,这大大降低了边缘计算系统部署的效率并增加了部署成本。如果能够在设备的互联互通上形成一个比较通用的,就像现在PC机上的USB接口技术,那么对整个边缘计算领域将会是一个巨大的推动力。

## 2.2.2 边缘服务器和边缘一体机

常见的边缘网络设备和边缘运算设备都可以归结到边缘服务器这一类。当然,目前并没有非常明确的分类界限,不同名称只是为了在物联网和边缘计算项目中容易描述和理解。本小节会介绍几种非常常见的边缘服务器设备,这些通用设备都非常流行,学习和使用者众多,很有可能成为未来的标准边缘设备。

### 1. 树莓派

树莓派(Raspberry Pi,RPi)可以说是当今最流行的单片机系统了,最初是为了进行学校里的单片机编程教学设计的。其主板只有信用卡大小,但是功能齐全,可以作为一台独立的微型计算机使用。如今,树莓派由注册于英国的非营利机构"Raspberry Pi基金会"开发和管理。2012年3月,在剑桥大学任教的Eben Upton开发并正式发售号称世界上最小的台式机,又被称为卡片式计算机,外形只有信用卡大小,却具有计算机的所有基本功能,这就是Raspberry Pi的第一代产品,中文译为"树莓派"。

树莓派本身是一个超微型的PC,拥有一台计算机的所有功能及各种输入/输出接口。树莓派至今已经发布了4代,性能越来越强,每一代都分为A、B型,也有比较特殊的型号,如去掉大部分接口的树莓派Zero、去掉所有接口的树莓派计算型CM(Compute Module)、B型的增强型B+等。而A、B型的区别也只在于尺寸和接口不同,SoC基本都是一致的。

最新的树莓派4B(图2-12)采用了ARM Cortex-A72 1.5GHz 4核的SoC,内存最高可以选择8GB,支持Wi-Fi、蓝牙5.0、4K视频输出、千兆以太网卡。由于其核心运算硬件只是一个低功耗ARM SoC,所以计算性能并不突出,但是作为一个入门的边缘服务程序或边缘网关的系统,已经足够了。

由于树莓派设计精巧,性价比很高,在DIY群体中有相当多的粉丝,开源项目也非常多,开发者用树莓派开发出了非常多的应用。在边缘应用中,树莓派可以作为软路由、设备控制器、简易SCADA系统、轻量级的视频处理模块等。对于普通的51单片机和MCU电路来说,树莓派在硬件层面集成了不同的输入/输出接口,而且可以安装通用的Linux系统。这样发烧友们就能够使用自己熟悉的编程语言和工具来开发各种应用,大大简化了开发的流程和使用的门槛。

虽然树莓派最初被用于编程学习和嵌入式发烧友的个人项目中,但是如今已经越来越多地被用于实际的项目中。一些主流厂商也开发了以树莓派为基础的边缘网关产品,例如,研华科技的UNO-220-P4N2(图2-13)就是基于树莓派4开发的嵌入式边缘网关产品。其加强了在工业环境下的特别设计,比如支持通过以太网口供电的方式,提供了备用电源,以确保在电源突然中断的情况下仍然可以工作,加入了硬件级的可信平台模块(TPM)安全芯片等工业边缘网关的功能。

图2-12 树莓派4B单片机

图2-13 研华UNO-220-P4N2树莓派边缘网关

### 2. Arduino

Arduino是一个不同学科碰撞而产生的产品。在2005年的冬天,意大利米兰互动设计学院的师生们设计出一款控制主板,创始人Massimo Banzi是该学院的教师,他们在做一些互动设计时经常需要用到单片机或控制板来实现一些非常简单的功能,比如让LED灯按某种顺序闪烁、控制小车的行驶方向等。但是,该校的师生很难找到一款价格便宜又非常易用的微控制器产品。因此,Massimo Banzi和硬件工程师David Cuartielles一同设计并开发了这个电路板,并找来学生David Mellis编写了最初的控制程序。整个过程仅仅用了几天时间,但这个简单易用的控制板却很快流行起来,成为热销产品,订单纷至沓来。

如今,Arduino是一款便捷灵活、方便上手的开源电子原型平台。硬件和软件完全开源,提供了Arduino IDE进行简单功能的开发,任何学科和背景的人都能够非常容易地学会和使用Arduino完成一些控制程序。Arduino可以连接并接收传感器,输出各种控制信号,也可以作为简单的机器人和机

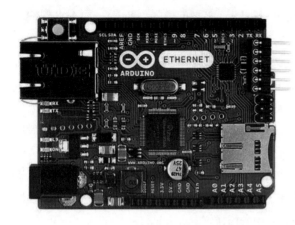

图2-14 Arduino UNO R3单片机

械控制系统使用,甚至还可以和Adobe Flash、Processing、Max/MSP、Pure Data、VVVV等软件交互,输出互动作品。其简洁性、易用性加上完全开源的设计,使得这款电路板成为如今最流行的微型单板。图2-14所示是通用版本的Arduino开发板。

树莓派和Arduino都在一定程度上采用了开源协议。我们目前看到的树莓派硬件还不是开源的,主要原因是,树莓派采用的SoC是博通的BCM2835、BCM2711,这些芯片都是专门为树莓派定制的,在市场上无法采购到。这就导致了其他第三方厂家或个人实际上无法生产树莓派单片机。另外,这两款芯片的DataSheet并不公开,厂商要使用,就必须和博通签订协议才能够获得。

树莓派基金会也并不能公开所有的数据,只是部分公开了相关的DataSheet,这种情况使我们不可能通过完整的DataSheet设计一个兼容的SoC来制作第三方的树莓派产品。因此,目前如果要使用树莓派,必须从官方途径获得。Arduino虽然还不是一个功能完整的单片机系统,但是在开源的程度上非常高,所有的设计和文档都是开放的。第三方完全能够复制出一模一样的控制板而不需要支付任何费用或签订任何协议,除非第三方希望采用Arduino的商标来销售产品,才需要缴纳一定的商标使用费。

### 3. NVIDIA Jetson系列

NVIDIA是目前GPU领域的领导厂商,在边缘计算领域中也投入了力量进行研发和制造边缘设备,而且依托GPU上的优势,继承了CUDA核心。这样就使Jetson系列具备了其他单片机边缘网关没有的优势——能够支持机器学习或其他并行处理算法的加速,在边缘端卸载掉一定的计算任务。这种能力在现在的联邦学习、视觉识别等方面有非常重要的意义。

图2-15 NVIDIA Jetson AGX Xavier模组

NVIDIA Jetson产品线有四个产品,分别是Jetson Nano、Jetson TX2、Jetson Xavier NX和Jetson AGX Xavier,性能从弱到强,CUDA数量从128个CUDA核到512个CUDA核不等。图2-15所示是Jetson AGX Xavier模组,在规格上,其配备512个NVIDIA CUDA核心和64个Tensor核心,总算力达到22TOPS (INT8)。Jetson AGX Xavier模组包含两个NVDLA 10TOPS (INT8)计算能力的深度学

习加速单元、2×7通道VLIW视觉加速处理器、32GB 256位LPDDR4x显存和32GB存储,功耗则不超过40W。

由于采用了内存和显存共享的架构,可以省去cudaMemcpy的步骤,这使得Jetson AGX Xavier可以支持高达20GB/s的数据采集速度,同时可以通过GPU和深度学习加速模块进行处理。在普通的PC或服务器上,由于PCI-E本身的速度的限制(10GB/s),肯定无法达到这样的高速数据采集和处理的吞吐量。总体来看,这是一款定位于需要一定的并行计算能力的边缘计算场景下的设备。

Jetson系列的产品都提供了开发者套件,即普通模组及加强了耐久性和能够适应苛刻工作环境的工业模组。这个不仅仅是一个发烧友级别的套件,而是可以在真正的工业环境部署的成熟产品。对于不同的场景和行业,NVIDIA公司提供了不同的软件开发套件(SDK),以支持不同行业的应用。对于企业和政府项目来说,采用这些成熟的产品和解决方案,可以大大加快智能制造、智慧城市、智能驾驶等需要高强度边缘计算能力的项目进度,以及提高实施后的质量和可维护性。

当然,其价格也不低,每块售价达到1000美元左右,超过了绝大多数边缘网关或服务器的价格。如果是以解决方案的方式进行咨询、实施和部署,通常只有政府或规模比较大的企业才能够承担。

不只是NVIDIA,市场上主流的硬件设备供应商如Intel、AMD等,都根据自身的优势推出了自己的边缘计算的组件或完整产品。这个领域随着物联网和边缘计算技术的进一步发展,会有更多差异化的产品推出。

## 2.3 各种传感器技术

传感器是一种检测装置,能感受到被测量的信息,并能将感受到的信息按一定规律变换成为电信号或其他所需形式的信息输出,以满足信息的传输、处理、存储、显示、记录和控制等要求。国家标准GB7665-87对传感器下的定义是:"能感受规定的被测量并按照一定的规律转换成可用信号的器件或装置,通常由敏感元件和转换元件组成"。传感器技术是一个非常大的话题,如果展开来讲,可能会涉及太多的内容,故本节只做一个简单介绍,让读者能够了解边缘计算领域使用到的传感器种类、技术和发展方向。

传感器这个领域是一个非常细分和专精的行业,很多专业的厂商其实规模非常小,但是产品在市场上却是不可或缺的。在如今万物互联的时代,传感器的重要性更加明显,它们是数据的第一手来源,承担整个物联网和边缘网络神经末端的感觉细胞的作用。虽然它们往往不被注意,但却极为重要。下面将按照传感器的类型进行介绍。

**1. 视觉和成像传感器**

视觉和成像传感器/检测器是可检测其视野内是否存在物体或颜色的电子设备,通常还可以将此信息转换为可视图像以供显示。视觉和成像传感器由摄像头、照明灯和控制部件集成而成,如今无论是在工业领域还是民用领域中的使用都非常普遍。

视觉和成像传感器在质量控制、存在感知、定位和定向、分拣、标签识别、抓取和引导等制造行业场景中有非常广泛的应用。在很多情况下,视觉系统并没有触摸屏可供编程,而是通过远程的程序或边缘端的内置程序运行的,通过这种程序控制生产系统对部件或过程进行干预和处理。这种视觉系统被称为嵌入式视觉系统,可以采集图像或视频信息,同时也能够通过处理和识别这些信息,给控制系统提供参考数据。在产品宣传中,这种视觉成像系统往往也被称为"智能"摄像头。不同的应用场景中,会要求采集黑白或彩色的图像。一般来说,黑白(灰度)图像的处理会相对简单,对软硬件系统的处理能力要求也相对比较低。只有在必须识别颜色的情况下,才建议采用识别和处理彩色图像的嵌入式视觉设备。

大多数的摄像头设备,其镜头周围会设置一圈辅助光源,在光线不足的情况下提供补充光源。有时,为了能够更好地识别图像的轮廓,也会采用背景颜色或背景辅助光源,以便能够更好地识别出复杂的外形。补充光源会根据视觉成像任务的不同,采用白光、红光、蓝光、绿光,甚至紫外线和红外线。

在很多场景中,需要用到高速摄像设备,以便捕捉到物体的运动路径和细节,比如高速生产线和打印机等。

光学检测在生产中的应用最为广泛。例如,用光学检测的方式扫描零件的表面,找出缺陷、错误等。在电路板的生产过程中,在非常早的时期就开始使用光学自动检测(AOI)设备来检测表面组装技术(SMT)生产线完成阶段的电路板生产和焊接质量,检查是否有元器件漏焊、错焊等情况。在其他行业中,光学检测的应用也越来越普遍。光学检测系统可以通过各种不同的编程和智能识别技术,来检查不同的目标结果。

当然,除了通用的摄像头系统,还有一些特殊的光学系统,如下面的几种。

(1)线扫描摄像机。线扫描摄像机通常只有几个像素的宽度,用于对连续运行的生产线、产品进行持续的拍照扫描。通过算法拼接图像,然后识别形状、缺陷等特征。随着机器视觉图像处理技术的发展,在某些高速、大幅面、高精度的检测项目中,面阵相机很难满足检测的需求,线扫描系统则充分发挥了独特的优势,更好地满足了用户的需求。线扫描系统主要应用的行业领域有印刷制品、大型玻璃、粮食色选、LCD面板检测、PCB检测、钢铁检测、烟草异物剔除、光伏行业等,这些行业领域的产品的相同特点是幅面较宽、速度较快、精度高、流水线上产品的连续性高。

(2)3D摄像机。三维摄像技术主要有以下几种实现方式:立体视觉、飞行时间(TOF)和激光三角测量。这几种三维识别方式各有利弊。立体视觉可以非常准确,但在弱光下的效果不能令人满意,并且耗费较长的处理时间;飞行时间方法用于测量距离和体积,通常用于码垛作业和自动驾驶车辆;激光三角测量即使在弱光和识别复杂表面的场景下效果也非常好,但是识别和处理速度非常缓慢。在很多应用中,增加深度这个维度的3D图像识别技术已经变得非常重要,在人脸识别、自动驾驶、产品外形检查等方面有非常广泛的应用。

### 2. 温度和湿度传感器

温度传感器是非常常用的环境和设备状态的检测器,主要有两种技术实现方式,分别是电阻温度检测器(RTD)和热敏电阻,如表2-2所示。

表2-2　电阻温度检测器(RTD)和热敏电阻

| 特性 | 种类 | |
|---|---|---|
| | 电阻温度检测器(RTD) | 热敏电阻 |
| 材料性质 | 导体,电阻随着温度的升高而升高 | 半导体,电阻随温度的变化而变化 |
| 材料 | 铜、铂、镍、钨 | 锰、钴、铀等半导体陶瓷材料 |
| 滞后性 | 低 | 高 |
| 成本 | 中等 | 低 |
| 尺寸 | 大 | 小 |
| 电阻随温度变化 | 电阻变化非常小,呈线性变化 | 电阻变化大,呈非线性变化 |
| 重现性 | 很好 | 较低 |
| 测量范围 | −260~1200℃ | −50~3000℃ |

从上面的对比可以看出这两种传感器的不同特点和适用范围。除上面两种最常用的温度传感器外,还有振弦式温度传感器、半导体温度传感器和热电偶传感器等。这些类型的传感器也有特定的使用领域,比如振弦式温度传感器是以拉紧的金属弦作为敏感元件的谐振式传感器。不过,由于材料的性质,其测量的范围比较有限,但是部署方便,不需要电源,被用于土壤、水、岩体等的温度测量。

湿敏元件是最简单的湿度传感器,主要有电阻式、电容式两大类。在实际的应用中,还会遇到各种不同的湿度传感器,如氯化锂元件、碳湿敏元件、氧化铝元件和陶瓷传感器。湿度传感器必须和大气中的水汽相接触,所以不能密封,这使得其寿命往往比较短,必须定期更换。

### 3. 水平位传感器

水平位传感器用于检测物质的平面高度,包括液体、粉末和颗粒材料的深度,被广泛应用于很多行业,包括石油制造、水处理、饮料和食品制造等。垃圾管理系统也是一种非常常见的应用,因为水平位传感器可以检测垃圾桶或垃圾箱中的垃圾水平。水平位传感器通常使用超声波、电容、振动或机械方法来测定物质的高度。

### 4. 接近传感器(开关)

接近传感器是通过非接触的方式探测接近物体的电子装置,通常能够探测几毫米距离内接近的物体,并将结果转换成电流信号传送给控制器。近距离传感器通常是一个短距离探测设备,但也有可以探测十几厘米距离内的物体的种类。电容式接近传感器是一种常用的接近传感器,这种传感器利用电容器极板(其中一个极板附在被观测物体上)之间的分离距离缩短而产生的电容变化,作为从传感器确定物体的运动和位置的手段。接近传感器被广泛用于制造业的工件和设备的接近探测和预警。

在实际生产和生活中,常用的接近传感器还有电感式接近传感器、磁性接近传感器、光电接近传感器和超声波接近传感器。电感式接近传感器最常用于厚度超过1毫米的铁基金属物品的接近探测。磁性接近传感器比电感式接近传感器有更长的探测距离,可以检测出有色金属、塑料和木材中的磁铁,在各个行业都有非常广泛的应用。

光电接近传感器可以在灰尘和污染物非常严重的环境中工作,也可以安装在传送带和自动水槽等地方。光电接近传感器的工作原理是向接收器发送可见或不可见的光,一旦有东西挡住它,就会向系统发出警报。光电接近传感器主要分为以下三种类型。

(1)直穿型传感器:这种类型的光电接近传感器是最可靠的,但是成本也是最高的。光束向另一端的光线接收器发射,如果中间出现遮挡物,则会触发开关。这种传感器常常被用作设备安全光栅使用。

(2)反射型传感器:光束发射到物体表面并反射回同一端的接收器,这种模式的光发射和接收装置都安装在同一侧。这种类型的光电接近开关的安装成本较低,但是容易被反光或闪光的物品干扰。

(3)漫反射型传感器:可以根据普通物体少量的反射光探测到一定距离内的物体,而且能够根据物体对光束反射量的多少区分物体种类。因此,可以用于物体的分类等用途。

最后要介绍的接近传感器就是超声波接近传感器了,超声波接近传感器被广泛用于自动化生产过程,弥补了光电接近传感器的不足。由于不受环境光的影响,所以它能够检查明亮、黑暗或透明的物质,甚至可以用于探测消音材料。它也可以像光电接近传感器一样进行直穿、反射或漫反射部署。

### 5. 压力传感器

压力传感器是用于检测气体或液体单位面积压力的一种电气设备,其可以检测并向控制和显示设备的输入端提供信号。压力传感器通常使用膜片和应变片桥来检测施加在单位面积上的力,关键的参数指标包括测量介质、最小和最大工作压力、全尺寸精度等。压力传感器用于需要控制或测量气体/液体压力信息的地方。

### 6. 运动传感器

运动传感器/探测器可以感知部件、人员等的运动或停止状态,并向控制或显示设备的输入端提供信号。在工业上,运动检测设备的典型应用有检测输送机失速或轴承卡死等故障。某些运动传感器不但可以检测到运动,还可以提供速度、加速度、运动方向等信息。常用的运动传感器通常是采用光学、超声波或微波等进行探测。

### 7. 金属传感器

金属传感器的适用范围非常广,可以分为利用电磁感应的高频振荡型、使用磁铁的磁阻感应型和利用电容变化的电容型,可以作为接近传感器、接触传感器或弯曲变形监测传感器的基础。金属传感器在自动化、安全、交通、医疗和许多其他领域中发挥着关键作用。

### 8. 泄漏传感器

泄漏传感器用于对液体和气体的泄漏进行检测,这种传感器往往是根据现场的情况而采取的一种综合的检测方法。对于气体的泄漏检测,一般是通过安装气体检测探头进行检测,通过测量某种气体的浓度,确定是否有气体泄漏。例如,煤气、一氧化碳检测等。

对于液体的泄漏检测,根据情况会采用不同的方式。对于密闭容器的泄漏,通常可以采用水位检测传感器,一旦发现液位降低或液位降低的速度异常,则可以判定容器发生了泄漏。还有一种是连接到阀门、接口等可能泄漏处的点泄漏传感器,通常采用电极传感信号,如果液体接触或接近电极,便会触发传感器并报警。在特殊的情况下,还有采用声波或超声波及光学方法进行泄漏检测的。

### 9. 电传感器

电传感器是一大类传感器和仪表的总称,通常用于测量与交直流电相关的参数,如电压、电流、相位、频率等。电传感器通常依靠霍尔效应检测电路和电荷相关的参数,但也有使用其他方法的情况。

多功能智能电表(图2-16)是最常见的测量电能和供电质量的设备,在能源物联网和边缘计算领域中发挥了非常重要的作用。

图2-16　多功能智能电表

## 第3章

边缘计算存储系统设计和实现

　　存储系统对于任何计算机系统来说都非常关键，边缘计算系统当然也不例外。由于边缘计算的服务和数据较为分散，因此采用分布式存储技术非常重要。本章从常用的通用开源存储技术入手，对从理论到实际的例子，以及边缘计算可能遇到的问题做了介绍。另外，对存储系统硬件也进行了阐述。最后为了介绍得完整，还对极端情况的存储手段进行了介绍。

# 3.1 边缘计算存储系统设计

对于任何计算机系统,存储系统都是必不可少的组成部分。对于边缘计算平台来说,数据的存储能力也是极为重要的需求。边缘计算存储需要什么样的存储系统呢? 答案是,视情况而定。为什么这么说呢? 因为边缘计算需要处理的数据量、时延要求、数据传输和存储的总量,对于不同的应用来说,差别是非常大的。不过,对于比较大规模的边缘计算应用,分布式存储技术是关键核心技术。

## 3.1.1 边缘计算的分布式存储系统

对于不同的应用,我们需要不同的存储方案。某些简单的应用,比如记录某个区域的温度和湿度范围,只是简单地把数据上传到边缘设备或云端存储和加工。那么,就不需要复杂的分布式存储架构,只需要满足本地文件系统的访问处理就可以。但是,这样简单的应用形式可能不再是未来物联网和边缘计算的发展方向和主流形式了。尽管有很大一部分数据只需要本地存储和处理,但是我们有越来越多的应用需要在广大的地理范围内,比如全国甚至全球范围内共享、存储和读写数据。例如,智能工厂的生产过程,由于其原材料和零部件的供应链遍布全球,可能需要同步获取世界各地其他相关工厂的生产、仓库和物流的实时信息,以决定生产的节奏并协调整个供应体系,从而提高生产效率并降低成本。如何实时、可靠地共享、读写和处理这些数据和信息,变得非常重要。

对于要在广大的地理范围内的物联网系统间共享和读写数据的需求,有一种方案是把数据直接上传到传统的云计算数据中心,这种方案在时延性和可用性要求比较低的场景下是可以考虑的。我们可以搭建传统的单集群分布式存储系统,比如 Ceph、ClusterFS、HDFS 等存储系统;或者直接采用云计算服务商的存储服务,比如 AWS 的 S3 存储。当边缘设备需要访问数据时,直接连接并访问云数据中心来读取需要的数据,产生的新数据再写入云存储。读到这里读者肯定发现了,要是这么做的话,还需要边缘设备的存储干什么呢? 在很多网络连接稳定,且对时延要求不高的场景下,这种方案当然是可行的,但是这个模式也是有明显的局限性的。如今,有很多应用对共享数据的实时性和可用性有非常高的要求,而且不同的设备距离数据中心的距离差别非常大,因此访问数据中心的连接速度和时延相差也很大。这对于用户体验和实时性要求很高的应用会影响非常大。

我们再来看看现在常用的分布式存储系统本身是否能够满足跨地理区域,部署在异构系统的要求。传统的分布式存储系统的架构一开始都是以单集群的模式来设计的,即使这样,我们还是有办法把它们扩展到多个集群和云数据中心,可以通过 Federation 模式来做高可用和灾备。把数据复制到不同的云数据中心,这样就可以解决很大一部分问题。可是尽管这样,云数据中心的存储能力也是有限的。如果有大量的物联网设备产生海量的数据,然后全部传输到云数据中心去存储和处理,也是非常困难的,同时使用多个云数据中心的成本也会很高。仅仅为了高可用性而这样做,往往是不经济的。

综上所述,传统的云存储和其他分布式存储技术可能不是边缘计算存储的最佳解决方案。我们需要有专门为边缘计算设计的,能够跨地理位置,在多个异构集群、边缘机房及云计算中心部署的存储系统。

另外,在物联网和边缘计算领域中,我们还需要考虑一些极端特殊条件下的存储问题。

(1)设备工作在极端恶劣或特殊的环境下,基本上不可能连入网络,与云平台交互数据,比如在火山口附近监测火山活动、在战场收集信息等。

(2)边缘服务和设备端积累了超巨量的数据,例如,遥感卫星公司积累的高精度卫星照片数据。这种数据都是几百PB甚至EB的规模,并保存在本地存储设备中。如果用互联网传输到云数据中心,可能需要几十天甚至几年时间。

提出问题就应该有相应的解决办法,下面笔者会详细介绍解决边缘计算存储的技术和非技术手段。为了比较全面地了解分布式存储技术,笔者会从通用的分布式存储系统的概念开始介绍,然后引入边缘存储需要的分布式存储系统和架构。

### 3.1.2 分布式存储理论基础

本小节是给希望从底层了解和学习分布式存储系统的读者准备的,相对来说会涉及很多理论和数学的知识。笔者会尽量简单明了地介绍这部分内容,不会使用很多公式定理。如果只是希望了解边缘计算分布式系统的使用和选择,可以跳过这一节。

**1. 哈希算法**

(1)朴素哈希算法。

所有的理论和方法一般都是从问题开始的。对于由大量的数据和大规模的节点构成的存储系统,到底应该如何去设计呢?我们可以先假设一个场景,这个场景是存储100万个视频文件,同时我们的存储网络中总共有100万个节点。每个视频大小是1GB,而每个网络节点的存储空间是1TB。

最简单的办法是随机地把视频存储在不同的节点上,并采用一个全局的索引来记录每个视频的存放节点。但是,如果这些节点总是频繁地改变,而又不希望总是频繁地修改全局索引,我们有什么好的解决方案吗?

我们把视频的数量设为$m$,网络中所有的节点数量设为$n$。那我们就可以把视频的文件名,或者整个视频文件通过哈希算法(SHA-1、MD5等),得到一个整数型的哈希值$h$,然后给所有的存储节点编号(0~$n$-1)。我们对哈希值除$n$的余数得到$k = h\%n$,那我们就把这个视频文件存储到编号是$k$的存储节点上。这样每个节点的平均期望存储视频的数量应该是$m/n$个。

如果前面得到的哈希值$h$符合独立伯努利随机分布,就可以证明一个节点存储视频数量大于平均期望10%的概率小于1%。因此,在节点比较稳定的情况下,这个算法能够很好地解决分布式存储的寻址问题。

以上是比较朴素的哈希算法,但是在实际的应用中,尤其是在边缘计算或P2P网络中,网络节点往往是不稳定的,随时可能加入或退出。这个不稳定性叫作扰动(Churn)。如果有节点加入或退出网络,那么所有视频的存储位置都要重新计算,然后几乎所有的影片都要移动到其他的存储节点。这会产生大量的网络传输和数据读写,在实际生产环境中显然是无法接受的。

(2)一致性哈希算法。

事实上,有不少朴素哈希算法变种可以解决这个问题,一致性哈希算法就是其中的一种,它在分布式缓存领域中,有非常广泛的应用。在一致性哈希算法中,我们并不是直接给每个网络节点编号,而是设定若干个slot,比如设置$2^{32}$个slot。这个算法分成两步,先对所有节点计算哈希,然后计算文件的哈希以确定存储位置。具体步骤如下。

首先,我们对每个网络节点的IP地址+端口号进行哈希运算,获得一个哈希值$H$,然后取余数$H/2^{32}$,这样就能够获得这个节点的slot编号$S$。对每一个节点都计算出slot编号,可以形成一个逻辑上的有向环形网络。

然后,我们再对网络上需要存储的文件进行哈希计算,获得一个哈希值$h$,然后取余数$h/2^{32}$,这样就获得了一个文件的编号$K$。

我们在所有节点中找到最接近$K$的节点$S$,然后把文件$K$存储到$S$节点上。这个算法如图3-1所示。

图3-1是简化了的一致性哈希算法示例,在这个网络中有3个服务器节点,通过哈希算法获得了编号,分别是0、8和15。需要存储的文件进行哈希计算并取余以后的编号有4、5、7、9、10、12和17。我们看到,文件4、5、7会被保存到节点8;文件9、10、12会被保存到节点15;文件17会被保存到节点0。

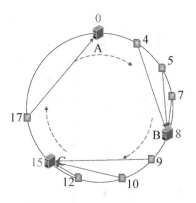

图3-1　一致性哈希算法

当我们在这个网络中加入一个新的服务器节点后,比如加入了编号是6的服务器节点,那么文件4和5就会被调整到节点6存储。

当某个节点被移除时,比如15号节点被移除,文件9、10、12就会被调整到0号存储节点。这样每次加入或移除某个服务器节点,只需要调整存储到这个节点的文件就可以了,大大减少了网络传输和服务器读写的压力。

采用了一致性哈希算法的存储系统有Redis、DynamoDB等分布式存储系统。但如果节点被移除,上面的数据也就没有了。那如何调整呢?其实对于Redis这样的分布式缓存来说,下一次读取这个数据,首先是返回一个缓存未命中消息,然后再去数据库读取该数据并存入缓存。而对于分布式数据库来说,则是通过将同一数据复制几份到不同节点的方式来确保数据的可用性。

## 2. 分布式哈希算法

(1)永不稳定的存储集群。

我们看到,一致性哈希算法能够解决一些扰动的存储集群问题。但在很多情况下,尤其是P2P或大规模的边缘存储应用中,可能每个节点只能可靠地工作一个小时。节点一直都在持续地扰动,不停地加入和离开分布式网络,可能每秒钟都会有数百个甚至数千个节点的变动。传统的分布式集群一旦有节点变动,就必须重建网络拓扑。如果集群中的节点一直都在扰动,那么永远不可能拥有一致性的拓扑图。

这种情况下,我们不可能期望每个节点都能够获得集群的完整视图。于是只要求每个节点认识它邻近的一些节点,这样就能够对抗大型集群的频繁扰动。但是,如果需要查找某个文件的位置,往往需要经过几次跳转才能够获得。当一个节点希望查找某个文件的存储位置时,它首先会询问一个邻近节点,如果这个邻近节点没有这个文件,该节点则会继续询问它的邻近节点,直到找到文件为止。这样的网络实际上在物理网络连接的上层构成了一个覆盖网络(Overlay Network)。

作为理论上的研究,我们应该了解一些覆盖网络的拓扑结构。首先用于大规模的分布式存储的网络应该是一种同质的(Homogeneous)网络,也就是说,没有节点在网络中处于支配地位,网络中的任何节点都不会造成单点故障。网络应该拥有比较小的直径,当不知道某个文件的位置时,只需要通过少量的跳转就能够找到正确的存储节点。

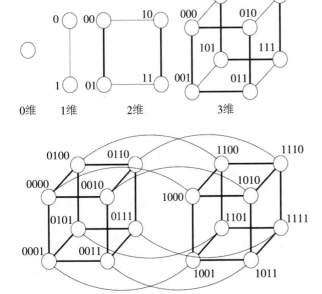

常见的网络结构有树、环、网格及圆环(Tori)。对于树来说,总是存在一个根节点,所以它并不满足同质性。对于分布式存储集群,我们会更倾向于选择网格或环状结构的覆盖网络拓扑。

很多超级计算机的计算节点之间采用了超立方体结构的连接方式,超立方体结构的好处是,每个节点之间的跳转距离是一致的。例如,源节点 $t_1$ 到目标节点 $t_n$ 的差异是 $K$,那么它们之间的距离就是 $K$ 跳,有 $K!$ 条路径。可以看出,用超立方体结构构建集群是最完美的方案,节点和节点之间的距离固定,路由非常简单。在通常的网络环境中,维持稳定的超立方体结构几乎是不可能完成的任务,不过使用超立方体结构在某些情况下是可行的方案。如图3-2所示,这五个图形是超立方体结构从0维到4维的变化。

图3-2　超立方体结构

超立方体结构延伸出了很多其他的网络拓扑结构,比如蝴蝶网、立方体-环连接网、混洗交换网、德布鲁因图等,它们在不同领域中都有特定的用途。蝴蝶网在实践中用于排序网络、通信交换和快速傅里叶变换等;德布鲁因图在基因测序算法中发挥了重要作用。由于这些衍生出的网络往往过于特殊,通常用于专门领域,并不适合通用的网络结构,这里就不详细展开了。

(2)分布式哈希表。

分布式哈希表(DHT)是实现分布式存储的数据结构,支持对键值对的搜索、插入和删除操作。DHT通常只需要知道其相邻节点,并且知道的相邻节点通常不会超过100个,然后通过一些算法去查找对应文件的位置。DHT的提出主要是由于早期P2P文件共享网络的出现和应用,P2P文件共享网络协议经历了3次大的变化。

第一次,以Napster为代表的中心索引服务器架构。这是P2P文件共享网络最早出现的形式,由一个服务器来提供所有文件存储位置的信息。当某个节点或客户端希望访问这个文件时,就会先向这个中心服务器发出请求,获得文件所在的机器IP和端口。可以看到,这个索引服务器就成了整个系统的瓶颈,而且不是一个真正意义上的去中性化的网络。

第二次,以Gnutella为代表的Pure Flood模式。通过向其已知的所有节点发送查询请求,收到查询请求的节点如果没有文件,则会继续以这样的模式去查询。当然,我们可以设置TTL,以限制查询转发的次数。但是,这种模式还是会大量消耗网络资源,造成底层TCP/IP网络中的其他服务受到影响。很多电信网络运营商甚至对这种模式的P2P应用进行了屏蔽和封杀,以免影响到整个网络的性能和服务。

第三次,DHT技术的网络存储系统。其具备高效查找网络中文件位置的能力,并且避免了在整个广域网中进行广播风暴。

实现DHT有几种不同的算法,比如Chord、Kademlia等。其核心思想都是每个节点存储一部分键值对,同时保存一张索引表,这个索引表是网络中所有节点索引的一小部分。索引表中的节点就是当前节点的相邻节点,通过一定的规则去查询其中一个相邻节点,然后再通过相同规则接力查询,经过有限的几次跳转,最后获得保存有文件的节点信息。

下面介绍一下Chord算法,这个算法与一致性哈希算法有相似的地方。我们在Chord算法中需要计算节点的ID和资源的ID,称为NID(Node ID)和KID(Key ID)。可以通过哈希IP地址获得NID,通过哈希资源文件获得KID。NID和KID都是$m$位的二进制数值,我们需要保证$m$足够大,使ID重复的可能性趋于零。

与一致性哈希算法一样,我们会建立一个Chord环(Chord Ring),将节点按照NID分布到这个环上。

如图3-3所示,这是一个$m=3$的Chord环,实际的应用中$m$会大得多,这里只是用来做例子解释原理。上面分布了0、1、3总共3个节点。我们要求资源被分配到编号为min(NID − KID)的节点上。于是如图3-3所示,KID = 1的存储节点为Successor(1) = 1,同理Successor(2) = 3,…。

如果我们需要查找某个资源,就可以顺着环向前查找,复杂度为$O(n)$。对于海量节点的网络来说,需要的时间还是太长。于是我们可以给每个节点加入Finger Table的路由表,如图3-4所示。

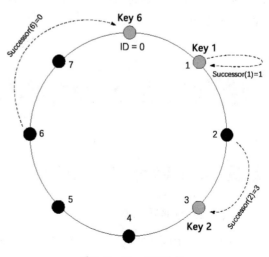

图3-3　Chord环结构

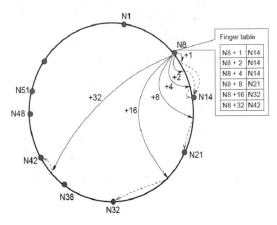

图3-4　Chord节点的路由表

可以看到,我们把节点每个$2^n$的Successor记录到表中,其中$n$的取值范围为$[0, m)$,这个算法的复杂度为$O(\log_2^N)$。

节点加入Chord环分成以下三步。

(1)Join(n0):n0加入一个Chord环,Successor会指向它最近的后继节点n。

(2)Notify(n0):n0会通知后继节点n它的存在,若此时n没有前序节点,或者n0比n现有的前序节点更加靠近n,则n将n0设置为前序节点。

(3)Stabilize():系统中所有的节点间隔一段时间会执行这个操作,节点会查询其后继节点的前序节点p,来决定其是否还是其后继节点的前序节点(中间没有加入节点进来)。也就是说,当p不是节点本身时,说明和后继节点间已经有新加入的节点了,此时将n的后继节点设置为p,同时让p设置前序节点为n。

(4)Fix_fingers():修改路由表。

其实可以看到,上面讨论的是在一个stabilization间隔时间段中,两个节点之间一次只加入一个新节点的情况。但是,在两个现有节点之间,如果同时加入好几个新节点,比如在Notify时,有n0、n1、n2三个节点同时加入Chord环,发送Notify消息给后继节点n,那么n只会选择距离最近的一个新节点作为前序节点。n1和n2会在下一次stabilization时发现自己不是n的前序节点了,于是将后继节点指向n0,n0会选择距离最近的n1作为前序节点。第二轮stabilization才会完成n2节点的加入,从而最终完成三个新节点的加入。

# 3.2 开源分布式存储系统

## 3.2.1 直连式存储和集中式存储

### 1. 直连式存储(DAS)

这种方式是最常见的存储模式。直连式存储在计算机一诞生就出现了,广义上来说,现代的PC、移动设备和嵌入式设备的内存和固定存储设备也可以看作直连式存储系统。不过,通常DAS指的是服务器通过高速网络或光纤直接连接专用存储设备的模式,而这些存储设备一般是磁盘阵列、全闪存阵列等。

### 2. 集中式存储（SAN/NAS）

现在很多企业还是在使用集中式存储设备，而且市场上有很多设备供应商，比如EMC、HPE、华为、浪潮等。现在的主流产品是SAN（Storage Area Network，存储区域网络）。由于历史遗留系统的原因，大多数企业自建的数据中心都是由一些SCSI磁盘阵列组成的。磁盘阵列之间没有连接，形成了内部的信息孤岛，于是就有了把多个磁盘阵列连接起来的技术。多数存储网络通过SCSI接口提供磁盘和服务器间的通信，而这样的数据总线并不适合网络环境，一般都是通过底层通信协议作为镜像层来实现网络连接。现在的SAN方案通常采用FC-SAN，通过高速光纤网格进行连接。

NAS指的是网络附加存储（Network Attached Storage），这是基于标准的网络协议实现数据传输，通常有FTP、HTTP、P2P等模式。其特点是部署灵活快捷，但是需要依托网络协议和服务器通信。网络协议的处理和转换等，会耗费服务器和网络设备的资源，在速度和稳定性方面不如SAN。

SAN和NAS系统通常需要一个控制节点或存储系统网关来负责管理集群文件及提供接口给外部设备访问存储系统的数据。控制节点会维护一张统一的元数据表，用来记录存储系统中实际数据存储的位置。客户端发出读写请求后，首先会在这个元数据表中查询数据的记录位置。对于大型的存储系统，这种模式会对系统性能产生限制，甚至有可能影响到系统的伸缩性。同时，这种中心化的控制节点会有单点故障的隐患。

当然，无论是DAS还是SAN和NAS，都是传统的存储系统，一般情况下，都必须采用企业级的软硬件设备，采购和维护成本都是比较高的。在一些企业的数据中心（比如银行和保险公司等），这种模式可能还会继续存在下去。但是，对于大规模的互联网和物联网应用来说，这些存储系统的灵活性低，成本高。如果要应用于大型的互联网和边缘计算领域，更加适合的应该是大规模分布式存储。下面将会详细介绍分布式存储技术的发展和应用。

## 3.2.2 大规模分布式存储技术

我们现在看到的大型互联网应用，无论是搜索引擎、打车软件、社交软件还是共享平台，其底层的存储实现一定会用到分布式存储技术。分布式存储系统是将数据分散存储在多台独立的设备上。传统的网络存储系统采用集中的存储服务器存放所有数据，存储服务器成为系统性能的瓶颈，也是可靠性和安全性的焦点，无法满足大规模存储应用的需要。分布式存储系统采用可扩展的系统结构，利用多台存储服务器分担存储负荷，利用位置服务器定位存储信息，不但提高了系统的可靠性、可用性和存取效率，还易于扩展。

通常来说，现代意义的分布式系统由于节点较多，还要求能使用可靠性相对比较低的消费级硬件进行构建，以降低成本。另外，分布式系统通常还要求拥有高伸缩性和弹性，通过集群的冗余配置，实现数据存储的分区可靠性。

### 1. Ceph分布式存储系统介绍

Ceph是非常流行的分布式存储系统，在某种意义上也是应用最为广泛的开源分布式存储解决方案。Ceph采用LGPL version 2.1/3.0开源协议，可以在非商业项目上使用和二次开发，不过在商业应用上有一定的限制。

Ceph最早是由Sage Weil在2003年作为他个人的博士学位项目开发出来的,系统的开发语言是C++。刚开发出来时,它只是作为一个研究用的平台。劳伦斯利弗莫尔国家实验室最初资助了这个项目。从2003年到2007年,Ceph处于研究阶段,其主要组件的框架都形成于这个时期。

DreamHost是一家位于洛杉矶的虚拟主机服务公司。从2007年到2011年,DreamHost孵化了Ceph项目。在这段时间里,Ceph逐渐成形,其各个组件在这个时期得到了改进和完善,变得更加稳定。

2012年4月,Sage Weil创建了一家新的公司——Inktank。最初,它主要由DreamHost投资。这家公司致力于推广Ceph,为企业提供支持和服务。2014年,红帽公司以1.75亿美元收购了Inktank,这使Ceph很快获得了许多大型公司的关注和应用,包括思科、CERN、德国电信、Dell和阿尔卡特朗讯。

Ceph的流行最主要的原因是其完善的功能和良好的设计。Ceph不仅能够提供比较流行的对象存储功能,还可以提供块存储和文件存储功能。

现在流行软件定义基础设施(SDI)概念,Ceph就是一种软件定义存储(Software Define Storage, SDS)方案。Ceph这样的SDS方案能够显著地降低总拥有成本(Total Cost of Ownership,TCO)。除降低存储成本外,SDS还具有灵活性、可伸缩性和可靠性等特性。企业可以采用普通的消费级硬件搭建存储系统,还可以按需要设计成异构和跨地域的存储集群。

(1)Ceph系统架构。Ceph系统架构如图3-5所示。

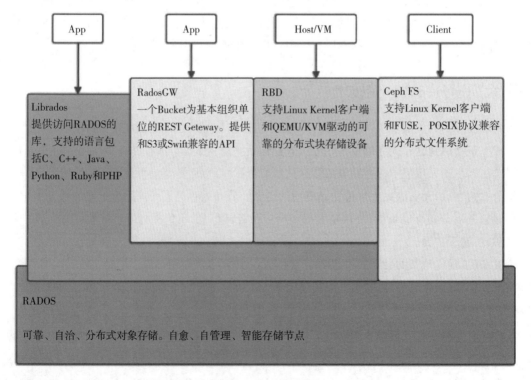

图3-5　Ceph系统架构

Ceph 提供了对象存储、块存储和文件存储的功能。

①对象存储。对象存储(OSS)是互联网应用中使用最为广泛的存储类型,各大云平台都能够提供对象存储的服务。对象存储通常会有桶(Bucket)的概念。对象就是需要存储的文件,文件会被分配到不同的 Bucket 中。Ceph 通过 RADOS Gateway 提供了和 S3 或 Swift 兼容的 API 接口。

②块存储。块存储就是提供一块硬盘或虚拟的整块存储空间,通常像数据库、操作系统都需要这样连续的块存储设备作为基本的数据空间。

③文件存储。这种方式就像通常的文件系统模式,把 Metadata 和文件分开存储,兼容 POSIX 文件访问协议。

Ceph 的基础架构的组件构成如下。

①RADOS。RADOS(Reliable Autonomic Distributed Object Store)是 Ceph 存储集群的基础。在 Ceph 的架构中,所有的数据和文件都会以对象的形式存储起来。RADOS 对象存储负责所有对象的存储,RADOS 层确保数据的最终一致性和可靠性,可以执行数据复制、存储节点故障检测和恢复。当有新的节点加入或退出后,数据在集群的所有节点中实现再平衡。

②Librados。Librados 库是给其他编程语言提供一个访问 RADOS 接口的方式,提供 PHP、Ruby、Java、Python、C 和 C++ 的访问接口库,同时还为 RBD、RGW 和 CephFS 提供底层的原生存储访问接口。Librados 支持直接访问 RADOS 层,以提高性能。

③RadosGW。RadosGW 简称 RGW,它调用了 Librgw(Rados Gateway Library)并基于 Librados。允许应用程序通过和 Amazon S3 或 OpenStack Swift 兼容的 RESTful API 访问存储集群。

④RBD。RBD 是 Ceph 的块设备程序,用于提供块存储功能。其支持自动简单配置,可以调整块的大小。块存储的数据是被分散到多个 OSD(OSD 是 Ceph 集群的最小存储节点)上的。

⑤CephFS。CephFS(Ceph File System)提供了一个 Ceph 存储集群来存储文件数据,其兼容了 POSIX 文件系统标准。与 RBD 和 RGW 一样,CephFS 也是基于 Librados 封装实现的。CephFS 需要 Metadata 节点配合工作。

Ceph 的节点类型分成以下几种。

①Monitor。Monitor 的守护进程名为 ceph-mon,Monitor 节点维护了记录集群状态的 5 个 map:Monitor map、Manager map、OSD map、MDS map 和 CRUSH map。这 5 个 map 对 Ceph 存储集群的协作和维护至关重要。此外,Monitor 节点还要负责管理客户端和集群节点守护进程之间的访问权限控制。虽然集群只需要有一个 Monitor 正常工作,但是为了确保 Monitor 节点的高可用性,在生产环境中,我们至少需要部署 3 个 Monitor 节点。Monitor 节点之间使用 Paxos 协议选举 Master 节点和同步数据,保证高可用性。

②Manager。这个节点类型是在最近的 Ceph 版本中引入的,守护进程名为 ceph-mgr。Manager 节点的主要功能是追踪和记录集群运行时的参数和状态,其中包括存储空间的使用情况、当前性能指标及整个系统的负载情况。Manager 节点会运行一个 Python 开发的组件,提供 Web 的 Dashboard(监控仪表盘)及 RESTful API。为了确保高可用性,通常以主从的方式部署,至少部署两个 Manager 节点。

③OSD。OSD(Object Storage Daemon)的守护进程名为 ceph-osd。这是 Ceph 集群中真正存储数据

的节点,负责数据的复制、恢复、存储再平衡,并在状态改变后通知Monitor更新map数据。生产环境下的OSD节点数量会非常多,为了确保数据的冗余性(每个数据至少要复制到3个位置)和高可用性,Ceph集群中至少需要3个OSD节点。

④MDS。MDS(Metadata Server)的守护进程名为ceph-mds,这种类型的节点不是必须在Ceph集群中部署的。只有当Ceph集群需要使用到CephFS,即Ceph的文件系统功能时,才需要配置MDS节点。MDS节点的主要功能就是存储文件元数据,并提供POXIS标准的文件系统访问功能。基于文件元数据,可以支持POXIS文件协议的基本命令,包括ls(列出文件)、find(根据文件名查找文件)等。

(2)CRUSH算法和Ceph的存储原理。Ceph是大规模分布式存储系统的最杰出代表,我们有必要对Ceph的算法和原理进行分析,这样能够联系前面的理论,了解产业界是如何实现大规模分布式存储的。

CRUSH(Controlled Replication Under Scalable Hashing)算法其实是一个分两步走的存储位置计算算法。在介绍CRUSH算法之前,我们先来了解Ceph数据存储的一些概念。

①PG。PG(Placement Group)是若干个对象的逻辑集合,为保证较高的可用性,这些对象数据会被复制到多个OSD上。根据副本级别(Replication Level)和副本大小(Replication Size),每个PG都会被复制和分布到Ceph集群的多个OSD存储节点上。PG其实可以看作Ceph管理存储的逻辑容器,该容器会被映射到多个OSD节点上。

②存储池(Pool)。存储池是Ceph中用于组织数据的逻辑容器,可以将不同类型和性质的OSD放在不同的池中。Ceph存储池通常用于定义不同的数据访问策略和数据保护策略,以实现不同的数据存储要求。

如图3-6所示,Object代表了实际存储的对象,小的圆形是PG,大的圆形是Pool。每个Object都会存储在一个PG中,每个PG会根据其所在的Pool的规则,复制到不同的OSD存储节点上。通常,副本复制的份数是3。

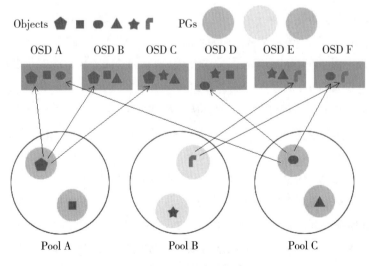

图3-6　Ceph的存储原理

下面来看一下Ceph是如何应用哈希算法的。我们知道在一致性哈希算法中,会通过哈希算法获得m位的编号,然后找到最接近这个编号的存储节点的哈希值。如果采用经典的一致性哈希算法去存储数据,就会遇到一个问题,那就是并不能保证每个数据的高可用性。因为一致性哈希算法只是能够确保每个文件一定会有节点去存储,但是不能保证一个节点故障后还能够获取原来节点上保存的数据。我们知道在实际的应用中,系统冗余是提高系统可用性的一种常见方法。主从模式就是一种非常常见的系统冗余实现方式,一旦主服务器故障,访问会立刻转移到从服务器上。

而CRUSH算法其实是分了两步来做。首先并不是把存储节点OSD作为一致性哈希算法的节点,而是把PG作为节点。通过哈希算法找到对应的虚拟存储PG,然后通过PG的CRUSH规则找到实际存储对象的主和从OSD节点,数据会先写到主OSD节点上,然后复制到从OSD节点上。大概的过程如图3-7所示。

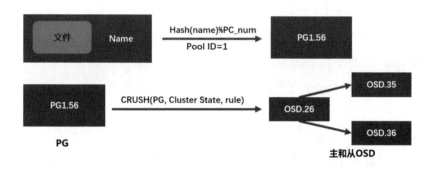

图3-7　CRUSH算法

在Ceph集群中,任何节点都不会存储对象存放的位置索引信息,客户端可以根据上面的步骤获取到对象的存放位置,剩下的操作就完全是客户端和主OSD节点之间的操作了。

我们可以发现,图3-7中的第一步并没有使用一致性哈希算法,而是用了简单的哈希算法来寻址。这种情况意味着如果某个存储池中的PG节点发生变化,会对存储池中所有的对象位置进行调整。一旦PG的数量有任何的增减,所有存储对象的存放位置都需要重新计算,然后在OSD之间进行复制和调整。这会在整个存储集群中造成一场不小的数据传输风暴,对集群整体性能和可用性都会产生负面影响。因此,一旦设定了PG的数量就不要轻易更改。对生产环境下的Ceph集群来说,PG数量设置是有指导公式的。建议每个OSD的PG数量是50个到100个,这样设定PG数量的公式为(OSD总数×100)/副本个数。副本个数指的是每个存储对象的复制数量,通常是3个副本。比如我们预计OSD的总数是1000个,副本个数是3个,那么需要设定的PG数量应该小于(1000 × 100)/3 ≈ 33333,大于(1000 × 50)/3 ≈ 16667。我们在创建新的Ceph存储池时,必须非常谨慎地设置PG数量,因为它直接影响到存储系统的稳定性和性能。

第二步是使用CRUSH算法来确认最终PG存储文件的OSD,然后访问需要的对象。对于Ceph来说,可以设置不同的算法来定位某个OSD,支持的算法有普通哈希、List、Tree、Straw及Straw2。除Straw和Straw2外,其他算法基本上不会在生产环境中使用。这里只介绍一下普通哈希、Straw和Straw2算法。

采用普通哈希法时,OSD的具体位置编码是通过计算存储对象的哈希值,并对OSD的总数取余获得的。这个算法查找某个OSD的效率是最高的,能够达到$O(1)$。但是,一旦OSD的数量或状态有变化,那么就会和改变PG数量一样,在整个集群中产生一场读写风暴。对于OSD节点非常稳定的集群来说,这个算法是可以考虑的。不过,在绝大多数的应用环境中肯定是不推荐的。因为OSD节点的稳定性很难保证,尤其是在大规模存储集群中。

Straw和Straw2算法是CRUSH的核心算法,也是其最大的亮点之一,很好地平衡了对象数据查找的效率问题和整个集群的性能和可用性。Straw和Straw2算法主要的优势是,在变更每个OSD节点的权重或加入新的节点时,不需要大量调整集群中PG的分布,而只需调整这个节点本身或相邻节点的存储即可。

(3)Ceph系统的安装。Ceph系统的部署和安装有很多种方式,包括ceph-deploy、Docker、Rook和Ansible等。下面主要介绍通过ceph-deploy部署的方式,搭建一个测试环境。默认已经在本地试验用的机器上搭建安装好了Oracle VirtualBox、Vagrant和Git。

请使用以下命令从GitHub库中下载文件。

```
git clone https://github.com/GreatCodeBase/edgecomputing.git
```

找到文件Vagrantfile,用文本编辑器打开,将IP地址修改成本地虚拟机的IP地址,已经用粗体标注出来了。

```
Vagrant.configure("2") do |config|
  config.vm.boot_timeout = 2800
  # config.ssh.username = "vagrant"
  # config.ssh.password = "vagrant"
  config.vm.define :node1 do |n1|
    n1.vm.provider "virtualbox" do |v|
      unless File.exist?('secondDisk.vdi')
        v.customize ['createhd', '--filename', 'secondDisk.vdi', '--size', 10 * 1024]
      end
      v. customize ['storageattach', :id, '--storagectl', 'SCSI', '--port', 2,
'--device', 0, '--type', 'hdd', '--medium', 'secondDisk.vdi']
      v.customize ["modifyvm", :id, "--name", "node1", "--memory", "1024",
"--uartmode1", "disconnected"]
    end
    n1.vm.box = "ubuntu1804"
    n1.vm.hostname = "node1"
    n1.vm.network:public_network, ip:"192.168.0.233"
  end

  config.vm.define :node2 do |n2|
    n2.vm.provider "virtualbox" do |v|
      unless File.exist?('thirdDisk.vdi')
        v.customize ['createmedium', '--filename', 'thirdDisk.vdi', '--size', 10 * 1024]
```

```
        end
        v.customize ['storageattach', :id, '--storagectl', 'SCSI', '--port', 2,
'--device', 0, '--type', 'hdd', '--medium', 'thirdDisk.vdi']
        v.customize ["modifyvm", :id, "--name", "node2", "--memory", "1024",
"--uartmode1", "disconnected"]
      end
    n2.vm.box = "ubuntu1804"
    n2.vm.hostname = "node2"
    n2.vm.network:public_network, ip:"192.168.0.234"
  end

  config.vm.define :node3 do |n3|
    n3.vm.provider "virtualbox" do |v|
      unless File.exist?('fourthDisk.vdi')
        v.customize ['createhd', '--filename', 'fourthDisk.vdi', '--size', 10 * 1024]
      end
      v.customize ['storageattach', :id, '--storagectl', 'SCSI', '--port', 2,
'--device', 0, '--type', 'hdd', '--medium', 'fourthDisk.vdi']
      v.customize ["modifyvm", :id, "--name", "node3", "--memory", "1024",
"--uartmode1", "disconnected"]
      end
    n3.vm.box = "ubuntu1804"
    n3.vm.hostname = "node3"
    n3.vm.network:public_network, ip:"192.168.0.235"
  end
end
```

修改后保存,这是用来创建三个虚拟机节点的,分别命名为node1、node2和node3。每个节点会挂载一个10GB的虚拟磁盘,作为OSD节点。在当前的文件夹下输入以下命令。

添加本地的box镜像,运行以下命令。

```
vagrant box add ubuntu1804 package.box
```

查看是否已经有ubuntu1804这个镜像了。

```
vagrant box list
```

创建并运行三个虚拟机节点。

```
vagrant up node1 node2 node3
```

然后,我们可以检查一下虚拟机是否已经正常运行了。

```
vagrant status
```

如果所有的虚拟机都正常启动,会显示图3-8所示的信息,三个节点都是running的状态,都启动起来了。

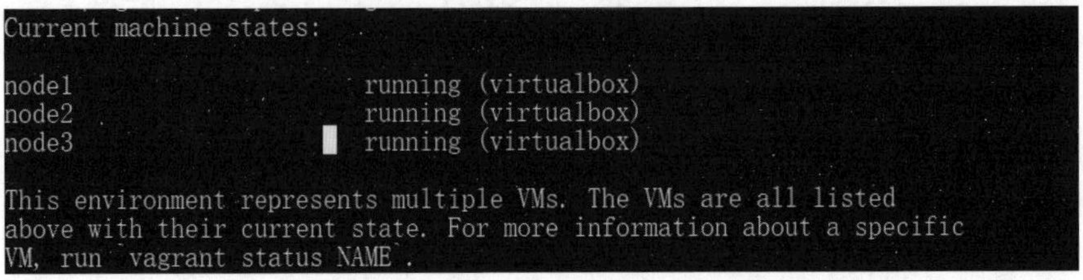

图3-8　三个节点的虚拟机启动

依次输入 vagrant ssh node1、vagrant ssh node2、vagrant ssh node3 登录虚拟机节点。

在每个节点运行以下命令,替换掉 Ceph 的镜像源。

```
echo deb http://mirrors.ustc.edu.cn/ceph/debian-nautilus/ bionic main | sudo tee
/etc/apt/sources.list.d/ceph.list
```

添加 release keys。

```
wget -q -O- 'https://download.ceph.com/keys/release.asc' | sudo apt-key add
# 更新源
sudo apt update
sudo apt upgrade
```

在每个节点安装 NTP 同步时间。

```
sudo apt-get install -y ntp ntpdate ntp-doc
sudo ntpdate 0.cn.pool.org.cn
sudo hwclock --systohc
sudo systemctl enable ntp
sudo systemctl start ntp
```

在每个节点创建一个 cephuser 的用户。

```
sudo useradd -m -s /bin/bash cephuser
sudo passwd cephuser
```

授予 cephuser 用户无密码使用 sudo 的权限。

```
sudo echo "cephuser ALL = (root) NOPASSWD:ALL" | sudo tee /etc/sudoers.d/cephuser
sudo chmod 0440 /etc/sudoers.d/cephuser
sudo sed -i s'/Defaults requiretty/#Defaults requiretty'/g /etc/sudoers
```

在 node1 生成 cephuser 的 ssh 密钥。

```
vagrant ssh node1
su cephuser
ssh-keygen
```

进入 .ssh 文件夹查看生成的文件,可以看到密钥对已经生成。

```
$ ls /home/cephuser/.ssh/
id_rsa   id_rsa.pub
```

在.ssh 文件夹中创建 config 文件,输入 host 的内容如下。

```
Host node1
  Hostname node1
  User cephuser
Host node2
  Hostname node2
  User cephuser
Host node3
  Hostname node3
  User cephuser
```

然后运行以下命令。

```
ssh-keyscan node1 node2 node3 >> ~/.ssh/known_hosts
```

输入查询命令,现在.ssh 文件夹下会有以下四个文件。

```
$ ls /home/cephuser/.ssh/
config   id_rsa   id_rsa.pub   known_hosts
```

复制密钥到 node2 和 node3 上,使 node1 可以作为安装管理服务器无密码登录 node2 和 node3 节点。中间可能会要求输入 cephuser 的密码。

```
ssh-copy-id node2
ssh-copy-id node3
```

完成后,我们可以测试一下 SSH 是否能够登录到 node2 和 node3 节点上。输入 ssh node2,如果可以看到图 3-9 所示的信息,则说明 SSH 能够正常登录到 node2 节点上。

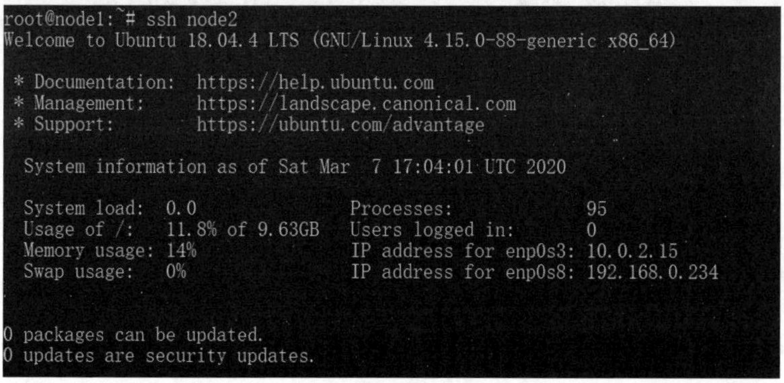

图 3-9   SSH 登录信息提示

到这一步为止,我们配置的准备工作已经完成了。后面就开始正式安装了。

Ceph 实验集群部署的步骤如下。

第一步：在node1上初始化Ceph集群。

安装ceph-deploy工具。

```
sudo apt install ceph-deploy -y
```

接着创建一个ceph文件夹作为Ceph的安装目录，并在该目录下创建集群初始文件和key。正常输出结果如图3-10所示。

```
mkdir ~/ceph ; cd ~/ceph
ceph-deploy new node1
```

图3-10 创建初始化Ceph集群文件

运行完成后，这个集群在节点node1上的初始化就完成了。

第二步，安装集群到各节点。

在node1、node2和node3上安装Ceph程序。在node1的ceph文件夹下运行以下命令。

```
ceph-deploy install --no-adjust-repos --stable node1 node1 node2 node3
```

由于我们会安装完整的Ceph包，包括Monitor、Manager、OSD和MDS，所以会花一些时间等待全部安装完成。安装完成后，输入以下命令。

```
ceph -v
```

如果可以看到图3-11所示的Ceph的版本信息，则说明安装成功了。

```
cephuser@node1:        $ ceph -v
ceph version 14.2.8 (2d095e947a02261ce61424021bb43bd3022d35cb) nautilus (stable)
```

图3-11　显示Ceph的版本信息

在node1上初始化第一个Monitor节点。

```
ceph-deploy mon create-initial
```

运行ls指令,我们可以看到生成了集群所需的所有keyring,这些在后面部署时会被拷贝到所有节点上。接着运行以下命令,检查是否已经生成所需的所有keyring。

```
ceph-deploy gatherkeys node1
```

如果可以看到图3-12所示的信息,则说明初始化的Monitor节点已经部署完成了。

```
[ceph_deploy.gatherkeys][INFO ] keyring 'ceph.client.admin.keyring' already exists
[ceph_deploy.gatherkeys][INFO ] keyring 'ceph.bootstrap-mds.keyring' already exists
[ceph_deploy.gatherkeys][INFO ] keyring 'ceph.bootstrap-mgr.keyring' already exists
[ceph_deploy.gatherkeys][INFO ] keyring 'ceph.mon.keyring' already exists
[ceph_deploy.gatherkeys][INFO ] keyring 'ceph.bootstrap-osd.keyring' already exists
[ceph_deploy.gatherkeys][INFO ] keyring 'ceph.bootstrap-rgw.keyring' already exists
```

图3-12　创建Monitor节点的信息

在node2上创建第一个Manager节点。在最新的Ceph版本中,集群必须有Manager节点才能正常工作。

```
ceph-deploy mgr create node2
```

在node3上创建第一个OSD节点。首先查看node3上挂载的硬盘。

```
ceph-deploy disk list node3
```

运行后,从图3-13中可以看到硬盘挂载的情况,/dev/sdb这个硬盘将会作为第一个OSD节点。

```
[node3][INFO ] Running command: sudo fdisk -l
[node3][INFO ] Disk /dev/sda: 32 GiB, 34359738368 bytes, 67108864 sectors
[node3][INFO ] Disk /dev/sdb: 10 GiB, 10737418240 bytes, 20971520 sectors
```

图3-13　查看虚拟机挂载的硬盘

删除硬盘分区表:

```
ceph-deploy disk zap node3 /dev/sdb
```

如果可以看到图3-14所示的信息,则说明删除分区表成功,可以创建OSD节点了。

```
[node3][INFO ] Running command: sudo /usr/sbin/ceph-volume lvm zap /dev/sdb
[node3][WARNIN] --> Zapping: /dev/sdb
[node3][WARNIN] --> --destroy was not specified, but zapping a whole device will remove the partition table
[node3][WARNIN] Running command: /bin/dd if=/dev/zero of=/dev/sdb bs=1M count=10 conv=fsync
[node3][WARNIN]  stderr: 10+0 records in
[node3][WARNIN] 10+0 records out
[node3][WARNIN] 10485760 bytes (10 MB, 10 MiB) copied, 0.127844 s, 82.0 MB/s
[node3][WARNIN] --> Zapping successful for: <Raw Device: /dev/sdb>
```

图3-14　删除作为OSD的硬盘的分区表

创建OSD节点和设备：

```
ceph-deploy osd create --data /dev/sdb node3
```

如果顺利，创建OSD节点的过程很快就会完成，我们可以通过以下命令查看OSD节点和设备的情况。查询的显示信息如图3-15所示。

```
ceph-deploy osd list node3
```

图3-15　查看OSD设备

现在只有一个节点和设备。

把keyring和初始的配置文件部署到整个集群上，运行以下命令。

```
ceph-deploy admin node1 node2 node3
```

可以看到图3-16所示的结果，配置文件被复制到了三个节点的机器上。

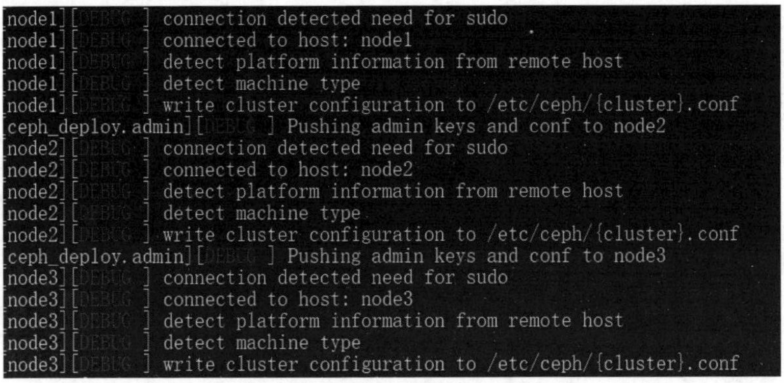

图3-16　复制配置信息到所有节点

现在我们检查一下集群的健康状况。

```
sudo ceph health
sudo ceph -s
```

图3-17所示的信息表明，Ceph集群已经成功运行起来，不过我们现在还只有一个OSD节点。为了保证数据的高可用性，要求至少有三个OSD节点。

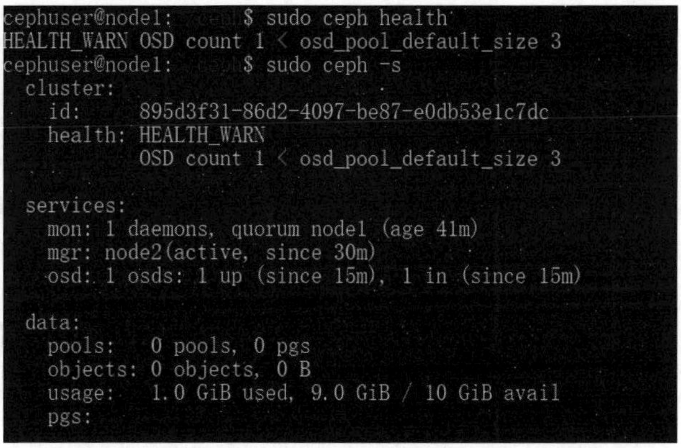

图 3-17  检查集群的健康度和状态

第三步,扩展Ceph集群。

修改配置文件,用vim命令打开node1上的/etc/ceph/ceph.conf文件。加入一行公共网络网段信息。

```
public network = 192.168.0.0/24
```

我们需要更改Monitor节点的key文件夹访问权限,否则没有办法查看集群状态。在每个节点上运行以下命令。

```
sudo chmod 644 /etc/ceph/ceph.client.admin.keyring
```

继续在node2和node3上部署Monitor节点。

```
ceph-deploy mon create node2 node3
```

在node1和node2上部署OSD节点(设备)。步骤与前面在node3上创建OSD节点相同,先删除/dev/sdb的硬盘的分区表。

```
ceph-deploy disk zap node1 /dev/sdb
ceph-deploy disk zap node2 /dev/sdb
```

在node1和node2上部署OSD节点。

```
ceph-deploy osd create --data /dev/sdb node1
ceph-deploy osd create --data /dev/sdb node2
```

在node3上部署第二个Manager节点。

```
ceph-deploy mgr create node3
```

完成以后,运行ceph -s命令查看状态。从图3-18中可以看到,Ceph集群已经成功运行起来了。在这个集群中,由三个Monitor节点组成高可用,两个Manager节点为主备模式,三个OSD节点总共提供了27GB的可用存储空间。

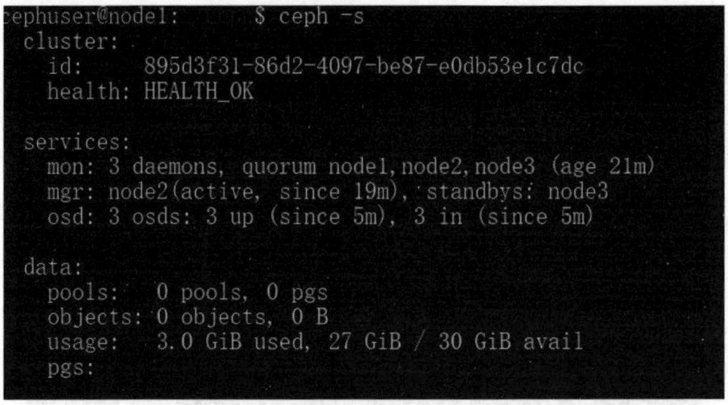

图3-18 最终完成的Ceph实验环境状态

### 2. Ceph分布式存储系统的应用

下面介绍一下Ceph分布式存储系统的应用,分成对象存储、块存储和文件存储三个方面进行介绍。通过这部分的学习,就能够掌握Ceph在各个应用场景下的使用和配置方法了。

(1)Ceph的一些常用命令。

检查Ceph的状态:

```
# ceph -s 或 ceph status
```

监控集群的健康状况:

```
# ceph -w
```

导出Monitor信息:

```
# ceph mon dump
```

检查集群存储使用情况:

```
# ceph df
```

查看PG列表:

```
# ceph pg dump
```

查看Ceph存储池列表:

```
# ceph osd lspools
```

查看CRUSH map:

```
# ceph osd tree
```

(2)Ceph对象存储。

对象存储已经成为云计算平台的标配了,由于其存储文件的灵活性和便捷性,已经成为弹性存储服务的最主要模式。对象存储在物联网和边缘计算领域中的应用也值得关注,已经逐渐成为主流的文件存储形式。我们来深入了解一下在Ceph系统中如何配置和使用对象存储。

应用程序对于对象存储的访问只能通过API进行。Ceph在RADOS层的基础上提供了对象网关（RADOS Gateway，RGW），用于提供对象存储的访问接口。通过RGW，Ceph可以对外部提供兼容S3和Swift的RESTful API。此外，RGW也支持Ceph Admin的原生API来管理Ceph存储集群。

通过Librados，应用程序也可以使用C、C++、Java、Python和PHP的API直接访问Ceph存储集群。

配置和使用Ceph对象存储的步骤如下。

①配置RADOS网关。在实际的生产环境下，通常都会配置独立的RGW服务器，并配置负载均衡和故障转移。不过，如果访问量不是特别大，与某个Monitor共用服务器也是可以接受的。Ceph的RGW默认是基于Civetweb的RESTful API。

首先启动node4节点作为集群的RGW。

```
vagrant up node4
```

修改/etc/hosts文件，加入node1、node2和node3的IP，以便可以通过机器名访问，读者可根据自己测试环境的实际情况修改。同时，每个节点的hosts文件也都要加入node4的信息。

```
192.168.0.233 node1
192.168.0.234 node2
192.168.0.235 node3
192.168.0.236 node4
```

根据前文的准备过程，准备node4节点，包括创建cephuser用户、配置Ceph源、安装NTP时钟同步程序，node1同样需要对node4设置SSH免密码登录。

先通过node1安装Ceph软件包到node4。

```
ceph-deploy install node1 node4
```

安装管理Ceph CLI并复制配置文件。

```
ceph-deploy admin node4
```

安装RGW节点到node4。

```
ceph-deploy rgw create node4
```

安装完成后，访问Web接口http://192.168.0.236:7480测试一下。如果返回图3-19所示的信息，则说明安装成功。

```
▼<ListAllMyBucketsResult xmlns="http://s3.amazonaws.com/doc/2006-03-01/">
  ▼<Owner>
      <ID>anonymous</ID>
      <DisplayName/>
  </Owner>
  <Buckets/>
</ListAllMyBucketsResult>
```

图3-19　安装成功Web返回的信息

通过SSH访问node4，并使用cephuser登录。

```
vagrant ssh node4
su cephuser
```

②创建一个S3用户:

```
sudo radosgw-admin user create --uid = "rgws3" --display-name = "RGW S3 User"
```

创建成功后,可以看到图3-20所示的信息,这个access_key和secret_key需要记录下来,后面会用到。

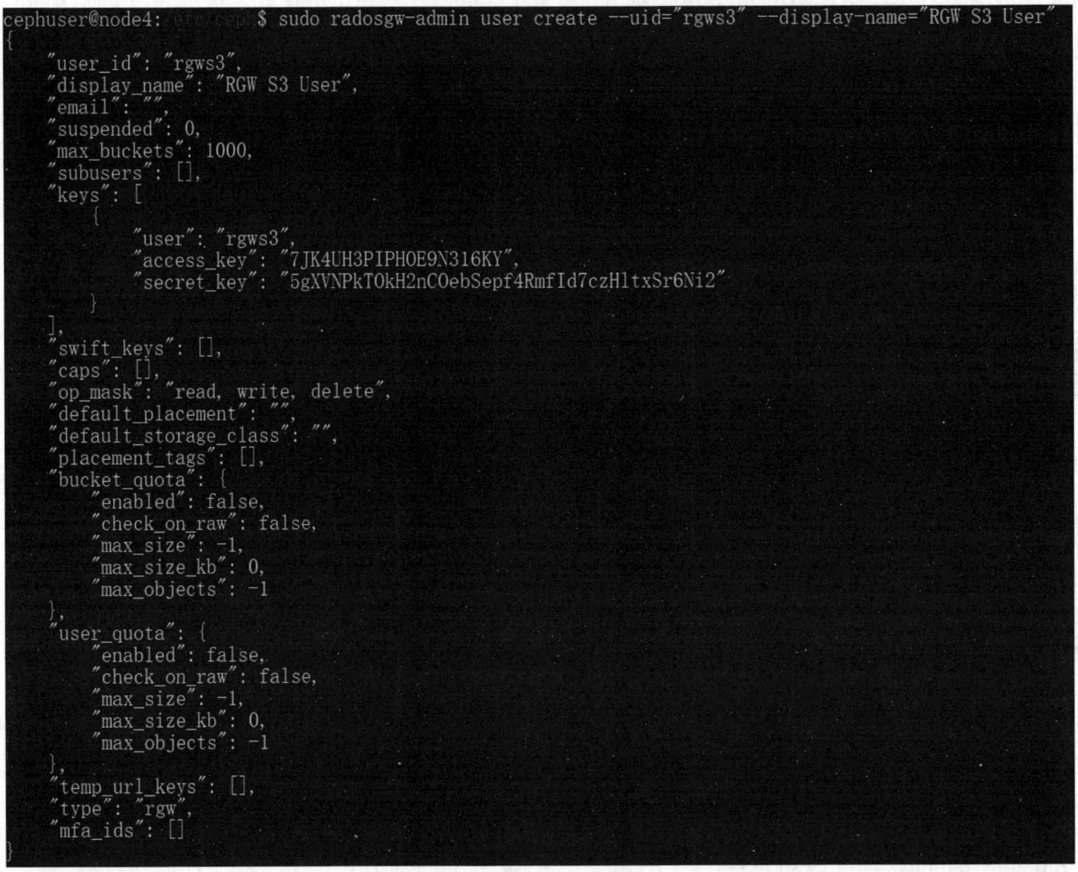

```
cephuser@node4:        $ sudo radosgw-admin user create --uid="rgws3" --display-name="RGW S3 User"
{
    "user_id": "rgws3",
    "display_name": "RGW S3 User",
    "email": "",
    "suspended": 0,
    "max_buckets": 1000,
    "subusers": [],
    "keys": [
        {
            "user": "rgws3",
            "access_key": "7JK4UH3PIPHOE9N316KY",
            "secret_key": "5gXVNPkTOkH2nCOebSepf4RmfId7czHltxSr6Ni2"
        }
    ],
    "swift_keys": [],
    "caps": [],
    "op_mask": "read, write, delete",
    "default_placement": "",
    "default_storage_class": "",
    "placement_tags": [],
    "bucket_quota": {
        "enabled": false,
        "check_on_raw": false,
        "max_size": -1,
        "max_size_kb": 0,
        "max_objects": -1
    },
    "user_quota": {
        "enabled": false,
        "check_on_raw": false,
        "max_size": -1,
        "max_size_kb": 0,
        "max_objects": -1
    },
    "temp_url_keys": [],
    "type": "rgw",
    "mfa_ids": []
}
```

图3-20 创建一个S3用户

③创建Swift接口子用户:

```
radosgw-admin subuser create --uid = rgws3  --subuser = rgws3:swift  --access = full
```

创建成功后,可以看到图3-21所示的信息,相关的Swift key需要记录下来。应用通过Swift接口访问API时会用到这个key。

```
cephuser@node4:           $ sudo radosgw-admin subuser create --uid=rgws3  --subuser=rgws3:swift  --access=full
    "user_id": "rgws3",
    "display_name": "RGW S3 User",
    "email": "",
    "suspended": 0,
    "max_buckets": 1000,
    "subusers": [
        {
            "id": "rgws3:swift",
            "permissions": "full-control"
        }
    ],
    "keys": [
        {
            "user": "rgws3",
            "access_key": "7JK4UH3PIPHOE9N3I6KY",
            "secret_key": "5gXVNPkTOkH2nCOebSepf4RmfId7czHltxSr6Ni2"
        }
    ],
    "swift_keys": [
        {
            "user": "rgws3:swift",
            "secret_key": "iu7BOKyLvYAFdpbOhNWaPstaXjzbA9VZbYmBGPMh"
        }
    ],
    "caps": [],
    "op_mask": "read, write, delete",
    "default_placement": "",
    "default_storage_class": "",
    "placement_tags": [],
    "bucket_quota": {
        "enabled": false,
        "check_on_raw": false,
        "max_size": -1,
        "max_size_kb": 0,
        "max_objects": -1
    },
    "user_quota": {
        "enabled": false,
        "check_on_raw": false,
        "max_size": -1,
        "max_size_kb": 0,
        "max_objects": -1
    },
    "temp_url_keys": [],
    "type": "rgw",
    "mfa_ids": []
```

图 3-21　创建一个Swift接口子用户

④通过S3 RESTful API访问Ceph对象存储。S3 API是亚马逊网络服务(AWS)提供其简单存储服务(S3)的接口标准,由于S3接口使用虚拟主机Bucket命名规范,所以如果需要使用S3接口,必须配置DNS服务才可以使用。

我们在node4上部署一个DNS服务,登录node1虚拟机,安装bind9:

```
sudo apt-get install bind9
```

编辑 named.conf.options 文件:

```
sudo vi /etc/bind/named.conf.options
```

下面加粗的部分是增加的内容。

```
options {
```

```
        // DNS服务器IP
        listen-on port 53 {127.0.0.1;192.168.0.236;};
        // 允许查询IP地址和范围
        allow-query {127.0.0.1;192.168.0.0/24;};
        directory "/var/cache/bind";

        // If there is a firewall between you and nameservers you want
        // to talk to, you may need to fix the firewall to allow multiple
        // ports to talk.  See http://www.kb.cert.org/vuls/id/800113

        // If your ISP provided one or more IP addresses for stable
        // nameservers, you probably want to use them as forwarders
        // Uncomment the following block, and insert the addresses replacing
        // the all-0's placeholder

        // forwarders {
        //      0.0.0.0;
        // };

        //========================================================================
        // If BIND logs error messages about the root key being expired,
        // you will need to update your keys.  See https://www.isc.org/bind-keys
        //========================================================================
        dnssec-validation auto;

        auth-nxdomain no;      # conform to RFC1035
        listen-on-v6 { any; };
};
```

然后编辑 named.conf.local：

```
sudo vi /etc/bind/named.conf.local
```

在文件中加入下面的 edgecomput.com 配置节。

```
zone "edgecomput.com" {
        type master;
        file "/etc/bind/db.edgecomput.com";
};
```

通过复制 /etc/bind/db.local 文件，建立 db.edgecomput.com 配置文件。

```
sudo cp /etc/bind/db.local /etc/bind/db.edgecomput.com
```

然后打开 db.edgecomput.com 文件，修改加粗的部分。

```
$TTL     604800
@     IN     SOA     egdecomput.com. root.egdecomput.com. (
                          2          ; Serial
                      604800         ; Refresh
                       86400         ; Retry
                     2419200         ; Expire
                      604800 )       ; Negative Cache TTL
;
@     IN     NS      egdecomput.com.
@     IN     A       127.0.0.1
@     IN     A       192.168.0.236
@     IN     AAAA    ::1
*     IN     CNAME   @
```

打开/etc/resolv.conf文件，修改DNS配置，加入以下内容。

```
search edgecomput.com
nameserver 192.168.0.236
```

重启bind9服务：

```
sudo systemctl restart bind9
sudo systemctl enable bind9
```

运行以下命令查看DNS服务的状态，运行dig查看。

```
sudo systemctl status bind9
dig edgecomput.com
```

如果一切正常，就可以尝试通过S3客户端程序来访问了。创建client虚拟机：

```
vagrant up client
```

连接到client节点，修改DNS配置文件/etc/resolv.conf，加入以下内容。

```
search edgecomput.com
nameserver 192.168.0.236
```

然后测试一下：

```
dig node4.edgecomput.com
ping anything.node4.edgecomput.com
```

如果一切正常，可以看到图3-22所示的信息，ping任意子域名[anything].node4.edgecomput.com都会收到node4的返回信息。

```
vagrant@client: $ ping anything.node4.edgecomput.com
PING edgecomput.com (192.168.0.236) 56(84) bytes of data.
64 bytes from 192.168.0.236 (192.168.0.236): icmp_seq=1 ttl=64 time=0.829 ms
64 bytes from 192.168.0.236 (192.168.0.236): icmp_seq=2 ttl=64 time=0.510 ms
64 bytes from 192.168.0.236 (192.168.0.236): icmp_seq=3 ttl=64 time=0.966 ms
```

图3-22　测试网关的Ping信息

安装s3cmd，这是S3接口的命令行客户端程序：

```
sudo apt install -y s3cmd
```

如图3-23所示，修改s3cmd的配置，并按照提示输入刚才记录的access_key和secret_key，其他的随便填，一会再修改配置文件。

```
s3cmd --configure
```

```
vagrant@client: $ s3cmd --configure

Enter new values or accept defaults in brackets with Enter.
Refer to user manual for detailed description of all options.

Access key and Secret key are your identifiers for Amazon S3. Leave them empty for using the env variables.
Access Key: 7JK4UH3PIPHOE9N316KY
Secret Key: 5gXVNPkTOkH2nCOebSepf4RmfId7czHltxSr6Ni2
```

图3-23　设置S3客户端的配置

打开配置文件：

```
sudo vim /home/vagrant/.s3cfg
```

修改配置文件中的以下部分。

```
cloudfront_host = node4.edgecomput.com:7480
host_base = node4.edgecomput.com:7480
host_bucket = %(bucket)s.node4.edgecomput.com:7480
use_https = False
```

完成后就可以用s3cmd创建Bucket并写入文件了。

```
s3cmd mb s3://Firstbucket
s3cmd ls
s3cmd put test.txt s3://Firstbucket
s3cmd ls s3://Firstbucket
```

执行结果如图3-24所示。过程如下：首先创建一个名为Firstbucket的新Bucket，然后查看现在集群上的Bucket列表，最后把客户端的测试文件test.txt存储到Firstbucket上并查看。

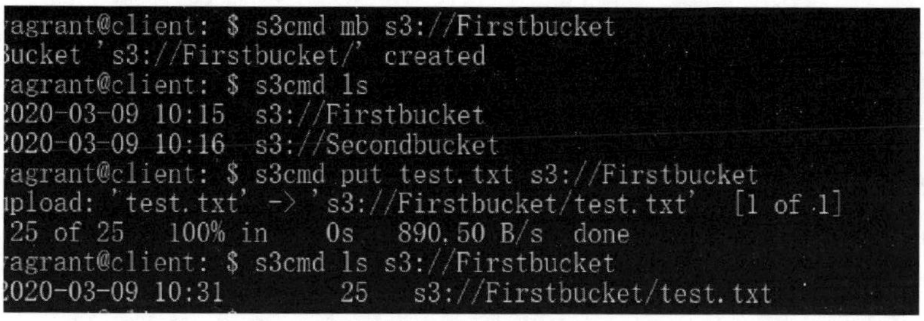

图 3-24　测试通过 S3 接口存储文件

⑤通过 Swift RESTful API 访问 Ceph 对象存储。我们测试一下使用 Swift 兼容 API 接口来访问 Ceph 对象存储。在 client 虚拟机上安装 python-swift 客户端程序。

```
sudo apt-get install --upgrade python-swiftclient
```

然后在 node4 节点上运行以下命令，查看 RadosGW 系统中对象存储的用户。

```
radosgw-admin user list
```

接着看一下刚才创建的 Swift 子账号的 access_key 和 secret_key。

```
radosgw-admin user info --uid rgws3
```

记下 rgws3 的 Swift 子账号的 secret_key，运行以下命令查看现有的 Bucket。

```
swift -A http://192.168.0.236:7480/auth -U rgws3:swift \
-K 'iu7BOKyLvYAFdpbOhNWaPstaXjzbA9VZbYmBGPMh' list
```

运行以下 post 命令添加一个新 Bucket-thirdbucket。

```
swift -A http://192.168.0.236:7480/auth -U rgws3:swift \
-K 'iu7BOKyLvYAFdpbOhNWaPstaXjzbA9VZbYmBGPMh' post thirdbucket
```

如果没有报错信息，则 Bucket 创建成功。再运行刚才的 Bucket 查询命令，可以看到并列出新的 thirdbucket，如图 3-25 所示。

图 3-25　通过 S3 接口创建多个 Bucket

对于分布式存储系统的核心来说，除最常用的对象存储外，还能够提供块存储和文件存储的功能。

（3）Ceph 块存储。

块存储是云计算中非常常用的数据存储方式，我们可以通过块存储结构，以磁盘挂载的方式提供 Ceph 节点的存储给云计算或边缘云实例。Ceph 块设备最早称为 RADOS 块设备（RBD），用于提供分布式块存储给计算实例或其他的客户端系统。RBD 建立在 RADOS 层之上，其天然地以分布式方式存储在多个Ceph节点上,因此不需要物理磁盘的RAID配置,也可以通过分布式的技术获得高性能和高可靠性。RBD的功能已经比较完善,能够用在商用存储系统中。

(4)Ceph文件存储。

Ceph文件系统(CephFS)是一个标准的UNIX POSIX文件系统,可以将文件存储到Ceph的存储集群中。Ceph支持Linux内核驱动,可以适配各种Linux的发行版,其文件存储的底层存储系统仍然是RADOS。使用CephFS必须部署MDS文件元数据服务,CephFS可以通过类似文件目录的形式将Ceph节点挂载到Linux系统的文件结构中。比如可以通过以下命令,将Ceph节点作为文件挂载到Linux操作系统的文件结构中。

创建一个文件目录/etc/cephfstest。

```
mkdir /etc/cephfstest
```

然后将Ceph节点作为文件挂载到这个目录。

```
mount -t ceph ceph-node1:6789:/ /etc/cephfstest -o name = cephfs, secret = AQAGHF...(省略)
```

正确挂载后,该节点就可以作为文件目录进行访问了。

(5)配置Ceph管理界面(Dashboard)。

Ceph在Manager节点中提供了Dashboard,可以查看当前Ceph集群的状态,并提供了一些管理功能。

Dashboard功能是作为Ceph的Manager节点的插件提供的,默认安装是不包括在安装包中的,需要手动安装。我们在node2和node3上安装并启用了Manager程序,因此要在node2和node3这两个节点上安装Ceph Dashboard。

```
sudo apt install ceph-mgr-dashboard -y
```

在node1节点上启用Dashboard插件。

```
ceph mgr module enable dashboard
```

配置Dashboard的端口号和IP。

```
ceph config set mgr mgr/dashboard/server_addr 0.0.0.0
ceph config set mgr mgr/dashboard/server_port 7000
ceph config set mgr mgr/dashboard/ssl false
```

查看Dashboard是否工作,显示以下信息说明已经安装成功了。

```
{
    "dashboard": "http://node2:7000/"
}
```

创建Dashboard用户:

```
ceph dashboard ac-user-create cephuser cephpwd administrator
```

打开Dashboard页面http://node2:7000/,用上面的用户名和密码登录,可以看图3-26所示的界面。在这个界面中,可以查看整个集群的负载和使用情况及配置情况。

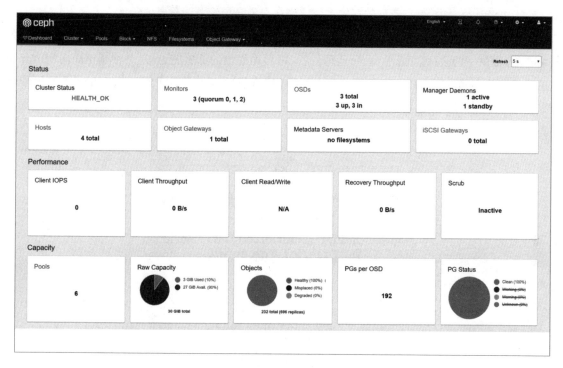

图3-26　Ceph管理界面

要开启文件系统和对象存储的管理界面,需要做一些配置。下面介绍一下如何开启对象存储的Dashboard。我们给前面创建的S3 API账户授予权限。

```
radosgw-admin user info --uid = rgws3
ceph dashboard set-rgw-api-access-key <access_key>
ceph dashboard set-rgw-api-secret-key <secret_key>
```

上面的步骤完成后,就可以使用对象存储的管理面板了,我们可以看到所有的S3用户和该用户的Bucket信息。启用文件系统也是类似的,这里就不再赘述了。

Ceph管理界面的内容和功能虽然还称不上强大,但是已经提供了很多必要的功能,而且在不断地完善中。

### 3. EdgeFS分布式存储系统介绍

Ceph可以说是当今功能最完善的开源分布式存储系统了。不过,由于其本身的设计和开发是在十几年前开始的,尽管相比其他的存储方案如HDFS,已经拥有非常不错的横向和纵向的扩展性及去中心化的能力,但是在面对日益增长的存储需求和物联网+边缘计算的要求,Ceph还是有一些不足。Ceph本身还是一个面向集中式数据中心的存储方案,虽然我们可以用联合(Federation)的方式来实现Ceph的跨地理位置和数据中心的扩展,但是这种方式更像一种灾备方案或集群规模的负载均衡方案。

下面要介绍的EdgeFS则是一种完全去中心化,可以跨地理位置和数据中心的分布式存储实现方案。对于边缘计算来说,这种新型的存储系统或许在未来会扮演更为重要的角色。

图3-27所示是EdgeFS的官方网站提供的架构图片。EdgeFS与Kubernetes+Docker容器技术是紧密结合的,提供了跨公/私有云平台、跨地理位置、跨异构系统的部署能力,是一种真正面向完全分布式的边缘计算存储方案。EdgeFS可以为Kubernetes中部署的应用提供持久性、高容错性和高性能的数据存储服务,还可以为这些云原生(Cloud Native)应用提供兼容S3、NFS、iSCSI等存储协议的数据访问方式。

**Multi-Cloud, Decentralized Data Fabric
for Edge/IoT Computing**

On-Premise　　Public Cloud　　Multi-Cloud　　Edge

图3-27　EdgeFS存储系统

简单地理解EdgeFS的实现,其实就是以类似Git版本控制的写入及拷贝的方式存储数据。每一次写入都会记录文件的版本,并存储进分布式集群中。

(1)EdgeFS的部署。EdgeFS通常可以通过Docker容器直接部署,也可以通过Rook部署到Kubernetes集群中。在我们的实验环境中,用Rook来进行部署。这里我们会用到coreos-kubernetes,这是CoreOS的一个版本。

首先我们需要为EdgeFS的部署创建一个测试用的Kubernetes环境,目前各大云平台都提供Kubernates平台的支持。EdgeFS本身要求至少有3个存储节点,因此要部署EdgeFS,需要建立一个4节点的Kubernetes集群,即K8snode1/2/3/4。其中K8snode1作为集群的Master节点,其他3个节点作为Worker节点。

首先从GitHub上下载Rook的安装配置文件。

```
git clone https://github.com/rook/coreos-kubernetes.git
```

读者如果留意里面的文件结构,可以看到Rook也支持其他的分布式存储系统(比如Ceph、CockroachDB、YugabyteDB、Cassandra等)部署。Rook本身其实也是云原生计算基金会支持的一个重要项目,目前稳定版本是v1.1,用于在Kubernetes集群上部署和运行分布式存储系统。我们在这里主要集中介绍EdgeFS的部署。

在K8snode1节点下载Rook,并进入EdgeFS的安装目录。

```
git clone https://github.com/rook/coreos-kubernetes.git
cd cluster/examples/kubernetes/edgefs
```

安装operator程序：

```
kubectl create -f operator.yaml
```

完成后运行以下命令，可以查看operator相关的Pods安装情况。

```
kubectl -n rook-edgefs-system get pod
```

可以看到名叫rook-edgefs-operator和rook-discover的Pod。

然后开始安装Cluster节点，就是真正会存储数据的节点。完成后运行以下命令，查看存储节点是否都已经上线了。

```
kubectl create -f cluster.yaml
kubectl -n rook-edgefs get pod # 查看存储节点上线情况
```

如果能够看到以下信息，则说明所有节点都已经可以正常工作了。

| | | | | | | |
|---|---|---|---|---|---|---|
| rook-edgefs | rook-edgefs-mgr-7c76cb564d-56sxb | 1/1 | Running | 0 | 24s |
| rook-edgefs | rook-edgefs-target-0 | 3/3 | Running | 0 | 24s |
| rook-edgefs | rook-edgefs-target-1 | 3/3 | Running | 0 | 24s |
| rook-edgefs | rook-edgefs-target-2 | 3/3 | Running | 0 | 24s |

到此为止，我们其实已经完成了一个基于Kubernetes的EdgeFS存储集群。以上是按照默认配置安装集群，会使用所有节点挂载的存储设备作为集群的存储。可以看到，在配置文件cluster.yaml中有以下几行。

```
storage: # cluster level storage configuration and selection
    useAllNodes: true # 使用所有的存储节点
  # directories:
  # - path: /mnt/disks/ssd0
  # - path: /mnt/disks/ssd1
  # - path: /mnt/disks/ssd2
    useAllDevices: true # 使用存储节点上的所有空置存储设备
```

不过，在实际部署中，我们其实希望能够做一些特殊的配置，比如只使用部分资源和磁盘作为EdgeFS存储等，具体可以通过修改部署配置文件实现。

```
#  config:
#     mdReserved: "30"          # 分配30%的SSD/NVMe作为Metadata存储,其他部分作为BCache
#     hddReadAhead: "2048"      # 加速HDD访问,提前预读2MB+的数据块
#     rtVerifyChid: "0"         # 没有作用
#     lmdbPageSize: "32768"     # 提高流处理的吞吐量,如果系统运行,可以设置得比较大
#     lmdbMdPageSize: "4096"    # Metadata的访问页大小,可以提高磁盘利用率,不建议修改
```

```
#      useMetadataOffload: "true"      # 使用SSD设备作为Metadata存储
#      useBCache: "true"               # 使用SSD作为缓存设备
#      useBCacheWB: "true"             # 使用SSD写缓存
#      useMetadataMask: "0x7d"         # all metadata on SSD except second level manifests
#      rtPLevelOverride: "4"           # enable large device partitioning, only needed
                                       # if automatic not working
#      sync: "0"                       # highest performance, consistent on pod/software
                                       # failures, not-consistent on power failures
#      useAllSSD: "true"               # 使用SSD
#      zone: "1"                       # defines failure domain's zone number for all
                                       # edgefs nodes
#  nodes:
#  - name: 192.168.0.203
#  - name: node3072ub16
#  - name: node3073ub16
#  - name: node3074ub16                # 配置需要计入的节点
#    devices:                          # 设置每个节点要加入的挂载的设备名
#    - name: "sdb"
#    - name: "sdc"
#    config: # configuration can be specified at the node level which overrides
            # the cluster level config
#      rtPLevelOverride: 8
#      zone: "2"  # defines failure domain's zone number for specific node
                  # (node3074ub16)
#resources:
#  limits:
#    cpu: "2"
#    memory: "4096Mi"
#  requests:
#    cpu: "2"
#    memory: "4096Mi"
# A key value list of annotations
#annotations:
#  all:
#    key: value
#  mgr:
#  prepare:
#  target:
#placement:
#  all:
#    nodeAffinity:
#      requiredDuringSchedulingIgnoredDuringExecution:
```

```
#           nodeSelectorTerms:
#           - matchExpressions:
#             - key: nodekey
#               operator: In
#               values:
#               - edgefs-target
#       tolerations:
#       - key: taintKey
#         operator: Exists
```

我们也可以在Node这个配置节上选择需要加入节点的SSD和HDD磁盘。为保证Kubernetes集群上的其他应用不受到存储系统运行的影响,可以设置节点系统资源(CPU、内存)的使用上限。

(2)EdgeFS的使用。EdgeFS本身也是一个非常强大的系统,与Ceph一样,能够提供对象存储、块存储和文件存储这三种模式。

启用NFS(网络文件系统)访问方式,首先运行Pod查看命令,找到Manager节点的Pod名称。

```
kubectl get pods -n rook-edgefs
```

然后在这个Pod上执行EdgeFS的toolbox命令。

```
kubectl exec -it rook-edgefs-mgr-6b747cf7c-tdzl7 -n rook-edgefs -- toolbox
```

看到下面这个内容,就可以使用efscli命令行模式操作EdgeFS存储系统了。

```
Welcome to EdgeFS Toolbox.

Hint: type efscli to begin
```

输入以下命令,查看系统挂载的实际硬盘资源。

```
efscli system status -v 1
```

确认硬盘资源都已经识别成功,并初始化EdgeFS系统。

```
efscli system init
```

然后输入以下命令,就可以创建一个NFS文件系统了。

```
efscli cluster create cltest
efscli tenant create cltest/test
efscli service create nfs nfs01
```

查看文件系统:

```
efscli service show nfs01
```

S3对象存储的模式,第一步也是启动toolbox命令行工具。

```
efscli cluster create cltest
```

运行以下命令创建S3存储的服务。

```
efscli cluster create cltest
efscli tenant create cltest/test
efscli service create s3 s301
efscli service serve s301 cltest/test
```

接着查看这个名为s301的对象存储服务的信息。

```
efscli service show s301
```

最后输入exit退出toolbox命令行工具。通过配置文件在Kubernetes集群上创建S3服务容器的Pod。

```
kubectl apply -f s3.yaml
```

如果执行成功,就可以在rook-edgefs的namespace下看到一个新的S3服务容器的Pod了。

### 3.2.3 分布式存储系统总结

在云计算平台和边缘计算中,存储系统是非常重要的底层服务系统,其承载着平台的数据和持久化的文件。前文介绍了两种比较典型的分布式存储系统及简单的安装和使用。其实如果要深入这部分内容,还有很多地方可以介绍。这里希望给读者起到一个入门介绍的作用,使大家对分布式存储能够有一个基础的了解,并对适合边缘计算的分布式存储系统有一定的认识。读者也可以在虚拟机上进行实验,并根据文档进一步了解这些分布式存储系统的功能和特点。

## 3.3 存储系统硬件技术的发展

无论上层的软件和架构技术如何演变,支撑整个计算机技术发展的永远是硬件基础的发展和硬件技术上的突破。对于IoT及边缘计算的发展来说,最新的存储硬件技术也是其基本的驱动力和引擎之一。我们设计和实现边缘计算系统,也应该对底层的硬件技术和发展有一定的了解。这些底层硬件知识,能够让我们在研究和设计各种应用时,有更加全面的视角和更深刻的见解。

### 3.3.1 早期存储硬件技术

计算机存储硬件也经历了相当长时间的发展,最早期的一批电子计算机使用的是汞延迟线存储器,利用了声波在汞中的传播来保存数据,采用了声电转换系统来维持存储的二进制数据。由于要安装汞容器,所以它本身的重量和占用的空间非常大,但是换来的存储空间往往只有几百比特到1kB的数据容量。最早的一台计算机ENIAC就是使用的汞延迟线存储器。后来经过发展,开始采用磁带机作为外部存储设备。磁带本身的存储能力还是很强大的,不过缺点也非常明显,就是读写速度非常慢。由于磁带本身保存时间长、存储量大的特点,直到今天,磁带库还是被用作保存长期数据。

20世纪50年代,IBM公司研发出了各种磁性材料存储设备,包括磁鼓、磁芯和磁盘。其中磁鼓存储器最为重要,第一台磁鼓存储器诞生于1951年(图3-28),最初是作为计算机内部存储系统使用的。磁鼓是用一根铝筒,在表面覆盖磁性材料制成。运行时铝筒高速旋转,外部通过磁头读取数据。磁头从固定式逐渐发展到浮动式,磁性材料也从磁胶逐渐过渡到连续磁介质涂层。这些技术也为后来的磁盘技术打下了基础。

图3-28  磁盘的前身——磁鼓存储器

1956年,IBM公司发明了第一台磁盘存储器,其存储容量只有5MB,但是在当时已经是一个了不起的突破。经过几十年的发展。磁盘技术仍然在计算机存储领域中有非常重要的作用,是一种容量和性价比都非常不错的存储产品。不过,随着闪存芯片生产成本进一步下降,以及新的固态存储技术的推出,历史悠久的磁盘存储技术在未来10年左右,会逐步向超大容量和海量数据存档设备的方向发展。

## 3.3.2 固态硬盘(SSD)技术

Flash存储的基础技术是由贝尔实验室的两名亚裔科学家——韩裔学者姜大元和华裔学者施敏一发明的。他们二人在1967年首先发明了浮栅晶体管,这是一种对普通MOS管的改进,通过在MOSFET中加入浮动栅(Floating Gate),以实现断电的情况下保持电荷。这是NAND Flash的基础技术。不过,由于受制于半导体工艺水平,这种存储部件的制造成本和耗电量一开始很不理想。

直到20世纪90年代初,出现了最早的SSD设备。这时主要还是使用RAM SSD技术,断电后需要电池继续给RAM供电以保持存储。当时一块20MB的SSD价格大约是1000美元。从20世纪90年代末开始,很多厂商开始研制大容量的Flash SSD,并开始取代RAM SSD,成为市场主流。三星电子在2005年5月宣布进军SSD市场,后来成为这个领域的领导者之一。

2007年,Mtron和Memoright公司开发的2.5英寸和3.5英寸Flash SSD,在读写带宽和随机IOPS指标上达到了当时速度最快的机械硬盘(HDD)水平。当年SATA SSD的读写速度首次突破了100MB/s。要知道,当时不配置阵列加速的服务器SCSI HDD的读写速度最多只能达到80MB/s。紧接着,SSD的容量和速度都快速提高,单位容量价格迅速下降,其应用逐渐从企业服务器领域拓展到商用PC机。

2013年,PCIe接口的SSD开始在市场上出现。传统的SATA接口只有6Gb/s的传输速率,也就是最多只能提供大约600MB/s的带宽,而且没有足够的队列深度,因此这个接口已经跟不上SSD的发展速度了。于是PCIe接口或DIMM内存条接口的SSD成为对I/O性能要求非常高的用户和应用程序的最佳选择。理论上PCIe 3.0 X4总线可以提供高达4GB/s的带宽,图3-29所示是NVMe M.2接口Flash

SSD。三星SSD 970 PRO的峰值读写速度可以达到3500Mb/s,就是使用了PCIe接口。

SSD由大量小型的电子单元(上面提到的浮栅晶体管)组成的NAND网格构成。此外,它还有一个控制处理器单元。控制器运行固件上的控制代码,驱动整个SSD上的存储单元,负责分配、读写及与计算机上的媒体接口通信。

SSD作为主要的存储硬件,有以下几点优势。

(1)读写速度快:可以达到GB级别的读写带宽。

(2)没有机械部件:防震和抗摔性能远远高

图3-29　NVMe M.2 接口 Flash SSD

于普通的磁盘,而且没有噪声,易于运输和携带。有利于小型化的IoT设备和边缘设备使用。

(3)功耗低:SSD的功耗要远远低于传统的硬盘。而且SSD的芯片都是由MOS半导体管构成的,工作温度范围很宽,可以在-40~85℃范围内正常工作。但需要指出的是,如果SSD工作在极端温度下,会降低性能并缩短寿命。

(4)体积小巧紧凑:几个TB的存储容量可以集中在半块信用卡大小的电路板上。

可以看到,SSD能够适应极端环境温度、体积小、低功耗,这些特点对于IoT设备和边缘设备的存储来说都是非常重要的。固态存储技术的发展,使各种几年前可能还是构想和蓝图的系统和架构有了落地的可能性。

当然,SSD本身也存在以下缺点。

(1)价格相对较高。SSD作为半导体芯片,随着生产量的提升和工艺的成熟,价格会进一步下降。在不久的将来,价格应该不会成为其主要制约因素。

(2)需要良好的散热。由于如今为了追求超大容量的SSD,单颗芯片往往会集中更多的存储单元。这就造成了在高强度读写的状态下,SSD芯片温度快速上升,有时必须依靠外部散热设备。这个问题可以通过采用更低纳米精度的工艺和专门设计的散热部件来解决。现在最新一代的NAND Flash普遍开始采用28~22nm的工艺。

(3)寿命限制。SSD芯片通常会有写入次数的寿命限制。SLC(单层单元)有10万次的写入寿命,成本较低的MLC(多层单元),写入寿命仅有1万次,而廉价的TLC(三层单元)闪存,则更是只有可怜的500~1000次。最新一代的闪存技术似乎有望解决SSD的寿命问题,同时还能够工作在更宽的温度范围内。

### 3.3.3 未来的存储硬件

3.3.2小节我们提到,SSD技术在服务器和边缘计算领域中将会逐步取代传统磁盘技术,成为主流的存储硬件。SSD给存储系统带来诸多好处的同时,也有价格较高、寿命有限和发热量大等缺点。未来的存储硬件发展方向是什么样的呢? 2020年2月底,格芯(Global Foundries)宣布了其eMRAM芯片已经开始准备量产的消息。格芯采用的技术是自研的22FDX技术,一种22nm芯片制程工艺。三星则在2019年3月就宣布了eMRAM量产的消息,三星使用的是28nm制程,量产的是8MB容量产品。另外,据称三星的1GB eMRAM的良品率已经达到了90%以上。eMRAM是一种结合了DRAM和NAND Flash优点的存储技术,底层技术是一种磁性隧道联机技术,其读写速度可以达到DRAM相当的性能,是普通Flash SSD的一千倍以上。同时,eMRAM的存储数据不会因为断电而丢失,能够像普通SSD一样使用。这可以说是一种相当强大的次世代硬件技术。如果eMRAM的容量和价格能够达到现在SSD的程度,那么现在DRAM-SSD这样的二级存储(高速内存+持久硬盘存储)模式将被颠覆。因为只需要使用eMRAM的存储就可以了,CPU直接访问eMRAM SSD。

下面来看看格芯公布的eMRAM的指标。

(1)寿命:大于1亿次写入。

(2)数据留存时间:断电后数据保存时间大于10年。

(3)读取数据时延:低于12.5ns。

(4)低功耗:1pJ/bit。

(5)写入数据时延:低于40ns/page。

(6)工作温度范围:−40~125℃。

仅从上面的数据就可以看出,对比现有的设备和硬件来说,这样的指标可以称得上是黑科技级别的技术。未来大规模的使用,会对整个计算机系统的设计和应用产生重大影响。同时,eMRAM对于边缘计算应用来说,这样的存储技术绝对是梦寐以求的。2020年出产的最早一批eMRAM已经用在了智能穿戴设备上,并取得了非常好的效果。

## 3.4 极端条件下的边缘数据存储

边缘计算遇到的环境或数据量有可能会非常极端,某些环境中不但无法通信,而且普通的计算设备无法工作。另外,也会有超大数据量的数据迁移和处理的情况。处理极端情况往往需要特殊手段。

### 3.4.1 边缘计算和云存储能力的盲区

如今,越来越多的设备和传感器连入网络,通过边缘计算服务和云服务,获得了原来基本上不可能实现的功能和数据分析能力。工厂、建筑、车辆、仓库等各种场景都被逐渐卷入信息化的大潮中。尽管如此,边缘计算和存储的力量还是需要进一步到达更多的角落。极端的环境,如前文提到的火山口、战场等,这样的地方还是非常多的,还有缺乏通信基础设施的热带雨林和极地冰川等人类社会的边缘地区。

为了应对全球气候变化和各种突发的灾害,我们有必要通过另外一种方式建立起数据存储和传递的方式。另外,很多情况下我们能够获得超级巨量的数据,现有互联网传输基本上很难在一定时间内传输所有的数据到云数据中心,而这些数据又是极为重要的,需要用到云计算平台的处理和分析能力,以进行进一步的挖掘和使用。比如遥感卫星公司的高清卫星照片库、巡天射电望远镜连续工作积累的海量数据。

### 3.4.2 用卡车把数据送回去

大家看到这个标题肯定会感到好笑,都已经2023年了,还用卡车运计算机存储,但是这确实是真实发生的情况。对于极端条件,云存储厂商提供了极端的处理方法——卡车和直升机。

图3-30所示是亚马逊应对海量数据迁移的解决方案——雪球卡车(Snowmobile),每辆卡车可以存储100PB以上的数据量。集装箱上有对存储设备供电的装置。Digit Globle 是一家卫星遥感公司,他们积累了海量的卫星照片和地球表面探测数据,需要传输到AWS的云服务进行进一步的分析和处理。但经过评估发现,如果通过网络传输,要10年时间才能够传输完成,于是这家公司成为雪球卡车的第一个用户。亚马逊云服务告诉他们:"我们会派一辆卡车把数据送回去"。如今在美国,有几十辆这样的雪球卡车为不同的客户服务,提供海量数据的迁移和传输服务。这辆卡车每执行完一次任务后,会在云数据中心重新充电和做系统维护,紧接着就驶往下一个目的地——客户的数据中心。

图3-30  AWS雪球卡车(Snowmobile)

图3-31所示的 AWS Snowball 是另外一种物理迁移数据的方式,其大小相当于普通的台式机箱大小,但却是专门为极端环境设计的,每台Snowball可以存储50~100TB的数据。依托亚马逊强大的物流追溯能力,确保每台机器有独立的标签,并能够在其整个生命周期中全程追溯。从数据中心运送到客户的地址,再从客户处运送回数据中心的过程中,可以严格确保数据对应的客户账户与AWS云服务数据中心一致。一个Snowball本身就集成了离线的AWS的弹性云服务器和S3存储功能。在边缘端(本地),用户可以像使用云端的AWS服务一样使用这些功能。当这些Snowball被运送回云数据中心后,所有的服务和存储都会被无缝迁移回云上。

图 3-31　AWS Snowball

为了保证 Snowball 可以在极端环境工作，亚马逊公司做了大量的测试，防破坏型的 Snowball 可以从高处跌落不损坏。他们甚至还专门做了防爆测试，在 6 米外引爆爆炸物，确保 Snowball 仍然可以正常工作。小型化的 Snowcone 可以在 -32~63℃的环境温度下运输，并在 0~45℃的环境温度下正常工作。

美国军方采购了大量 Snowball，用作军舰、运输机和战场上的信息存储。在夏威夷的火山研究站，每天都会有直升机把 Snowball 运送回云数据中心进行数据同步。

可以看到，虽然大部分的场景已经可以使用互联网连接边缘端的设备，但是对于云计算和边缘计算来说，并不是只有一种方式去实现。Snowball 和 Snowmobile 这样物理运输数据的方式虽然非主流，但却是特殊情况下不可或缺的补充服务。

# 第4章

## 边缘计算的通信

边缘计算技术中几乎会涉及各种通信技术,尤其是无线通信。根据通信距离,无线通信技术通常可以分为长距离无线通信技术(WAN)和短距离无线通信技术(WLAN),在物联网和边缘计算技术中,极短距离(几十米范围内)的WLAN有时也被称为WPAN(无线个人局域网)。而WPAN通常又可以分为基于IP的协议和非IP协议(Non-IP)。除了这些底层的通信技术,边缘端到云端还有各种应用层协议,常见的如 MQTT、CoAP 等。

# 4.1 物联网和边缘计算的通信概述

本节对于常用的物联网和边缘计算通信协议进行了一个大致的介绍,对于边缘计算通信协议的特点和要求进行了描述,最后一部分是对通信协议标准组织的介绍。在学习各种通信协议时,了解这些协议背后的组织非常重要。物联网和边缘计算的通信协议涉及各个不同的层级,如图4-1所示。

图4-1 物联网和边缘计算的通信协议

## 4.1.1 对于边缘设备和物联网设备的通信要求

由于边缘网络往往是由大量异构的计算设备或网络设备组成的,因此不同物联网网关和边缘设备的存储能力和计算性能的差异非常大。边缘服务器有可能是一台性能强劲的高性能服务器,但是更多的情况下是一些功能简单和性能有限的单片机或工业控制器。另外,这些边缘设备被部署的环境差别也非常大。它们有可能被部署在一些能源供应和网络基础设施非常完善的实验室、写字楼或厂房中;也有可能被安置在必须长期依靠自带电池或天然能源(风能、太阳能等)供电,且周围其他基础设施和自然条件也非常恶劣的地方。这也给物联网和边缘网络的建设提出了很大的挑战。

异构的网络设备和多样化的应用场景意味着我们不可能指望某一种或少数几种通信协议和解决方案就能够满足所有边缘计算的要求。这迫使我们必须针对不同的应用、环境和需求来设计并选择不同的技术和解决方案。差异性和多样性是边缘网络建设的主基调。

为了让我们能够更好地实施物联网和边缘计算项目,有必要将场景和使用的技术方案进行分类。这样,读者在看完这个章节时就能够非常清楚不同的边缘计算项目和场景应该如何选择协议和方案,从而权衡并选择最佳的技术实现。通常来说,在选择边缘计算的通信网络和协议时,无线接入网络是首选方案,它给物联网应用的部署和实施带来了更大的灵活性和普适性。融合无线接入技术的MEC(Multi-access Edge Computing)正逐渐成为边缘计算的主流发展方向。

## 4.1.2 边缘计算底层通信协议的分类

本小节只讨论物理层和底层通信层相关的协议,民用和商业应用领域主要关注无线通信方案。通过对大量的物联网场景的总结,我们可以把边缘场景以功耗、传输速率和传输距离分成表4-1所示的几种类型。

表4-1　通信协议的分类

| 网络种类 | 功耗 | 传输速率 | 传输距离 | 接入设备数量 | 技术方案 |
|---|---|---|---|---|---|
| 移动通信网 | 高 | 高 | 长 | 多 | 5G/4G |
| 传统无线局域网 | 高/中 | 高 | 短 | 少 | Wi-Fi |
| 低功耗局域网 | 低 | 中/低 | 短 | 中/少 | Bluetooth、ZigBee |
| 低功耗广域网 | 低 | 低 | 长 | 极多 | LPWAN |

如表4-1所示,我们把边缘计算可能使用到的通信层协议(技术)分成了四种网络类型:移动通信网、传统无线局域网、低功耗局域网和低功耗广域网。

对于物联网应用来说,这四种类型的网络都有可能会应用到。对于一些比较复杂的应用场景,可能会同时应用不同的技术和协议。

### 1. 移动通信网

移动通信网是传统的移动设备网络,主要承载移动数字通信、多媒体互动类应用。它通常有比较大的延迟性(100ms以上),对终端设备的能量消耗比较大。在基站覆盖良好的情况下,它的传输速率高,传输稳定性/可靠性比较高。面向未来的AR和VR技术,它将会主要采用5G技术。5G标准并没有完全成型,现在最新的5G标准演进版本R16,是在R15版本的基础上完善了eMBB(增强型移动宽带)的标准范围。

同时,它对物联网领域,尤其是高性能物联网领域中关键的URLLC(超可靠低延迟通信)的标准进行了完善和补充。未来对于URLLC超低延迟服务的大规模商用,有可能使车联网、工业控制网、供应链网络等应用得到长足的发展。随着5G URLLC方向的相关标准和技术的成熟和部署,将在自动驾驶、远程医疗、智能制造等领域创造出大量的商业机会,预计会有大量基于物联网和边缘计算应用的创新型企业和新的业务模式发展起来。根据3GPP的路线图,5G URLLC的部署和大规模商用,可能要到2023年以后。尽管如此,主要的科技公司已经在全方位提前研究和规划未来物联网方向的产品和业务了。

### 2. 传统无线局域网

这个分类主要是针对传统的无线局域网技术,最新的Wi-Fi 6已经能够达到9.6Gb/s的理想传输速率。这种技术其实主要用于个人设备,或者是少量无线物联网设备的通信连接,也被称为无线个人局域网(WPAN)。Wi-Fi技术是一个比较成熟的技术,不过连接设备数量比较有限,802.11协议理论上可以连接2000个设备。但是,实际上使用的Wi-Fi芯片能够支持的连接数量上限不会超过100个。

### 3. 低功耗局域网

低功耗局域网技术是物联网和边缘网络中比较重要的一项技术,它非常适用于小范围内需要连接大量传感器和小功率终端的场景。由于单个传感器数据量比较小,通常它的带宽要求低于10kB/s。这种情况下,可以选择这种类型的网络协议,包括蓝牙和ZigBee等。BLE和ZigBee都支持Mesh自动组网功能,可以非常容易地连接大量物联网设备和传感器。例如,无人工厂、停车库、自动化仓库等场景都符合这项技术的应用场景。

### 4. 低功耗广域网(LPWAN)

这个领域也是物联网非常重要的一种技术场景,很多实际案例已经广泛采用了低功耗广域网技术。这部分的协议也比较多,包括NB-IoT、eMTC(5G)、LoRaWAN、Sigfox、Weightless等。这些技术支持长距离的传输(几千米到几十千米),而且能够支持海量低功率设备通信,但是传输速率相对比较低。而5G的URLLC、LPWAN通信技术拥有低成本和低功耗的优势,适合农业物联网、共享单车、大范围环境监控等领域。NB-IoT已经被5G R16版本纳入5G标准中,是目前国内最流行的低功耗广域网技术。我国已经建成比较大规模的商用网络,出现了不少商业应用案例。低功耗广域网应用通常需要依靠电信运营商的LPWAN基站提供网络接入服务。

以上主要涉及的是商用和家用物联网的技术协议。如果涉及工业领域,上面提到的无线物联网连接协议由于稳定性、实时性和历史原因等因素,使用得相对较少。工业设备尤其是车间级系统的主要连接协议和应用份额如图4-2所示。

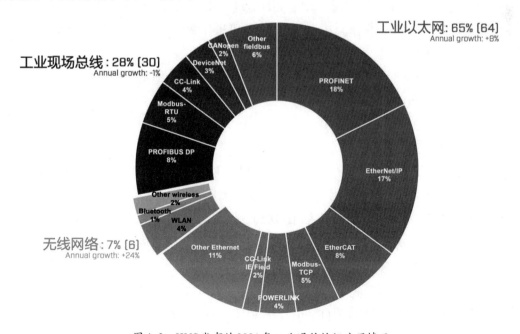

图4-2　HMS发布的2021年工业通信协议应用情况

图 4-2 中的数据是根据 HMS Network 的调查报告得出的,这些数据主要是来自北美和欧洲的工业网络连接设备的情况。可以看到,基于工业以太网的通信接入协议占到了 65% 的比例,而基于其他现场总线技术的大约只有 28%,基于无线协议的就更少了,仅有 7%。工业设备的通信接入比普通家用和商用通信接入对于稳定性、可靠性及时延的要求要高得多,但是对于带宽、能耗、连接便利性这些对家用和商用通信技术至关重要的指标,反而没有太高的要求。所以,工业和民用物联网的底层接入协议有很大的区别。

对于工业物联网应用和工业边缘网络协议的分析和讨论,我们会放到第 8 章中进行介绍。如果读者需要研究和学习工业物联网方面的知识,或者对这方面的应用感兴趣,可以先阅读相关的内容。

### 4.1.3 应用层和消息层协议

在网络分层的应用层和消息层,物联网可以使用几乎所有的消息协议和应用层传输协议,例如,JSON、XML、HTTP、XMPP 等。尽管如此,由于物联网本身的特性,在边缘计算领域中,使用得比较多的是 MQTT 和 CoAP 协议。尤其是 M2M(机器对机器)这类的应用中,通常需要使用比较轻量级的协议,MQTT 这类简单并且可靠性较高的协议是较优的选择。下面对这两种协议做一个简单的介绍。

#### 1. MQTT

MQTT 的全称是 Message Queuing Telemetry Transport(消息队列遥测传输)。在 MQTT 的官网上,我们在最显眼的地方可以看到这样一句话:"MQTT: The Standard for IoT Messaging"。的确,MQTT 的设计几乎就是为物联网应用量身打造的。如今,绝大多数的物联网设备和传感器都支持 MQTT 协议的数据传输。这是一种基于发布/订阅模式的"超轻量级"通信协议,该协议构建在 TCP/IP 协议的基础上,最早由 IBM 公司于 1999 年发布。其可以极少的代码和有限的带宽,为连接的远程设备提供实时可靠的消息服务。该协议的主要特点如下。

(1)使用发布/订阅模式,提供一对多的消息发布,解除了程序通信耦合。

(2)轻量级,网络开销小。

(3)对负载内容会有屏蔽的消息传输。

(4)支持三种消息发布质量(QoS)。

①QoS = 0:"至多一次",消息发布完全依赖底层 TCP/IP 网络,会发生消息丢失或重复的情况。这一级别可用于如下情况:环境传感器数据,丢失一次读记录无所谓,因为不久后还会有第二次发送。

②QoS = 1:"至少一次",确保消息到达,但可能会发生消息重复的情况。

③QoS = 2:"只有一次",确保消息到达一次。在一些要求比较严格的计费系统中,可以使用此级别。

(5)使用 Last Will 和 Testament 特性通知有关各方客户端异常中断的机制。

MQTT 协议中有三种角色:发布者(Publish)、代理(Broker)(服务器)、订阅者(Subscribe),如图 4-3 所示。

图4-3 MQTT协议中的三种角色

其中消息的发布者和订阅者都是客户端,消息代理是服务器,消息的发布者可以同时是订阅者。MQTT传输的消息分为主题(Topic)和负载(Payload)两部分。

(1)Topic:可以理解为消息的类型,订阅者订阅后,就会收到该主题的消息内容(Payload)。

(2)Payload:可以理解为消息的内容,是指订阅者具体要使用的内容。

### 2. CoAP

CoAP(Constrained Application Protocol)是资源受约束设备的专用Internet应用程序协议,某种意义上是一种在物联网世界的类Web协议。CoAP已经成为IETF的标准协议,协议编号为RFC7252。该协议的主要特点如下。

(1)CoAP协议的网络传输层由TCP改为UDP。

(2)它基于RESTful API的理念,Server的资源地址和互联网一样也有类似URL的格式,客户端同样有POST、GET、PUT、DELETE方法来访问Server,对HTTP做了简化。

(3)CoAP是二进制格式的,消息包更加紧凑。

(4)极轻量化,CoAP消息包的最小长度仅为4个字节,而一个HTTP的协议头通常都有几十个字节。

(5)支持可靠传输、数据重传、块传输,确保数据可靠到达。

(6)支持IP多播,即可以同时向多个设备发送请求。

(7)非长连接通信,适用于低功耗物联网场景。

MQTT和CoAP是两种应用非常广泛的物联网应用层协议,这两种协议有很多不同的地方,主要有以下几个方面。第一,消息传输的模型是不一样的。MQTT采用的是发布/订阅模式,这更像是消息队列的方式;而CoAP采用的是请求/响应模型,这与传统的HTTP更加类似。第二,MQTT采用TCP长连接的方式;而CoAP是基于UDP的,是一种无连接的协议。第三,MQTT是一种多对多的消息队列模式;CoAP采用的是传统的Server/Client这样一对一传输的模式。

## 4.1.4 通信相关标准组织介绍

在介绍各种物联网和边缘计算相关的协议标准时,我们会涉及各种各样的标准。而这些标准背后通常都是各种标准组织,不同类型的信息系统,通信标准往往涉及不同的标准组织。有时同样的标准在不同的标准组织中有不同的版本。本小节的内容是为了让大家更好地了解制定这些标准的组织都是干什么的。

### 1. IEEE 标准协会

电气与电子工程师协会（Institute of Electrical and Electronics Engineers，IEEE），总部位于美国纽约，是一个国际性的电子技术与信息科学工程师协会，也是目前全球最大的非营利性专业技术学会。IEEE 标准协会（IEEE Standards Association）是世界上最重要的标准制定机构之一，隶属于 IEEE。IEEE 标准协会已日益成为新兴技术领域标准的核心来源，其标准制定内容涵盖信息技术、通信、电力和能源等多个领域，如众所周知的 IEEE 802 有线与无线的网络通信标准和 IEEE 1394 标准。同时，在物联网、人工智能、可穿戴设备、高铁、无人驾驶、未来网络、数据伦理等方面还有多项标准正在开发。IEEE 标准委员会相比其他标准机构，尤其在通信领域中显得更加激进，比较愿意接纳新的技术和理论。

### 2. 3GPP

3GPP（3rd Generation Partnership Project）于 1998 年 12 月正式发起，中文名称叫作第三代合作伙伴计划。其最初的发起成员是 ETSI，即欧洲电信协会。3GPP 的目标是在 ITU 的 IMT-2000 计划范围内制定和实现全球性的（第三代）移动电话系统规范。3GPP 最初的目标主要是制定以 GSM 核心网为基础、UTRA（FDD 为 W-CDMA 技术，TDD 为 TD-CDMA 技术）为无线接口的第三代无线通信技术（3G）规范。

从 3G 标准制定开始，3GPP 已经成为移动通信领域标准的权威制定和发布机构，到 2020 年年底，其已经完成 Release 17 的 5G 标准制定，并开始编制 Release 18 版本。

3GPP 的主要参与伙伴是主要工业国的电信运营商协会，目前有欧洲的 ETSI、美国的 ATIS、日本的 TTC、日本的 ARIB、韩国的 TTA、印度的 TSDSI 及我国的 CCSA。目前独立成员超过 550 个，其本质上是为统一制定移动设备标准而成立的一个行业协会。

### 3. 国际互联网工程任务组

国际互联网工程任务组（The Internet Engineering Task Force，IETF）是一个公开性质的大型民间国际团体，汇集了与互联网架构和互联网顺利运作相关的网络设计者、运营者、投资人和研究人员，并欢迎所有对此行业感兴趣的人士参与。IETF 成立于 1985 年，是全球互联网最具权威的技术标准化组织，主要任务是负责互联网相关技术规范的研发和制定，当前绝大多数国际互联网技术标准出自 IETF。

IETF 大量的技术性工作均由其内部的各种工作组（Working Group，WG）承担和完成，这些工作组依据各项不同类别的研究课题而组建。在成立工作组之前，先由一些研究人员通过邮件组自发地对某个专题展开研究，当研究较为成熟后，可以向 IETF 申请成立兴趣小组（Birds Of a Feather，BOF）开展工作组筹备工作。筹备工作完成后，经过 IETF 上层研究认可，即可成立工作组。工作组在 IETF 框架中展开专项研究，如路由、传输、安全等专项工作组，任何对此技术感兴趣的人都可以自由参加讨论，并提出自己的观点。各工作组有独立的邮件组，工作组成员内部通过邮件互通信息。IETF 每年举行三次会议，规模均在千人以上。

### 4. 国际自动化协会

国际自动化协会（International Society of Automation，ISA）成立于 1945 年，其愿景是通过自动化技

术建设更美好的世界。ISA通过和自动化技术社区建立联系,提高技术能力和改进运营效率。该组织制定了一系列被广泛接受和使用的标准,还提供了工业认证及相关的各种培训服务。此外,它还发行书籍和技术文章,举办行业会议和展览,为专业人士提供职业发展指导,在全世界拥有4万会员和40万客户。制造信息系统非常著名的ISA-95标准就是由该协会制定的。在仪器仪表和工业自动化领域中,ISA标准的影响力非常大,在工业通信标准中,ISA的影响力甚至超过IEEE和IETF。

### 5. 国际电工委员会

国际电工委员会(International Electrotechnical Commission,IEC)成立于1906年,它是世界上成立最早的国际性电工标准化机构,负责有关电气工程和电子工程领域的国际标准化工作。国际电工委员会的总部最初位于伦敦,1948年搬到了日内瓦。1887—1900年召开的6次国际电工会议上,与会专家一致认为,有必要建立一个永久性的国际电工标准化机构,以解决用电安全和电工产品标准化问题。1904年,在美国圣路易斯召开的国际电工会议上,通过了关于建立永久性机构的决议。

1906年6月,13个国家的代表集会伦敦,起草了IEC章程和议事规则,正式成立了国际电工委员会;1947年,作为一个电工部门并入国际标准化组织(ISO);1976年,又从ISO中分离出来;宗旨是促进电工、电子和相关技术领域有关电工标准化等所有问题(如标准的合格评定)上的国际合作。该委员会的目标是:有效满足全球市场的需求;保证在全球范围内优先并最大限度地使用其标准和合格评定计划;评定并提高其标准所涉及的产品质量和服务质量;为共同使用复杂系统创造条件;提高工业化进程的有效性;提高人类健康和安全;保护环境。

2018年10月22日至26日,国际电工委员会(IEC)第82届大会在韩国釜山召开,选举出了历史上第一位来自中国的主席,任期为2020—2022年。2019年10月14日至25日,第83届IEC大会在中国上海召开。如今,IEC的工作领域已由单纯研究电气设备、电机的名词术语和功率等问题,扩展到电子、电力、微电子及其应用、通信、视听、机器人、信息技术、新型医疗器械和核仪表等电工技术的各个方面。

## 4.2 边缘计算网络层通信协议介绍

对于边缘计算来说,什么才是合适的通信协议? 这是个很难统一回答的问题。因为边缘计算的应用范围实在太广泛了,在不同的领域中,就会有不同的需求。对于本书来说,主要还是希望能够探讨物联网领域的一些共性的问题。在很多实际的物联网应用场景中,我们所使用的物理网络连接的数据传输的质量是不可控的,而且边缘网关和物联网设备通常也都是一些低功耗设备,数据传输距离也不会太远。对于这样的网络,有一个比较通用的名称 Low Power and Lossy Networks(LLN),也就是低功耗有损网络,这种网络通过低功耗设备路由,同时网络通信也会存在比较高的丢包率。

对于可持续发展来说,采用低功耗的节能设备是未来的发展趋势。尽管2017年美国政府非常不负责任地退出了巴黎气候协定的谈判,使控制碳排放的国际努力遇到挫折。但长期来看,降低碳排放、控制全球变暖的国际合作和国内立法规范一定会持续推动下去。数据中心和信息系统的能源消耗占比越来越大,据估计,到2025年,全球数据中心将使用全球20%的电量。降低信息处理和通信系统的能耗将会是未来信息设备的发展方向之一。

对于网络传输来说,随着技术的发展,尤其是未来5G技术的推广和应用,一定会使越来越多的边缘网络传输质量得到提高。但是,网络通信技术上的提高,并不能完全解决所有边缘网络的传输质量问题。可以预见,即使在5年到10年之后,在很多应用环境中,仍然无法保证非常稳定的物理层网络,所以边缘端网络协议必须能够支持较高的丢包率和较恶劣的网络环境。

最后一点,边缘网络应该支持大规模的节点,而且节点之间能够自适应地互相发现,根据规则进行通信。由于边缘节点通常都是低功耗设备,因此信号传输距离有限,那么就需要不同的节点之间能够自组织成合适的网络拓扑。

以上几条,是边缘通信网络协议需要考虑的因素。

## 4.2.1 RPL 协议

RPL的全称是IPv6 Routing Protocol for Low-power and Lossy Networks。这个协议的设计非常有针对性,但是缺点也比较明显,就是缺乏非常严谨的学术论证。在实际的应用中,需要很多额外的补充工作和开发,才能够正常工作。尽管如此,这个协议已经具备一个边缘网络协议应该有的特点了。

其实前面已经有介绍,理论上的物联网是由超大规模相互连接的异构设备组成的,我们可以通过这些设备和传感器获得环境、机器等相关的数据。同时,我们应该假设这些物联网设备是低成本和低功耗的。因此,这样的边缘网络应该是:节点总的数量庞大,单个节点可靠性低,节点数据传不远,节点间的网络带宽低。RPL协议事实上就是要求能够工作在这样的网络上。

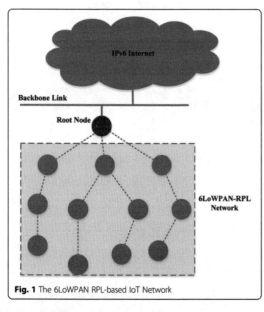

Fig. 1 The 6LoWPAN RPL-based IoT Network

图4-4 典型的RPL架构的IoT网络

该协议是由IETF的ROLL(Routing Over Low-power and Lossy Network)工作组提出的。RPL协议基于IPv6低功耗无线个人局域网(6LoWPAN)标准,标准文件中提到,RPL协议适用于家居自动化、建筑自动化、工业自动化、城区导航及智能电网等领域。思科公司的区域网络和智能电网解决方案就使用了RPL通信协议。

RPL采用DODAG(目标导向的有向无环图)的拓扑结构进行寻址,其实就是指只有一个根节点的有向无环图。从图4-4中可以看到,RPL的网络拓扑结构有且只有一个根节点设备。RPL的网络拓扑是通过用户自定义目标函数(Objective Function,OF)来生成的。OF是指生成网络拓扑图的策略,用于大量节点通信路由的优化。IETF ROLL工作组又提出了标准默认的 OF0 策略和 MRHOF 策略,这两个策略其实是寻找到达根节点的最短路的策略。建立节点间通信路径后,如果发现新的节点变化,且新节点加入后生成的整个路径损耗值低于某一个设定的阈值,则会修改网络连接的路径。选择一个路径的标准其实包含两个方面,一个是跳数,另一个是每条链路的质量。

不过,仅仅考虑这两点是不够的,由于靠近根节点的节点往往会承担更多的通信转发任务,这就造成了这些节点的负载更高、耗电更快且有更高的故障率。因此,设定一个网络的 OF 策略必须全面考虑整个网络环境的特点和信息传输的完整拓扑结构,避免某条链路或某个节点负载过高。

对于同质的节点和非同质的节点来说,OF 是不同的。具体的优化算法涉及网络拓扑和一些比较复杂的理论知识,这里就不展开描述了。不过,对于同质节点的边缘网络来说,这个 OF 策略会相对容易一些,因为这些节点的电能、运算能力和延迟都是相似的。所以,我们能够通过这些参数来构造一个树形的网络传输拓扑结构。而异构节点组成的边缘网络则相对复杂,我们不能仅仅通过子树的大小、路径长度等简单的拓扑结构状况来判断是否能够获得平衡的网络结构,因为每个节点本身的负载就是不平衡的。这就需要把节点的参数代入拓扑生成的算法中获得最优的网络拓扑结构。典型的 RPL 架构的 IoT 网络如图 4-4 所示。

## 4.2.2 LoRa 协议

LoRa 和 RPL 都属于低功耗局域网的范畴。相比 RPL 协议,支持 LoRa 协议的企业更加广泛,实际的应用也更多。LoRaWAN 协议现在由 LoRa Alliance 进行推广和维护。LoRa Alliance 是一个开放的非营利性组织,虽然只成立了 8 年(2015 年成立),但如今已经拥有了 500 多个成员企业加盟,发展势头不可小觑,其成员包括阿里巴巴、亚马逊、思科等著名公司。

LoRa 是 Semtech 公司创建的低功耗局域网无线标准,低功耗一般很难覆盖远距离,远距离一般功耗高,这两个条件总是互相制约的。但是,我们从 LoRa 的名称"远距离无线电"(Long Range Radio)可以看出,它最大的特点就是在同样的功耗条件下比其他无线方式传播的距离更远,实现了低功耗和远距离的统一,在同样的功耗下,比传统的无线射频通信距离扩大 3~5 倍。图 4-5 所示是 LoRa 和 M2M 混合组网的示意图。

LoRa 协议主要有以下特性。

(1)传输距离:理论上,城市可达 2~5km,空旷地点可达 15km。实际城市部署测得最大通信距离通常在 1~3km。

(2)工作频段:包括 433MHz、868MHz、915MHz 等。

(3)标准:IEEE 802.15.4g。

(4)调制方式:基于扩频技术,线性调制扩频的一个变种,具有前向纠错能力,这属于 Semtech 公司的私有专利技术。

(5)网络容量:一个 LoRa 网关可以连接成千上万个 LoRa 节点。

(6)电池寿命:10 年以上。

(7)安全:AES128加密。

(8)传输速率:0.018~37.5kb/s,速率越低,传输距离越长。

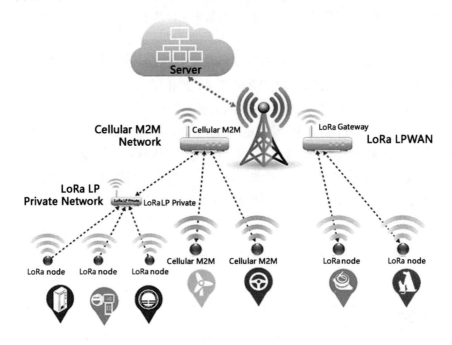

图4-5　LoRa和M2M混合组网

　　尽管LoRaWAN号称是一种低功耗广域网的解决方案,但是LoRa标准和技术并没有像NB-IoT和LTE-M协议这样被纳入未来3GPP的5G标准草案中。因此,LoRaWAN作为广域物联网协议并被运营商广泛接受的可能性会比较低。尽管如此,LoRa本身的优势——长距离传输和低功耗,使其在一些要求通信范围广、运营商网络覆盖差的场景下还是很有竞争力的。这些场景包括智慧农业、森林管理、自然环境监控、公路照明等。

### 4.2.3 NB-IoT协议

　　NB-IoT是一种比较有代表性的低功耗广域物联网(LPWAN)协议,而且也是目前在国内被广泛支持的一种协议。NB-IoT是3GPP定义的广域物联网标准,其最新版已经进入了5G标准体系,是运营商级别的物联网协议,可以通过普通的LTE基站提供数据传输服务。传统的通信协议都是基于给个人提供数据和通信服务的标准,要求较低的延迟、高带宽和长时间不中断的网络连接,而对于单个基站的容量及耗电量的要求并不高。

　　大多数场景下的物联网应用往往有以下三个特征。第一个特征是,连接次数少,如智能电表等,可能每天只需要传输几次数据到云端。第二个特征是,大多数的物联网设备是处于静止状态的,而不是移动状态的。第三个特征是,数据传输以上行为主。综合上述三个特点的NB-IoT是专门为了物联网应用而设计的广域网通信协议。目前国内三大电信运营商都已经推出了以NB-IoT为基础协议的物联网服务业务。

NB-IoT基于简化版的LTE网络协议,提供的是一种窄带、高覆盖率的网络服务。如图4-6所示,NB-IoT协议主要有以下特征。

(1)低成本、低复杂性:目前单模块成本低于3美元。

(2)增强覆盖:164dB MCL(最大耦合损耗),比GPRS强20dB。

(3)电池寿命:10年以上。

(4)容量:约150000个节点/小区。

(5)上行报告时延:小于10s。

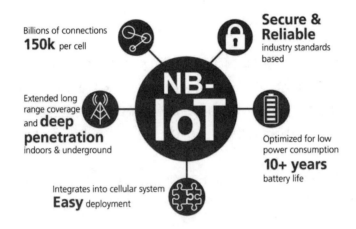

图4-6　NB-IoT协议的特征

至于为什么NB-IoT设备的电池能够用到10年以上,这是因为省电啊。以下是NB-IoT省电的绝招。

(1)PSM(Power Saving Mode),这个从字面意思上就能够看出来,是省电模式。在物联网设备不需要通信时,设备不会像我们的手机一样,一直不停地扫描网络收发信息,而是处于休眠状态。这与物联网或边缘端设备的特点是有关系的。前面提到过物联网应用传输数据的频率低,有时一天可能只需要上传一次数据,而且数据通信以上行为主,不需要待机模式随时等待接收数据。

(2)eDRX(Discontinuous Reception),扩展的不连续接收。NB-IoT可以扩展到2.91小时接收一次信号以达到省电的目的,NB-IoT只支持小区重选,不支持切换,这减少了测量开销。这一点当然也有负面影响,那就是NB-IoT不能很好地支持移动设备,当一个终端设备从一个小区基站的覆盖范围移动到另一个小区基站的覆盖范围时,不能自动地切换到新的小区网络,而需要重新连接小区网络。

我们在使用NB-IoT设备时还有一个需要注意的地方是,NB-IoT协议是一种窄带协议,理论上的最大带宽是180kb/s。对于大数据量吞吐的应用来说,最好选择其他的协议。另外,NB-IoT是纯数字传输协议,不支持语音等服务。NB-IoT终端是需要用到运营商提供的NB-IoT SIM卡的,如图4-7所示。当前国内运营商提供的包月服务,通常是单卡几十元的费用,这对于大规模物联网应用(上万节点级别)来说,成本还是比较高的,希望未来NB-IoT的服务费用能够降低。

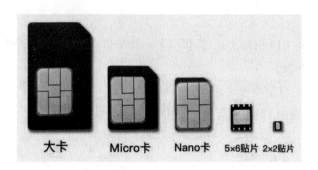

图4-7　NB-IoT物联网SIM卡

## 4.2.4　LTE-M协议

LTE-M是另外一种低功耗广域物联网(LPWAN)协议,也是基于LTE技术简化结构设计的低功耗窄带协议,另外一个名称是eMTC。LTE-M与NB-IoT相比,在设计和适用场景上是有一定的差异的,LTE-M更加接近于4G网络技术。事实上,4G基站通常只需要在软件上进行修改就能够支持LTE-M设备。LTE-M是在3GPP的Release 13中定义的,在这个版本的标准中,描述了LTE CAT-M1的设计目标。

(1)设备在5号电池供电且不更换的情况下,能使用10年。

(2)设备成本和费用接近于GPRS(2G技术)。

(3)广覆盖(>156dB MCL)。

(4)通过变化数据传输率提高覆盖范围。

LTE-M协议支持最高1Mb/s的带宽,同时也支持语音服务。不过,很多运营商会根据实际情况,权衡在其部署的网络中开启还是关闭语音类服务。LTE-M在带宽上高于NB-IoT,同时比NB-IoT更适合移动物联网应用,比如车联网等。而NB-IoT的优势在于覆盖能力更强,成本更低。

为了确保LTE-M和NB-IoT的类似兼容性,3GPP最新的Release 16中,定义了NB-IoT和LTE-M连接到5G核心网络的机制。这将使未来的5G系统能够使用相同的核心网络支持LTE、5G NR、NB-IoT和LTE-M。

3GPP定义的这两种LPWAN协议目前的发展情况还是不太一样的。NB-IoT起步早,建成的运营商网络更多,使用的用户更多,技术也更加成熟,有成功案例。国内的三大运营商都已经架设NB-IoT商用网络。LTE-M有后发优势,在普及率上暂时不占优势,不过在未来也许会有很多应用会基于LTE-M协议。目前从国内的情况来看,还没有任何一家运营商铺设LTE-M/eMTC商用网络,仅仅有北讯电信在局部地区有试验性质的小范围网络覆盖。在全世界范围内,从已经建成的广域物联网来看,NB-IoT占有绝对的优势,很多国家目前仅支持NB-IoT组网。不过,在美国和日本等国家,LTE-M的部署量反而超过了支持NB-IoT协议的网络。

## 4.2.5 Sigfox协议

Sigfox是一家总部位于法国的科技公司,可以说这家公司是LPWAN领域的开山鼻祖,公司自2009年成立起,就致力于低功耗和低带宽广域物联网技术的研发。当时传统通信网络在物联网方面服务成本高、服务质量低,但市场上又有广泛的需求。Sigfox抓住了广域物联网技术早期的机遇期,研发了一套非常简单的通信协议,可以运行在非授权频谱上,覆盖范围高达3~10km,在低频使用的情况下可保持数年不更换电池。这使它们很快占据了市场,获得了众多大公司和资本的青睐,先后获得英特尔资本、Elaia Partners、Partech Ventures、IXO Private Equity、IDInvest Partners、Bpifrance、西班牙电信、法国恩基、法国液化空气集团、日本NTT DoCoMo资本投资公司、韩国SK电信、美国艾略特资产管理等机构和企业的投资。

Sigfox是广域物联网的开路人,但同时也没有摆脱很多高科技领域的先行者诅咒。由于种种商业上的失误,Sigfox逐渐在这个领域中失去竞争力,最后被开创LoRa技术的Semtech公司收购。

Sigfox作为这个领域的开创者,无论最后发展如何,这种勇于在崭新领域中开拓和创新的精神仍然值得尊重。

Sigfox在技术上确实有其独特之处,它号称是0G技术。这是一种非常简单,运行在非授权频谱上的极低带宽网络,其技术特点如下。

### 1. 超窄带技术

Sigfox使用192kHz频谱带宽的公共频段来传输信号,采用超窄带的调制方式,每条信息的传输宽度为100Hz,并且以100b/s或600b/s的数据速率传输,具体速率取决于不同区域的网络配置。

超窄带(Ultra Narrow Band, UNB)技术使Sigfox基站能够远距离通信,不容易受到噪声的影响和干扰。系统使用的频段取决于网络部署的区域。

### 2. 随机接入

随机接入是实现高质量服务的关键技术,网络和设备之间的传输采用异步的方式。设备以随机选择的频率发送消息,再以不同的频率发送另外两个副本。这种对频率和时间的使用方式,称为时间和频率分散。

一条12字节有效负载的消息在空中的传输时长为2.08s,速率为100b/s。Sigfox基站监听整个192kHz频谱,寻找UNB信号进行解调。

### 3. 协作接收

协作接收的原理是,任何终端设备都不附着在某个特定的基站,这种方式不同于传统的蜂窝网络,设备发送的消息可以由任何附近的基站进行接收,实际部署中平均的接收基站数量为3个。这就是所谓的空间分散。空间分散与时间和频率分散也是Sigfox网络高质量服务背后的主要因素。

### 4. 短消息

为了解决实现低成本的远距离覆盖和终端设备低功耗限制的问题,Sigfox设计了一个短消息通信协议,消息的大小是0到12字节。12字节的有效负载足以传输单个传感器数据,如状态、警报、GPS坐标甚至简单的应用数据等事件。另外,Sigfox有一定的双向数据传输能力。12字节是其上行消息传输能力,下行消息传输能力为8字节。

欧洲的法规规定,射频传输可以占有公共频段1%的时间,相当于每小时6条12字节的消息或每天140条消息。虽然其他地区的监管有所不同,但Sigfox使用相同的服务标准。对于下行消息,有效负载的大小是固定的8字节。绝大部分的信息都可以用8字节传输,已经足够用来触发一个动作、远程管理设备或设置应用程序参数。在传输距离和抗干扰能力方面,Sigfox的下行传输能力比上行传输能力要弱,这是由Sigfox基站和终端接收能力的差异造成的。

Sigfox基站的占空比要求为10%,保证每个终端设备每天收到4条下行信息。如果还有多余的资源,终端可以接收到更多的信息。

# 4.3 现场边缘网络和通信

在实际的场所中,比如室内、球场、车间、办公室等固定地点,我们需要有局域网能够连接现场的设备。这种小范围内只是服务于少数个人或设备的局域网也被称为个人局域网(Personal Area Network,PAN)。当然,对于边缘计算来说,更多的会关注各个场所中的物(设备、电器、传感器、控制器等)。在本节中,我们会详细讨论现场边缘网络的常用协议和技术,对比它们的优缺点,然后会介绍物联网和边缘计算常用的应用层数据传输协议和特点。

## 4.3.1 近距离网络通信协议之一:蓝牙技术

蓝牙技术是一个历史比较悠久并且非常成功的近距离无线设备通信技术,它的基础来自短距离无线电通信的跳频扩频(FHSS)技术。这项技术在1942年就被申请专利,早期主要用于军事领域。而专利的申请者既不是科学家也不是工程师,而是一位女演员和一名钢琴家。她们从钢琴的按键数量获得灵感,发明了一种使用88种载波频率的无线电控制技术。这项技术可以通过改变信号载波的频率,提高抗干扰能力。该技术在20世纪80年代被美军用于战场无线通信系统。如今,FHSS不仅在蓝牙技术上,同时在Wi-Fi、3G等通信系统领域都发挥了极其重要的作用。

蓝牙技术最早由爱立信公司于1994年发明,当时开发这项技术主要是为了实现移动电话和无线配件之间的低功耗通信连接。早期开发团队的目标就是使蓝牙技术成为设备近距离无线通信的标准,最终能够取代使用了数十年的RS-232串口标准。

1998年,爱立信联合IBM、Intel、诺基亚和东芝这几家当时通信和计算机领域的巨头成立了特别兴趣小组(Special Interest Group,SIG)。后来该组织成为蓝牙技术联盟的前身,来共同开发和制定一个低成本、低功耗、短距离设备无线通信标准。同一年,蓝牙0.7标准发布,支持Baseband和LMP协议。1999年,正式推出蓝牙1.0A版本的标准,将通信频率确定为2.4GHz频段。当时设备间的无线通信技术还包括红外线通信技术,至今大量的家电遥控器仍然采用红外线技术。相比红外线技术,蓝牙技术的传输速率更高,不需要定向发送信号,使用的场景更丰富。很快,微软、摩托罗拉、三星、朗讯公司加入并共同成立了蓝牙技术推广组织。到2000年,SIG的会员已经扩展到1500多个。

2001年,正式推出的蓝牙1.1版本被列入IEEE 802.15.1标准,传输速率可以达到0.7Mb/s。但是,它的抗干扰能力还是比较弱的,并且还存在明显的安全性问题。从蓝牙1.1版本开始,一直到蓝牙4.x版本,蓝牙技术的每个版本围绕着提高传输速率、降低功耗、提升抗干扰能力、加强安全性这几个方面不断演进和升级,使蓝牙技术一直紧跟时代的发展,牢牢占据着移动设备和电气设备近距离无线通信主流技术标准的位置。值得一提的是,从蓝牙4.2开始,蓝牙技术支持6LoWPAN,也就说明蓝牙通信已经可以跳过智能设备直接连入IPv6局域网中。

### 1. 迈进物联网时代的蓝牙技术

随着物联网的发展,从2016年发布的蓝牙标准5.0开始,蓝牙技术开始拥抱物联网,提供了专门为物联网设计的一系列功能和特点。它的信号传输距离获得巨大提升,达到原先4.2版本标准的四倍,理论上可以达到300米的传输距离,传输速率上限可以达到2Mb/s。另外,通过结合Wi-Fi技术,它可以实现小于1米的室内定位。

5.0版本的蓝牙标准分为BLE和Classic两种。BLE是指低功耗版,主要是为物联网和边缘计算的应用服务。根据不同的设置,其耗电量最低仅为普通版的百分之一,同时支持点对点、广播和Mesh网络传输模式。

### 2. Mesh网络技术

Mesh技术是一项独立的技术,在BLE中被首次定义,同时兼容蓝牙4和5的BLE版。这项技术使蓝牙设备可以作为信号传输的中继站,将大量蓝牙终端连成一个大的网络,从而能够覆盖较大的物理区域。我们在前面的章节中介绍过一种RPL协议,其本质上也是建立了一个Mesh网络。

图4-8展示了一个典型的Mesh网络的结构。由于Mesh网络在物联网和边缘端网络连接中的重要作用,有必要做一个比较详细的介绍。目前蓝牙Mesh使用洪泛方式在网络中传输数据和信号,就是通过节点间不断转发消息来进行数据传输,消息通过中间节点一直传送到每一个可达的节点上。

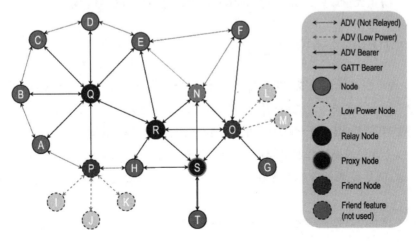

图4-8　BLE Mesh网络

节点加入Mesh网络的行为叫作Provision。每个节点必须通过Provision的操作才能够正式加入进来。通过图4-8可以看到，在蓝牙Mesh网络中，存在不同的节点。虚线浅色圆圈代表的是低功耗节点，这种节点通过电池供电，为了节省电能，绝大部分时间处于休眠状态，同时以数据上行传输为主。这种低功耗节点通过友邻节点（Friend Node）获取和传输数据，当低功耗节点休眠时，下行的消息在友邻节点缓存，缓存一直保存到该节点结束休眠并读取数据。

另外，有两类特殊节点，分别是中继节点（Relay Node）和代理节点（Proxy Node）。中继节点是根据网络设置的条件，拥有转发消息到相邻节点能力的节点。这些节点通常都有持续的供电，并且有能力处理网络中大量消息的转发。非Mesh低功耗蓝牙设备通过代理节点也可以在蓝牙Mesh网络中进行通信。代理节点的根本目的是执行数据承载层的转换，它能够实现从广播承载层到GATT承载层的转换，反之亦然。因此，不支持广播承载层的蓝牙设备可通过GATT连接来收发各类蓝牙Mesh消息。

蓝牙协议是一种工作在2.4GHz频段的近距离无线通信协议。BLE Mesh作为基于蓝牙技术的物联网协议，分成两种网络承载模式，即Advertising Bearer和GATT Bearer。BLE Mesh默认的通信方式是Advertising Bearer，这是一种通过广播的方式来传输数据的承载模式。这种方式传递数据不扫描节点，不建立节点间的连接。如果不支持Advertising Bearer的节点，则需要通过代理节点来做承载层的转换，从广播承载层切换到GATT承载层。

BLE Mesh网络是纯粹为了物联网服务而设计的协议，它与普通手机和移动设备的蓝牙协议是不一样的。通过广播承载层传输的通信数据是无法直接和普通的移动设备通信的。目前，常用的移动设备操作系统Android和iOS并不支持直接通过Advertising Bearer和BLE Mesh节点通信。只能通过代理节点转换成GATT Bearer连入网络，并通过Mesh App进行配置和管理，并不能成为Mesh网络中的一个节点。

BLE Mesh的理论支持节点数量为32767个，最大Mesh直径为127跳。但是，实际上不可能支持到32767个。在实际的应用中，我们通常不可能在一个网络中连接这么多节点。而且对于消息的TTL也会严格限制，以防止大量以广播方式传输的消息阻塞网络，造成网络延迟。

## 4.3.2 近距离网络通信协议之二：ZigBee

ZigBee是一种近距离低速无线物联网通信技术，中文名称叫作紫蜂。ZigBee和蓝牙不一样，其设计的初衷就是作为一个物联网无线通信协议，最早是为了智能家居和照明控制而开发的。ZigBee所基于的标准IEEE 802.15.4诞生于2002年，可以说是一个非常"古老"的物联网标准了。它最初是作为IEEE的低速无线个人局域网工作组制定的一个标准，致力于定义一种廉价、固定、便携或支持移动设备、简单、低成本、低功耗和低速率的无线连接技术。该工作组于2003年12月通过第一个802.15.4标准。

IEEE 802.15.4协议定义了其物理层工作在868/915MHz和2.4GHz的直接串行扩频（DSSS）物理层频段。

（1）在2.4GHz频段，共有16个信道，信道通信速率为250kb/s。

（2）在915MHz频段，共有10个信道，信道通信速率为40kb/s。

（3）在896MHz频段，有1个信道，信道通信速率为20kb/s。

ZigBee协议是由ZigBee联盟统一制定和发布的，该联盟成立于2001年8月。到2002年下半年，早期的企业成员包括英国Invensys公司（被施耐德电气并购）、日本三菱电气公司、美国摩托罗拉公司和荷兰飞利浦半导体公司。第一版的ZigBee协议发布于2004年（基于IEEE 802.15.4）。大家可能会好奇，为什么通常说ZigBee协议和IEEE 803.15.4是同一个协议，但是第一版发布的时间却不一样呢？ZigBee和IEEE 802.15.4到底是什么关系呢？其实标准的发展和产业的发展通常是相辅相成的，IEEE 802.15.4主要关注技术上的基础层面的东西，包括物理层和数据链路层的实现。而ZigBee协议采用了IEEE 802.15.4的底层通信标准，同时在网络层和应用层做了更多的规定，使ZigBee成为一套完整的通信技术。

ZigBee技术有以下特点。

（1）低功耗：在低耗电待机模式下，2节5号干电池可支持1个节点工作6~24个月，甚至更长。这是ZigBee的突出优势。相比之下，蓝牙可以工作数周、Wi-Fi只能工作数小时。

（2）低成本：通过大幅简化协议，使硬件成本降低（不到蓝牙的1/10），降低了对通信控制器的要求。按预测分析，以8051的8位微控制器测算，全功能的主节点需要32kB代码，子功能节点少至4kB代码，而且ZigBee的协议专利是完全免费的。

（3）低速：ZigBee工作在250kb/s的通信速率，传输速率比较低。

（4）快速接入：ZigBee的响应速度较快，一般从睡眠转入工作状态只需15ms，节点连接进入网络只需30ms。相比较，蓝牙需要3~10s、Wi-Fi需要3s。

（5）安全：ZigBee提供了三级安全模式，包括无安全设定、使用接入控制清单（ACL）防止非法获取数据和采用高级加密标准（AES128）的对称密码，以灵活确定其安全属性。

ZigBee支持网络拓扑结构，主要有星形网络和网状网络。不同的网络拓扑对应于不同的应用领域，在ZigBee无线网络中，不同的网络拓扑结构对网络节点的配置也不同。

另外，ZigBee也支持前面介绍的Mesh网状网络拓扑结构。其Mesh网络具有强大的功能，通过多级跳的方式来通信；该拓扑结构可以组成极为复杂的网络，还具备自组织、自愈功能。

ZigBee网络中有三种不同的节点，分别是ZigBee协调器（ZigBee Coordinator）、ZigBee路由器（ZigBee Router）和ZigBee终端设备（ZigBee End Device），如图4-9所示。在一个ZigBee网络中有且只有一个协调器，用于建立网络，协调各节点的通信和连接。ZigBee路由器在网络中传递和分发数据。终端设备是网络中管理的实际设备，如智能灯泡、智能插座等。根据官方网站的数据，一个ZigBee网络理论上最多支持65000个设备。节点间最大的通信距离为300米（无障碍物阻挡）。在室内，最大通信距离为75~100米。

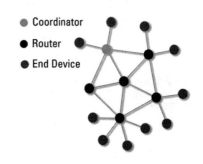

图4-9　ZigBee网络结构

在智慧能源方面,ZigBee技术也是非常重要的标准协议之一,ZigBee联盟主导的Smart Energy 1.4标准认证获得了许多公司、组织及政府的认可和支持。Smart Energy被选中应用于英国的智能电表推广项目,英国政府专门为该项目建立了Smart Energy GB网站和专门的服务机构,来指导居民更换带有ZigBee通信能力的智能电表 。

### 4.3.3 近距离网络通信协议之三:Wi-Fi

Wi-Fi协议应该是大家最熟悉的室内通信协议了,不过Wi-Fi本身并不是给物联网应用设计的协议。Wi-Fi的全称是Wireless Fidelity,在无线局域网的范畴是指"无线相容性认证",实际上是一种兼容性商业认证,同时也是一种无线联网技术。其技术是基于IEEE 802.11标准族,这个标准族广泛应用于无线局域网及互联网接入。Wi-Fi这个词是非营利组织Wi-Fi联盟(Wi-Fi Alliance)的注册商标,该组织严格按照IEEE 802.11标准对无线产品的互连接性进行测试认证。Wi-Fi联盟借助其标准评测和认证机构的地位,影响力非常大,有超过800个公司会员。Wi-Fi是室内无线协议的事实上的通用标准。仅仅在2019年,全球就销售了30.5亿台支持Wi-Fi的设备。

Wi-Fi无线设备工作在2.4GHz或5GHz两个频段上,802.11b/g/n标准工作在2.4GHz频段,分成了15个信道;802.11a/h/j/n/ac/ax标准工作在5GHz频段,分成了23个不互相重叠的信道。其最高网速(采用802.11ax)理论上可以达到1GB/s的数据传输速率。802.11标准族在一定程度上可以看作以太网标准的无线版本,底层的很多定义都采用了以太网的设计,链路层也会采用MAC地址作为物理地址。针对不同的场景和细分市场,均有对应的802.11版本,如低功耗/低带宽物联网互连(802.11ah)、车-车通信(802.11p)、电视模拟射频空间重用(802.11af)、音频/视频超大带宽短距离通信(802.11ad),当然还有802.11ac标准的后续版本(802.11ax)。

Wi-Fi设备通常支持高带宽,支持的设备种类多、连接稳定、有一定的抗干扰能力。但是,作为边缘端网络接入协议使用,它的缺点也比较明显。首先,接入设备数量有限。由于底层协议基于以太网的数据交换机制,因此以普通的民用设备的性能,通常只能支持十几个到几十个设备接入。其次,Wi-Fi设备的能耗较大。最后,Wi-Fi无线网络的工作频率较高,信号穿透力较差,很难进行远距离的传输。

在少量设备连接的智能家居物联网环境中,Wi-Fi技术还是得到了很广泛的应用,包括与智能家电设备和控制器的连接、家居照明、空调系统控制等。

## 4.4 应用层协议

本节希望再深入探讨一下物联网和边缘计算领域的应用层协议的实际应用,内容会更加贴近实际中的设计、开发和应用。边缘计算应用层协议的主要功能是通过广域网协议将数据传输到云计算中心或邻近的边缘服务器,最常用的协议是MQTT和CoAP。

## 4.4.1 MQTT协议

前面的章节中已经介绍了MQTT相关的内容,但是主要还是在概念上的介绍。在实际的边缘计算项目中,如果我们采用MQTT来传输数据,主要应该考虑哪些内容呢?

首先,我们为什么需要有MQTT? 对于这个问题,并不是所有的物联网工程师或边缘计算系统的设计和开发人员都仔细考虑过。图4-10所示是MQTT官网上举例介绍的一个MQTT应用的场景。相对于传统的HTTP这样的协议,使用MQTT协议实际上增加了一个MQTT Broker。所有的消息无论是发布(Publish)还是订阅(Subscribe),都必须经过这个Broker进行中转,这样就和普通的客户端/服务器模式有很大的区别。这个MQTT Broker承载的工作就是维护Topic的集,每个Topic用来接收发布者的信息,并传递到所有订阅了这个Topic的客户端。系统中的发布方和接收方都不直接相连,两方完全解耦,只关注Topic的数据。对于物联网应用来说,这样的协议的确是非常高效地适配了其数据传输的需求。边缘端连接的物联网设备通常有几个特点,即单个设备的数据量小、设备数量大、总的数据传输频次高、单个设备的处理能力和电量有限。

图4-10　MQTT应用的场景

由于引入了MQTT Broker,这台Broker本身有可能造成系统的单点故障。我们在实际的项目中应该考虑到Broker的负载均衡和高可用的配置。另外,由于客户端有可能失去连接,最好使MQTT Broker有一定的消息持久化的能力。MQTT解决持久化的方式是使用队列。事实上,在处理M2M的通信问题时,消息队列机制是通用的模式,这种方式能够给机器间通信提供消息持久化和缓冲机制。如果通信中途这个通信中间件服务重启,那通信的消息不会丢失。

为什么我们在物联网和边缘计算领域中不使用RESTful API呢? 其实这是由M2M通信的特点决定的。机器的数据上传与数据处理的速度不一定能够匹配,采用队列缓冲模式能够很好地解决这个问题。并且RESTful不需要Broker这样的中间件负责消息转发,而是采用请求/响应模式。这种模式虽然简单,但是服务端本身没有状态,对于请求端来说,需要具备状态保存及错误处理等功能。此外,RESTful的请求都是短连接模式,每次请求都会建立一个TCP/IP的连接,而且由于RESTful是基于HTTP,这个协议本身的资源消耗(Overhead)就比较大,会增加边缘端设备的数据处理压力。

MQTT协议采用的发布/订阅模式的最大优点就是将消息的提供者和消费者完全解耦,因此消费者完全不需要知道消息发送者的直接身份信息和物理访问信息(如IP地址)。这在物联网和边缘计算环境下非常重要,因为很多时候数据接收方和发送方在两个不同的内网或区域中,相互间交互信息不再需要复杂的VPN(虚拟专用网)或NAT(网络地址转换)等网络层面的技术。同时,发布/订阅模式由于在时间和空间上解绑了通信双方,一方面可以支持非常高延迟的场景(比如Sigfox通信有时间隔1个小时才发出一条消息);另一方面,Broker可以支持极高的消息量,部署在云端的MQTT Broker可以轻松支持几百万量级的消息传输。

MQTT没有规定消息格式,其消息体(Payload)中能够传输任何格式的数据,消息最大可以有256MB。当然,实际的消息大小还是和Broker程序或云服务商提供的MQTT功能有关,比如谷歌云服务规定了MQTT消息大小的上限是256kB。

MQTT 5版本标准在2019年发布,一个重大的改进就是加入了对于元数据的支持,引入了User Properties的概念。MQTT 5还加入了分享订阅(Shared Subscription)这样的功能,可以用于消息处理的负载均衡。传统的MQTT支持多个客户端可以同时订阅一个Topic,分享订阅者允许建立订阅组(Subscription Group),每个订阅组中可以有多个客户端,客户端会轮流接收Topic中的消息,以实现消息处理的负载均衡。

MQTT的报文结构如图4-11所示,分为固定头部(Fixed Header)和可选头组件(Optional Header Components)两大部分。其中固定头部包括一个字节的控制字段和1~4个字节的报文长度信息。控制字段的前4位描述消息的类型,如订阅、发布、断开等,后4位控制标志位可以加入QoS的定义标志。

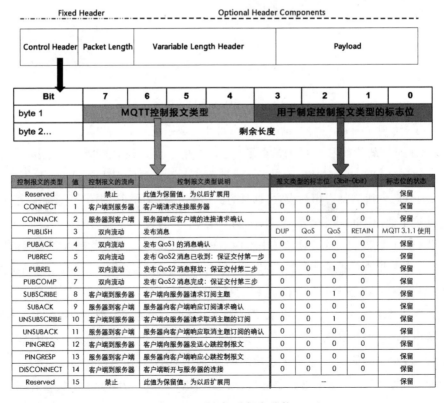

图4-11 MQTT的报文结构

在实际的项目中,如果需要使用MQTT,有很多开源的MQTT Broker中间件可供选择。比较常用的有Mosqutto、HiveMQ等,这两种MQTT Broker都支持3.1、3.1.1和5这几个标准版本,并支持Linux和Windows操作系统。

## 4.4.2 CoAP协议

CoAP协议的全称是受限应用程序协议(Constrained Application Protocol),是一个基于IETF推荐标准RFC7228的应用层通信协议。该协议的第一版起草于2014年6月,并持续了数年时间。最先开始是设计一种边缘M2M的标准协议,核心内容基于RCF7252。可以说,CoAP是物联网界的HTTP,这个协议其实对应了HTTP的功能模式,但是针对M2M通信做了简化和优化设计。

有不少研究显示,在传输相同信息时,CoAP在能耗和性能方面都优于HTTP。有些CoAP的实现在性能上比HTTP高64倍,对比如表4-2所示。

表4-2　CoAP和HTTP在性能和能耗上的对比

| 协议 | 特点 | | |
|---|---|---|---|
| | 每次传输数据/Byte | 能耗/mW | 电池寿命/天 |
| CoAP | 154 | 0.744 | 151 |
| HTTP | 1451 | 1.333 | 84 |

CoAP的设计理念就是在物联网领域中设计一种轻量级协议,用于取代"重型"的HTTP并获得相似的功能。不过,CoAP并不能取代HTTP,因为HTTP包含了面向服务的互联网应用必需的功能。CoAP的特点可以总结如下。

(1)类HTTP。

(2)无连接。

(3)通过数据报传输层安全(DTLS)协议实现安全传输,而不是HTTP所使用的传输层安全(TLS)协议。

(4)异步信息交换。

(5)轻量级的设计,低资源开销。

(6)支持URI和媒体类型。

(7)采用UDP协议,而不是TCP协议。

(8)无状态HTTP映射,允许通过中间代理连接到HTTP会话。

CoAP协议分成两层,分别是请求/响应层(Request/Response Layer)和事务层(Transactional Layer)。请求/响应层负责发送和接收RESTful查询请求。REST的查询请求基于CON或NON消息,其查询响应则是基于ACK消息。事务层负责处理端口间单个消息的交换,这些消息基于GET、PUT、POST和DELETE四种消息类型中的一种。

CoAP和HTTP在内容、标记和使用方式上都很相似,包括CoAP的地址格式都是模仿HTTP的。

```
coap://host[:port]/[path][?query]
```

CoAP使用的请求类型可以类比于HTTP的GET、PUT、POST和DELETE。返回代码基本上也是仿照HTTP的。

```
2.01: Created
2.02: Deleted
2.04: Changed
2.05: Content
4.04: Not found (resource)
4.05: Method not allowed
```

HTTP和CoAP的协议栈对比如图4-12所示,虽然这两个协议在形式上有诸多相似之处,但是在协议栈上的区别还是很大的。这就是造成两个协议在功能和效率上产生差异的主要原因。

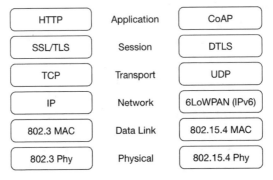

图4-12　HTTP和CoAP的协议栈对比

CoAP的消息格式分为两种类型:CON和NON,这是由于CoAP是基于UDP协议的,这使它没有HTTP这样可靠的连接机制。因此,为了能够获得可靠连接,CoAP定义了需要服务响应的CON和不需要服务响应的NON这两种消息格式。再加上响应服务消息(ACK)及服务重置消息(RST),CoAP协议总共有4种不同的消息格式。

CON消息一旦发送,客户端会等待一个返回的ACK消息。等待时间是ACK_TIMEOUT * ACK_RANDOM_FACTOR,即每次超时等待时间是定义的超时时间长度乘一个随机因子。如果超时,ACK消息没有收到,那么会以指数增加的间隔时间,重复发送CON消息,直到收到ACK或RST消息。这个消息重发机制也是为了避免消息拥堵。这样的机制是对UDP协议没有可靠消息接收机制的一个补偿。

CoAP包含一个简单的缓存机制,这个缓存功能通过消息头响应的Code控制。通过Max_Age来设定缓存时间,可以设置为60秒到136.1年。CoAP的消息头是特殊设计,主要就是要获得最大效率,这个消息头只有10~20字节大小,仅仅是HTTP消息头的十分之一。CoAP的消息结构如图4-13所示。

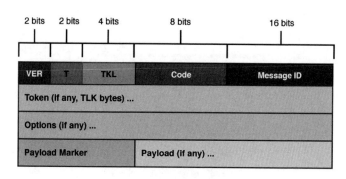

图 4-13　CoAP 的消息结构

　　值得一提的是,CoAP 允许 Observer 角色进行数据访问,这种模式和 MQTT 的发布/订阅模式非常相似。观察过程机制允许客户端注册为观察者模式,当资源状态发生变化时,会通知客户端。观察持续时间在注册阶段确定,观察者状态的客户端可通过发送 RST 或另外的 GET 消息终止观察者模式。

# 第5章

## 边缘计算的安全性

信息系统安全性越来越多地受到人们的关注,而边缘计算由于其和实际的物理设备进行交互的特殊性,对于安全性更加敏感。一旦出现安全问题,造成的损失往往更加严重。本章探讨了边缘计算领域安全性的挑战,然后从计算机安全领域的基本概念入手,介绍了可信计算的应用及边缘计算安全问题分类,最后给出了一个完整的边缘计算系统安全性设计的例子。

# 5.1 边缘计算面临的安全性挑战

边缘计算的安全性涉及边缘设备本身的安全性和可信性、边缘和物联网安全管理的规范性及边缘网络的安全性。边缘技术通常会涉及异构系统、不同的地理位置及不同的网络环境和监管标准,有时甚至需要考虑跨地区和跨国界的安全管理。震网病毒和Mirai木马造成的危害和损失,使边缘计算的安全性成为一个非常热门且重要的研究领域。

## 5.1.1 边缘计算面临的重大安全挑战

边缘计算产业联盟和工业互联网产业联盟共同研究编写了《边缘计算安全白皮书》(以下简称"白皮书"),并在2019边缘计算产业峰会(ECIS 2019)上正式发布。白皮书对边缘计算安全领域可能会遇到的挑战进行了比较详尽的总结,总共列出了12项重大的挑战。这12项挑战分别属于三个不同的分类,如表5-1所示。

表5-1　边缘计算面临的安全挑战

| 攻击面分类 | 挑战 |
| --- | --- |
| 边缘接入 | 不安全的通信协议;恶意的边缘节点 |
| 边缘服务器 | 边缘节点数据易被损毁;隐私数据保护不足;不安全的系统与组件;易发起分布式拒绝服务;易蔓延APT攻击;硬件安全支持不足 |
| 边缘管理 | 身份、凭证和访问管理不足;账号信息易被劫持;不安全的接口和API;难监管的恶意管理员 |

由于上面列出的12条安全问题很多都是各类信息系统普遍存在的安全问题,如果需要了解白皮书的详细内容,读者可以自己在网上查找这份公开发布的文件。在整个章节中,笔者主要是想探讨几个边缘计算特有的安全性问题。

(1)不安全的通信协议:对于各类边缘无线传输协议,如ZigBee、蓝牙等,缺乏加密认证等措施,容易被攻击和窃听。对于工业控制网络通信协议,如Modbus、CANopen等,往往只是关注传输的效率和可靠性,而极少考虑数据传输的安全性。因此,传统的传输协议本身对边缘计算的安全性提出了挑战。当然,为了实现安全的边缘计算和边缘设备通信,我们可以设计或采用新的有安全保证的协议来替代现有协议。但是,这在短期内很难实现,而且把所有现有边缘网络的通信协议都替换掉也并不现实。所以,我们应该通过一些新的方法,在现有协议的基础上来增强边缘计算系统的安全性。

(2)恶意的边缘节点:出现恶意的边缘节点有两种可能。第一种可能是由于系统中的某个节点被黑客控制,第二种可能是某个恶意设备被非法加入边缘网络中。物联网和边缘设备所处的物理环境通常是比较复杂的。例如,工业物联网中的电网系统、石油管线等设施,通常分布在广大的地域范围内,因此很难保证这些网络不被物理入侵(非授权人员直接进入机房或连接到网络上)。对于边缘计算来说,这种物理入侵也是必须考虑和防范的。

(3)边缘设备和终端设备的异构性:多样性使边缘网络的安全性保障比较复杂,我们需要了解网络中的不同设备类型,然后有针对性地设计安全措施。不同的设备有不同的特点,而且对于安全性的控制和识别,都很难用统一的方法或协议进行管理,与普通的网络设备管理或数据中心服务器管理不同。

(4)敏感数据的保护:边缘端有时需要处理或传输隐私或保密的信息。需要有措施对敏感数据脱敏处理,有时还需要对这些敏感信息临时保存。为了避免数据的泄露,必须采取一些必要的措施对数据进行处理、加密,设置匹配的权限管理机制。

## 5.1.2 信息安全领域是全新的战场

对于普通的计算机用户,可能并不在意信息安全问题,认为只要计算机上安装了杀毒软件和软件防火墙就万无一失了。但在高价值的商业、工业、国防和政府部门,信息安全有时会关系到组织的知识产权和资金安全,甚至国家安全和社会稳定。如今的黑客行为已经逐渐由单枪匹马的个人行为演变到有组织、有计划、有长期资金支持,并结合多种策略持续对某一目标(公司、政府机构)进行攻击、窃取和破坏的阶段。目前来看,对于个人用户这样的低价值目标的攻击,通常只是初级黑客的练习或娱乐罢了。

APT(Advanced Persistent Threat,高级持续性威胁)攻击。百度百科对APT攻击的解释为"高级可持续威胁攻击,也称为定向威胁攻击,指某组织对特定对象展开的持续有效的攻击活动。这种攻击活动具有极强的隐蔽性和针对性,通常会运用受感染的各种介质、供应链和社会工程学等多种手段实施先进的、持久的且有效的威胁和攻击。"对于上述解释,可能读者还没有比较具体的感受,很难理解这是一种什么性质的攻击方式。实际上,如今的APT攻击不仅仅来自一般黑客组织,很多直接就是政府的情报部门或军方的网络安全对抗部门。例如,被斯诺登曝光的美国棱镜计划,长期监听他国领导人和公民的通信。2013年,美国网络安全公司麦迪安(Mandiant)发布了关于2004—2013年间疑似来源于中国的APT攻击的研究结果,并怀疑攻击来自位于上海的人民解放军战略支援部队,不过随即我国官方否认了这个说法。

典型的APT攻击包括各种木马、蠕虫等病毒的使用,以及对系统和软件漏洞的攻击,也会采取物理、供应链和社会工程学的方法来增加渗透和攻击成功的概率。一个典型的APT攻击流程如下。

(1)收集情报:通过各种渠道,包括通过线上扫描和试探攻击的方式,同时结合线下的各种社会工程学方法和情报收集来获取"目标"网络的结构、网络和服务器设备的部署、地理位置、组织架构、成员的信息等各方面的内容。

(2)渗透和部署:根据前面掌握的情报,攻击者会通过各种漏洞和手段,将病毒部署到"目标"网络的PC或服务器上。例如,通过0day漏洞发送恶意邮件;让目标组织的成员运行恶意文件或点击钓鱼网站的链接。很多企业和用户并不能及时安装操作系统和常用软件的安全补丁,而且往往警觉性很低,这就给各种黑客组织和个人带来可乘之机,通过各种常用软件(如Office、浏览器等)的已公布和尚未公布的漏洞获得系统控制权,或者埋伏恶意的复制程序。有时还会关闭防病毒软件扫描,以便长期潜伏并感染目标组织的其他计算机。

(3)植入木马:一旦组织内的某些计算机被利用漏洞攻击成功,黑客就会开始将不同的木马程序植入受害人的计算机,窃取密码记录、键盘记录、截屏等。

(4)逐步渗透:攻击者控制某些组织成员的计算机并不是最终目的,会持续通过已经得手的计算机和服务器,逐渐横向或纵向渗透到目标组织的其他拥有高价值信息或运行核心系统的计算机和服务器上,不断窃取口令和数据。

(5)长期潜伏和监视:一旦攻击者对目标的网络或某些计算机系统拥有了控制能力和监视能力,往往会潜伏下来,长期秘密窃取数据,或者暂时静默等待时机。

(6)发动攻击:这一步往往并不会发生。大部分APT组织会长期在目标组织的网络中潜伏并盗窃信息,并不会直接破坏或瘫痪整个目标的系统。因为这样做意味着会引起目标的全面警觉并尽全力将渗透和部署的恶意程序彻底清除。同时,APT本身的攻击手段、工具、位置和组织也有可能会暴露,往往会招来政府部门和信息安全机构的重点研究和打击。但这一步在少数特殊情况下也是会发生的,例如,一些以营利为目的的APT组织会给已经攻击得手的目标组织发送勒索信息或邮件。一旦目标不愿意配合,攻击者就会采取两种方式,一种是窃取并贩卖目标的知识产权或机密信息;另一种是立即破坏目标的计算机系统,使其瘫痪遭受重大损失。

边缘计算的安全管理不仅仅是需要防御APT这样的有组织、有目的的攻击方式。由于物联网和边缘计算的发展,使总的边缘端的设备数量极为庞大,同时设备的分布范围非常广泛,总是存在疏于管理或配置错误的设备暴露在公网。另外,由于大多数边缘设备和IoT设备都是简单的嵌入式系统,无论是硬件还是软件上的防护都相对比较薄弱,因此导致大量终端设备成为各类木马和僵尸网络的"肉鸡"。

### 5.1.3 谈谈震网病毒

长期以来,我们对信息安全的关注点都集中在传统的互联网和普通计算机信息系统上。但事实上,随着大数据、物联网、工业互联网、人工智能等新技术、新应用的大规模增加,物联网尤其是工业物联网和工业控制网络也成为被攻击的重点目标。

说到最著名的针对工业物联网的攻击事件,那就不得不提震网病毒Stuxnet了。对于研究网络安全的人来说,2010年爆发的震网病毒应该是一个里程碑式的事件。这是第一次通过病毒大规模攻击一个国家的基础设施并造成了重大破坏的行动。因为这次事件,网络安全界产生了一个新名词——Cyber Warfare(网络战争)。工业网络往往承担着能源、物流、资源开采、重要产品生产等极为关键的基础设施的管理、监控和运行,因此对工业边缘网络(这也是边缘计算的重点领域)的攻击往往会对国家的经济和民生造成极为严重的破坏,其破坏力和实际性质相当于一场战争。

震网病毒不但是第一个攻击基础设施的蠕虫病毒,而且其复杂性和先进程度也是前所未有的,将蠕虫病毒的水平提高到了一个新高度。对这个病毒的研究,让我们能够看到该病毒的恶毒程度和背后支持这种病毒工具研发和部署的隐藏力量,也让我们意识到未来在物联网和边缘计算领域中会面临的重大安全风险。

2010年6月17日,白俄罗斯安全公司 VirusBlokAda 的杀毒软件部门主管 Sergey Ulasen 收到了一封发自伊朗的电子邮件。这封邮件的内容是关于一名在伊朗纳塔兹核设施部门工作的工程师的计算机总是无故重启,并且找不到任何原因。这个事件其实是一次意外的计算机病毒感染。通常情况下,震网病毒是不会攻击个人计算机的,但这次有可能是一次病毒升级错误导致的异常状况。很快这个病毒被报道出来,世界各地的安全软件公司都纷纷研究并公布了这个病毒的特性。当这个病毒的特征被发现并公布后,震惊了整个计算机安全界。

震网病毒有着非常明确的攻击目标。其主要攻击目标就是伊朗纳塔兹的核设施,具体讲就是感染核设施铀浓缩使用的离心机上的西门子 PLC。它的目的就是通过恶意伪造电机转速的控制指令,使离心机不断反复加速减速而导致损坏,以破坏和延缓伊朗的核计划。

与普通的计算机病毒不同,震网病毒有非常明确的攻击目标,它几乎不会对普通的计算机和网络产生任何危害。如果计算机上没有安装西门子软件,病毒会阻止感染范围(不能超过三台计算机),然后进入休眠状态,并在某个设定日期后自动删除。

震网病毒的攻击行为分为以下三个层面。

第一层:Windows操作系统。

第二层:西门子STEP7软件。

第三层:西门子PLC。

第一层,对于Windows的攻击,震网一次性使用了四种不同的0day漏洞。它最初是通过可插拔的USB存储设备(U盘、移动硬盘等)进行传播和扩散的。如果用户不小心运行了U盘中伪装成快捷方式的恶意程序,那这台计算机就会被感染,紧接着病毒就会利用RPC(远程过程调用)或P2P技术感染内网的其他计算机。在同一个蠕虫病毒中同时使用四种0day漏洞其实是罕见的。震网病毒本身的大小达到了0.5MB,并使用了多种不同的编程语言。震网病毒一旦处于活跃状态,其传播是无选择性的。它既能运行在Window的用户模式,也可以运行在内核模式,执行非常底层的操作系统指令。该病毒之所以能够在Windows操作系统安装Kernel模式的Rootkits,是因其盗用了其他硬件厂商的私钥。访问内核模式所需的驱动程序密钥盗取自两家知名硬件公司(智微科技和瑞昱半导体),这两家公司都位于台湾的新竹科技园。部署在丹麦和马来西亚的两个网站作为病毒控制服务器,负责升级病毒,或者窃取被感染的主机上的信息。

第二层,感染西门子STEP7软件,西门子STEP7软件是专门用于和西门子PLC进行程序写入、数据交换和配置的软件,通常安装在Windows操作系统上。被震网病毒感染的计算机会篡改这个软件通信库文件s7otbxdx.dll,这样就能够通过STEP7软件把恶意控制程序写进连接到这台计算机的西门子PLC设备上。同时,病毒可以阻止其他程序访问恶意PLC程序所在的存储空间。

后期的震网病毒又利用了西门子软件的一个数据库密码的0day漏洞,用来安装PLC恶意控制代码。

第三层,感染西门子PLC,完整的震网病毒源代码至今还没有被披露。不过可以肯定的是,这种病毒只会攻击工业控制系统相关的设备,而且攻击的目的性非常强。写入S7-300 PLC的恶意代码会监控PLC连接的设备,只有发现该PLC连接了频率在807Hz到1210Hz区间变化的变频器时才会工作。事实上,这种变频器的输出频率远高于普通工业电机的运行范围。通常,只有气体离心机的电机才会工作在这样的频率。当恶意程序发现有符合条件的变频器时,就会通过PROFIBUS工业总线发出伪造的控制指令,控制变频器从1410Hz突变到2Hz,然后再变到1064Hz。反复调整变频器速度,使控制的电机迅速损坏,同时也会严重影响离心机的正常工作。

该病毒造成了伊朗铀浓缩设备的大量损坏。根据国际原子能机构的监控录像看,由于震网病毒的原因,从2009年11月到2010年1月底,大约毁坏了1000台离心机。根据以色列的报道,病毒使伊朗的铀浓缩能力下降了30%,严重影响了伊朗的核计划。

从上面的内容可以看出,震网病毒是一种非常先进、复杂并有较强针对性的蠕虫病毒,可以说在某种意义上是一个精确打击的网络武器。对于这个病毒的来源,所有的观点都指向了超级大国——美国和其在中东的盟友以色列。

俄罗斯的卡巴斯基实验室结论是:这样复杂的攻击只有通过国家级别的研究机构才可能实现。芬兰的F-Secure首席研究员米可·海普楠(Mikko Hyppönen)被问到震网是不是某个国家支持的项目时,说道:"这正是看上去的那样,是的"。拉尔夫·朗纳(Ralph Langner)是第一个发现震网病毒能够感染PLC的研究人员,他在2011年的TED大会上被问及以色列摩萨德是否参与其中时,说:"我认为以色列的摩萨德参与了这个事件,但病毒背后的主导力量只有一个,那就是唯一的网络超级大国——美国。"

震网病毒的出现,第一次将工业边缘网络的安全问题带到了主流安全防护领域。在全世界范围内,工控设备和网络的安全性以前从来没有被广泛关注过。通过这次事件,大量的研究项目开始启动并关注到工业控制系统和工业边缘网络。这个领域涉及非常广泛而且可能比传统的网络安全问题引起的损失更加严重。一旦工业设备被攻击和破坏,往往会对工业生产和人民生活造成非常直接和严重的影响。

### 5.1.4 Mirai病毒

Mirai僵尸网络是历史上最具破坏性的DDoS(Distributed Denial of Service,分布式拒绝服务)攻击,这些DDoS攻击基本上都来源于分散在各个地区的被Mirai木马感染的物联网设备。Mirai这个名字来自2016年8月的僵尸网络攻击事件,是一种专门感染Linux物联网设备和边缘计算系统的恶意木马程序。

2016年,通过Mirai病毒感染的超过60万个物联网设备所组成的僵尸网络攻击了一系列的网站和互联网服务。其中主要攻击目标有著名互联网安全博客 Krebs on Security、著名 DNS 服务提供商 Dyn 和利比里亚电信运营商 Lonestar。次要攻击目标有意大利政府网站、巴西的 Minecraft 游戏服务器和俄罗斯的拍卖网站。由于 Dyn 为许多大型互联网公司提供服务,因此这次攻击间接影响了 Sony Playstation 服务、亚马逊、GitHub、Netflix、PayPal、Reddit 和 Twitter 等。早期 Mirai 的源代码已经在一个黑客的博客网站 hackforums.net 上公开。通过这些源代码,以及对于网络攻击的追踪和记录,研究人员揭示了这个病毒是如何运行和传播的。这个病毒的整个生命周期如下。

(1)扫描并寻找感染对象:它首先会使用 TCP 的 SYN 包执行快速异步扫描来探测随机 IPv4 地址,专门查找 SSH/Telnet TCP 经常使用的端口 23 和端口 2323。如果扫描完成并和端口连接有效,则利用这个开放端口进行下一步破解。Mirai 代码中包含了一个包括 340 万个 IP 地址的黑名单,名单中包括了属于美国邮政服务、惠普公司、通用电气和美国国防部的 IP 地址,在这些黑名单 IP 地址范围的设备不会被感染。Mirai 会以每秒 250 字节的速度扫描互联网。就僵尸网络病毒而言,这种扫描速度是相对较低的。例如,SQL Slammer 这样的利用 SQL Server 2000 数据库漏洞攻击的僵尸病毒,通常以 1.5Mb/s 的速度进行网络扫描。之所以采用低扫描速率,主要还是考虑到物联网设备通常比桌面系统、服务器和移动设备的处理能力低得多。因此,该病毒的开发者将其扫描速度进行了限制。

(2)暴力破解 Telnet:当 Mirai 病毒发现可以利用的设备端口时,就会尝试建立可用的 Telnet 连接。病毒代码仅仅使用了一个比较小的字典——一个总共只有 62 个用户名密码对的列表。对每个设备只是从这个小字典中随机抽出 10 个进行尝试,一旦登录成功,Mirai 就会操作设备登录到一个中心 C2 服务器上。后期的 Mirai 变种病毒还会进行一些其他的远程控制,并进行一些另外的恶意操作。

(3)感染:从服务器向潜在感染设备发送加载程序。加载程序负责识别操作系统并安装针对特定设备和操作系统版本的恶意软件。然后进一步搜索使用端口 22 或 23 的其他竞争进程,并终止这些进程(或其他可能已经存在于设备上的恶意软件)。上述步骤完成后,加载程序二进制文件被删除,病毒的进程名被模糊化以隐藏它的存在。病毒文件不会被写入持久存储中,因此重新启动后病毒不会继续存在。感染完成后,这个木马病毒就会进入休眠状态,直到它收到攻击命令。

Mirai 病毒的感染目标都是连接到互联网的边缘设备和物联网设备,主要是针对 32 位 ARM、32 位 X86 及 32 位 MIPS 处理器的嵌入式设备。这些设备包括 IP 网络摄像头、DVR(硬盘录像机)、消费级路由器、VoIP 电话、打印机和机顶盒等。

Mirai 僵尸病毒的第一次扫描发生在 2016 年 8 月 1 日,病毒宿主是位于美国的一个网页服务器。这次扫描总共花了 120 分钟才找到一个可以通过弱密码打开端口的主机。一分钟后,有 834 台其他设备被感染。在 20 小时内,64500 台设备被感染。Mirai 大约在 75 分钟内将感染数量扩大了一倍。虽然 DDoS 攻击的目标在美国和欧洲,但大部分被感染的设备位于巴西(15.0%)、哥伦比亚(14.0%)和越南(12.5%)。

从当时对这个病毒的追踪来看,Mirai 的危害仅限于发动 DDoS 攻击,攻击形式有 SYN Flood、GRE 网络 Flood、STOMP Flood、DNS Flood 等。在 5 个月的时间里,中心 C2 服务器共向僵尸网络发出了 15194 条单独的攻击命令,攻击了 5042 个网站。2016 年 9 月 21 日,Mirai 僵尸网络对 Krebs on Security

博客网站发起了大规模DDoS攻击,短时间内产生了623Gb/s的流量。这是有史以来最严重的一次DDoS攻击。在Mirai攻击期间,使用数字攻击地图网站的每日DDoS攻击分析功能所捕获的实时截图如图5-1所示。

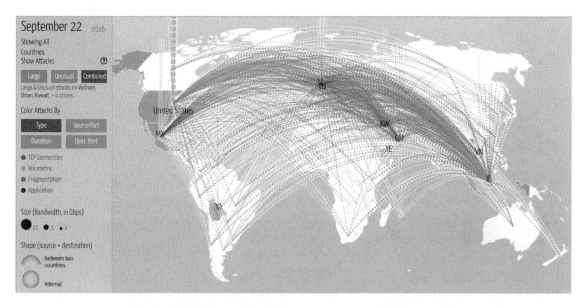

图5-1　监控到的2016年9月对Krebs on Security网站的DDoS攻击

可以发现,Mirai僵尸网络利用的漏洞非常简单,就是由于连接互联网的设备Telnet服务有弱密码漏洞或初始密码没有更改,从而被木马程序感染和控制。虽然这样的漏洞在比较严格的IT管理流程下是可以避免的,但是由于整个物联网和边缘设备的数量极其庞大,而且分布极为广泛,总会有很多没有被合理管理和配置的设备暴露在公网,给这类木马病毒提供了大量宿主。

# 5.2　计算机安全的一些基本概念

计算机和网络安全本身是整个计算机领域中非常重要的一个方面,涉及的知识范围很广。在深入后面的边缘计算安全的讨论前,有必要对计算机和网络安全的一些基本概念进行介绍,这有助于掌握计算机和网络安全的主要知识点和分析方法。

## 5.2.1　计算机安全的本质

计算机安全定义中的CIA三元组(Confidentiality,Integrity,Availability)是计算机安全技术的核心目标,分别是保密性、完整性和可用性的问题。保密性要求确保保密信息和隐私信息不会被没有权限的第三方获取。完整性则包含了两个方面的要求,分别是数据完整性和系统完整性。数据完整性指的是信息和程序只有在被授权的情况下才能够被更改;系统完整性指的是要保证计算机系统以预设的方式运行,不会被非授权第三方恶意操作。可用性指的是系统和服务必须确保能够及时并正确地响应授权用户的请求。CIA 三元组最早是美国国家标准与技术研究所(NIST)在标准 FIPS 199 中提出的。尽管 CIA 三元组已经可以比较好地概括网络安全的目标,但不少计算机安全的研究人员认为,还是有必要加入在信息安全领域中非常重要的身份可验证性(Authenticity)和安全可追踪性(Accountability)。图 5-2 列出了扩充的信息和网络安全目标,由上述提到的五个部分构成。

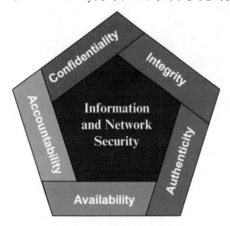

图 5-2　基本信息和网络安全目标

首先说明,计算机安全的根本目的是保证信息的安全。其实这个可以用安全的原始意义来解释,我们可以用一个人的财产来打比方。假设财产是保险柜中的贵重金属,财产的所有人能够支配这笔财产,他拥有使用、分割和丢弃这些财产的权利。对于这个财产所有人来说,需要保证这笔财富在保险柜中的安全,不会被掉包、被盗窃。由于这笔钱有时要委托给别人,因此需要法律和契约确保代理人不会中饱私囊,或者借走不还。另外,使用财富时,需要合同来保证被使用掉的钱无法反悔而收回。

现代计算机技术的主要用途是处理、传输和存储信息;而计算机安全技术要保护的"财产"就是信息。原则上在谈论计算机系统安全时,应该全面考虑信息处理、传输和存储三大环节的安全性。不过,我们通常都会假设信息处理环节是没有问题的。也就是说,这些处理信息的软硬件都是安全可靠的。实际上往往并非如此,比如软件和硬件本身有 Bug 或被恶意修改过等,都可能造成信息被篡改和丢失。但这些情况很少在计算机和网络安全的文章中被深入探讨和研究。大多数时候都认为,在生产环境中使用的系统都是通过正规和可靠途径获取的质量和性能有保障的软硬件系统。其实系统运行的可信性可以在 TPM 中通过软件状态度量来达成,这在后面一节中会详细地介绍。

信息在传输和存储的过程中首先要保证完整性,确保信息没有被篡改,这个要求在安全的信息传输中非常重要,因为在数据传输过程中由于干扰或人为因素,都有可能造成消息的不一致性。最危险的是被中间人攻击者进行了篡改,植入了恶意信息或代码。其次,需要确保只有拥有相应权限的人才能够对数据进行查看或处理,在计算机领域中就是要做到非公开信息必须加密,而且密钥的管理和分享必须严格可控。再次,能够对用户的身份进行确认并对其权限进行鉴权。身份确认最简单的例子是使用用户名和密码,但是在开放的网络环境下,需要更加安全的身份验证系统对人和设备都进行验证。最后,要防止通过重发相同信息进行欺骗,并且已发送的信息不可抵赖,这是信息使用上的内在要求。

用前面保险柜中财产的例子来说,所有者通过保险柜钥匙、契约和合同确保自己的财富不会被盗窃或滥用。在计算机和网络环境下,密码学就是保险柜的钥匙,以及契约与合同的签章。密码学是数学的一个分支,我们在计算机安全技术中使用到的这些加密算法都是经过了长期的研究、分析及标准化。当然,密码学随着计算机技术的发展,也在不断地发展。一些在计算机安全领域中早期使用的算法已经不再完全可靠,比如MD5散列算法已经被破解;DES对称加密算法只有56位密钥,存在被暴力破解的风险;而早期的RSA-1非对称加密算法也被认为不可靠。

常用的加密算法主要有以下三类。

(1)安全散列算法(Secure Hash Algorithm):这种散列算法是对整个文本做处理,生成固定长度的字符串,散列算法通常用于验证消息的完整性。在区块链技术中,散列算法也起着非常重要的作用,被用于工作量证明中的计算。

(2)对称加密算法(Symmetric Encryption Algorithm):采用单钥密码系统的加密方法,同一个密钥可以同时用作信息的加密和解密,也称为单密钥加密。对称加密处理速度较快,如果是对全文加密,通常都是采用对称加密。只保存本地信息,并且不希望被外部访问,可以使用本地或TPM保存的对称加密密钥。

(3)非对称加密算法(Asymmetric Encryption Algorithm):非对称加密算法需要两个密钥,即公开密钥(Public Key)和私有密钥(Private Key)。公开密钥与私有密钥是一对,如果用公开密钥对数据进行加密,只有用对应的私有密钥才能解密;如果用私有密钥对数据进行加密,那么只有用对应的公开密钥才能解密。非对称加密主要用于数字签名及密钥分发。

## 5.2.2 计算机系统安全的常用方法和概念

尽管边缘计算面临很多新的安全挑战,并且同传统的计算机系统和网络设备有很多区别,但是一些基本的网络安全概念和分析方法仍然适用于边缘计算。

### 1. 计算机系统安全的基本设计原则

计算机系统安全的基本设计原则如下。

(1)经济适用:需要确保安全设计方案在保证功能和性能要求的前提下,以最低的成本尽可能简单地实现。

(2)缺省设置安全:一个系统的缺省设置必须是默认安全的。比如每个用户的初始密码应该被设置成一个有一定复杂度并且随机生成的字符串,以免初始用户账号被恶意盗用。

(3)完全代理介入:所有的访问必须通过访问控制机制的检查,不允许任何一次对资源的访问跳过访问控制检查机制,这一原则对于保密级别非常高的系统很有用。但在实际的系统中,其实很少有这样做的,因为如果系统的每一次访问都需要验证一次用户凭据,那对于大部分计算机用户都是不可接受的。

(4)开放设计:虽然安全系统中的密码和密钥是不允许公开的,但是安全系统的设计、架构、算法和机制应该开放给研究机构和公众。开放的系统才能保证专家和工程人员能够对系统的安全机制进行充分研究和测试,便于对系统进行考验和评价。另外,这种开放并经过考验的系统和机制也才能够取得更加广泛的信任。这其实也是NIST从20世纪80年代开始标准化加密算法背后的逻辑。

（5）分散权限：这个指的是一个主要的系统访问权限应该被设计成分散为多种权限的认证模式。多因素用户授权机制就是一个很好的例子，现在有很多企业应用和互联网服务都要求用户提供几种认证机制进行登录，比如联合应用密码、手机验证和指纹等方式确认用户身份。

（6）最少权限：最少权限指的是用户只应该被授予完成其职责最少的权限，基于角色的用户管理机制就是确保每个角色只能够访问自己权限下的功能和信息。按照这个原则，系统管理员也应该只有当他们必须执行相关的重要操作时，才被赋予相应的特殊权限。

（7）最少共用机制：系统在设计时应该确保不同权限的用户共同使用的功能和模块越少越好。这个机制其实是为了减少不必要的信息交流，以及减少多个用户都依赖的软硬件模块。

（8）用户可接受：设计和部署的任何安全机制都应该避免过度地影响用户对系统的正常访问和使用。有很多过分设计的安全机制由于严重影响到了系统的可用性和可访问性，用户往往会反对使用这些安全功能，甚至直接关闭它们。最好的情况是，安全机制对于用户来说是透明的，然而这在实际中基本不可能达到。但是，确保尽量少地干扰和影响用户正常使用非常重要，往往是决定一个安全功能最终能否被采用的关键因素之一。

（9）隔离：这个原则有三个部分，第一，开放公共访问的系统应该和关键性的内部系统隔离。第二，不同的个人文件、流程和数据应该被隔离开，除非有必要。如今的操作系统都会提供不同用户的Profile（个人档案），以应对同一台计算机上不同用户的使用习惯和账号。第三，安全机制本身应该在一定程度上作为单独的模块隔离，TPM就是一个很好的例子。

（10）封装：可以被看作隔离机制在面向对象软件设计中的一个特例，系统设计中的安全部分应该被单独考虑和设计，并和功能有一定的隔离性。

（11）模块化：与封装类似，TPM可以看作模块化的例子。

以上11个原则是由美国国家安全局（NSA）和美国国土安全部（DHS）共同成立的网络和信息安全研究中心提出的，这些原则尤其是前8个被广泛认可，并在指导安全的计算机系统设计中发挥了重要的作用。可以发现，上述原则在很多实际场景中都可以找到普遍应用，比如第（2）（4）（5）个；有些原则则由于过于严苛，尽管理论上是最好的，但实际往往很难普遍应用，如第（3）个；大部分原则具有很强的指导意义，但是需要权衡许多因素，然后再具体问题具体分析和处理，比如第（1）（4）（6）（7）（8）个。

**2. OSI安全架构**

作为ITU-T（国际电信联盟电信标准化部门）推荐的OSI七层网络架构，学过计算机网络的读者应该都非常熟悉，这是分析网络架构的标准模型。在网络安全领域中，ITU-T也推出了标准的网络安全模型。这个模型对于企业信息安全相关的负责人在组织信息安全管理任务时，或者感兴趣的读者对于了解如何构建信息安全体系，都非常有用。很多著名公司研发的产品的相关安全功能的设计都是参考这个模型，并且和模型中提到的安全服务和安全机制密切相关。OSI安全架构如图5-3所示。

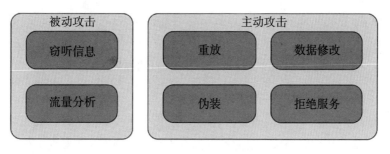

（a）攻击

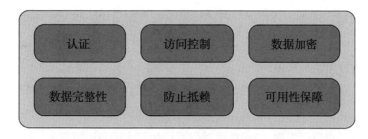

（b）安全服务

（c）安全机制

图 5-3　OSI 安全架构

可以看到，OSI 安全架构有三个关注点：攻击、安全服务和安全机制。

（1）攻击：指任何有可能损害组织信息安全的行为。攻击可以分为主动攻击和被动攻击两类，主动攻击有重放、数据修改、伪装和拒绝服务（DoS）。被动攻击则包括窃听信息和流量分析。

（2）安全服务：一种数据处理或通信服务，用于增强数据处理系统的安全性和信息传输的可靠性。这些服务旨在对抗安全攻击，它们采用一个或多个安全机制来提供服务。OSI 安全架构中列出了六大类安全服务，分别是认证（在 X.800 中包括对等实体认证和数据来源认证）、访问控制、数据加密、数据完整性、防止抵赖和可用性保障。

（3）安全机制：经过设计，用于侦测、阻止安全攻击或恢复被攻击系统的流程。安全机制列出了 8 个，分别是加密算法、数据完整性、数字签名、身份验证交换、流量填充、路由控制、第三方证明和访问控制。加密算法后面会进一步讨论。数据完整性包括确保数据块或数据流的完整性的各种机制。数字签名是指附加在数据块上的一段加密转换过的数据，使数据单元的接收者能够证明数据单元的来源和完整性，并防止伪造。身份验证交换是通过信息交换验证实体身份。流量填充是在数据流的分割空位中插入数据位,以阻止流量分析的尝试。路由控制允许为某些数据选择特定的物理或逻辑安全路由,并在怀疑存在安全漏洞时允许更改路由。第三方证明指的是使用受信任的第三方来确保数据交换的某些属性。访问控制用于强制执行资源访问权限的各种机制。

### 3. 攻击面理论

攻击面由系统中可到达和可利用的漏洞组成,攻击面分析主要用于评估能够对系统产生威胁的范围和危险程度,从而作出应对措施。对漏洞点的全面分析使开发人员和安全分析人员能够定义出需要的安全机制。一旦确定了攻击面,系统设计者就能够有针对性地找到应对措施,使攻击面缩小,从而减小被攻击成功的可能性。攻击面分析还提供了设置测试优先级、加强安全性或修改相关服务的依据。

攻击面主要分为以下三种类型。

(1)网络攻击面:是指企业网、广域网或Internet上的漏洞。这类漏洞包括网络协议漏洞,例如,用于拒绝服务攻击、通信链路中断和各种形式的入侵者攻击的漏洞。

(2)软件攻击面:是指应用程序、中间件或操作系统代码中的各种漏洞。

(3)人为攻击面:是指由内部人员或外部人员造成的漏洞,如社会工程、人为错误和受信任的内部人员。

另外,在安全防御中常用到叠层方法。这个方法是对信息系统的人员、技术和操作等方面采用多重保护方法。通过使用多重保护方法,就算某一种保护方法失效或被绕过,都不会使整个系统受到威胁。这种分层方法经常用于在攻击者和受保护的信息或服务之间提供多个障碍,这种方法也被比喻为纵深防御。攻击面和叠层方法对于网络安全风险的综合影响如图5-4所示。

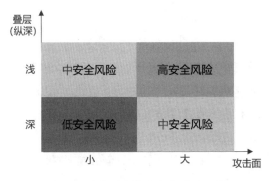

图5-4 攻击面和叠层分析系统风险

## 5.2.3 计算机加密算法介绍

前面我们已经对加密算法和分类进行了简单的介绍,由于各种计算机密码学在计算机和网络安全中实在太重要,所以本章对不同的加密算法和应用做一个详细的介绍,以便读者能够更好地理解后面的内容。

### 1. 安全散列算法

散列算法也叫作哈希算法,这种算法并不对数据进行实际的加密,而是将任意的字符序列处理成一串有限长度的随机字符串,生成的字符串也称为摘要。散列算法被刻意设计成一种单向的算法。特别是处理不同的字符序列时,哪怕只是有微小的差别,也会得到完全不同的摘要字符串,而且这个过程不可逆。常用的散列算法有MD5、SHA1、SHA2和SHA3等,我国国密算法中的SM3是一个类似SHA256的密码杂凑算法。由于散列算法的特性,在边缘计算安全领域中可以被用于固件数字签名、消息认证码(MAC)、文件完整性检验或身份验证。当输入的字符串太短(比如密码),不足以生成有效的哈希字符串时,我们往往会补一个固定Salt或一个特殊构成的字符串。

对于安全散列算法的要求如下。

(1)相同的输入总是能够得到相同的输出。

(2)能够快速生成结果,计算量相对较小。

(3)结果不可逆,不能从哈希值重新生成原始消息。

(4)输入的一个小变化会导致输出的显著变化。

目前,MD5、SHA1和SHA2都是基于Merkle-Damgård结构(MD)的散列算法,这类算法的结构是1979年由拉尔夫·默克尔(Ralph Merkle)和伊万·达姆戈德(Ivan Damgård)分别证明的。其特点就是对需要做散列运算的消息进行填充,使消息变成固定长度的整数倍(如256、512或1024)。填充好以后,将消息按照固定整数倍长度分割成多个Block,也可以通过算法再形成更多的Block。每一个Block再和下一个Block进行运算,最后得到一个最终的结果。

图5-5所示是SHA1算法的示意图。为了达到安全散列算法的四个要求,这些算法的流程都比较冗长复杂,同时为了提高在计算机中的运算效率,采用了大量的按位(bits)移动,以及只需在寄存器中完成的位交换运算。具体的过程这里就不深入介绍了,如果读者有兴趣,可以参考其他深入介绍加密算法的资料。

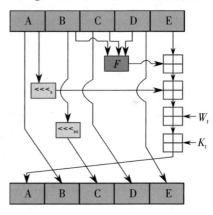

图5-5　SHA1算法

### 2. 对称加密算法

在密码学中,未加密的数据称为明文,加密的数据称为密文。对称加密是最传统的加密方法,用同一个密钥给一段数据进行加密和解密。目前,使用最多的标准对称加密算法是AES(Advanced Encryption Standard,高级加密标准),这个算法最初设计的目的是取代20世纪70年代就发明的DES(Data Encryption Standard,数据加密标准)算法。DES算法是一个分组加密算法,明文长度和密文长度相同,加解密采用相同密钥,密钥有效长度只有56位加上8位的奇偶校验位。由于密钥本身的长度过短,已经在分布式暴力破解实验中被攻破,因此使用很少。

AES目前不仅是美国联邦信息处理标准(FIPS)的一部分,还作为国际标准ISO/IEC 18033-3在全球广泛采用。AES 和 DES 一样也是一个分组加密算法,每个分组长度为 128 位(16 个字节)。密钥长度可以使用 128 位、192 位和 256 位。不同的密钥长度,标准中有不同的推荐加密轮数。通常来说,采用更长的密钥长度能够使密文更加不容易被破解,从而保证了更强的安全性。但是,使用更长的密钥也意味着要进行更多轮次的加密,消耗更多的计算量。AES 和 DES 一样,作为一个分组加密算法,在将加密的原始输入数据进行加密前需要进行补位,以满足 128 位的整数倍的条件。如图 5-6 所示,以 128 位密钥为例,AES 的加密步骤主要有以下几步。

(1)首先将 128 位的密钥分成 16 个字节,然后形成一个 4×4 大小的矩阵,每一个矩阵中放一个字节数据,形成矩阵 W[0,3],由 W[0]、W[1]、W[2] 和 W[3] 这四个列串联。通过密钥编排函数,扩展 10 组子密钥 W[4,7],W[8,12],…,W[40,43],编排函数设定为:

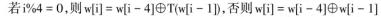

若 i%4 = 0,则 w[i] = w[i − 4]⊕T(w[i − 1]),否则 w[i] = w[i − 4]⊕w[i − 1]

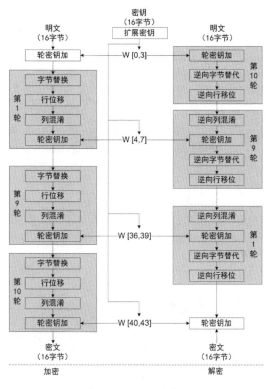

图 5-6    AES 加密算法

(2)准备加密前,先用原始的输入明文和密钥做一次异或运算,紧接着用扩展出的 10 组子密钥分别对做过一次异或的明文连续做十次加密,每次用一个扩展出来的子密钥进行处理。前九次加密都有四个步骤,分别是字节替换、行位移、列混淆和轮密钥加。最后一次加密不进行列混淆操作,只进行字节替换、行位移和轮密钥加。

①字节替换:是根据一个替换表(称为 S-Box)将每一个字节换掉,相对应的,解密时需要一张逆替换表(称为 Inverse S-box)恢复。

②行位移:是一个简单的循环左移操作,将每一个分块的加密中间状态密文,按照第 0 行不变,第 1 行左移 1 个字节,第 2 行左移 2 个字节,第 3 行左移 3 个字节处理。

③列混淆:是通过矩阵相乘来实现的,经行移位后的状态矩阵与固定的矩阵相乘,得到混淆后的状态矩阵。这种矩阵乘法中每个字节数的运算都是基于 GF(2^8) 域的二元运算,与普通的乘法和加法运算不同,都可以采用按位运算形式,具体的算法就不在书中详细描述了。

④轮密钥加:这是真正会用到密钥的地方,用这一轮的子密钥对前面处理过的中间状态密文块进行一次按位的异或操作。

可以发现,上述 AES 的加密步骤都是可逆运算,因此在解密时,我们只需要以相反的顺序执行这些步骤的逆向运算,就可以得到原始输入的明文。当然,最后需要去掉明文中为了补齐 128 位的整数倍而加上的部分。用密钥进行的异或操作可以通过再一次异或获得异或前的数据,列混淆中执行过矩阵乘法的中间状态数据块可以通过乘原始固定矩阵的逆矩阵获得,而行位移则可以通过反方向的循环位移恢复,字节替换则直接用逆替换表替换就可以得到原来的数据。

国密算法中的SM1与AES的加密强度相当,但是目前该算法不公开,仅以芯片IP的形式存在于加密芯片中,通过接口进行调用。该加密算法主要应用于我国的电子政务、机密信息通信等领域。国密算法中的SM4是另外一个对称加密算法,算法公开并且在2016年成为国家标准,在2021年成为国际信息安全加密算法标准ISO/IEC 18033中的一部分,加密方式和强度与AES相当,采用128位密钥。另外,还有SM7算法,适用于非接触式IC卡加密等场景。

### 3. 非对称加密算法

非对称加密算法也称为公开密钥加密,以非对称加密技术为基础的一整套公钥加密和数字签名技术被称为PKI(Public Key Infrastructure,公钥基础设施),这是目前公共网络安全体系的基石,在SSL/HTTPS、VPN等领域中有非常广泛的应用。非对称加密算法有两个不同的密钥,分别是公钥(Public Key)和私钥(Private Key),加密和解密时采用不同的密钥。这类算法的最大好处是不需要传递消息的双方交换密码。这在互联网环境下,由于无法保证密码交换过程绝对安全且不被恶意第三方监听的场景下的安全信息传输中发挥着至关重要的作用。不过,非对称加密也有其明显的缺点,就是其加解密的性能远远低于对称加密技术,某些情况下性能甚至会相差上千倍。非对称加密算法主要有RSA、Elgamal、ECC和D-H等。

RSA算法是目前理论上和实际应用中最为成熟和完善的公钥密码体制。RSA算法的安全性建立在目前的计算机体系下大整数的因式分解的困难性之上。RSA算法在1977年就被提出了,到目前为止,被破解的最长密钥长度为768位,这是因为目前能够被因式分解的最大整数就是一个232位的十进制数,可以转换成768位二进制数。因此可以认为,1024位和2048位密钥的RSA算法都是极为安全的。RSA算法主要用到的是数论中的知识,主要有质数定理、互质关系、欧拉定理、模反元素求解等。

RSA算法密钥的生成步骤如下。

(1)随机选择两个不同的质数$p$和$q$,如7和11。当然,实际情况会取两个很大的质数。

(2)计算$p$和$q$的乘积,$n = 7 \times 11 = 77$。

(3)计算$n$的欧拉函数$\varphi(n)$,根据公式$\varphi(n) = (p-1)(q-1)$,可得$\varphi(n) = 60$。

(4)随机选择一个整数$e$,且符合条件$1 < e < \varphi(n)$,于是我们选择19,实际上由于计算机都是二进制存储和运算的,所以常常取的值是65537。

(5)计算$e$对于$\varphi(n)$的模反元素$d$,需要满足$e \cdot d \equiv 1 \pmod{\varphi(n)}$,等价于求解$ex + \varphi(n)y = 1$。已知$e = 19, \varphi(n) = 60$,用扩展欧几里得算法获得$(x, y) = (19, -6)$,最后求得$d = 19$。

(6)用$n$、$e$和$d$封装密钥,得到公钥$(n, e)$和私钥$(n, d)$。在上面的例子中,公钥为$(77, 19)$;私钥为$(77, 19)$。这是一个特殊情况,通常$e$和$d$是不会相等的。在实际的应用中,公钥和私钥的数据都采用ASN.1格式表达。

通过上述的算法描述可以发现,在算法中出现的$p$、$q$、$d$这几个数都是不公开的,如果要通过公钥去反推私钥,第一步必须能够对$n$进行因式分解,分解出$p$和$q$;第二步计算出$\varphi(n)$;第三步通过$\varphi(n)$和$e$的值,根据公式 $e \cdot d \equiv 1 \pmod{\varphi(n)}$ 推出 $d$ 的值。上面我们提到,RSA算法的安全性建立在目前的计算机体系下大整数的因式分解的困难性之上,目前对大数进行因式分解只能采用暴力猜测的方式。因此,在目前计算机的算力和因式分解计算方法的前提下,足够大的密钥能够确保加密的安全性。

我们得到了RSA的公钥和私钥后,就可以用公钥和私钥进行加解密了。

(1)加密公式。需要强调的是,RSA是基于数论的加密算法,因此理论上我们只能够对自然数进行加密和解密,而且每个需要加密的数字 $m$ 必须小于 $n$ 的值。如果是字符串进行加密,我们通常会将字符转化为ASCII码或Unicode编码。加密就是把输入的数字用以下公式进行计算:$me \equiv c \pmod n$,$c$ 是对 $me$ 除以 $n$ 取的余数值,并作为加密后的数据发送出去。

(2)解密公式。$cd \equiv m \pmod n$,我们将 $cd$ 除以 $n$ 取余数得到 $m$,$m$ 就是解密后的数字。当然,我们也可以用 $d$ 进行加密,用 $e$ 进行解密。

在上述的加解密过程中,只是列出了RSA算法的每个步骤的公式和计算。但是,对涉及得非常多的数论方面的原理并没有进行深入的探究和证明。不过,在实际的应用中,了解上述概念已经足够。如果读者有兴趣进一步研究,可以参看专门介绍这些算法原理的相关资料。

### 5.2.4 网络安全技术

#### 1. 公钥体系

公钥基础设施(PKI)定义为一组策略、流程、服务平台、软件和工作站,用于管理证书和公私密钥对,包括发布、维护并撤销公钥证书。开发PKI的主要目的是确保安全、方便和高效地获取公钥。其实PKI主要提供的就是让任何用户都可以通过证书颁发机构(CA)获得公钥证书,证明其是某个公钥的真实发布者。另外,任何用户都可以通过公钥的CA证书确定公钥所有者是否真实可信。

公钥体系由以下几个部分构成。

(1)终端实体:可以是终端用户;也可以是一个设备,如路由器或服务器;还可以是一个运行的服务进程,总之终端实体可以是任何能够通过公钥证书验证身份的东西。终端实体也可以是PKI服务的使用者,在某些情况下,还可以是PKI服务的提供者。例如,从证书颁发机构的角度来看,一个注册机构可以被认为是一个终端实体(如互联网域名注册机构)。

(2)证书颁发机构(CA):受一个或多个用户信任的用于创建和分配公钥证书的机构。CA可以创建实体的密钥,这是一个可选服务。CA对公钥证书进行数字签名,从而有效地将实体的名称与公钥建立联系。CA还负责颁发证书撤销列表(CRLs)。CRLs用来标识CA之前颁发的、已到期或已被吊销的证书。如果用户的私钥已被泄露或用户不再由该CA进行认证,可以撤销该证书。

(3)注册机构(RA):是一个可选的部分,可用于代理CA承担的许多管理工作。RA通常与最终实体注册过程相关联,这包括验证PKI注册,并验证为其公钥获取证书的终端实体的身份。

(4)存储库:表示用于存储和检索PKI相关信息的一个数据库系统,可以存放公钥证书和CRLs。存储库可以是基于X.500的动态目录,客户端程序可以通过轻量级目录访问协议(Lightweight

Directory Access Protocol, LDAP)访问。也可以通过其他一些简单的方法查询,例如,通过文件传输协议(FTP)或超文本传输协议(HTTP)检索远程服务器上的信息。

图5-7展示了一个通过PKI体系进行文档数字签名的过程,用户Bob向用户Alice发送签名过的文件和CA颁发的公钥证书。Alice获得CA的公钥,然后用这个公钥验证Bob提供的公钥证书,并用公钥验证文档。我们可以发现在这个PKI体系中,CA起到了核心的作用,作为可以信任的中介机构确保公钥的所有者的身份。比较著名的CA有GeoTrust、Comodo、DigiCert、Sectigo、Thawte、GlobalSign、Symantec、AlphaSSL等。

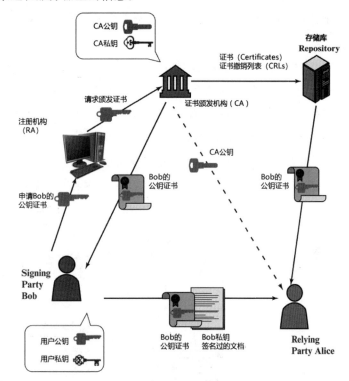

图5-7　PKI体系下的文档数字签名

CA证书服务通常是一项收费服务,证书分为不同的级别,主要有DV、OC、EV等。申请不同级别的证书需要提供的证明材料和审核过程都不一样。取得EV证书的难度最大,审核最严格。因此,对于提供了EV证书的应用和网页,浏览器和操作系统通常会给予比较高的可信等级。通常情况下,组织会向这些CA申请根证书,然后通过根证书签名生成子证书,用于下级组织、网站、设备或个人。如果采用CA颁发的X.509 v3证书,可以作为根证书签署低级别的证书,如图5-8所示。

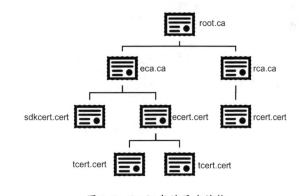

图5-8　CA证书的层次结构

## 2. 安全网络传输协议SSL和TLS

SSL(Secure Socket Layer,安全套接层)是一个安全协议,它提供机制确保采用TCP/IP通信协议的应用程序间的隐私与完整性,互联网广泛采用的超文本传输协议(HTTP)可以使用SSL协议来实现安全的通信。SSL 3.0版本以后又被称为TLS(Transport Layer Security,传输层安全),目前TLS从版本1.0发展到最新版本1.3。TLS主要用于保障TCP的安全传输,针对UDP的安全传输协议为DTLS,TLS和DTLS在边缘计算领域中已经被广泛应用于安全的MQTT和CoAP协议。TLS使用了我们前面介绍的各种加密算法和CA证书进行安全网络传输。

SSL在20世纪90年代被引入,但在1999年被TLS取代。TLS 1.2是2008年的RFC5246规范,也是当前使用最广泛的版本。TLS 1.2的哈希生成器采用了SHA-256算法,取代了安全性不足的SHA-1算法。

TLS协议的安全握手流程如图5-9所示。TLS本身也适用于PKI体系的证书系统,浏览器或应用程序通过验证公钥证书的合法性,来确定服务器传递过来的公钥是否合法。然后通过公钥加密一个随机生成的对称加密算法(如AES)的密钥,来对TCP报文中的信息进行加密,同时将客户端支持的加密算法套件(包括用于加密消息密钥的非对称算法,以及加密报文的对称加密算法)发送给服务器端。服务器根据接收到的用公钥加密的消息密钥,并根据客户端提供的加密算法套件,将TCP报文中的信息加密和解密,直到本次会话结束。每次服务器和客户端的会话都会重新生成报文加密的密钥。

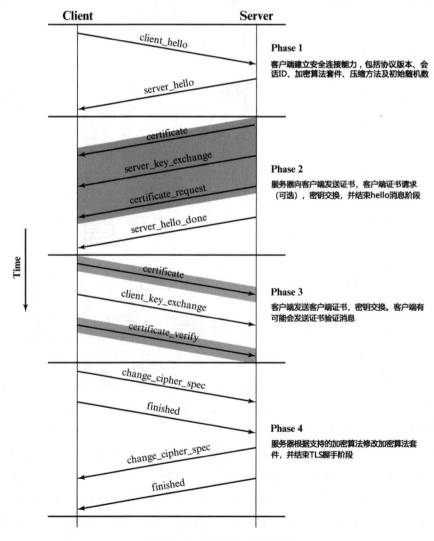

图5-9　TLS协议的安全握手流程

DTLS是一种基于TLS的数据报文层通信协议（DTLS 1.2基于TLS 1.2），旨在为UDP协议提供类似TLS在TCP层面上提供的安全保障。CoAP轻量级协议使用DTLS作为其安全协议机制。

# 5.3 从可信计算到可信边缘计算

可信计算保证了计算机和操作系统的根安全性，是现代计算机安全技术的重要基石。充分利用可信计算的功能，可以大大加强边缘设备的安全性。可以通过边缘可信模块实现边缘计算操作系统和固件层面的安全可信。

## 5.3.1 可信计算介绍

大多数读者可能对可信计算并不了解，可信计算提供了信息安全硬件层面的保障，或者说是可信根的保障。可信计算并不能等同于信息安全，但却是信息安全技术的基础。如果要确保运行的代码是安全的，那么首先就要确保这些代码的完整性和可靠性，必须确保代码没有被篡改。一旦发现篡改过的代码，就要立刻挂起并阻止代码继续运行下去。这是可信计算技术需要提供的一个重要功能，叫作PCR（Platform Configuration Registers，平台配置寄存器），PCR本身是一些动态寄存器，通过密码学的方法记录（度量）软件的运行状态，通过加密算法确保每个状态的唯一性和前后关联性。

那么，PCR是如何工作的呢？简单的流程是这样，在计算机系统中，首先建立一个可信根，从可信根开始，到硬件平台，到操作系统，再到应用，一级度量一级（将前一级的值拼接新的摘要值并进行散列计算），一级信任一级，把这种信任扩展到整个计算机系统，甚至可以扩展到云计算服务。采取防护措施，确保计算资源的数据完整性和行为的可信和可度量，从而提高计算机系统整体的可靠性，减少整个计算系统的攻击面。

可信计算（Trusted Computing，TC）是一项由TCG（可信计算组）推动和开发的技术。TCG是一个由各主要硬件厂商组成的组织，其负责发布和制定可信计算的标准，现在最新的标准是TPM 2.0（Trusted Platform Module 2.0）。我国根据国际标准也制定了对应的国家标准TPCM。实现TPM标准的载体是一块TPM SoC芯片，TPM安全芯片包含了分别实现RSA、SHA等算法的硬件处理引擎，它既是密钥生成器，又是密钥管理器件。TPM通过提供密钥管理和配置管理等特性，与配套的应用软件一起，主要用于完成计算平台的可靠性认证、防止未经授权的软件修改、用户身份认证、数字签名及全面加密硬盘和可擦写等功能。TPM安装在输入/输出控制器，即连接外部设备与内存的总线中，让TPM可以监视每一个从外存装载入内存的软件。由于TPM处于硬件层，所以只要用户选择打开TCG功能，任何行为都无法逃避监视。

可信计算本身不是一个新的概念，这个概念最早在1983年就由美国国防部在《可信计算机系统评价准则》（Trusted Computer System Evaluation Criteria，TCSEC）（又称为彩虹系列）中提出。早期在PC

领域中,可信计算并没有得到广泛的应用,这其实给通用计算机系统安全留下了很大的隐患。恶意软件可以相对容易地篡改并运行BIOS中的启动程序,或者操作系统的加载程序,从而对系统进行攻击和破坏。2016年,微软公司要求所有运行Windows 10的硬件系统必须能够支持TPM 2.0。这种方式其实帮助强制推行了TPM 2.0标准,同时微软提供的服务器、云服务等也会同时支持TPM 2.0这样的可信计算。不过,对于国家安全来说,采用微软操作系统或其他国外供应商提供的可信计算的支持功能仍然是有风险的。我国提出的TPCM标准和自主可控操作系统在某些涉密领域中是必选项。

## 5.3.2 TPM 1.2、TPM 2.0和TPCM

信息系统的安全性一直是计算机科学领域一个非常重要和热门的研究方向。对于信息安全的保障,最早期的解决方式是防和堵的模式。比如给计算机安装软件防火墙和杀毒软件,在内外网之间部署硬件防火墙等,来进行被动防御,或者是半主动监测和防御。这些手段都有一定的局限性和缺点。对于硬件防火墙来说,只是通过封堵网络端口或某些协议的方式,对内网的网络设备、计算机和移动终端进行防护,本质上是一种堵的方式。这种方式对一些类型的攻击是有效的,甚至是必需的,如对DoS攻击的防范。杀毒软件和软件防火墙是对操作系统中的病毒软件和可疑行为进行监控和查杀,这是一种对已知威胁的防范。这种手段只能对已知的病毒、恶意代码和恶意行为进行识别和查杀,但是对于很多未知威胁和0day攻击往往无能为力。另外,为了保持杀毒软件的有效性,必须频繁地更新病毒特征库,才能保证对新发现的恶意程序和木马的查杀。

可信计算是基于对恶意软件和代码免疫来考虑的一种计算机系统安全解决方案。首先在计算机系统中必须拥有可信根,前文已经提到,可信根通常是计算机主板上的一块可信芯片。以PC为例,操作系统首先将系统上所有的可执行程序做一个哈希度量,将这个度量值存储在可信计算根中。系统启动时检测BIOS和操作系统的完整性和正确性,保障用户在使用PC时,系统启动程序和操作系统没有被篡改过,所有系统的安全措施和设置都不会被绕过。然后系统要加载并运行应用程序,除经过传统的操作系统的运行权限判断外,还要与可信计算根中存储的度量值做一个对比,如果黑客或恶意程序修改了可执行文件的内容,要能够立刻检测到应用程序已经发生了更改,然后阻止该程序的运行。整个计算机系统的可信性可以构建在这个可信模块的基础上。通过从系统引导、操作系统加载、驱动程序加载到应用程序启动的整个计算机执行链条上层层加入的可信验证,确保计算系统的可信机制。

那么,在了解了可信计算解决的问题和原理以后,我们应该了解一下可信计算相关的标准,因为所有的可信计算都是基于这些标准的要求来实现的。

### 1. TPM 1.2

TPM 1.2标准是TCG组织最早发布的一个可信计算标准,其在2009年被接受为ISO标准(ISO/IEC 11889)。由于TPM 1.2推出较早,其成熟度和安全性已经无法满足当今设备和网络的安全需要,基本上已经处于被淘汰的状态。在我国,TPM 1.2是不符合国家安全标准的,因此不允许在计算机系统中采用。

### 2. TPM 2.0

TPM 2.0并不兼容TPM 1.2标准;对TPM 1.2在通用性和功能上进行了扩展;对不同的设备,如PC、移动终端和自动化设备定义了不同的规格要求;支持了更多的加密算法,同时允许对加密算法进行扩展,这样可以引入自定义的算法,以适用于不同国家和地区的监管要求。根据我国相关法规的要求,可信计算模块须增加国密算法SM2、SM3和SM4的支持,才能够采用。密钥存储分成三个不同的控制域,分别是Platform、Storage和Endorsement。TPM 2.0的实现方式也更加灵活,没有要求必须采用单独的TPM芯片或模组的形式,可以基于虚拟技术或ARM TrustZone、Intel TXT等进行构建,只要能提供一个可信执行环境(TEE),就可以进行构建。目前微软公司是TPM 2.0标准的重要推动者之一。

图5-10所示是一个TPM 2.0模块,可以插到标准计算主板的TPM接口上。目前最新的主板芯片组或CPU都直接内置了TPM 2.0功能。

图5-11展示了Dell EMC服务器上的TPM选配模块,通过螺丝固定在主板上面。由于不同的操作系统对TPM 2.0的支持情况不同,因此在目前的主流服务器上,TPM功能都是以选配件形式提供的。

图5-10　TPM 2.0模块　　　　　图5-11　Dell EMC PowerEdge R640服务器上的TPM 2.0模块

### 3. TPCM

TPCM是我国自行开发的可信平台标准,是我国学者提出的1+4+4的安全性标准族的重要组成部分。1+4+4的安全性标准族包括可信密码;四个主体标准,其中包含可信平台控制模块(TPCM)、可信平台主板、可信平台基础支撑软件和可信网络连接;四个配套标准,包括可信计算规范体系结构、可信服务器、可信存储和可信计算机可信性测评。其中TPCM的标准名称为《信息安全技术可信计算规范可信平台控制模块》,目前已完成国家信息安全标委会的研究和草案编制任务,发布了征求意见稿。2016年4月14日,中关村可信计算产业联盟也组织审核通过TPCM联盟标准并发布《可信平台控制模块TPCM规范》。TPCM可以实现对BIOS程序的主动度量,并保证启动时TPCM先于BIOS上电启动,确保启动时可信根的安全性。2020年3月,上海控安创新团队算石科技交付了第一代TPCM模块。硬件接口遵循COM Express标准,物理上将计算机分为CPU模块板和接口载板。不过,如果需要使用TPCM模块和功能,需要定制计算机的主板。图5-12所示是一个采用TPCM安全模块的PC主板示例。

图5-12 支持TPCM的计算机主板布局

根据该模块产品的介绍,TPCM模块能够支持 ARM、X86、MIPS、PowerPC 等多种架构。同时,TPCM模块可以作为底层的可信根,覆盖计算机全生命周期,从计算部件待机开始直到网络应用,全程保护计算系统的执行环境和代码,降低整个设备的安全攻击面。另外,该模块还可以作为网络中的可信节点使用,进行接入认证并提供识别依据。

### 5.3.3 基于TPM 2.0的可信计算

目前来说,TPM 2.0规范是整个计算机领域的安全基石,其提供了硬件层面的可信根和底层软件的可信机制,同时可以给各种应用程序提供基本的硬件加密算法引擎。目前TPM 的相关功能已经被整理成国际标准ISO/IEC 11889-1,最新版本在2015年8月发布,并在2016年3月进行了一些订正。

TPM 2.0规范的编写主要是由来自微软、HP、Intel、AMD、约翰霍普金斯大学应用物理实验室、IBM等多个公司和机构的成员完成的。由于在整个规范的编写过程中,团队成员的变动比较大,加上本身涉及计算机底层安全需要考虑的因素的复杂性,使这个规范的可读性不高,比较难以理解。来自微软的 David Wooten 对这个规范作出了非常重大的贡献,他致力于将规范转化为程序实现,这样更容易解释规范中的各种规定。2015 年,当时的 TPM 2.0 工作组 Will Arthur、David Challener 和 Kenneth Goldman 三人编写了 *A Practical Guide to TPM 2.0* 一书,成为该领域最权威的参考资料。

TPM芯片是一个安全加密处理器,可以生成、存储和限制密钥的使用和访问。其内置了各种不同的物理安全机制,确保芯片本身无法被破解。除传统的独立芯片和模块的实现外,TPM 2.0还允许一些其他的实现方式,具体如下。

(1)集成芯片方式,比如Intel平台信任技术(Platform Trust Technology,PPT),将TPM 2.0的功能集成到主板芯片组中。ARM架构的芯片中也可以基于TrustZone实现TPM 2.0功能。AMD在其Ryzen

Pro CPU中完全集成了TPM 2.0的支持。

（2）固件TPM（firmware TPM），简称为fTPM。这是一种软件实现，将TPM功能编写在固件中，在CPU的可信扩展环境中运行。严格来说，集成在芯片组和芯片的TrustZone的TPM实现都可以算是fTPM的范围。

（3）TPM 2.0运行虚拟机和云平台采用虚拟TPM（virtual TPM，vTPM）实现，以确保能够在目前数据中心普遍采用的虚拟化平台上使用TPM功能。

Google公司的Chromebook采用TPM技术对BIOS启动文件和系统引导文件的哈希值进行存储和验证，确保整个系统启动过程的安全可信。

另外一些硬件厂商除了标准的TPM功能，还集成了额外的硬件安全性功能，比如Intel的CPU从6代Core起就集成了软件保护扩展（Software Guard Extensions，SGX）技术。通过隔离安全敏感的代码部分，实现在内存和执行阶段的安全性和系统可信性。ARM的TrustZone技术和SGX的功能非常相似，采取将一个物理内核虚拟化为一个安全内核和一个非安全内核，通过Monitor Mode来访问安全内核数据和代码。这些硬件上的隔离功能，提供了软件代码执行层面上的安全性。微软研究院在2018年发表了一篇关于采用SGX技术的可信数据库EnclaveDB的白皮书，声称即使存在恶意操作系统管理员和数据库管理员的情况下，仍然能够保证数据的安全。

接下来我们看一下TPM 2.0中的功能组成和功能模块的组织形式。TPM用实体和层级两个概念来组织功能模块。实体是指TPM中所有能够直接通过接口或程序句柄调用的对象，分为永久实体（层级、字典攻击屏蔽机制和PCR）和易失性实体（主要是NVRAM索引）。永久实体不会因为重启等因素丢失；而易失性实体和普通RAM一样，只能存储运行时数据，不能长期保存数据，重启后就会丢失。层级是指TPM内部实体的组织结构，它们被作为一个组来管理。每个层级的密码学根节点是一个种子，这个种子是由TPM生成的一个很长的随机数，并作为特殊的永久实体保存。层级主要分为三个，分别是平台层级、存储层级和背书层级。平台层级用于管理TPM的基本功能，如密钥的生成、导入、导出及签名等；存储层级用于管理存储在TPM中的用户密钥和数据；背书层级用于管理TPM芯片的认证和信任机制。另外，还有一个空层级，用于组织易失性实体。

TPM本身最强大的功能在于能够安全地生成密钥，并将密钥严格保存在TPM范围内，非必要不会外泄。TPM的密钥生成器基于TPM内置的强伪随机数生成器工作，而不需要依赖外部资源进行随机数生成，这就保证了密钥的安全性。在普通的应用程序中，我们也可以用TPM作为加密算法协处理器，用于安全的密钥生成、保管、多因素认证等方面。

### 5.3.4 可信边缘计算

边缘网关和边缘服务器通常都是小型嵌入式系统，那么这样的硬件是否可以通过采用TPM而提升安全性呢？当然可以，而且还非常必要。很多边缘计算系统都存在计算和存储设备在物理上比较分散，且单个设备价值不高的情况。在很多地方有可能基本上没有什么物理上的安全防护，即使有，往往也很难阻止恶意设备接入边缘网络或直接登录边缘服务器并篡改边缘设备上的软件和硬件配置等。而这些方面，正是TPM这样的技术能够发挥作用的场合。

边缘服务器可以利用的 TPM 的功能主要有两个比较重要的方面,一个是系统的可信启动,另一个是设备验证。前一个确保系统和软件执行状态没有问题;后一个确保接入设备是可信的、能够被验证的。传统企业网络环境往往会被严格地划分为内部网络和外部网络,内部网络和外部网络通过隔离区(DMZ)进行分隔。如图 5-13 所示,需要被外部用户访问的应用服务器会被放置在 DMZ 中,通过前端防火墙和外部进行隔离,另外也通过后端防火墙隔离 DMZ 和企业内部网络,确保整个内部网络受到保护。这样有效地减小了企业内网计算机系统的攻击面,同时通过前后端防火墙也叠加了安全防护,有效增强了整体的安全性。

但是,在边缘网络的环境下,是不可能设置一个这样的 DMZ 的。所有的终端设备和边缘网关或边缘服务器经常被部署在一个同质的网络环境中,设备和设备、设备和网络都需要能够相互通信。而且我们也不能够假设,边缘网络和物联网系统中的所有设备在一定时间内都是相对固定的。事实上在很多物联网系统中,所有的节点都是在不断改变的,这在前文做过比较详细的介绍。因此,我们应该考虑当有新的设备发出接入请求时,应该如何处理这个请求? 如何确认这个新的设备是可信的? 对于边缘网络,我们可以通过不同的方式来处理响应的接入请求。

如图 5-14 所示,在整个边缘网络中,也可以划分可信区域和不可信区域。不可信区域的不可信设备可以通过防火墙(边缘网关)和可信区域的设备连接,而不能够直接跳过防火墙直接连接。即使在不可信区域中,拥有可信凭据或可信根的设备也允许和可信区域的设备通信。这些机制可以防止恶意设备节点连入边缘网络,并对整个网络造成威胁。而可信根可以通过在边缘设备加入 TPM 或类似 TPM 的机制来实现。可信根其实并不神秘,就是通过一种安全的方式,比如像 TPM 这样一种硬件模块或写入芯片的固件来实现。

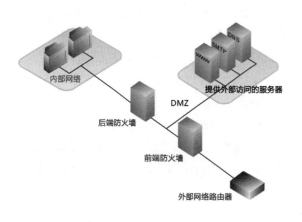

图 5-13  企业网 DMZ 区域

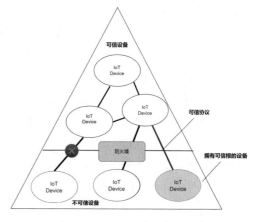

图 5-14  可信边缘设备和区域

# 5.4 边缘计算安全问题分类

对于边缘计算的安全问题,我们可以分成以下几个类别进行讨论。这一部分参考了边缘计算产业联盟发布的《边缘计算安全白皮书》，将边缘计算领域的安全问题主要分为边缘接入、边缘服务器和边缘管理三大类，这三大类还可以细分为十二大挑战。

## 5.4.1 边缘接入安全问题

边缘接入安全分为两个方面，一个是从边缘服务器/边缘网关到达云网关或企业数据中心，在这个过程中的安全性保障；另一个是边缘服务器到设备和传感器的数据传输的安全性保障。事实上，边缘路由器或边缘网关本身就应该承担PAN/IoT设备到广域网/互联网一层的安全保障的作用。值得注意的是，很多边缘服务器和网关设备在选型和设计中并没有考虑到采用比较强大的安全机制，比如功能强大的防火墙等。前面列出的安全系统设计的11个原则中，第一个原则就是经济适用性，需要综合考虑成本和安全风险。通过权衡，选择合适的技术和方案。对于提供的服务的要求，我们在基础设施领域中主要用的是SLA，在通信信息服务领域中通常会采用QoS。

在IP网络中，会经常采用防火墙这样的功能。主要有两种形式的防火墙，一种是在两个网络区域之间提供流量控制功能的设备或主机，被称为网络防火墙；另一种是安装在计算机上的软件防火墙，被称为主机防火墙，主要用于保护本地机器上的应用程序和服务免于受到网络攻击或被恶意软件控制。由于边缘设备的异构性和对成本的要求，边缘接入主要考虑的是网络防火墙功能。通常来说，防火墙用于阻止特定外部数据流量进入被保护的网络区域。防火墙会根据数据包、网络访问状态或应用程序来查询、判断和隔离信息，这些功能的强弱主要取决于防火墙的复杂程度和性能。常见的防火墙主要有以下两种形式。

（1）包过滤防火墙：也可以称为报文防火墙，可以根据报文头中包含的来源和目的IP、端口号、MAC地址、IP协议等信息，对某些流量进行隔离和限制。这是最常见和最常用的一种防火墙形式。

（2）状态判断防火墙：状态判断防火墙运行在OSI网络架构的第四层，它收集并聚合数据报文的信息，查询和分析流量模式和状态信息，比如新连接与现有连接的对比。对于应用程序网络数据的过滤则更为复杂，有这种功能的防火墙可以搜索某些类型的应用程序的网络流量，包括FTP流量和HTTP流量。

我们应该根据边缘数据的敏感程度和安全要求的严格程度选择对应的服务器功能和性能。

除比较传统的防火墙功能外，我们还可以通过网络流量整形和QoS设定来对边缘网络通信服务进行划分，以便合理并安全地利用带宽和设备处理能力。同时，采用VPN技术也可以对边缘到云数据中心之间的公网数据流量进行保护。

流量整形是一种静态的带宽预分配形式。例如，一个15Mb/s的链路可以被分割成更小的三个5Mb/s段。这些部分被预先分配后，能够保证三段都有一定的带宽可用。整个边缘计算服务不会因为一些特殊的原因或外部攻击，造成某一个服务或设备将所有可用带宽全部占据，进而影响整个边缘端的功能。QoS是公网电信运营商给终端客户提供服务常用的限制手段，例如，宽带服务给每个用户提供100Mb/s的下行带宽和5Mb/s的上行带宽。不过，QoS并不会像链路塑形这样硬性将带宽划分为几个独立的链路。QoS只是通过软件的方法限制流量，但是在经过汇聚端后，所有流量都是无差别地合并在链路上传输。

功能比较强大的路由器还提供了动态整形和数据包优先级管理的功能,边缘路由器可以根据某些属性和参数的变化,动态调整网络流量的分配和传输优先级。某些情况下,还能够根据数据报文的协议和特征来调整数据包转发的优先级,以满足不同服务和应用对带宽和时延的要求。

动态整形和数据包优先级管理的一个例子就是区分服务(DiffServ),DiffServ使用IP协议报文头的6bit的区分服务代码点(DSCP)来标识不同数据包的服务级别。支持DiffServ的边缘网关可以通过配置不同的策略,来提供更细粒度的QoS。

还有一种对网络质量的评价标准被称为平均意见评分(Mean Opinion Score,MOS)。MOS是从用户的角度衡量系统质量,然后计算给出主观感受的平均分值。这在IP电话服务(VoIP)中被广泛应用,当然也可以用于视觉系统、成像、流数据和用户交互界面可用性的评估,它基于1到5的主观评级(1表示最差的质量,5表示最好的质量)。应该基于这种方法进行循环收集反馈,并根据反馈调整网络容量、数据传输延迟和压缩等级等。

### 5.4.2 边缘服务器安全问题

对于边缘服务器的安全性,我们应该充分应用前面提到的技术和方法,在架构设计中采用合适的方案。由于很多边缘设备被放置在偏远或很难管理的地点,所以边缘服务器/边缘网关需要在硬件层面考虑加入各种安全机制。对于边缘服务器/边缘网关做的所有安全强化措施,都必须根据实际情况设定。这里只是分析为了将攻击面降到最低所能采取的各种措施。

(1)可信根(RoT)和密钥管理:在边缘设备上部署可信根模块(可以采用上一节介绍的TPM),用于设备安全启动和应用可信执行的度量,同时确保密钥能够被安全生成、保管和使用。图5-15所示是一个简单的基于可信根的系统启动度量和执行链,确保每一步执行的程序都是可信的,没有被篡改或破坏。

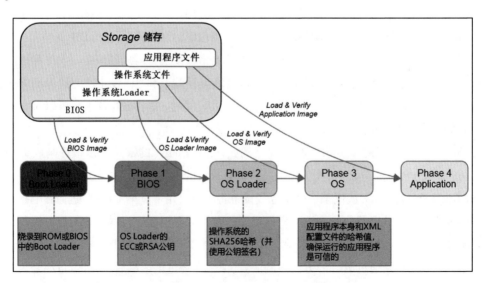

图5-15　基于可信根的系统启动度量和执行链

（2）安全存储设备：边缘端往往需要存储或缓存一部分终端收集的敏感数据，我们需要设备能够对存储的数据进行加密处理，防止恶意软件被安装到存储设备中。绝大多数存储设备，如闪存模块、机械硬盘等都内置加密和安全技术。另外，在操作系统层面，系统应该支持全盘加密模式。图5-16所示是Bitlocker的全盘加密流程，这个流程也适用于其他种类的外部存储系统的整体数据加密。

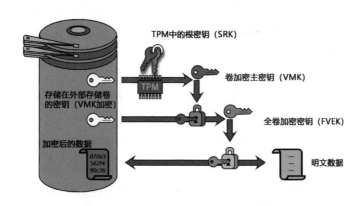

图5-16　Bitlocker的全盘加密流程

（3）处理器和内存：对安全性要求比较严格的环境下使用的边缘设备、处理器和内存的安全性也应该被充分考虑。由于很多恶意软件都会利用缓存区溢出，或者通过内存区域的分析，对操作系统和软件进行攻击和破解。对于这种威胁，我们通常可以采取非执行内存保护和地址空间布局随机化（Address Space Layout Randomization，ASLR）的方法。

非执行内存区指的是一种硬件功能，可以将部分内存区域标记为可执行区域或不可执行区域，这样就可以使只有在指定内存区域的代码被执行，有效防止了利用堆栈区溢出进行破坏或植入恶意软件。我们只需要将内存堆栈区标记为不可执行即可，如果恶意代码强行执行，则会报错。Intel通过Execute Disable（XD）位实现这个功能；ARM则通过Execute Never（XN）位实现这个功能。绝大多数操作系统，如Linux、Windows和多种RTOS（实时操作系统）均支持类似功能。

ASLR是防止缓存区溢出攻击及return-to-libc攻击的重要手段，这些攻击都是因为攻击者或恶意程序分析出内存中的布局，能够调用内存中的正常程序或代码库中的句柄来实施系统入侵和破坏。如果每次启动后，对内存中的执行文件和库的地址空间进行随机排布，将会大大增加这类攻击的难度。Linux通过PaX和Exec Shield补丁提供NX bit和ASLR功能。

### 5.4.3 物理安全问题

防物理破坏能力对于IoT和边缘设备的安全性来说至关重要。有时，某些关键设备被窃听甚至盗取，很可能对部分业务甚至整个组织都造成安全隐患。例如，安装在一些军事设备上的密码系统等。有时，对边缘设备的破坏还有可能产生连锁反应，使某个区域的边缘网络停止工作。有时也许并不是直接破坏边缘网关或物联网设备，而是在不被察觉的情况下控制设备，然后对设备进行详细实验和观察,以通过侧信道攻击方法破解密钥。最常见的就是差分功率分析(Differential Power Analysis,DPA)方法,通过电源功耗的微小变化来探测设备在处理算法密钥时的特征,从而获得加密密钥。

这个过程需要进行反复实验,使用统计分析方法寻找随机输入与输出的相关性。当然,这种攻击方法只有当系统输入和输出有比较强的线性相关性时,统计分析才有可能有效。另外,还有通过时序方法来分析密钥或密码的取值,或者通过观察缓存变化、电磁场变化等进行密码攻击的情况。当然,对这些攻击方式,也有相应的应对方法,如尽量减少主加密密钥的使用频率、加解密通过哈希函数混淆密钥、每次加解密变换密钥等。同时,在系统硬件设计时,也考虑加入一些混淆因素、噪声成分等。

最后一点就是对关键设备设定防范等级,最高等级设备必须加入自毁机制。一旦发现设备被非法移动或入侵,自动清除所有安全相关的密钥、算法信息及数据等,确保万无一失。美国联邦信息处理标准(FIPS)140-2将设备数据的安全防范级别划分成了4个等级:等级一只需要有限的安全防护,基于软件的加密;等级二需要有基于角色的身份认证,能够通过防入侵封条检测到对设备的破坏行为;等级三加入了防破坏的物理机制,如果设备可能被入侵和破坏,则删除所有重要的安全参数,包括密钥、身份认证信息等;等级四则必须设计为高级别的防破坏和入侵的设备,可以被放置于不受保护的环境中。

## 5.5 构建安全的边缘计算架构

通过上面的讲解,我们大致理出了计算安全的挑战和实现边缘计算安全的一些可以使用的技术。本节我们尝试用现有的安全技术拼图块,拼接出一个安全的边缘计算架构的完整图像。在描述最终解决方案之前,需要先了解计算机和网络安全的一些基本概念,然后尝试在设备层面、网络层面和整体架构上实现比较完备的边缘计算安全体系。

我们先尝试对边缘计算安全问题进行一个场景描述,然后抽象出几个关键部分,最后分别从不同的方面进行解决。我们先设想一个边缘计算的场景,在一个自动化生产车间,有数条生产线,每条生产线由工业机器人和自动化设备组成,工业机器人的实时动作和自动化设备的工作情况和测试数据都会即时传输到边缘服务器进行初步的判断和处理,然后汇聚到企业工业物联网平台的大数据仓库中。现场还有操作人员,进行生产线上一些精细工作的处理。上述是一个比较典型的工业物联网和边缘计算的场景。现在,在整个场景中,我们来识别一下各种数据和网络的安全需求。

在上述的简单场景中,涉及以下安全性的特征或要求,包括消息传输、消息保密性、密码或密钥共享、消息完整性、身份验证、授权和鉴权、防止重复提交和消息不可抵赖性。首先,机器人和边缘服务器、边缘服务器和物联网平台、机器人和设备、设备和人的通信都需要通过一定格式的消息进行传输,通常底层的消息协议并不会定义安全性相关的要求。对于互联网信息传输常用的 HTTP、FTP 等协议,都对应地采用了 SSL 或 TLS 的安全性协议 HTTPS 和 FTPS,通常能够用来进行安全的信息传输。但是,HTTP 和 FTP 底层所基于的 TCP/IP 和 UDP 这样的传输层协议却并没有安全性机制的设计。传统的工业协议,比如 Modbus、CAN 等也没有设计相关的安全机制。如果没有其他的防控机制,这些协议传输的报文是能够被恶意中间人截获或篡改的。大多数系统或平台的网络通信安全都是在应用层实现的,HTTP 和 FTP 属于应用层协议。

在没有安全机制的通信中,我们可以通过对称加密算法或非对称加密算法对报文进行加密。通过这种加密方式进行传输的 HTTPS 协议,就可以用于边缘服务器和工业物联网平台之间的通信,这也是目前公网安全通信的主流方式。将消息加密后,能够保证信息不会被第三方获取并窃听,但是却没有办法确保消息不被篡改和破坏,也无法避免消息本身由于干扰而传输出错。

对于确保消息正确这件事,就得依靠消息完整性检查来保障了。少量数据传输中,我们可以采用一到两位校验码来完成简单的校验。如果传输比较复杂的消息,通常使用散列算法,如 SHA-1,对消息报文生成一个固定长度的散列值,用来作为校验的数据摘要。接收方只要用相同的散列算法对报文进行计算,然后对比获取的散列值,就能够验证接收到的消息是否完整和可靠。

对于接入生产线的设备、各类传感器、边缘服务器是否能够识别,现场操作人员的身份是否可以识别,这就是身份验证的问题了。我们对于生产设备和边缘服务器这样的设备的身份验证可以借助可信计算技术来解决,通过可信计算技术甚至可以处理更加精细的接入权限管理问题。例如,某个设备的固件必须升级到新的版本才能够在生产线执行某个特定检测,并上传规定的测试数据。那么,在处理这个鉴权问题时,就可以检查设备可信芯片中对应固件升级的 PCR 值,来确定是否已经更新到了新的版本。只有确保该功能在当前生产线中可用并能够正确传输数据,才允许开通生产系统中对应的功能执行权限授权。同时,通过可信计算的证明功能来确保设备的类型、版本允许接入某个生产环节,从而完成整个鉴权和授权流程。

## 5.5.1 边缘计算安全综合设计

边缘计算的安全性需要从设计之初就考虑,而不是在项目或现场部署结束完成后再进行改造,到那时候已经太晚了。系统的安全性也需要从硬件到云的整体角度来看待。本小节演示了一个从传感器到云的简单物联网项目,并说明了要考虑的安全“毯”。其目的是部署具有不同级别的防护措施,减少攻击者的整体攻击面,增加攻击难度,提高自动恢复能力。

在设计安全的边缘计算系统时,我们要综合考虑整个系统的所有部分,才能够获得理想的系统安全性,而不能孤立地研究某个部分的安全性。整个云边端应该形成一个完整的安全链条,而不是一个一个单独的安全功能。这里笔者给出一个总体性安全思考的例子,当然也可能有不足的地方。对于安全问题的一个好的思路是,列出安全问题项的清单,然后分别进行研究,再在整体的系统中安排相对应的解决方案。图 5-17 中列出了一个示例的综合分析框架,其中边缘端 PAN 采用蓝牙技术,WAN 上传采用 MQTT 协议。在分析安全问题时,需要尽量完整地列出所有可能的安全问题和相关技术。然后根据实际应用的场景和要求,选择合适的方案,最终设计出整体解决方案。

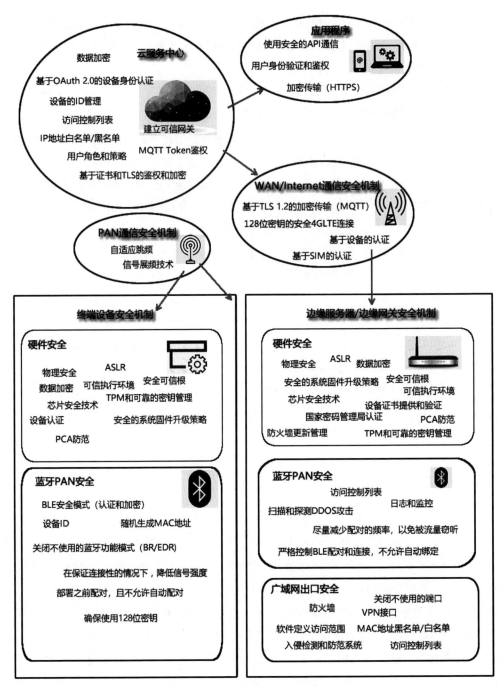

图5-17　边缘计算整体安全性设计关注点

## 5.5.2 边缘计算安全实践清单

清单往往是全面考虑某个综合解决方案和复杂问题的有效方法。笔者将物联网和边缘计算会涉及的安全实践清单总结如下。

(1)尽量使用最新版本的操作系统和软件库,及时更新安全补丁。

(2)采用并遵循安全领域的工业标准。

(3)不要轻易更改或定制已经被验证有效并长期使用的安全协议和流程。

(4)使用带有安全机制的硬件,如有可信模块的设备。

(5)使用文件签名、加密和完整性验证技术来保护固件、软件包和重要的文件,尤其是这些文件需要通过网络传输的情况下。

(6)使用安全的密码长度和复杂度。

(7)应用可信根和安全启动技术,保护系统的加载程序和重要应用。

(8)尽量不要在代码和固件中出现硬编码的密码和密钥信息。

(9)确保所有的IP通信端口默认关闭。

(10)保证设备整个生命周期的安全运行环境,在设备淘汰时,确保所有安全信息和机制被不可逆地销毁。

(11)鼓励组织内部人员、外部客户和专业人士发现并报告安全漏洞和软硬件问题,并给予相应的奖励。

(12)加入国际和国内的安全组织,及时获取安全信息和帮助。

(13)尽可能在物联网和边缘计算系统中采用端到端的加密协议。从传感器到边缘服务,再到广域网,再到云服务。在技术和需求允许的范围内,尽可能采取一切必要手段加密数据传输。

(14)发布产品和系统之前,最好做一轮全面的安全性测试和评估。

这个清单只是一个参考,读者可以根据实际的项目和情况选择采用这个列表的内容,也可以在这个基础上进行改进。

第6章

边缘计算的微服务架构和消息机制

　　微服务架构是目前最主流的 IT 系统基础架构,其脱胎于 SOA 架构。微服务架构有很多不同的实现框架,目前比较流行的微服务框架有 Spring Cloud、Dubbo 等,Kubernetes 是目前微服务部署最流行的容器编排平台。边缘计算技术和云计算的结合,必然会涉及微服务架构的调整,以及微服务向边缘端下沉的部署方法。

# 6.1 微服务架构介绍

微服务架构在现代信息系统设计中的使用已经非常普遍,而且有成熟的框架和支撑技术。不过,如何将服务器端或云端的微服务技术和边缘计算技术结合,却是一个非常值得深入研究和探讨的领域。

## 6.1.1 典型的微服务架构

云原生(Cloud Native)已经成为当今IT系统设计和实现的最流行模式。对于云原生程序来说,系统的微服务化是大势所趋。如何设计和应用微服务架构,是我们构建新的云端服务程序时必须考虑的问题。典型的微服务架构如图6-1所示。

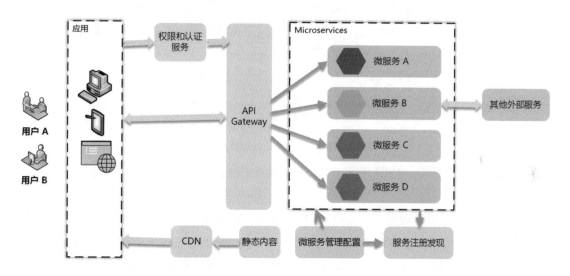

图6-1 典型的微服务架构

在典型的微服务架构中,所有的微服务都会运行在公有云或私有云上。微服务之间通常是低耦合的,它们也可以互相调用。微服务的管理和编排工具负责管理和运行微服务。此外,在云端一般还会有微服务的发现、跟踪和注册机制,这些机制通过一些跟踪和服务管理工具来实现,以确保能够很快地找到处理某类请求的微服务,同时也可以对微服务的运行状况进行监控。当系统出现问题时,能够通过跟踪工具快速查找到对应的路由及微服务。

微服务通过API Gateway将服务的接口(RESTful API、Soap Web Service、RPC等)暴露给应用程序。在微服务架构中,一些通用功能会被分离出来,作为公共的独立模块来使用。比如图6-1中的用户权限和认证模块,会集成其他的身份认证提供程序,然后整个模块统一给其他微服务提供用户权限和认证接口。

### 6.1.2 IoT+边缘计算的微服务架构

微服务本身可以是一个 NodeJS 应用、一段 Python 代码或一个打包好的 Java 程序等。当然,具体采用什么技术,还需要看实际系统的设计需求及开发人员的偏好。物联网和边缘计算应用本身就有比较强的低耦合性和物理上的高度分散性,因此物联网和边缘计算应用天生地适合采用微服务架构。用于 IoT+边缘计算的微服务架构,需要在典型的微服务架构(图 6-1)的基础上进行一些调整。图 6-2 展示的是比较典型的 IoT+边缘计算的微服务架构。

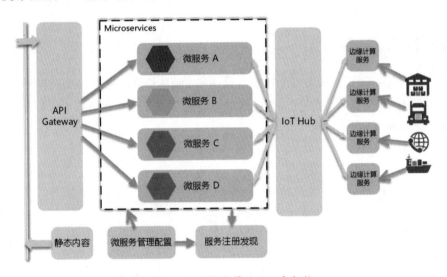

图 6-2　IoT+边缘计算的微服务架构

由于图 6-2 的左侧部分与原来的典型微服务架构没有区别,所以省略掉了。右侧部分增加了 IoT Hub 和边缘计算服务。

(1)边缘设备和云端的数据通信是以 IoT Hub 为中介完成的,边缘设备和 IoT Hub 之间的数据传输通常会采用特定的消息通信协议。在一些网络状况比较好的应用场景中,也有系统是直接通过 HTTP 等传统协议传输数据的。边缘设备、IoT Hub 及终端设备之间最常用的通信协议是 MQTT 协议。这是一种轻量级的,专为高延迟和低可靠性的网络环境设计的消息传输协议。

(2)边缘计算服务通常运行在各种边缘设备上。对于边缘设备,我们在第 2 章中有详细的介绍。边缘设备一般都是轻量级的微型单片机系统,例如,Raspberry Pi、Jetson Nano 等。边缘设备在物理上必须非常接近终端设备和传感器。在绝大多数情况下,它们应该部署在同一个本地局域网中,以确保通信的即时性和网络环境的一致性。

(3)IoT Hub 是一个中间服务器应用,用来连接某个区域的边缘设备到云计算平台。IoT Hub 一般都部署在本地机房,这些 Hub 设备通常也要承担部分物联网应用的计算和存储功能。IoT Hub 需要能够和云数据中心保持稳定和可靠的网络连接,所以其本身的软硬件的可靠性要求也比较高。各大公有云提供商都有各自的 IoT Hub 方案,下面就列举一些。

①亚马逊 AWS:AWS IoT Core 是一款托管的云服务,让互联设备可以安全地与云应用程序及其他

设备交互。AWS IoT Core官网介绍号称能够支持数十亿台设备和数万亿条消息,并且可以对这些消息进行处理。AWS IoT Core可以将消息安全可靠地路由至AWS终端节点和其他设备,同时可以使用AWS Lambda、Amazon DynamoDB、Amazon CloudWatch和Alexa Voice Service等Amazon服务来构建IoT应用程序。

②微软Azure:Azure IoT中心主要是在IoT应用程序及其管理的设备之间实现高度安全、可靠的通信。Azure IoT中心提供云托管解决方案的后端,几乎可连接任何设备。通过每台设备的身份验证、内置设备管理和扩展配置,将解决方案从云端扩展到边缘端。

③阿里云AIoT:阿里云提供了AIoT嵌入式操作系统,支持各种物联网协议;也包括了一套传感器接入组件uData和uAI这样的边缘人工智能计算服务。

(4)终端设备和传感器是边缘设备和IoT服务的数据来源和控制对象。前面我们对终端设备和传感器提出了一些基本假设,这些假设中很重要的一条就是终端设备的不稳定性和不可靠性。尽管在实际的工业和消费领域中,不少设备的可靠性还是非常高的,但是我们不应该对设备的可靠性有任何乐观的想法。例如,我们每天使用的手机,其年均故障率实际上高达5%。另外,边缘计算服务和终端设备之间的网络连接质量往往也是不稳定和不可靠的。解决网络连接的不可靠性和终端设备的不确定性的问题非常重要,这是整个物联网应用设计中最困难的地方之一,也是边缘计算需要解决的主要问题之一。

# 6.2 关于容器技术

前面大致介绍了物联网+边缘计算应用的微服务架构,那这个微服务架构中应该包含哪些必需的功能?又应该如何去实现呢?容器技术其实提供了一个非常好的方案。

容器技术是最近IT研发和运维方面的一个热门技术,低耦合性和服务之间的隔离性是微服务架构非常重要的特点。作为轻量级虚拟化技术的容器技术,恰恰就提供了一种近乎完美的隔离性。容器可以给应用提供类似虚拟机的独立运行时环境,但不需要传统虚拟机这样庞大的底层系统和框架。因此,容器技术非常适合用在微服务架构中。

在边缘计算应用部署方面,容器技术同样能够起到非常重要的作用。我们可以把一些边缘计算任务打包成不同的程序放在边缘设备的容器中,然后通过容器应用给终端设备提供服务。例如,可以把图像识别的计算程序打包到容器中,部署到边缘设备上。有时,我们需要部署大量的实时图像识别节点,这种情况下,打包成镜像的图像识别服务可以迅速被部署到大量的边缘设备上。然后这些服务可以通过容器的方式运行起来。这样做的好处是,不需要针对每个节点配置运行环境和所需要的类库。即使这些边缘设备是完全不同的异构系统,通过容器技术也可以实现快速部署。如上面所述,容器技术在边缘计算应用部署方面大大简化了工作步骤,极大地提高了部署效率。

本节会把容器的应用分成云端微服务和边缘计算这两个领域。在深入主题之前,先简单介绍一下以Docker为代表的容器技术。

## 6.2.1 容器技术(Docker)介绍

提到容器技术,就不能不提Docker。Docker在2013年首次公开发布,最初是基于LXC模板的Linux容器技术,后来Docker团队使用Go语言(又称Golang)编写了框架的核心组件。由于其易用性和灵活性,一经推出,就很快引起Fedora、RedHat和OpenShift等开源软件巨头的注意。2014年,微软公司宣布集成Docker引擎到最新版的Windows Server操作系统中。同年,IBM也宣布了和Docker的战略合作。尽管Docker出现的时间不长,但是如今已经成为使用最广泛的容器技术。

Docker的基础技术比较繁杂,涉及Linux的内核和很多工具的组合,但Docker本身的使用和部署相对来说比较简单,架构也很简洁,获得了程序员和IT运维人员的广泛好评和关注。在生产环境中,基于Docker的架构通常由Docker引擎、Docker容器管理编排工具和容器镜像库几个部分组成。

## 6.2.2 Docker引擎

Docker引擎是运行容器的框架,需要安装在服务器的操作系统上。如今,各大云平台和Linux系统的发布版本对Docker都有很好的支持。Docker容器运行在Docker引擎之上,同一个节点(服务器)上可以运行多个容器对象。Docker引擎除作为Docker容器运行的Runtime外,还有另外一个重要作用,就是管理镜像。Docker引擎可以通过镜像创建和运行容器。获取Docker镜像有两种方式:一种是通过执行Dockerfile配置文件,另一种是从镜像库直接下载到本地。下面是一个简单的Dockerfile文件,在Ubuntu的基础镜像上配置了一个Nginx应用。

```
## Dockerfile文件示例

# This dockerfile uses the ubuntu image
# VERSION 2 - EDITION 1
# Author: docker_user
# Command format: Instruction [arguments / command] ..

# 1.第一行必须指定基础镜像信息
FROM Ubuntu

# 2.维护者信息
MAINTAINER example_creator docker@example.com

# 3.镜像操作指令
RUN echo "deb http://archive.ubuntu.com/ubuntu/ raring main universe" >> /etc/apt/
sources.list
```

```
RUN apt-get update && apt-get install -y nginx
RUN echo "\ndaemon off;" >> /etc/nginx/nginx.conf


# 4.容器启动执行指令
CMD /usr/sbin/nginx
```

完成上面的Dockerfile文件并保存后,运行docker build命令就可以生成镜像了。

```
docker build -t edgecomp/mynginxdocker:v1 .
```

其中edgecomp/mynginxdocker是镜像名,v1是Tag(标签)。

从镜像库拉取生成好的镜像文件的命令是docker image pull。Docker设计中上传和下载镜像采用了类似Git的命令形式。

```
docker image pull <repository>:<tag>
# 例如,下载Nginx最新版本和下载Dot.Net镜像
docker image pull Nginx:latest
docker image pull microsoft/dotnet:latest
```

我们可以通过docker image ls命令查看本地的镜像列表,通过docker image rm命令删除本地镜像。

如果直接运行pull命令,其实直接访问的是Docker Hub这个官方的镜像库。在国内使用Docker最好配置国内镜像库,否则下载Docker镜像会非常慢。如果我们需要自有的镜像库怎么办呢?很简单,可以自己搭建;另外,很多云服务商也提供私有镜像库的服务,生成的镜像可以直接用push命令上传到镜像库中。

有了镜像以后,我们就可以用docker run命令来通过本地的镜像启动容器对象了。

```
docker run --name mynginx -d nginx:latest
```

其中mynginx是给这个运行的容器命名,nginx:latest就是这个镜像的名称和Tag。

整个Docker体系的几个组成部分可以用图6-3的示意来说明。通过客户端程序或Docker命令行工具,运行docker build命令根据Dockerfile文件生成镜像。用户也可以通过docker pull命令下载镜像文件到Docker Host,Docker Host就是Docker容器运行的宿主机。通过docker run命令,可以镜像为模板来生成并启动容器程序。Registry其实就是Docker镜像库的主要功能,用来存放Docker镜像和记录镜像的版本。容器镜像库部分会在后面做详细介绍。可以看到,Docker的整个结构非常简洁易懂。它的Shell命令的关键词和用法也是类似Git的模式,很容易理解和学习。这种简单性是Docker迅速流行起来的重要原因之一。

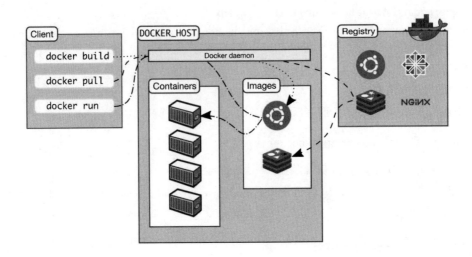

图 6-3　Docker架构(截取自 SDxCentral 官方网站)

### 6.2.3 虚拟机和容器的区别

　　虚拟机和容器都可以用来创建虚拟化的独立计算机环境,用于开发、测试及正式环境的部署。对于为什么微服务需要以容器为基础,而不是虚拟机,还是有必要解释一下的。

　　虚拟机技术在现在的数据中心的建设中,特别是云数据中心的建设中,起着核心的作用。现代化的数据中心其实都是虚拟化数据中心,所有的底层计算机硬件资源都是通过虚拟化平台提供的。

#### 1. 虚拟机

　　虚拟机(VM)其实是共享一个服务器的物理资源的操作系统,物理主机本身可以成为宿主机,虚拟机则是通过虚拟化程序创建并运行在宿主机上的虚拟系统。由于物理服务器或物理集群本身的运算和存储能力越来越强大,一台物理服务器的处理能力只运行一个操作系统,会显得资源利用并不充分。

　　如图 6-4 所示,虚拟机技术是要在实际的基础设施上层运行一个虚拟化程序(Hypervisor),而 Hypervisor 本身的实现和技术对于虚拟机的性能有非常大的影响。现在最新的服务器/商都会用 CPU 提供硬件层面的虚拟化支持,比如 Intel 的 VT 技术,不仅提供了 CPU 和内存的虚拟化硬件支持,而且还提供了 I/O 虚拟化的功能,可以实现底层硬件读写直通和透传的功能。传统的虚拟机技术都是通过软件来模拟硬件 I/O,这样其实对虚拟机的性能有很大的影响,而且还会导致消耗额外的物理机资源。Intel 的 VT-d 技术可以使用 IOMMU 截获虚拟机的 I/O 请求,然后将 I/O 直接发送到物理设备上,这样大大提高了虚拟机的运行效率。另外,我们需要让硬件能够在多个虚拟机上共享。PCI-SIG 发布了 SR-IOV(Single Root I/O Virtualizmion)规范,阐述了硬件如何在多个虚拟机中共享 I/O 的标准,这样运行在同一个宿主机上的虚拟机就可以比较高效地共享宿主机上的硬件资源了。

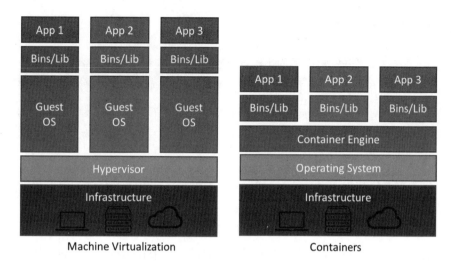

图6-4　虚拟机和容器技术的区别

## 2. 容器技术

前文已经介绍了容器技术的代表Docker。Docker的历史不长,但是容器技术的历史其实已经有十多年了。在Docker出现之前,就已经有不少科技公司(包括RedHat、Google)在使用基于Linux内核的LXC工具集实现原始容器技术。不过,在很长的一段时间里,容器技术仅仅是在一些不为人知的领域中和互联网产品线上使用。容器的编排工具其实也是容器技术中非常重要的组成部分,如果没有成熟的容器编排技术,其实并不能充分利用容器的灵活性和可移植性,我们还必须用容器编排技术来管理系统中的容器。可以看到,容器并不需要建立在一个完全独立的操作系统上,许多基础的库和应用可以共用宿主机操作系统上的配置。对于单个容器应用,我们只需要定义好基础的系统、相关类库和二进制可执行文件,就可以快速复制、部署和运行。

虚拟机需要运行一个完整的操作系统,同时必须有运行在物理主机操作系统上的Hypervisor程序协调并管理虚拟机的部署和运行。尽管新的CPU对虚拟化程序提供硬件层面上的优化,但是实际上仍然会增加资源的消耗。而且完整的操作系统安装会消耗空间(几个吉字节的空间),每一次启动都要数分钟到数十分钟的加载时间(普通计算机或服务器的启动)。而容器本身是比较轻量级的,同时不依赖于Hypervisor程序,容器自身只需要加载启动程序需要的运行库和组件,通常体积比较小(几十到几百兆字节),启动时间是秒级的,复制和部署都比较灵活和简便。软件系统可以迅速横向扩展,这对于微服务化的分布式架构是很有用的特性。这些特性对于DevOps的CI/CD(持续集成/持续部署)也非常重要。用户可以通过image的形式持续构建和发布。

尽管相对于虚拟机,容器技术提供了更强的灵活性,但是容器本身还是有一定的局限性的。由于容器技术发展的时间较短,其安全性、隔离性并没有主流虚拟机技术完善。而且对于数据中心的虚拟化,需要虚拟机技术提供底层的支持。容器技术和虚拟机技术在未来仍然会共同存在,并在各自适合的领域中发挥作用。

## 6.2.4 进一步深入容器技术

为了能够使用容器技术开发出合适的边缘计算程序,我们应该掌握一些容器,尤其是Docker的使用方法。Docker是一个用于开发、交付和运行应用程序的开放平台,能够将应用程序与基础架构分开,从而可以快速交付软件。借助Docker,可以与管理应用程序相同的方式来管理基础架构。通过利用Docker的方法来快速交付、测试和部署代码,可以大大减少编写代码和在生产环境中运行代码之间的延迟。

在CI/CD越来越流行的今天,持续集成和持续部署的理念同样也会用在边缘计算的程序中。我们可以使用Jenkins这样的持续集成工具来方便地自动化程序的发布过程,可以使用Ansible这样的管理工具快速部署。当然,也可以通过传统的软件部署方式做CI/CD和应用部署。不过,如果使用Docker,我们可以让持续集成和自动化部署变得更加容易。每个Docker容器都包含了相同的应用配置,很好地隔离了宿主机上的操作系统环境。如果你愿意的话,可以快速部署和回收容器对象,以应对互联网应用的峰谷时段。

下面对Docker容器技术的最佳实践进行介绍,以供读者在实际使用Docker时参考。

### 1. 保持Docker镜像的最小化

从Dockerfile的格式可以看出,每个Docker镜像都必须设定一个基础镜像作为基本操作系统内核。早期时,往往会采用普通的Linux发布的Docker镜像作为基础镜像。每一个Dockerfile的第一行必须有这样的语句:

```
FROM centos
```

上面的语句表示这个Docker镜像会使用CentOS最新版本的image作为基础镜像,通常CentOS、Ubuntu这样的发行版服务器镜像都会有几百兆字节的大小,相对来说还是比较占空间的。一个容器还什么都没有装,就消耗掉几百兆字节的容量,并不是很有效率。我们可以采用alpine这样的小镜像,alpine本身仅仅占用不到10MB的空间,这对于生成比较小的容器对象非常有利。

另外,为了保证部署到生产环境的容器对象尽量小型化,在生成容器镜像时可以采用多阶段构建的方式来生成。例如,要编译并部署一个Java的Web程序,我们可以先用maven镜像生成的容器对源代码进行编译和构建,然后把生成的文件部署到tomcat镜像中,仅仅只需要包含运行程序需要的artifacts,而不用把编译Java程序需要的依赖项和库文件加载到生成环境镜像中。这样也可以大大简化和缩小生产环境下容器的大小,提高效率,减少资源需求。

### 2. 使用存储卷保存容器的持久化数据

容器本身是无状态的,每次重启容器都会根据Docker镜像拷贝新的容器对象。如果我们想要保持一些持久化的信息,比如配置文件、日志、临时数据等,最好不要通过容器的可读写层把数据写入存储磁盘上,这样会增加容器大小,并对I/O产生负面影响。我们应该使用存储卷的模式保存持久化数据。对于敏感数据,可以使用secrets的方式。对于非敏感数据,可以使用configs的方式。

### 3. 使用CI/CD流程管理版本发布和部署

CI/CD流程是一种自动化软件开发流程,它通过不断地集成、测试和部署来确保软件的质量和可靠性。通常,遵循集成测试、预发布环境部署、生产环境部署和监控反馈这几个步骤。通过使用CI/CD流程,可以自动化软件开发流程,提高代码质量和可靠性,同时还可以缩短发布周期和降低风险。

### 4. 对于大规模的容器部署,请使用Kubernetes这样的容器编排引擎

对于少量和小规模的容器应用和部署,在大多数的边缘计算和边缘存储的场景下是成立的。但是,在大规模的集群部署中,我们必须依靠容器编排工具对容器进行管理。尤其是在使用微服务的场景下,我们可以使用容器编排工具大大降低大量容器形成的微服务系统的管理难度,同时也能大大提高容器微服务的可靠性和安全性。

### 5. 不要迷信官方提供的容器镜像

在实践中,很多人都习惯于直接采用官方发布在 Docker Hub 上的容器镜像作为自己应用的镜像的基础。这种做法在大多数情况下是没有问题的。但是,在有些情况下却是错误的选择。很多镜像是将某个应用的所有基本功能进行打包并发布,对于需要进行特殊配置和设置的用户来说,往往不是一个好的选择。另外,很多官方镜像版本并没有很好地考虑安全性。在一份 Snyk 的 2020 年的安全性报告中发现,大量的官方容器包含有各种安全漏洞,例如,运行这条语句 docker pull node,通过 Node 官方镜像创建的容器会引入 642 个基础操作系统库本身的安全漏洞。有些官方库的 Dockerfile 中甚至都没有特意定义 user,这样就会让容器默认以 root 用户执行操作。在生产环境中,极少会允许使用 root 用户来运行容器或进行其他操作。

其实对于容器应用来说,绝对不仅仅有以上五个最佳实践,前三个参考了 Docker 的官方文档,具体大家可以参看 Docker 官方文档的最佳实践部分。而后面两条则是笔者在实践中的体会,本书并不是专门介绍容器技术的书籍,只是列出了一些比较重要的点进行介绍。

## 6.3 微服务技术深度解析

### 6.3.1 软件开发模式和架构的回顾思考

与很多业内的朋友聊天,在涉及物联网和边缘计算的话题时,大家对微服务这样的架构是否能够在边缘计算领域中使用还是有一些争议的。一般对于云端部署的应用,采用微服务架构,大家通常都没有异议。可是,当涉及在边缘服务器上,或者只是单机运行的程序是否应该采用微服务架构来设计和开发,却往往很难达成一致。其实,作为面向未来的应用,微服务作为一种应用程序设计的理念应该贯穿于所有的软件开发活动中,甚至包括嵌入式程序的开发。提出这样的观点,主要还是以软件开发趋势的研究和业界经验的总结为基础的。

在2000年以前,早期的软件架构基本上都是以单体软件(Monolith)为主。这个时期的软件开发方式也比较保守,主要还是借鉴其他工程领域的瀑布式项目管理模式。当然,Monolith软件架构也并不是所有代码完全合在一起形成一个软件包。很久以前,软件开发者和计算机研究人员就已经意识到,随着软件复杂度的上升,以及开发团队规模的扩大,有必要将软件进行解耦和拆分。降低每一个部分的复杂度和开发难度,让不同的功能模块能够由相对独立的个人或小团队进行开发和维护。在这个解耦合的道路上,分成了两个流派。

一个是设计模式派,最著名的代表作就是 Erich Gamma、Richard Helm、Ralph Johnson 等人在1994年所著的《设计模式》一书。这本书是软件设计模式的开山之作,同时也是巅峰之作。而且很大概率以后也不会有在这个方向更深入的书籍了。书中总共提出了23种不同的设计模式,其实现在看来,除 Singleton、Factory 等少数几种模式曾经在 Java、C#、C++这样的面向对象语言中有过一定的应用外,其他大部分设计模式基本上并没有在实际的软件开发领域中产生过影响并被大量采用,仅仅沦为程序员炫耀技巧和面试官考查"软件设计能力"的"玩具"。设计模式的初衷其实是想在面向对象编程语言开发过程中找到一些通用的模式,从而能够建立松耦合的应用,减少后期的维护并简化对代码的修改。但事实上,这些看上去很炫的技巧并没有实际产生作用。在很多场景中,尤其对于编程新手,面向对象和设计模式非常容易被滥用,这样反而增加了软件的复杂度和维护的难度,降低了代码的可读性。

尽管软件设计模式没有最终解决其希望解决的问题,但是它仍然在软件工程领域中留下了深刻的影响。主要是对一些软件框架设计的启发,并间接推动了一些新的编程语言特性的产生,比如方法代理、枚举和迭代器等,成为很多编程语言原生支持的特性。随着软件向分布式、云原生、轻量化方向的发展,对敏捷和快速迭代的软件开发模式的需求逐渐增加。新一代的编程语言,比如 Golang、Rust 和 NodeJS 等,更加注重的是效率和实用性,这些语言甚至已经放弃了部分面向对象的特性,更不用说复杂的设计模式了。

另一个流派是对软件进行功能上的解耦,典型的就是图6-5所示的三层架构软件系统的提出,将应用程序分成表现层、业务逻辑层和数据层,不同层级通过程序接口交互。这种程序接口并不是现在通常意义上的API接口,早期的应用程序主要使用RPC的方式进行通信。不过,并不是如今的RPC接口这么简单,当时的软件模块通信技术有 Cobra、DCOM 等,都是依赖于某种编程语言的,其实现、调试和部署都极为复杂。

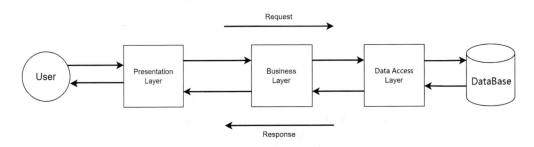

图6-5　三层架构软件系统的通信

三层结构的拆分还是非常粗线条的,却代表了一种软件架构演进的方向,就是将功能拆分成可以独立部署和运行的模块。后来,在三层架构的基础上,纵向发展出了N层架构。不过,后来的事实表明,并不是拆分层级越多越好,真正有意义的架构拆分才会成为经典的架构模型。在三层架构的基础上发展出来的图6-6所示的MVC模式,就是一个非常经典和成功的Web应用开发模型。其有效地将Web和移动应用开发区分为用户界面、后端程序及数据管理三个部分,这几部分的需求和涉及的人员技能都有明显的差异。于是才正式有了前端和后端开发岗位的区别,真正推动了软件工程发展。如今的主流应用程序开发中,前后端分离,通过API接口通信的方式,基本上成为事实上软件开发团队组织方式和工作模式的基础。

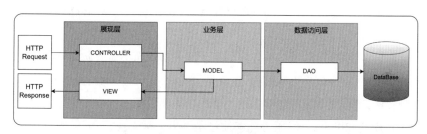

图6-6 基于三层架构发展而来的MVC模式

在三层架构模式的基础上,由于软件,尤其是互联网应用的发展,业务逻辑层变得越来越复杂,这就催生出了将业务逻辑层进一步拆分成更小模块的需求。互联网行业的公司是最早开始进行这种尝试的。另外,由于很多大型跨国企业信息系统功能和数据的日益复杂化,也催生出对后台系统按照功能模块拆分成更小部分的诉求。企业内部,这些模块往往都会由不同的团队进行开发和维护。更有一些企业出现了前端系统、后端系统和业务逻辑层这样的区分。如图6-7所示,前端系统是企业对外提供服务的网站或移动端应用程序,例如,电商平台、客户服务系统等,后端系统则是企业内部运营和工作人员使用的信息系统,例如,ERP、CRM、MES、HRS等企业经营相关的软件。这就衍生出了企业中台系统和企业服务总线(ESB)的需求。

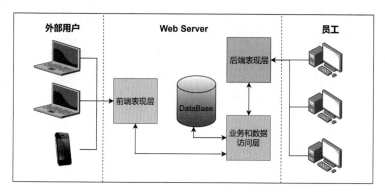

图6-7 企业系统前后端展现层和后台数据逻辑层

采用统一的逻辑层架构为公司内外部用户同时提供服务的模式,逐渐成为大部分企业应用的标准模式。

随着逻辑层的日趋庞大和复杂,以及开发和维护团队人员的增加,需要一种能够解耦逻辑层的技术方案。于是在2005年左右,SOA(Service Oriented Architecture)架构逐渐成为软件开发领域的热门话题。当时有两大主流的企业级应用开发技术栈,一个是微软的.NET技术栈,另一个是走开源路线的Java技术栈,它们都推出了各自的技术框架。SOA概念一提出,就与WebService技术紧密地绑定在一起了。2005年,对于拆分逻辑层的方式逐渐形成了一个共识,就是根据一定粒度的功能拆分,将业务层解耦成互相独立的后台服务的形式。这种后台服务的形式应该满足以下一些基本原则。

(1)统一的服务约定:包括标准通信协议,通过协作式的服务描述文档规定提供的功能和方式。

(2)服务完全自治:单个服务只需要处理和维护其自身的功能和运行状态。

(3)服务位置无关:无论服务在什么物理和网络地址,只要处于能够访问的网络范围内,就能够被调用。

(4)服务的长期稳定性:客户端能够一直使用某个服务功能而不需要做比较大的更改。

(5)服务无状态性:服务应该是无状态的,也就是每一次访问都应该被视作独立和无关联的。

(6)服务的颗粒性:确保每个服务能够提供足够的功能和数据。

(7)服务的可发现性和可重用性:服务能够通过某种方式被发现,不同的逻辑功能可以调用相同服务进行功能组合。

以上这些原则并不是SOA架构的工业标准,SOA架构没有工业标准,这只是一种业界公认的业务逻辑层的设计理念。当时,这些服务的跨语言、跨平台通信和调用的能力往往也是企业技术选型非常重要的考虑因素。WebService技术在当时确实是最佳的企业级服务组件的备选系统。首先是语言无关性,WebService不像Cobra和DCOM技术一样与编程语言直接相关,其通信是基于公开的SOAP、WSDL、UDDI这几个基础技术,分别适用于服务消息传递、接口参数和返回值描述及注册和查找服务。当时的J2EE和.NET两大企业级开发框架都非常好地支持了WebService功能的开发和部署。WebService可以基于通用的HTTP或TCP进行消息传输,这使得基于Web的安全技术完全能够应用于WebService。于是SOA的最核心的服务间通信协议就采用了WebService的方式,直到现在,大量的企业级系统和企业业务中台仍然采用了以WebService为基础的ESB中间件技术。一些老牌软件厂商的产品架构还是围绕以WebService为基础构建SOA架构。

传统的SOA架构也有不少缺点,由于采用SOAP的XML为基础的消息描述语言,使其数据冗余非常大。性能也是大家诟病的一个方面,同时缺乏统一的服务调度和管理工具,使SOA架构的程序复杂度不能够太高,否则将无法有效管理,可能会对整个系统的稳定性和可用性造成负面影响。

## 6.3.2 微服务架构核心组件

前面提到过,微服务架构是现阶段大多数应用程序应该采用的开发方式,无论其现在是运行在边缘设备还是在单机上。未来的世界一定是全连接的世界,而且这个未来不会太远。传统互联网解决了人与人的互联,物联网技术则解决了人与物、物与物的连接。即使是暂时孤立的设备,或者没有通信能力的设备,在不久之后,也会被具备通信和互联的设备取代,或者被改造成能够接入网络的设备。

在物联网和边缘计算的时代,数据计算能力和通信能力的分布式和不均衡性,要求面向未来的软件必须能够轻易地从单机扩展到分布式。在这种情况下,有协调器的微服务架构的应用场景会越来越多。另外,随着越来越多的联网设备和更强大的网络技术的出现,去中心化的微服务架构有可能会迎来更加快速的发展。前面对SOA进行了比较详细的描述,可以发现,微服务架构其实是SOA架构的加强版,在一定程度上可以看作SOA 2.0。微服务架构对于我们来说,更多的是一种设计的理念,一种程序实现的方法论。当然,实现这种架构需要一些起到支撑作用的组件。在现在流行的微服务框架中,例如,Spring Cloud、Dubbo、Kubernetes等,都会有一些比较关键性的组件。在所有这些组件中,服务注册组件(Registry)是最核心的功能单元,也是微服务系统和传统SOA的最大区别。

常见的微服务注册和发现组件主要有Zookeeper、Consul、Etcd和Eureka等。其实严格来说,这些微服务注册和发现组件的核心都是一个分布式键值对数据库。微服务通过自动将自己的信息写入这个分布式数据库中进行注册,服务注册组件通过开放的查询接口,将微服务的信息提供给服务调用方(消费者)使用。可以这么说,现有的绝大多数微服务框架都是围绕着微服务注册和发现组件进行构建的。我们以Dobbo框架为例,其最简单的架构如图6-8所示。Dubbo框架的Registry支持几乎所有主流的微服务注册和发现组件。

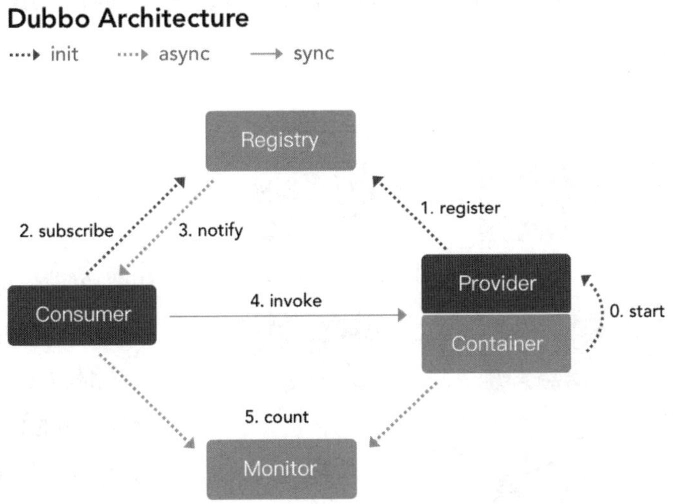

图6-8　Dubbo微服务架构(截取自Dubbo官方网站)

### 1. 微服务注册和发现组件的功能

对于一个分布式系统来说,整个系统的可靠性和可用性由系统中的配置信息和元数据的可靠性来保证。微服务架构天生就是一种分布式系统,微服务的注册和发现组件保存了所有服务的访问地址、状态和元数据等关键性信息。这些信息一旦丢失、损坏或被篡改,会导致所有或部分微服务无法被正常访问。为了避免单点故障的发生,服务注册和发现组件都会采用多节点分布式部署的方式,通过Paxos、Raft、ZAB、Gossip等一致性算法,来确保其键值对数据库中保存数据的强一致性。一般部署的节点数量都是单数,比如3,5,7,…,以防止Leader节点出现故障时,服务注册和发现组件集群出现"脑裂"(同时选举出两个Leader)的情况。部署的节点越多,前提是节点不会分布在同一个物理机上,则这个集群的可用性和可靠性越强。但是,同时会增加每次写入或修改数据后,所有节点达成一致的时间,对程序的运行效率产生负面影响。所以,通常7个节点以上非常少见。注册和发现组件的两个必备功能是微服务注册和微服务发现,某些组件的这些功能是内置的,可以通过API直接调用,例如,Consul和Eureka。另外一些则需要外部程序或第三方框架来辅助实现服务注册和发现,如Zookeeper和Etcd,其本身仅仅提供分布式键值对存储的功能。

　　这里笔者选取其中一种微服务注册和发现组件Consul作为示例进行讲解。在官方文档中,Consul甚至可以作为一个Service Mesh的解决方案,在其最新的版本中提供了相当多的新功能。通过内置的Proxy可以实现Service Mesh的功能,同时也可以支持Envoy这样的第三方Sidecar Proxy。由于Consul的维护团队是一家商业公司HashiCorp,因此其正在将Consul这个轻量级的组件扩展成一个涉及更多微服务相关功能的工具。不过,这里主要还是围绕Consul的服务注册和发现的功能进行介绍。

　　Consul使用Go语言开发,编译好的Consul组件是一个独立的二进制可执行文件,可以直接在操作系统中运行。这也是Go语言开发的程序比较方便的地方,不需要引用一堆依赖文件和配置运行时环境。Consul集群采用Raft算法,来确保最终一致性。绝大多数的微服务注册和发现组件都是采用了CAP(Consistency, Availability, Partition Tolerance)分布式系统分类中的CP系统,保证微服务组件节点在分区能力的基础上实现强一致性。

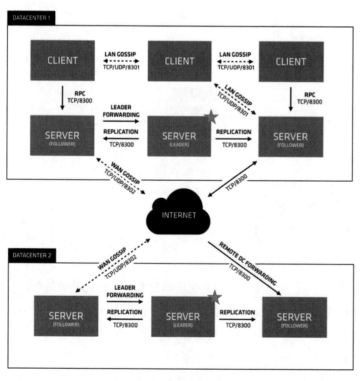

图6-9　Consul架构

如图6-9所示,Consul节点可以分为Client和Server两种,每个Consul节点称为一个Agent。另外一个对于大型分布式系统来说非常有用的功能是,可以通过Internet跨数据中心管理和发现微服务。跨地理位置和跨数据中心的能力,对于边缘计算使用的微服务技术来说有非常重要的作用。Consul不同的数据中心集群之间通过Gossip协议同步,Consul的Client和Server,以及Client到Client的消息同步都会使用到Gossip协议。而实现Gossip协议的基础组件是Serf,这也是HashiCorp的一个开源项目。

　　微服务的服务注册和发现组件是任何微服务架构设计的必选项,而微服务架构还有一些其他的组件或功能,主要有以下几个:服务网关、限流熔断器、统一配置管理及链路分析组件。

**2. 微服务网关组件**

最著名的微服务网关组件是Spring Cloud体系下的Zuul,可以和同样的Spring Cloud体系下的Eureka、Ribbon、Hystrix等组件配套使用。Zuul主要提供了以下一些功能。

(1)身份验证和安全性:识别每个资源的身份验证要求,并拒绝不满足要求的请求。

(2)洞察和监控:在边缘跟踪有意义的数据和统计信息,以便提供准确的生产视图。

(3)动态路由:根据需要将请求动态路由到不同的后端集群。

(4)压力测试:逐渐增加集群的流量以衡量性能。

(5)请求分流:为每种类型的请求分配容量,并删除超过限制的请求。

(6)静态响应处理:直接在边缘构建一些响应,而不是将它们转发到内部集群。

(7)多区域弹性:跨区域路由请求,以使负载均衡更加多样化,并使优势资源更接近服务用户。

Zuul可以结合Ribbon的微服务负载均衡能力,提供Spring Cloud体系下微服务的负载均衡功能。

对于是否有必要使用Zuul这样的专门用于RESTful API的微服务网关,其实并没有一个定论,在实际的项目中,Zuul的反向代理、分流和负载均衡能力都可以通过Nginx这种成熟的技术来实现,而且性能更好、稳定性更高。Zuul仅仅是提供了Spring Cloud体系下较为方便的集成能力。Zuul这类和某些框架紧密结合的服务网关程序,由于其灵活性、适配性和性能都不是特别令人满意,因此在物联网和边缘计算平台的实用价值其实并不高。

服务网关其实是物联网和边缘计算架构设计人员经常讨论和关注的点。在大规模的分布式边缘计算体系下,微服务架构是否有必要引入微服务网关这样的软件过滤和分发组件? 事实上,如果边缘服务器本身的安全机制和保护机制不足,例如,没有对称NAT或受限锥形NAT的边缘机房,微服务网关还是必要的。此外,在需要多个边缘服务器协同工作的情况下,往往也需要边缘网关提供安全、稳定和高效的运行能力。在物联网应用中,服务网关应该是一种轻量级和平台框架无关的组件。通常,Nginx已经足够覆盖大部分的边缘计算微服务场景,但是由于Nginx最初的开发和设计还是在十多年以前,当时并没有微服务这样的概念,主要还是作为Web应用下的一个高效和轻量级的反向代理服务器,或者软件负载均衡器来使用的。所以,对基于标准HTTP模式的服务能够提供比较可靠和高效的支持。但是,对于目前越来越多的流处理和RPC接口,Nginx支持得就不太好了。当然,我们可以使用Lua脚本扩展Nginx的功能,使其能够对RPC和流数据进行处理,并对接口认证和安全性提供支持,但对于开发者来说还是有些复杂。

前面简单介绍了常见的微服务网关Nginx和Zuul,但是它们并不能完全满足边缘计算的要求。实际上,对于支持边缘服务的微服务架构的网关,灵活性、性能和伸缩性是需要考虑的重要因素。很多时候,采用Netty框架或Golang进行定制化的开发,往往是更好的选择。目前还没有非常成熟的基于大规模分布式边缘计算场景的微服务网关的开源项目,但是随着物联网和边缘计算技术的发展和需求的增加,相信很快就会有适合的专门针对物联网和边缘计算应用的成熟项目诞生。

**3. 监控和分析组件**

微服务监控和分析工具对于监控和管理大量微服务组成的系统还是非常重要的。图6-10所示的复杂微服务架构必须借助于一些监控工具进行管理。目前有很多商业和开源的微服务链路监控和分析工具,对于微服务架构,这种工具通常有以下几种类型。

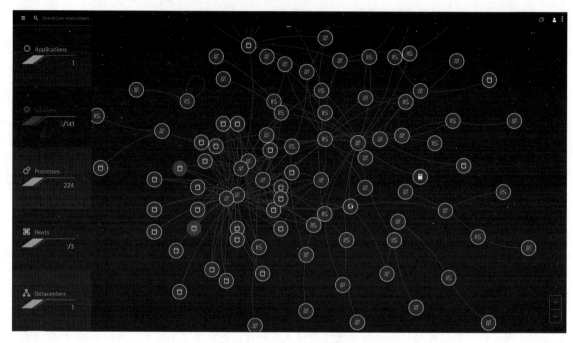

图6-10　Dynatrace监控的复杂微服务架构拓扑

第一类:大规模日志分析系统,如常见的开源方案ELK(Elasticsearch,Logstash,Kibana)及商业软件Splunk。通过抓取系统和服务程序的日志文件,监控和分析当前系统的健康情况,在发现异常情况时发送预警。这种以日志分析为基础的监控系统,既可以用于微服务架构,也可以用于其他传统的IT基础设施的监控。

第二类:微服务性能、使用情况和流量监控,这种工具通常都是由应用性能监控(APM)工具演化而来的,带有非常浓厚的IT运维风格。这种类型的监控工具种类非常多,常见的有Pinpoint、SkyWalking、Zipkin等,商业软件中比较著名的有Dynatrace和AppDynamics。这些工具有一些共同的特点,提供主机性能和状态的监控。对于微服务程序进程及微服务访问接口的监控,通常需要在程序所在的服务器上部署Agent,或者在JVM(Java虚拟机)运行时埋入探针(Pinpoin、SkyWalking)。

最近出现的基于时序数据库技术和遥测数据收集分析程序的Prometheus的关注度越来越高,很有可能在不久的未来成为微服务监控的主流。目前Prometheus已经显示出在云原生应用监控、管理和数据采集方面的独特优势,逐渐开始抢占Zabbix、Solarwind等传统基础架构监控工具的地盘。

第三类:Service Mesh服务网格监控。Service Mesh其实是一个新的微服务架构,其提出了Sidecar的概念,如图6-11所示。Sidecar其实是将微服务通用的通信、追溯、监控、日志和安全性功能通过一个服务程序的外接组件来提供。这样微服务的共性核心功能被提取出来,监控可以通过收集和分析Sidecar发送的遥测数据来实现,所有的Sidecar都采用同一种方式上报微服务的通信和状态信息。目前主要的 Service Mesh 实现有 Kubernetes 框架下的 Istio 和传统微服务架构下的 Linkerd、Envoy、NginxMesh 等。在边缘技术的场景中,Service Mesh 应该分成云端和边缘端两层来实现。这个我们后面会在边缘计算微服务的设想架构中详细讨论。

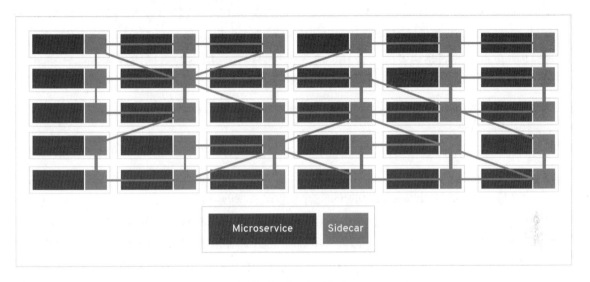

图6-11  Service Mesh

### 6.3.3  P2P协议下的微服务通信

在大规模的边缘计算技术应用的情境下,可能存在大量的边缘服务器或在网络边缘部署的机房,这些边缘设备、边缘服务器和机房通常无法确保一直在线。边缘设备和服务器有可能不断地动态变化(位置、状态、可用性等),很难通过一种集中的方式来管理和发现散布在不同地理位置的大量边缘设备中的服务。前面使用 Consul 作为一个例子,Consul 是为大规模云计算微服务场景开发的服务注册和发现组件。

Consul 采用了 Gossip 协议,以去中心化的方式处理跨数据中心的消息传播和一致性。Gossip 这种通信方式将是未来去中心化的微服务架构需要具备的特征。

前面提到过 Consul 的架构,它使用的 Gossip 协议就是一种很常用的 P2P 分布一致性协议。这个协议有另外一个名称,叫 Epidemic(传染病)协议。这个名称不好听,加上新冠疫情的暴发,就更加不讨喜了。不过,传染病更加形象地描述了这个协议的特征。Gossip 协议通过完全随机的方式将信息传播到整个网络中,通过一定时间的传播,能够确保系统中所有节点数据的最终一致性。像 Cassandra 这样的 AP(强调可用性和分区一致性)类型的分布式数据库,也采用了 Gossip 协议进行节点间数据的同步(同时采用 Merkle 树验证节点间数据的一致性)。总体来说,基于 Gossip 协议的技术一般无法保证系统数据的强一致性,但是可以保证系统数据的最终一致性。CAP 原则是指导分布式系统的核心定律之一。对于大规模的边缘计算分布式系统来说,微服务协调器通常需要维持高可用性,而在一定程度上牺牲一致性。在大多数的应用中,某个边缘节点新加入的服务并不需要立刻让整个边缘计算和关联的云平台获知其连入，AP系统应该是边缘分布式系统的主要实现形式。

在Gossip协议中，节点间通信和更新的模式有以下三种形式：Push、Pull和Push/Pull。Push模式代表的是发起节点Node1将更新版本的数据（Key、Value、Version）发送到接收节点Node2，这样Node2就能够同步更新自己的数据。Pull模式则是发起节点Node1向接收节点Node2发送数据（Key、Version），一旦Node2节点的数据更新，则Node1从Node2获取数据（Key、Value、Version）并更新自己的记录。Push/Pull模式则是两者的结合，Node1先推送自己最新版本的数据（Key、Value、Version）到Node2，Node2获得数据后判断是否比保存的数据新，如果是，则更新自己保存的数据；如果不是，则将自身保存的值发送给Node1。在实际的应用中，Push/Pull模式其实更为常见，这样的方式能够让整个网络更快达到一致性。

当然，在Consul中，Gossip还分为LAN池和WAN池，分别对应单个数据中心内的节点通信和数据中心之间的通信。在同一个数据中心，使用LAN池；跨数据中心的情况下，则使用WAN池。Consul的Gossip协议是通过集成HashiCorp公司的Serf这个组件来实现的。

Serf组件本身是一个点对点的分布式通信组件，可以通过Serf搭建一个分布式的去中心化集群。我们可以在分布式系统的每个节点上部署Serf Agent，每个Serf Agent需要使用两个不同的端口，一个是监听端口，用于集群节点间的Gossip通信；另一个是RPC端口，用于接收命令行工具和其他Serf Agent实例的远程调用请求。我们可以通过下面这样的命令运行Serf。

```
# 1. 启动Serf Agent
Serf agent -node = serfnode1 -bind = 127.0.0.1:1666 -rpc-addr = 127.0.0.1:1667
```

上面的命令定义了Node的名称、集群通信地址和RPC访问的地址，使用起来还是非常简单的。

启动好了不同的Serf节点后，可以使用join命令将两个节点加入集群中，同理，其他节点也可以使用这种方式逐步加入集群中。

```
# 2. Serf节点加入集群
serf join -rpc-addr = 192.168.0.99:1777 127.0.0.1:1667
```

一旦集群中的某个节点挂掉，那么集群就会启动suspect的过程，节点间会通过Gossip协议转发几次suspect，最终作出判断，这个节点确实已经失去连接了。后面会定期访问并尝试重连，让这个节点恢复后能够及时再次加入集群。集群不会依赖某个Master节点来确认整体的可用性。

Serf通过User Event和Query这两种类型进行Gossip通信。User Event用于发送通知消息或执行Shell命令，Query是特殊的Event，用于发起查询请求，并接收返回值。我们可以给不同的节点设置Event和Query的handler，这样Event或Query就可以在某个节点进行处理了。

```
# 定义Serf的时间处理脚本
serf agent -log-level = debug -event-handler = handler.sh
```

上面的命令是用来设定一个总的事件处理，事件的传播通过Serf内置的Gossip协议进行。对于去中心化的分布式系统来说，节点间的通信有一个常见的问题就是，如果消息在网络中传播，不设限制的话,整个网络有可能会形成网络风暴,导致整个系统无法使用。对于这种情况,Serf采用了Vivaldi算法,通过启发式学习,在整个集群的节点中定义消息传播的RTT(往返时延),并动态学习整个网络的拓扑结构。每一轮Gossip传播,每个节点只选取逻辑距离最近的几个节点传播。用户可以定义每一轮传播的相邻节点数量和间隔时间。图6-12展示了采用Serf组件,在不同节点数量的网络中,消息传播收敛的速度。

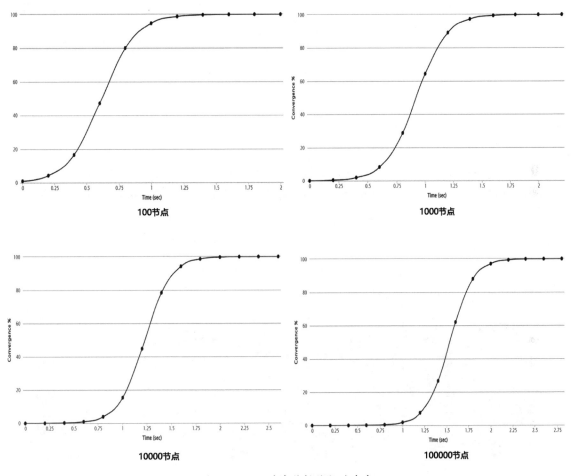

图6-12　Serf消息传播收敛的速度

从图6-12中可以看出,Serf的收敛效率还是很高的,10万节点的集群在理想状况下,只需要几秒钟就能够收敛。

### 6.3.4 讨论Kubernetes和边缘计算

Kubernetes是云原生计算基金会推出的第一个开源项目,同时也是其目前为止最重要的项目。Kubernetes设计和开发的目标是做云原生微服务架构的基础框架。这个系统本身是一个基于容器技术的微服务容器编排引擎,它支持自动化部署、大规模可伸缩、应用容器化管理等功能。在生产环境中部署一个应用程序时,通常要部署该应用的多个实例,以便对应用请求实现负载均衡和高可用性。Kubernetes 可以通过 Pod 的方式自动管理同一服务的多个样本,保持一定数量可用的服务实例。Kubernetes 项目是在 Google 内部的容器编排管理系统 Borg 的基础上开发的,其设计理念非常先进,实现方式也极为高效,是一个非常值得研究和参考的微服务系统基础架构。

经过最近几年的不断发展和完善,再加上云原生计算基金会(CNCF)的大力推广,Kubernetes 几乎已经成为云计算环境下容器技术微服务架构中最有统治地位和发展活力的框架。Kubernetes 的整个生态体系已经比较完整,在大规模商业云平台上的部署已经有比较成功的应用案例。不过,话题还是得放到本书的重点内容——边缘计算技术上来。Kubernetes 是否适合应用于大规模分布式边缘计算的微服务架构呢?要回答这个问题,我们可以先看一下 Kubernetes 的架构设计。

通过图 6-13 可以看到,Kubernetes 集群由 Control Plane 和 Nodes 两部分组成,这两部分也分别被称为 Master Node(主节点)和 Worker Node(工作节点)。在 Kubernetes 集群管理下的容器都运行在 Pod 中,每个节点 Node 通常就是一台虚拟机或物理主机,每个节点可以运行多个 Pod。每个节点上运行 Kubelet 和 Kube-proxy 两个进程,以及运行不同的容器运行时(Container Runtime),可以支持 Docker、Containerd、CRI-O 等容器类型。Kubelet 是一个运行在工作节点机器上的代理程序,用于管理节点上注册到 Kubernetes 集群中的容器程序,并确保这些容器正确运行在 Pod 中。Kubelet 能够通过 Pod 的描述信息生成和运行 Pod,并持续进行健康检查,控制容器的故障恢复过程。

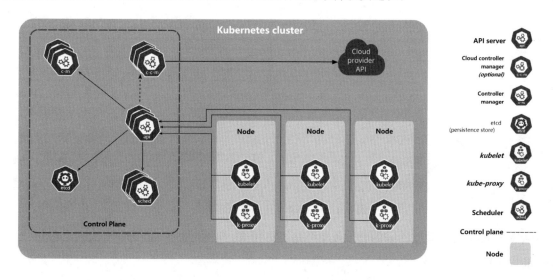

图 6-13　Kubernetes 集群架构(截取自 K8s 官方文档)

Kube-proxy 作为 Kubernetes 工作节点上的网络代理组件。大多数的分布式系统都会在节点的物理网络之上建立一个虚拟覆盖网络(Overlay Network),作为集群内不同组件或服务通信的基础网络。Kube-proxy 的作用不是直接提供覆盖网络,而是应用覆盖网络,代理 Pod 访问的地址和端口,以及提供 Pod 到 Service 的访问和负载均衡的功能。而为每个 Pod 提供覆盖网络功能的,是 Flannel 这种专门的分布式覆盖网络工具。

Control Plane 是控制和协同整个集群的通用程序,主要包括下面几个组件:API Server、Controller Manager、Etcd、Scheduler 和 Cloud Controller Manager。整个 Kubernetes 体系架构其实不是一个去中心化的分布式系统,这与绝大多数的现有分布式微服务架构和存储架构相似。

API Server 作为整个集群的前端接口程序,通过 API 为 Kubernetes 集群中的工作节点提供服务。所有节点的 Kubelet 代理都通过 API Server 与 Control Plane 进行交互。API Server 可以进行分布式部署,以实现高可用和负载均衡。

Etcd 是一个强一致性分布式键值对存储系统,很多微服务也用 Etcd 作为服务注册和发现组件的核心存储系统。在 Kubernetes 体系中,Etcd 用于存储所有集群管理相关的基础数据信息,比如 Pod 的分布信息、微服务在集群中的部署和副本地址等。

### 问题:Kubernetes 是否适合边缘计算的微服务架构?

到目前为止,我们对 Kubernetes 进行了一个大致的介绍。Kubernetes 是现今云计算平台实现微服务架构部署和运维的最佳方案。那如果在边缘计算领域中,它是否还合适呢? 不进行任何改进和调整的 Kubernetes 框架是不适合大规模边缘计算下的部署的。

首先,未来的边缘节点组成的网络有可能是一个节点数量非常庞大的分布式网络。其次,网络中的节点并不稳定,某些情况下可能存在非常剧烈的扰动,不断有节点加入或退出。再次,节点间的物理距离可能相距很远,不同节点的存储容量、运算能力和通信能力的差异非常大。最后,边缘计算的微服务可能只为某个局部区域或某些用户提供服务,也有可能是在整个边缘网络中提供服务的全局性应用。

对于上面几个比较通用的需求,目前的 Kubernetes 架构都无法满足。在支持的节点数量方面,Kubernetes 相对来说是非常有限的。官方文档显示,Kubernetes v1.21 支持的最大节点数为 5000。具体来说,每个节点的 Pod 数量不超过 100,节点数不超过 5000,Pod 总数不超过 150000,容器总数不超过 300000。这样的容量对于大多数云计算的应用来说可能已经足够,但是对于管理海量边缘节点的应用来说还是有些不足。这其实和 Kubernetes 本身架构的设计和需要解决的问题有关。Kubernetes 面对的场景通常是公有云或私有云数据中心,就算是能够支持跨数据中心的 Federation 功能,其前提假设也是基于拥有稳定的数据中心。通常情况下,所有节点都在严格建设和良好维护的机房中运行,网络和电力等基础设施充足,节点可靠性能够符合特定的 SLA,确保服务的持续可用性。但这在边缘计算环境中几乎是不可能的,通信的延迟、设备的扰动在边缘网络中是常态。

此外,Kubernetes 其实是一个中心化的分布式系统,整个系统是需要 Master 节点进行管理和协调的。尽管 Master 节点的部分组件能够实现分布式部署,比如 API Server 和 Etcd,但是这些组件必须能够处理整个微服务体系中的基本数据和功能。对于 Etcd 这种基于 Raft 协议的强一致性系统,节点越多,意味着消耗更多的同步时间,CAP 中的可用性(Availability)就会更差。在实际的生产环境中,当 Kubernetes 集群的规模逐渐扩大到 1000 个节点时,就会导致很多组件出现各种瓶颈问题,需要特殊处理。首先,遇到的问题可能是 Etcd 的存储容量限制,Etcd 默认的容量限制是 2GB,如果集群的节点容量接近或超过上千个节点,需要存储的集群管理信息一定会超过这个默认限制。其次,管理大量节点对 Etcd 和 API Server 的并发 I/O 能力也会形成压力,这是中心化系统无法避免的问题。这时最直接的解决方式是为 Master 节点提供更高性能的服务器和高速网络连接,但使用这种方式,集群扩容的成本往往会呈指数级增长。另一种方式则是横向扩展 Etcd 和 API Server 组件的服务器,通过负载均衡的方式提高并发性能,但这种方式也是有极限的。前面说过 Estd 这种基于 Raft 协议的系统,节点数量的上升意味着可用性的降低。这种情况会对整个集群的性能和稳定性造成负面影响,同时系统的维护成本也会直线上升。

其他一些 Kubernetes 的必要组件,例如,实现覆盖网络的 Flannel、Calico 也需要依赖 Etcd 存储路由数据,Kube-DNS、Istio 对大规模集群的支持并没有得到非常明确的验证。所以,这些问题其实限制了Kubernetes 在边缘技术领域中的应用。

**问题：KubeEdge 能否成为边缘计算微服务架构的主流?**

KubeEdge 是基于 Kubernetes 的架构进行调整,以期能够适应边缘计算的要求而形成的框架。KubeEdge 最初由华为主导开发,于 2018 年在 KubeCon 上首次发布。该项目经过了多次的版本迭代,其整体架构发生了非常大的变化,也更加适应边缘计算的要求。从图 6-14 所示的架构图可以看出,KubeEdge 被设计成一个两层的分布式系统,分为云端和边缘端两层。云端整体上叫作 CloudCore,边缘端称为 EdgeCore。这两层分别由 CloudHub 和 EdgeHub 作为通信模块,通过标准的 WebSocket 进行通信。

EdgeController 部署在云端,负责管理边缘节点,它是在 Kubernetes Controller 的基础上修改的,主要是把数据中心的节点管理改为边缘端的节点管理,能够将云端 Worker Nodes 的计算下沉到边缘节点去执行,边缘节点可用于处理采集的设备数据,云端和边缘应用是通过 MQTT Broker 进行通信的。Edged 是 Kubelet 在边缘节点的改进版,管理边缘节点上 Pod 的创建、删除及状态监控。边缘端的设备数据和元数据管理采用了 SQLite 这样的轻量级数据库。

总体来看,KubeEdge 试图采用 Kubernetes 的架构来解决边缘计算的问题,这是一个比较有意思也很有价值的尝试。但是,从 GitHub 上仅仅 5K 的星和不到 200 的关注量来看,其影响力和关注度还不够高。即使和云原生计算基金会的其他孵化期项目比,表现也不太突出。其实这也说明在整个开发者社区范围内,大家并不太认可将 Kubernetes 架构简单修改就用于边缘计算领域,主要还是将Kubernetes 看作云计算上的微服务架构来使用。其实早期这个项目的问题还是比较明显的,首先是架构相对比较复杂;其次必须通过一个中心化的 CloudCore 进行管理,这对于边缘计算不依赖云端工作和强抗扰动能力的要求是不符的。不过,KugeEdge 为了适应边缘技术的要求,还是做了很多工作,比如元数据能够在边缘节点持久化存储;将边缘节点的容器管理组件进行了简化,使其能够运行在资源非常有限的设备上。图 6-14 所示是 KubeEdge 最新的架构图。

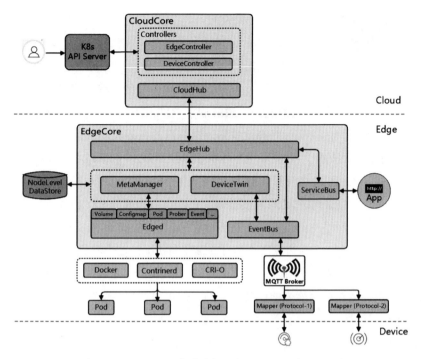

图6-14　KubeEdge架构(截取自KubeEdge官方网站)

# 6.4　边缘计算的微服务架构设计

对于边缘计算系统的架构来说,虽然在很多地方和传统的IT系统有共通之处,但是也有很多独特的地方需要考虑。

## 6.4.1　边缘计算微服务架构的考量

在前面几节中,我们介绍了微服务架构的主流形态和边缘计算领域微服务架构遇到的一些问题和现有框架的不足。在继续讨论我们应该有什么样的边缘计算微服务架构之前,首先应该了解不同场景下的边缘计算具体要求。任何的工程应用理论都不应该也不可能脱离实际的应用场景而存在,在边缘计算架构的设计上也应该以场景的需求为导向。

在Gartner一份2020年的报告中提到,现在有大概10%的企业数据是在数据中心以外被处理的;而到2025年,这个数字将会上升到75%。也就是说,边缘计算和边缘数据中心在整个IT系统架构中将会起到更加关键的作用。对于边缘计算应用可以有不同的场景分类方式,最常见的是根据使用边缘计算的垂直行业进行划分。关于这种划分,本书会在另外的章节进行讨论。在本小节中,我们主要集中于一些共性的需求场景,而且这些场景和边缘计算微服务架构的设计和实现密切相关。我们先介绍几个边缘分布式系统架构比较重要的考量方面。

(1)可靠性：主要体现在边缘节点数据采集、传输和处理的可靠性。第一点，体现在数据在终端能否被准确地采集到。第二点，数据由设备和传感器上传到边缘服务器，边缘服务器进行处理，这个数据传输和处理过程的可靠性和稳定性。第三点，是从边缘服务器到云端的数据传输是否可靠。

(2)延迟：延迟也分成终端到边缘服务器，边缘服务器到云端这两个方面。不同的应用和行业对于延迟的要求是不同的，通常情况下，终端设备到边缘节点的延迟较小，边缘节点到云数据中心的延迟较大。有很多要求低延迟的应用必须采用高可靠、低延迟的边缘网络技术和设备。

(3)集群规模：在物联网和边缘计算领域中，边缘集群和边缘节点的规模差别非常大，有可能集群只是几个节点的家用电器控制网络，也有可能是数十万个节点构成的MEC网络。

(4)节点稳定性：边缘网络中的节点往往是不稳定的，在某些场景下，甚至存在着大规模的扰动，节点随时在加入或退出网络。一些边缘网络本身的带宽和状况往往也不稳定。

(5)异构支持：边缘设备和物联网设备千差万别，某些边缘网络集群可能是由具有相同通信协议、类似软硬件架构和相同运算存储能力的设备构成的。但更多情况下，这些边缘网络是由大量异构的节点和设备组成的。

我们上面列出的这些需要考虑的要点，不可能囊括在边缘计算架构设计中需要考虑的所有方面，但是在实践中已经足够作为系统架构师设计边缘计算微服务的抓手了。上面的这几个方面都是相互制约的，比如如果集群规模上升、集群的异构性高，那么可靠性、节点稳定性都会下降。我们对边缘计算系统的设计必须根据实际情况进行分析和取舍，采取合适的解决方案。

在实际的项目中，不存在一个方案或框架覆盖解决所有问题的可能性，这是由边缘计算设计的场景和需求的多样性和复杂性造成的。物联网和边缘计算解决的不再是通用的计算问题和传统互联网的信息数据处理问题，而是与现实生产、生活紧密相关的数据采集、处理和物理信息系统智能化的问题。一个好的物联网架构师不但要对信息技术非常了解，而且还要深入了解具体行业的业务知识和需求点，才能够比较高效地设计出适配和有价值的方案和技术架构。

## 6.4.2 边缘计算架构设计

对于很多常见的应用，比如家庭用的照明系统、智能家居这样的物联网应用，需求比较简单，通过现有的很多通用框架和技术就能够比较容易地实现。但大多数情况下，边缘计算项目还是比较复杂的。当我们拿到一个物联网和边缘计算相关的项目时，首先需要考量的是这个项目的场景、行业及具体的要求。例如，一个农业物联网的项目，这个项目需要监控规模非常广阔的地域，其中最关注的数据是土壤湿度、肥力、虫害情况、光照情况、温度及地块种植的作物种类、位置、生长阶段、历史数据等。这些数据有些是基础数据和经验数据，有的需要部署在地块中的传感器、摄像头进行采样分析。通过云端和边缘服务器的处理，来给农场管理系统实时的建议，或者直接开启自动化的田间管理设备。在这样的一个系统中，最基本的是数据的采集系统和边缘设备。通过分析我们发现，某些虫害、生物灾害数据可以通过摄像、视觉分析和取样计算来分析单位面积的情况。

这涉及机器学习算法和虫害分析的专业知识。在架构上我们需要考虑边缘设备的计算能力是否满足机器学习推理的要求,以及对中间数据的存储能力。也需要考虑对于采集到的传感器数据,是否应在边缘服务器上进行过滤、预处理,还是直接存储到云端进行进一步的分析。在这个系统中,系统的延迟和某个节点的稳定性并不是特别重要的考虑因素,但数据的准确性和系统给出的田间管理建议的有效性则非常重要,这就需要整个边缘计算系统能够感知节点、服务器和设备的状态,然后反馈给农场管理系统安排设备维护。另外,边缘服务器和采集过程必须非常准确,要及时过滤和排除异常数据和故障采集点,同时需要比较可靠的云边协同处理能力,以便提供高质量的农业管理信息和建议,甚至可以根据历史数据对地块的未来产量和可能遇到的问题作出预判,提前准备。

此外,传感器和摄像设备要求支持无线传输和适应长时间的室外工作,边缘节点间能够传输数据、交换设备的状态信息,这可以采用Serf这样的Gossip协议进行节点间设备状态信息的感知。一旦有异常设备信息,及时阻断信号并上报。根据管理的边缘节点数量,可采用集中式边缘节点管理的方式,或者采用去中心化的方式来管理边缘节点。集中式管理的好处是,可及时快速地了解这个网络中所有设备的信息,系统架构简单。但是,一旦节点数量过多,这个中心节点将会成为系统瓶颈。采用去中心化管理模式,能够适应大规模的边缘节点管理,但是节点间的同步需要时间,整个系统的实时性不强。但在农业物联网场景下,这样的延迟往往是可以接受的。

在移动边缘计算领域中,边缘节点往往被设计成一个小型的边缘计算中心,有比较强的计算和存储能力,用来管理VNF(虚拟网络功能)。在5G时代,这些边缘数据中心也可以用于支撑大数据量和低延迟的应用,比如增强现实(AR)应用和虚拟现实(VR)应用等。这些边缘节点可以作为小型的云数据节点管理、部署类似云计算微服务架构的框架。未来也会出现微型模块化数据中心(MMDCs),可以被部署到距离数据更近的地理位置,提供边缘计算服务。

本章我们主要讨论架构设计,涉及通用微服务架构、容器、K8s及适合边缘计算的微服务架构。在项目中,系统架构师作为系统设计的主导者,因此有必要谈一下架构师在项目中的作用。

架构师通常是技术方向的最主要负责人,大体上可以分为软件架构师、系统架构师和解决方案架构师等。但是,即使在特定的领域中,例如,仅仅在计算机科学和软件工程领域中,我们也经常能够看到各种架构师头衔,比如有SaaS架构师、云计算架构师、数据科学架构师等。这些人在某一领域中拥有扎实的技能和丰富的经验,往往都是公认的专家。这些领域通常都会横跨很多个垂直的技术方向。笔者希望本书能够成为边缘计算架构师的参考书。

如果读者大致看了本书的目录和介绍,可以发现边缘计算领域几乎囊括了计算机领域所有的技术方向,因此要成为一名边缘计算架构师,可能需要非常广泛的知识体系和实践经验。只有对这些涉及的技术领域都有比较好的了解和研究,才能够将各个方面的知识融会贯通,将它们组织成可用、安全和可扩展的系统。

当然,本书的读者并不限于边缘计算系统架构师。任何希望了解边缘计算技术及这个方向最新发展的读者都可以从中获得收获。对于一名架构师,他需要在设计一个解决方案时充分考虑到各个相互连接的系统和组件的关系;需要清楚地知道优化某个部分带来的好处及副作用;需要对解决方案的各个方面进行提问和挑战,并在约束条件下尝试优化和解决。下面几个问题是边缘计算架构师在设计系统时应该思考的。

（1）这个系统将来是否会进行扩展，以及扩展到什么程度和容量？这个问题会影响到网络部署、云边协议、中间件及云服务的选择和设计。

（2）当失去网络连接时，系统会如何反应和处理？这个问题会影响到边缘计算系统的选择、存储设备、广域网通信服务及通信协议。

（3）云端如何管理边缘设备和如何提供边缘计算能力？这个问题会影响到边缘计算中间件、边缘设备的选型和设计及安全服务。

（4）当用户的方案要求工作在有很强电磁干扰的环境会如何？这个问题会影响到PAN通信及边缘组件的选择。

（5）我们如何升级边缘传感器和设备的固件？这个问题会影响到安全协议、边缘硬件和存储、PAN网络协议、中间件系统、传感器成本，以及云服务的应用层。

（6）为了改善用户体验，我们需要收集哪些数据？这个问题会影响到数据分析系统和工具的选型，用户敏感数据的保护和处理。

（7）如何确保设备、交易及通信的端到端的安全？这个问题主要涉及设备、网络和软件安全问题。

当然，上面并没有列出所有应该考虑的问题。作为架构师，将解决方案考虑得越细致越好。提出问题往往是非常重要甚至是最关键的一步，好的架构师都是会根据不同的场景和方案提出好的问题的专家。

## 第7章

# 边缘计算的数据处理

　　在物联网和边缘计算领域中,往往需要存储和处理海量数据。而且大多数情况下,这些数据是以时序数据的形式存在的,因此时序数据处理在边缘计算中占有非常重要的地位。时序数据库和流处理引擎是边缘数据处理的核心技术。我们面对海量的边缘数据时,应该本着务实的态度,在条件可行的情况下,将采集到的原始数据在边缘端进行压缩和聚合,以减轻通信带宽和云端的存储/计算压力。通过时序数据分析和预测技术的应用,我们可以在边缘端为用户带来更多的价值。

# 7.1 边缘计算数据处理的价值

边缘计算技术的核心是对数据的收集、存储、计算和使用,这与其他的信息技术是一样的,核心都是围绕数据做文章。要让边缘计算技术获得实际的应用和用户的认同,就必须通过数据产生价值,体现出现实的意义。

## 7.1.1 传统的数据分析流程

传统数据分析以数据仓库加上商业智能(BI)的模式开展,主要是通过对企业内部系统中的主数据和业务数据进行抽取、整理,并通过统计学的方法进行分析,最后根据分析结果输出报表和图表,供相关业务部门做运营和商业决策时进行参考。

我们知道,在现代企业的运营中,会使用各种信息系统,比如ERP(企业资源计划)系统、CRM(客户关系管理)系统、HRM(人力资源管理)系统、MES(生产执行系统)、PDM(产品数据管理)系统、PLM(产品生命周期管理)系统等。这些软件系统构成了企业IT应用的基础。同时,不同的系统可以通过中间件、接口、ETL工具或共享数据库实现互通,使所有的IT系统成为一个有机的企业信息服务平台。而这些系统在配置、维护和使用过程中的元数据和业务数据构成了企业的数据基础。传统的企业商业智能系统中,需要将各个系统中的数据提取到数据仓库中,并通过BI工具进行分析和展示。

在大数据分析流行起来以前,数据仓库主要还是以结构化数据为主,通过传统的关系型数据库系统存储和查询。Oracle、SQL Server、MySQL等关系型数据库被广泛应用于OLAP(联机分析处理)和OLTP(联机事务处理)数据仓库系统中。随着信息技术的发展,非结构化数据占总体数据的比重越来越大,其重要性也越来越高。以文件、图片、视频等形式存在的非结构化数据变得越来越普遍,各种新的非关系型数据库NoSQL DB和分布式存储技术逐渐发展和成熟。如早期大数据平台Hadoop的存储系统HDFS,到现在的新型数据库TiDB、OceanBase,这种分布式数据库号称HTAP系统或NewSQL,可以同时兼容联机分析处理和联机事务处理两种类型的数据仓库使用方式。

传统BI设计是对数据仓库的数据按照数据分析处理的主题进行提取、清洗,形成分析的数据源,然后根据具体问题,对数据通过统计或机器学习的方式进行分析和处理。最后通过可视化分析工具展示分析的结果,为最终的各类决策提供参考数据。这样的分析系统通常属于OLAP。由于数据库技术和数据采集获取技术的限制,传统的BI系统通常都是采用离线数据分析的形式,而不是实时接收数据并分析数据的即时系统。我们知道数据作为信息的载体,其价值和时效性密切相关。采集和分析数据距离事件的发生时间越近,则数据体现出来的价值越高。在大数据时代,能够及时地采集、处理和使用这些数据变得越来越重要,而边缘计算技术为及时处理现场采集到的数据带来了一种高效和可靠的手段。边缘计算的一个理念就是,将数据存储和数据分析尽量推到离数据采集或产生的地点接近的地方,这样能够实时分析和处理数据,预先对数据进行过滤和预处理,最大化数据的利用价值并提高数据处理效率,而不需要将收集到的数据全部上传到数据中心或云平台后再进行处理。

## 7.1.2 数据价值的思考

对于数据价值,这是一个非常难以定义和简单解释的概念。但是,在后互联网时代,大数据已经成了一个非常重要的必备技术,大数据本身被赋予了太多的标签和内容。似乎只要收集和掌握大数据就一定是好的,而如果只是收集和掌握少量的数据,就会被认为跟不上时代。于是各行各业开始了非常饥渴的"数据挖掘"和"数据收藏"行动,并通过各种方式和渠道收集海量的数据。

从网络社交媒体和网络购物开始,个人的各种特征信息及隐私信息成为互联网公司收集的重点目标。当物联网和边缘计算时代开启,各种机器设备、商业、交易和环境数据也成为各行各业收集的数据来源。实际上,我们收集和分析数据,采购和应用大数据存储和分析系统,对数据进行保存、迁移和处理,都是需要成本的。任何商业活动通常都需要产生价值,对于信息系统的建设,实际上通常都会有各种要求,必须满足各种功能性和非功能性的指标,以确保系统设计目标价值的实现。不过,目前数据的价值评估是一个开放性的问题,并没有一个确切的量化方法。尽管如此,在分析数据价值时还是可以从以下几个角度来思考。

### 1. 数据的时效性

绝大多数的数据都是有时效性的,距离现在越近的数据往往价值越高,这就要求我们能够有迅速将现场数据采集、回传并处理的能力。特别是边缘计算涉及的机器、设备和环境数据,对于数据的"保鲜期"要求更高。比如对于城市交通管理和交通信息发布,如果收集到的实时交通信息需要经过半个小时才能反映到城市交通管理系统中或显示到用户的智能导航系统中,那这个数据已经没有任何价值,甚至是负价值。因为这与现在的交通状况已经相差非常大了,如果还是用过期的信息,不但不能够有效疏导交通或引导司机避让拥堵,反而会增加交通混乱。当然,这些信息存储起来,积累到一定的数量以后,对于离线的大数据分析还是有非常重要的作用。

### 2. 数据的总量

还是刚才交通信息的例子,如果我们只有几天的某城市历史交通数据,这样的数据也没有非常大的价值。但是,如果我们收集了一年甚至几年的历史数据,那这个交通数据的价值就非常大了。我们能够通过收集到的数据做数据周期性分析,以及进行处理后做时间序列的分析。有了机器学习后,还可以用机器学习的方法对数据进行分析,训练预测模型,对某天、某时段、某路段的交通状况进行预测,从而可以提前对交通进行疏导、改造,减轻甚至避免交通拥堵状况和事故发生率。也就是在拥有一定的数据处理能力和分析能力的情况下,数据量越大、越完整(每个路段、时段),则价值越高。

### 3. 数据处理和分析能力

数据处理和分析能力是数据价值的承载者,没有合适的数据处理和分析能力,数据的价值就完全没有办法体现。而且新的数据处理和分析方法的出现和应用,往往会带给数据更高的价值。例如,深度学习对时间序列数据的处理能力,使物联网和边缘计算收集的设备、环境和操作数据有了更大的价值,可以通过深度学习挖掘出更多的特征,从而实现设备的预测性维护——对于缺陷能够及时发现和纠正,甚至能够直接辅助人们进行工厂、农场、建筑等场景下的管理和运营,提高综合经济效益。所以,技术上的进步使数据越来越成为一种战略资源。

**4. 数据质量**

数据本身的质量也非常重要,质量分成以下几个方面。

(1)完整性(Completeness):是指数据是否有缺失或不可用的情况。

(2)规范性(Conformity):是指数据需要按照规范的格式和文件形式存储,能够被读取和进一步操作。

(3)一致性(Consistency):是指数据信息的采集方式、记录方式、格式等是不是相同的。

(4)准确性(Accuracy):是指数据是不是正确的,有没有错误或重复。

高质量的数据在以上四个方面都应该达到一定的标准,对于有缺陷的数据,我们必须通过预处理过滤或替换掉有问题的数据项,也就是进行数据清洗后,才能够继续下一步。这也是数据治理中的一项重要工作,确保大数据平台中的数据保持高质量和随时能够被分析和使用的状态。

**5. 数据的稀缺性**

数据的稀缺性对数据的价值影响也非常大,越是难以获得或收集成本昂贵的数据,越是价值高。比如社交媒体上的某类型用户的行为特征数据,这些数据往往只有几家垄断型互联网社交平台才拥有,而且受到国家数据安全和隐私保护法律的严格监管和保护。这些数据价值非常高,而且往往是非卖品。另外一类是收集成本非常昂贵的数据(不包括科学数据),比如商业卫星遥感数据,收集成本高,当然也附带高价值。这些遥感数据对发现新的矿床、研究地质构造、分析资源储量、规划交通和城市建设等有重要意义。

# 7.2 流数据采集和存储

流数据是一组顺序、大量、快速、连续到达的数据序列。一般情况下,流数据可被视为一个随时间延续而无限增长的动态数据集合。在实际的应用中,有非常多的数据场景可以作为流数据处理的应用。例如,IoT传感器数据、网络监控数据、金融数据、气象测控数据、实时交易数据、社交网络数据、系统日志数据等。

## 7.2.1 流数据概述

通常,流数据可以分为时序数据和非时序数据两种类型。时序数据指的是严格按照时间间隔采集、保存和处理的数据,比如流程制造行业实时采集的过程数据。这些数据在存储和分析时,对于先后顺序和数据的完整性要求非常高。非时序数据对数据的时间间隔和先后顺序要求不高,这种流数据在社交网络消息和系统日志分析中极为常见。在采集时,非时序数据往往也会带着时间戳标记,但是时间信息和先后顺序在分析中往往不重要,可以采用批处理或分布式处理的方式进行分析。最早的流数据处理只是关注可以算术计算的结构化数据的处理,随着互联网技术的发展,以文字、图片和语音等非结构化数据构成的流数据也越来越常见。目前对于非结构化数据的处理往往需要用到机器学习技术,来进行数据分析和特征的提取。

在边缘计算场景中,对于流数据的处理和分析占有非常关键的地位。如图7-1所示,流数据处理可以分为以下几个部分,即数据采集、消息系统、流处理、分发和流数据存储。

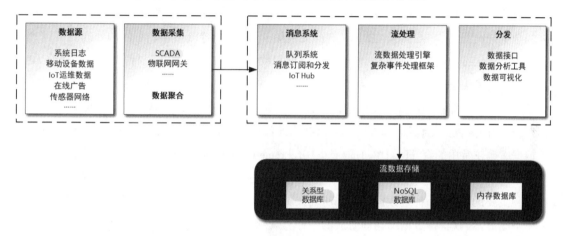

图7-1  流数据处理流程

对于数据源来说,在不同的场景下,会有不同的数据源类型。比如在系统运维中,我们需要对产生的日志文件进行读取,或者通过数据接口访问。社交网络的实时消息也可以通过网络采集软件进行抓取。在线广告的效果需要通过实时记录访问和点击数据进行在线和离线分析。物联网传感器采集到的数据可以实时上传到上位机或边缘计算系统进行实时分析,并控制物联网系统根据实时情况进行调整。

传统的工控领域,我们采用SCADA系统对数据进行集中采集和初步的分析,某些SCADA系统还带有组态软件,支持可视化的配置。不过,SCADA加上位机的模式,在未来会逐渐被物联网网关和数据采集系统替代。无论是在工业领域还是商业领域或家居领域中,物联网和边缘计算的模式都会替代传统的数据采集和分析系统。由于底层通信协议、设备和数据形式的多样性,数据采集往往是一个边缘计算项目中最耗费时间的环节。

对于数据采集,我们首先需要部署总线、无线通信或以太网,将设备和传感器连接到采集设备,然后通过数据采集软硬件系统进行实时数据采集,将数据通过接口或消息队列传递到下一个环节。对于数据采集来说,如果能够有一个统一的标准或规范,那就可以大大简化设备和传感器接入的效率,同时显著地降低物联网相关的边缘计算项目的部署成本。关于这方面的内容,笔者也进行过一些研究,但总体上,目前还没有非常符合我们需求的即插即用系统或标准。

消息队列、流处理工具和数据可视化分析工具是流数据处理过程中最为核心的部分,这些一般会部署在边缘计算服务器或云平台上。这部分有非常多的工具可以使用,其中消息队列工具有Kafka、

Pulsar、RabbitMQ 和 ActiveMQ 等,这些队列工具主要基于两种不同的模式(或两种模式都支持)。一种消息队列是传统的 Broker 的模式(生产者/消费者模式),另一种是基于发布和订阅的模式(发布/订阅模式),这两种模式有不同的使用场景和优缺点。生产者/消费者模式简单高效,但是灵活性比较差。发布/订阅模式的消息队列服务能够很好地支持多种不同的数据源,并对数据源指定不同的订阅者和订阅模式,使用方式灵活,但是配置和部署比较复杂,单个消息队列的性能也会受一定的影响。不过,由于发布/订阅模式天生能够很好地支持分布式架构,以及具有极大的灵活性,已经成为消息队列应用的主流模式。例如,Kafka 这种原生的分布式消息队列,默认采用的就是发布/订阅模式。

流处理工具有 Flink、Spark Streaming 和 Storm 等,这些工具的特点是,能够实时地对消息队列传递过来的数据进行处理,一般都采用 DAG(有向无环图)的模式配置流数据和事件的处理。不过,Flink 号称采用了有状态的数据处理方法,能够对流数据和数据处理的中间状态进行存储,不是按照无状态的 DAG 模式进行数据处理,这个在后面还会进行详细的介绍。

流数据可以存储在不同的数据库中,包括关系型数据库、NoSQL 数据库及内存数据库。最重要的是,有一类专门为流数据设计的时序数据库,在高速流数据分析和可视化应用中起到了核心的作用。时序数据库比较常用的有 InfluxDB、TimescaleDB、Prometheus、Graphite 等。

对于流数据的分析和可视化,会作为一个专门的主题进行介绍。对于数据可视化的需求,其实主要有两种主要的用途,一种是数据分析和研究人员,或者是实际使用数据的工程人员,将数据在平面或三维空间显示,以获得数据结构和组成的一些直观感觉,来决定下一步对数据的使用和处理,这主要用到 Plotly 等分析语言自带的可视化工具。另一种是对非工程专业用户进行数据可视化展示,以便让用户迅速获知数据的意义和某种情况的变化,为用户决策提供帮助,比较典型的是各种 BI 工具,如 Tableau、Power BI 等。

## 7.2.1 设备接入和数据采集

边缘计算本质上要求在靠近数据源头的网络边缘端,提供融合计算、存储、应用等能力的软硬件平台,能够就近提供边缘智能服务或将云服务的部分功能下沉到边缘服务端进行处理。在硬件部分,我们介绍过边缘网关的特点和功能,其核心作用之一就是对边缘计算需要使用的数据进行采集、预处理并通过标准协议传输到边缘服务器或云端。在软件层面,则需要通过协议、负载均衡、数据安全及日志和监控等功能形成完整的采集系统。

对于数据采集系统,我们必须能够设计和实现一种支持多种协议,能够快速配置甚至自动配置的设备接入框架。对于一个边缘计算系统,能够非常容易地连接上不同的设备,并且实现自动配置连接设备,是未来的物联网极为重要且根本的需求。对于计算机来说,这种通用接口和即插即用的设备连接方式大家已经习以为常了。比如我们通过 USB 接口或蓝牙连接鼠标、键盘、耳机到计算机上时,完全不需要做任何设备通信和功能上的配置,只需要确保设备通过合适的方式接入即可。但是,对于物联网领域,要做到设备的即插即用是非常困难的。

这主要是因为标准、接口及协议的多样性。物联网领域包括的范围太大，从工业生产到能源和电网控制，从环境监测到交通管理，从智能家电到自动驾驶等，包括了各种生产和生活领域。每个领域都有自己的信息传输标准、协议及软硬件系统。我们没有办法做到通过简单的方法去解决所有的接入问题。但是，这是一个值得去探索的领域，某些设备生产厂家也正在做这样的尝试。

前面在硬件部分有提到过研华科技的边缘网关产品，其实研华本身也尝试在他们的网关产品中引入一些软件解决方案来简化设备接入的配置过程。如图7-2所示，研华的边缘智能网关提供了 WISE-DeviceOn 这样的解决方案，希望能根据不同行业的特点，提供快速接入和配置的边缘设备，并能够以低代码的方式搭建边缘计算系统。研华科技在即插即用软件方面的技术合作伙伴是一家名叫 Alleantia 的意大利软件公司，这家公司采取的是建立设备库的方式来实现设备的即插即用。

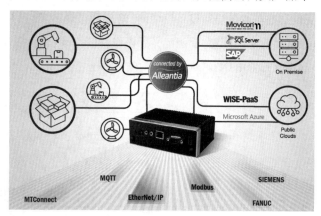

图 7-2　Alleantia 的工业即插即用解决方案

### 1. 设备特征和配置库

Alleantia 软件能够通过连接设备、选择设备型号、输入描述信息并选择端口这样几个简单的步骤完成设备配置。一旦确认连接成功，就可以将数据通过 SCADA 或 IoT 平台进行采集，并传输到边缘设备或云平台进行处理，大大简化了物联网的设备和传感器层的连接任务。Alleantia 软件的核心是一套命名为 XPango Library 的设备特征和配置库，目前支持各种主流的工业物联网协议和超过5000种设备。

对于新的设备，Alleantia 软件提供 Xpango Drivers Editors 工具，用来加入新设备的驱动。这种方式其实和计算机的 USB 设备即插即用的方式非常相似。通过预存大量的设备驱动程序，来进行机器之间的连接和通信。在 Xpango 库中，存储的是设备的通信协议、控制信号，以及设备输出的过程数据和报警数据的地址和数据类型。通过这些预存的信息，可以完全脱离实际的程序，智能化地配置上位机程序，对设备进行连接、访问和控制。

虽然 Alleantia 软件没有做到完全自动地对设备进行配置和识别，但是这个方向和思路值得我们未来开发这类产品时进行参考和借鉴。

### 2. 资产管理壳

还有一种即插即用的思路是，设备通过一种标准协议和配置进行设备发现、设备注册和解除注册这几种操作。德国工业4.0是在国家层面的管理和引导下，众多企业和研究所共同参与的研究计划。目前在设备集成和通信部分的成果体现在资产管理壳（Asset Administration Shell，AAS）的提出和开发。资产管理壳的目的就是要通过通用标准和软件模型接口来描述设备的功能和数据采集项，通过这种软件的模型可以实现设备之间的快速连接、配置和协同，试图让工业设备在 AAS 的基础上逐步建立起原生的即插即用能力。

通过资产管理壳,设备之间能够非常容易地形成自治的网络,相互通信,同时能够和边缘服务器或云端通信,上传数据或下载指令。另外,未来的自动化生产线需要能够达到柔性生产,生产线可以根据产品的不同,实时调整生产工艺流程,配置生产设备参数。未来,工业边缘计算系统可以根据产品订单并通过资产管理壳,迅速下发指令到设备,为定制产品重新组织生产线顺序和生产工艺。同时,设备的所有数据也可以通过资产管理壳迅速上传到上位机或边缘端。资产管理壳的功能如图7-3所示,处在业务层和设备层中间,管理的是设备间,以及设备到边缘端和云端的通信。每一个设备都有自己的AAS模型,模型定义了该设备的标准功能、描述信息及可以和外部交互的数据项。整个通信过程统一采用OPC UA协议。

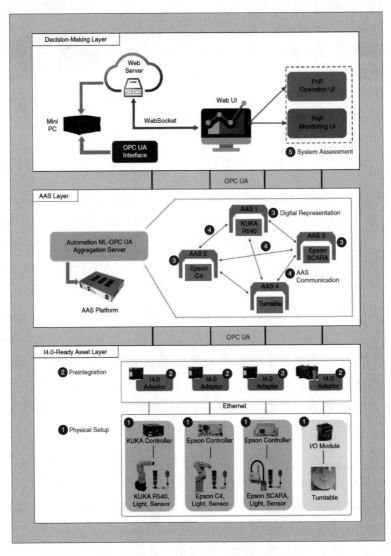

图7-3 资产管理壳的功能

来源:Ye X, Jiang J, Lee C, et al. Toward the Plug-and-Produce Capability for Industry 4.0: An Asset Administration Shell Approach[J]. IEEE Industrial Electronics Magazine, 2020, 14(4): 146-157.

从图7-3中可以看到,接入AAS层还是要通过AAS适配器完成,这是由于目前原生支持资产管理壳(AAS)的设备还是非常少见的,所以设备通常要通过一个Adapter和AAS层进行交互。这样就将复杂的协议转化和设备识别包装成了适配器的内置功能。AAS层本身是一个OPC UA Server,可以汇聚并转发上下游的数据,同时还可以内置自动发现和配置的功能,通信的数据格式采用AutomationML,这是一种开放的层级化的描述语言,可以转化为JSON或XML的表示形式。在工业4.0参考架构(RAMI4.0)中,AutomationML承担的是整个物联网中各种设备和资产的语义描述功能。通俗地说,AutomationML就是德国工业4.0体系下机器间交流的"原生语言"。

到目前为止,还是有个问题:资产管理壳是如何实现设备的即插即用功能的呢? 其实通俗来说,AAS给工业资产(设备、仪表、传感器等)加了一个数字化的对象,相当于将物理设备穿上了一件数字化外衣,从而能够无缝连入工业边缘网络。我们可以假设目前某个生产车间连接了不同的设备,如果需要实现设备的即插即用功能,那么以下几个需求是必须满足的。

(1)设备能够自我描述。意思是说,该设备可以告诉其他设备或人,"我是什么""能够做什么""你们要怎样和我通信"。这个功能理论上不需要统一通信协议,但是在实际的应用中,采用统一通信协议能够减少混乱和系统开发部署成本。在AAS的定义中,其实已经包含了标准通信协议和通信报文标准的要求,那就是OPC UA(通信协议)和AutomationML(报文标准)。

(2)设备间能够互相理解。这个要求是说,所有的设备之间必须有统一的语言和语义定义来互相通信。前文提到过采用相同的通信协议和通信报文格式,这只是在解决能够通信的问题,就好比大家都能够讲汉语,那彼此是听得懂的,但是不能保证在任何话题上都能够沟通。相互理解的一个很重要的内在要求是,必须有一个通用的语义定义。这就好比每个学科,都有一套自己的专业术语及表述体系,学习了这些专业术语和表述方法,才能够在这个专业领域中进行研究和讨论。这个要求体现到设备通信层面上,就可以看成要定义一套AutomationML的标签规则,在某个标签下是功能描述,在某个标签下是参数设定、输入数据、输出数据等。这在OPC UA中是比较容易实现的。

(3)设备需要有发现、注册和解除注册的功能。这三个功能是对于实现即插即用最基本的功能要求。发现功能指的是控制系统或核心数字化管理设备能够通过标准的发现功能获得相应范围内的所有设备的信息,并进行信息通信和功能控制。注册功能指的是新的设备连接到边缘网络中,能够向核心管理系统或其他设备发送请求,并注册到边缘网络中,通知其他设备状态、功能及通信数据等信息。解除注册功能指的是设备因为故障、维护等断开边缘网络时,主动或被动地解除其网络注册状态。

以上三点是一个边缘计算即插即用的系统必须要实现的需求,这些需求点在基于AAS的框架下是可以实现的。我们可以通过在OPC Server中设置PnP对象来表示设备接入和退出的信息,同时每个设备自身的AAS必须携带该设备的功能、数据、描述等信息。边缘服务器和其他的设备可以访问相应的OPC节点来获得这些信息,然后根据核心管理系统[例如,MOM(生产运营管理)系统或边缘服务程序]的指令和功能开始通信和协同工作。上述是一个理论的描述,我们可以沿着这样的思路去进一步完善这样的边缘接入系统,从而实现一个更加简单易用的边缘计算系统。

当然,标准和规范的统一也非常重要,而且目前来看,不同的行业和不同的国家地区往往都有自己比较倾向使用的边缘设备物理接入总线标准,这就给形成统一的共识造成了麻烦。在不同企业和行业间形成一个统一接入的标准规范并达成共识,任重而道远。

### 7.2.3 边缘时序数据存储

虽然前面已经讲过数据的存储,但是对于边缘计算来说,还是有必要围绕流数据的特点来介绍一下如何进行存储。流数据的处理和存储与普通的结构化数据及非结构化数据的存储还是有非常大的区别的。流数据的时效性非常强,数据价值很大程度上体现在数据的时效性上。例如,监控系统必须能够实时响应监控的数据变化,而历史数据的价值往往非常有限,在其产生时如何利用并进行预测和预警,才是需要关注的。另外,流数据通常必须采用专门的时序数据库存储,才能够获得较高的性能。传统的关系型数据库并不适合存储和处理大规模的流数据。

这里还有两个概念一直没有解释,就是流数据和时序数据的关系和区别。总体来说,这两个概念无论在学术上还是工程上,并没有非常严格的区分。所以,我们在书中其实也没有对流数据和时序数据做特殊的区别。实际上,流数据的范围可能会更宽一些,就是不断产生的数据序列或连续数据。时序数据往往是特指每个数据记录都附带上了时间戳。理论上来说,流数据可以是连续的模拟量。但是,在实际的研究和应用中,尤其是计算机领域,通常是不会直接处理模拟量的,都是通过对数据采样(模数转换),从而取得一连串离散时序数据序列,而这些采样的数据自然地带有时间信息,从而形成时间序列。本书中的边缘计算中涉及的流数据处理,其本质上还是时序数据的处理,因此本书后面的内容会将流数据和时序数据视为同一概念。

流数据采集完成以后,需要通过消息队列预处理和暂存,并通过流处理引擎进行实时在线处理。另外,我们需要将原始的或经过加工的时序数据存入数据库中,以便进行离线处理和分析。下面将会介绍一些比较常用的时序数据库,并且对这种类型的数据库做一个分析。

**1. 使用时序数据库的原因**

为什么我们需要采用专门的时序数据库(TSDB)呢?我们知道,在物联网和边缘计算领域中,绝大多数的监控和采集数据都可以看作时序数据,这种数据的特点是产生频率快、点位数量多。对于很多边缘端,往往会接入大量的节点,每个节点每几分钟甚至每几秒钟就会进行一次数据采集。这就要求采集程序能够支持高并发,我们主要通过部署分布式消息队列来支持高并发采集,这会在下一节中详细介绍。采集到的数据如果要持久化,就要将这些时序数据批量地写入数据库中。这就要求时序数据库能够支持大批量数据缓存和大量数据的同时写入。时序数据库的写入操作的次数远远大于查询和更新操作,这与传统的关系型数据库及像 Hadoop 这样的大数据处理系统的应用场景的区别非常大。关系型数据库一个最重要的功能是,能够非常高效地支持 SQL 查询操作;而 Hadoop 这样的 MapReduce 结构主要是用于超大规模数据的分布式存储和离线分析。

相比于传统数据库系统,时序数据库提供了很多基于时序数据特点而设计的功能,这些功能包括时间戳数据存储和压缩、数据汇总、数据生命周期管理、处理大量依赖时间序列记录的扫描,以及时间序列的高效查询。数据汇总和数据生命周期管理在时序数据的查询分析中是非常常用的功能,例如,要求汇总某个指标数据相比于前 12 个月,每月增加值的百分比。这在传统的数据库中处理起来非常麻烦而且低效。在时序数据库中,则有专门的命令处理,而且通常能够在非常短的时间内完成。又如,由于时序数据采集频率高,会留存大量历史数据,而且时序数据的价值会随着时间的推移而降低,我们没有必要一直保留所有采集的数据。通常,需要数据生命周期管理来确定某个测量值经过一定时间就需要通过算法做一次聚合,保留一段时间的特征,然后删除多余的数据项,以便节省空间和压缩历史数据。这样的功能在时序数据库中通常都是自带的。

**2. 时序数据的存储原理**

传统数据库存储采用的都是B-Tree或B+Tree(图7-4)的形式,这是由于关系型数据库的主要用途是优化随机查询和随机插入的效率,B-Tree或B+Tree的存储结构有利于减少寻道次数。磁盘寻道时间是非常慢的,减少磁盘寻道时间能够有效提升随机读写效率,因此采用B-Tree和B+Tree能够有效提升性能。

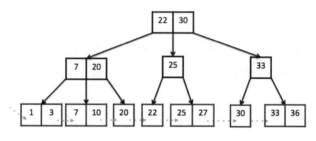

图7-4  B+Tree 的结构

不过,对于90%以上的操作都是写入的时序数据库,基于B-Tree的结构会产生大量随机写操作,这样会给磁盘读写带来很大的压力。LSM-Tree的全称是Log Structured Merge Tree,是一种分层、有序、面向磁盘的数据结构,其优势是充分利用了磁盘批量的顺序写,远比随机写的性能高。这种数据存储组织结构是Google在2006年的BigTable相关的文章中提出来的,现有几乎所有NoSQL数据库的数据结构都是以LSM-Tree为基础的。

业界主流的时序数据库都是采用LSM-Tree替换B-Tree,比如Cassandra、InfluxDB等。LSM-Tree包括内存中的数据结构和磁盘上的文件两部分,分别对应HBase中的MemStore和HLog,或者是对应Cassandra中的MemTable和SSTable。

LSM-Tree的操作流程如下。

(1)数据写入和更新时首先写入位于内存中的数据结构,为了避免数据丢失,也会同步写到预写日志(WAL)文件中。

(2)内存中的数据结构MemTable会定时或达到固定大小后批量写入硬盘永久保存,这些硬盘上的文件将不会被修改。

(3)随着硬盘上积累的文件越来越多,会定时根据规则进行文件合并操作,消除冗余数据,减少文件数量。

可以看到,LSM-Tree通常分成三部分。以Cassandra为例,分为CommitLog、MemTable和SSTable。前文提到过,MemTable和SSTable分别存储在内存和数据库中,CommitLog(InfluxDB中称为WAL)也

是在内存中,但是这部分是用来记录提交的数据日志的,当CommitLog达到一定的大小时,CommitLog会被写入硬盘。当数据还在内存的MemTable中,并且还没有被写入硬盘时,在CommitLog的header字段中会将对应的Column Family(相当于Cassandra这类列存储数据库的表)标识为有脏数据。这样,如果机器或程序突然退出,可以通过硬盘中的CommitLog来恢复MemTable。

当Cassandra接收到数据后,会先以map的格式存储在MemTable中。一旦MemTable达到一定大小或经过一定时间间隔,内存中的MemTable会被转移到硬盘上,形成新的SSTable。当然,这时是以批量数据顺序写入硬盘的形式完成的,每一个Column Family都有一个对应的MemTable。

在数据库的后台,每隔一段时间会进行一次Compact操作,这个操作就是将相同Column Family的SSTable进行合并。由于SSTable本身是按照顺序写入硬盘的,所以按顺序遍历一遍,就可以完成合并操作。对数据的插入和删除操作记录,也是在Compact操作时合并到大表中去的。

无论是添加、删除还是修改,都是在文件尾部追加写入。删除是在文件尾部添加要删除数据的key,然后在value部分写入删除标记(Tombstone);修改则是在文件尾部加入更新数据的key,并将新的值写入value中。这种LSM-Tree数据结构的数据库,天生适合大量写和按顺序读取,但是对于删除和更新数据,往往支持得不够好。不过,这样的数据结构特点却非常符合时序数据存储的要求,时序数据通常情况下都是顺序写入,极少有删除和更新操作。

Cassandra中每个Column Family产生的磁盘文件有三个,分别是SSTable、Index和Filter,对应的是数据存储表、偏移量索引和布隆过滤器。

在很多情况下,Cassandra、LevelDB和RocksDB这样的NoSQL数据库都可以作为时序数据库使用。最近几年,随着物联网和边缘计算的发展,出现了一些专门设计的时序数据库,如InfluxDB、IoTDB及DolphinDB等。

(1)InfluxDB介绍。

InfluxDB是目前在性能和功能上都做得非常出众的一款时序数据库,同时也是一款开源软件,采用Golang编写,开源协议是MIT License。用户可以使用和修改InfluxDB的代码,并用在自己的开源或商业软件上。

由于InfluxDB本身的设计目标就是提供一款高效的时序数据库,因此各方面的功能和特点都是以存储和查询时序数据为设计和优化目标的。这使它相比于其他的对标产品,如OpenTSDB和Cassandra等,在性能和功能上都有比较大的优势。

InfluxDB实现了类SQL查询语句。InfluxDB中的数据存储元素虽然看上去和关系型数据库的表、行、列的构架很相似,但实质上数据的存储、结构及原理是完全不同的。

例如,我们要插入一条温度的监控数据,这条数据表示成如下形式。

```
temperature, device=dev1,building=b1 internal=24,external=11 1443789999
```

其中temperature叫作测量(Measurement),相当于关系型数据库中的表,其与表的本质区别是,测量是没有字段的概念的。取而代之的是三种列类型——标签(Tag)、度量值(Field)和时间戳(Timestamp)。上面这条记录中,device和building是标签,用来描述度量值的属性;internal和external

是度量值,也是实际记录的值;最后面的一串数字表示的是时间戳,这会作为时序数据库索引的一部分。整体记录被称为一个Point。对于这样的列存储结构来说,是没有固定的Scheme的,Tag和Field长度可以是不固定的。

那插入这条数据的语句可以写成:

```
INSERT temperature, device=dev1,building=b1 internal=24,external=11
```

后面的时间戳可以不要,不过这时数据库就会自动将插入数据时服务器的时间附加上,作为该条数据的时间戳保存。InfluxDB支持时间戳的粒度为纳秒。

如果需要进行查询,可以输入下面这条语句。

```
SELECT * FROM temperature
```

InfluxDB提供了连续查询(Continuous Query)和留存策略(Retention Policy),用于优化时序数据库的查询和存储性能。在很多场合中,时序数据以每秒几十万甚至几百万的速度写入时序数据库中,这对数据聚合查询和分析的性能会造成非常大的压力。在实际的项目中,可以采用连续查询来预先计算和存储部分聚合查询的结果,提升查询效率并降低延迟。下面是连续查询语句的表达式。

```
--创建连续查询,cq_name是定义的查询名,database_name是数据库名
CREATE CONTINUOUS QUERY <cq_name> ON <database_name>
[RESAMPLE [EVERY <interval>] [FOR <interval>]]
BEGIN SELECT <function>(<stuff>)[,<function>(<stuff>)] INTO <different_measurement>
FROM <current_measurement> [WHERE <stuff>] GROUP BY time(<interval>)[,<stuff>]
END
```

下面是连续查询的示例。

```
CREATE CONTINUOUS QUERY cq_30m ON telegraf BEGIN SELECT max(external) INTO
temp_external_30m FROM temperature GROUP BY time(30m) END
```

上面的语句是查询30分钟内的外部温度最高值,并形成连续查询记录到cq_30m。如果后面有客户端需要查询30分钟内的最高温度,就能够迅速获得结果。

留存策略是对海量时序数据存储的一种优化策略,通过删减、合并低价值的冷数据,来优化数据存储。留存策略的设置是时序数据库中非常重要的功能之一,前文提到过对于时序数据来说,时间因素对于数据价值的高低是决定性因素之一。时间久远的数据,虽然整体上可以用于离线大数据分析或作为机器学习的数据样本,但是单独的数据集本身的现实价值(当前状况预测分析、预警及实时决策分析)非常低。而且随着时间的推移,时序数据记录的价值会持续降低,被时序数据分析系统处理和读取的可能性也会降低。留存策略就是根据实际的业务,按时间维度判断数据的留存及压缩的策略,以节省存储空间并提高系统的性能。

```
CREATE RETENTION POLICY <retention_policy_name> ON <database_name> DURATION
<duration> REPLICATION <n> [SHARD DURATION <duration>] [DEFAULT]
```

语句中参数的含义如下。

retention_policy_name：策略名（自定义的）。

database_name：设置策略的数据库名。

duration：定义的数据保存时间，最低为1小时，如果设置为0，表示数据持久不失效（默认的策略就是这样的）。

REPLICATION：定义每个Point保存的副本数，默认为1。

DEFAULT：表示将这个创建的留存策略设置为默认的。

SHARD DURATION：决定了一个数据库文件分片（Shard）的时间间隔。在默认情况下，分片的时间间隔是由留存策略的数据保存时间来确定的，如表7-1所示。

表7-1 默认分片时间间隔

| 留存时间 | 分片间隔时间 |
|---|---|
| < 2天 | 1小时 |
| >= 2天并且 <= 6个月 | 1天 |
| > 6个月 | 7天 |

下面是一个创建留存策略的示例语句，是在Telegraf库上建立一个一年时间的留存策略。同一个数据库可以建立多个留存策略，但是只能有一个默认的策略。

```
CREATE RETENTION POLICY "1Y" ON telegraf DURATION 366d REPLICATION 1
```

在InfluxDB创建时，总是会创建一个永久数据留存策略autogen作为默认的策略。当然，我们一般会根据实际业务的需求创建一个默认留存策略。对于高频监控类数据，我们通常不会保留超过一个星期，超过留存时间的数据将会被清除。但是，对于历史数据，通常还是希望保存一些数据聚合后的结果信息，以备日后查看。这时可以用连续查询并永久留存的方式来存储这样的数据。比如对于温度测量值，希望能够长期保存每天的最高温度、最低温度和平均温度的计算值，以备日后查询和分析，可以用以下InfluxQL语句完成。

```
--新建一条永久留存策略
CREATE RETENTION POLICY "rp_INF" ON telegraf DURATION inf REPLICATION 1
--创建永久记录每天内部温度最大、最小和平均值的连续查询
CREATE CONTINUOUS QUERY cq_longterm ON telegraf BEGIN SELECT max(external),
min(external), mean(external)
INTO "rp_INF". "temp_external_longterm" FROM temperature GROUP BY time(1d) END
-- rp_INF是新建的永久留存策略，查询值存入temp_external_longterm表中
```

InfluxDB的设计是根据时序数据的特点优化的。为了实现高速的读写，对删除和更新操作做了非常严格的限制。同时，原则上也是不允许存在重复数据的，这在极特殊的情况下可能会产生数据覆盖，数据库的读写性能重要性远远大于数据的强一致性。InfluxDB作为一个时序数据库，不支持不同Measurement之间的关联查询，而且不能够建立表之间的关系。

（2）InfluxDB 2.0介绍。

目前最新版本的InfluxDB 2.0和1.x版本的区别还是比较大的,不过基本的框架和理念还是一致的,主要变化有:默认的查询和操作语言由InfluxQL变成了Flux,这是一种新设计的时序数据查询语言;原来的Database概念被Bucket取代了;InfluxDB 2.0在安装好以后,本身会带有一个Web UI,用于可视化的查询和操作。

新引入的概念包括Organization、Bucket、Retention Rules和API Token。下面是一个Flux查询语句的示例,这条语句用来查询外部温度external,并带有device和building两个Tag,Tag的值分别是dev1和b1。

```
from(bucket: "telegraf")
|> range(start: -1h)
|> filter(fn: (r) =>
   r. _measurement == "temperature" and
   r. _field == "external" and
   r. device == "dev1" and
   r. building == "b1"
)
|> yield()
```

根据InfluxData(开发和维护InfluxDB的公司)的说法,他们致力于将Flux打造成一个平台独立的数据查询和处理系统,既可以用于时序数据库的查询,也可以通过不同的连接器适配其他种类的数据源,貌似想独立打造一套新的数据处理脚本体系。官方文档称,Flux是一种功能性数据脚本语言,旨在将数据的查询、处理、分析和操作统一到单一的语法体系中。如果要深入研究这部分内容,会是一个非常大的话题。如果对InfluxDB或时序数据库有兴趣,可以通过官方文档进一步了解。

# 7.3 时序数据处理

时序数据可以分成两种类型,分别是度量(Metrics)和事件(Event)。度量型的数据是指通过传感器或接口,按照固定的时间间隔收集的数据序列。事件通常不是固定间隔产生的,而是发生某个触发条件,然后就会产生一个事件记录。时序数据处理系统是整个物联网软件平台中极为重要的一环,实际应用中的时序数据处理系统是由数据接入(采集)、消息队列、数据存储(时序数据库)及数据处理和可视化几个紧密相关的步骤构成的。

## 7.3.1 完整时序数据处理框架TICK

本小节介绍一个主流和完整的时序数据处理框架TICK,这样读者就能够了解一个时序数据处理系统是如何构成的,以及是如何配置和实现的。TICK框架包括Telegraf、InfluxDB、Chronograf和Kapacitor这四个开源软件,构成了一个完整的数据采集、存储、分析及可视化为一体的解决方案。

前文已经对 InfluxDB 有比较详细的介绍了, 它是一个主流的时序数据库。Telegraf 是一个简单和高性能的数据采集工具, Kapacitor 是数据实时分析和处理软件, Chronograf 则是数据可视化工具。TICK 架构如图 7-5 所示。

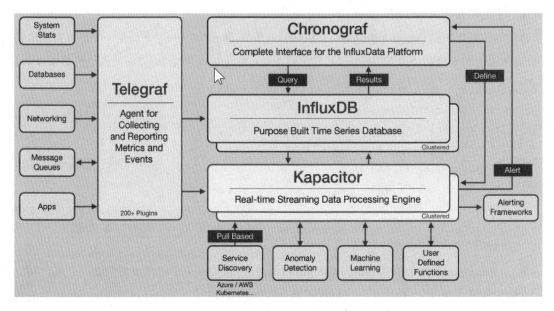

图 7-5　TICK 架构(截取自 InfluxDB 官方文档)

我们首先介绍一下数据采集工具 Telegraf, 这个工具采用可配置的、灵活组合的插件进行数据采集和上报。Telegraf 依赖不同的插件实现数据收集、上报和处理, 主要有输入插件(Input)、输出插件(Output)、处理插件(Processor)和聚合插件(Aggregator)。可以打开官网, 在图 7-6 所示的插件页面下载所需要的插件。

输入插件用于连接数据源, 目前支持 218 种数据源, 主流的数据接入协议及数据提供程序基本上都能够支持。输出插件负责数据上报, 支持包括 InfluxDB 在内的 51 种存储系统、消息队列、云平台等。

图 7-6　Telegraf 插件的下载页面

除上面提到的输入插件和输出插件外, Telegraf 还提供了处理插件和聚合插件两种插件类型。通过这两类插件, 采集到的数据可以经过一定的预处理和聚合, 再输出到相应的目标系统。这一方面可以减轻下游系统的计算压力, 另一方面可以提前过滤和聚合部分数据, 减少数据传输量。处理插件用于对每一个流过的数据进行处理, 比如将每个收集的度量(Metrics)值保留小数点后三位, 或者给每条数据加上特定标签等。

聚合插件通常用于计算规定时间段的平均值、最小值、最大值、分位数或标准偏差等。聚合插件必须设置时间窗口的长度,换句话说,插件输出的值是过去一个时间窗口中采集到的数据的聚合值,由于很多场景下我们只关心聚合的结果,而不需要保存每一个度量值,因此在配置文件中有一个 drop_original 参数,设置以后,Telegraf 只会发送聚合过的数据,而不发送原始收集的时序数据。

由于 Telegraf 和 InfluxDB 是由同一家公司开发和维护的,属于相同生态和设计思路下的产品,所以在采集数据的数据结构上也很相似。Telegraf 采集的每一条数据称为度量(Metrics),每条 Metrics 由四个部分构成,分别是 Measurement Name、Tags、Fields 和 Timestamp。这几个部分都可以在 InfluxDB 的数据结构中找到相应的数据成分,因此 Telegraf 采集的数据能够无缝对接 InfluxDB。

Telegraf 天然的可扩展性使它的应用边界可以放大到时序数据处理和预警,通过外部插件的形式能够实现很多功能,比如通过 Execd 插件调用外部程序实时处理数据,甚至可以直接做数据预测和计算等。

不过需要注意的是,Telegraf 并不是一个底层的连接物理设备的数据采集系统。在实际的物联网和边缘计算系统中还需要硬件层面的数据收集和通信系统配合。

承担数据分析的工具是 Kapacitor,其在 TICK 框架中作为时序数据分析处理、预警和异常处理的核心工具。Kapacitor 是和 InfluxDB 紧密绑定的,数据源必须依赖于 InfluxDB,需要在配置文件中配置好 InfluxDB 的地址、验证信息等才能够正常工作。Kapacitor 的预警功能比较强大,可以通过多种 handler 发送预警消息,支持告警输出的方式有 Alerta、E-mail、命令执行、Kafka、Log、MQTT、SNMPTrap、HTTP Post 等。下面是一个对 CPU 监控的 TickScript,Kapacitor 使用 TickScript 作为数据处理的脚本语言。

```
dbrp "telegraf"."autogen"

stream
    |from()
        .measurement('cpu')
        .groupBy(*)
    |alert()
        .warn(lambda: "usage_idle" < 20)
        .crit(lambda: "usage_idle" < 10)
        // 将预警信息发送到CPU这个Topic中
        .topic('cpu')
```

上面的语句用于设置 CPU 预警的信息,如果利用率大于 80%,就会发送 WARNING;如果大于 90% 会发送 CRITICAL。在 Kapacitor 中,预警信息被分为 0、1、2、3 这四个等级,分别对应 OK、NFO、WARNING 和 CRITICAL 这四个状态。如果设置成 match: level() >= WARNING,则只有等于或超过 WARNING 级别的预警才会被发送出去。对于 CPU 这个 Topic,我们通过 YAML 格式的配置文件可以设置一个 handler,如下面这个例子,将预警信息发送到 Kafka 系统中。

```
topic: cpu
```

```
id: Kafka
kind: Kafka
options:
  channel: '#alerts'
```

Kafka handler 的连接配置也在 YAML 格式的配置文件 kapacitor.conf 中，在 TickScript 文件中可以通过一行 .kafka() 代码直接发送预警信息。

```
[[kafka]]
  enabled = true
  id = "infra-monitoring"
  brokers = ["192.168.10.89:9092", "192.168.10.90:9092"]
  timeout = "5s"
  batch-size = 100
  batch-timeout = "1s"
  use-ssl = true
  ssl-ca = "/etc/ssl/certs/ca.crt"
  ssl-cert = "/etc/ssl/certs/cert.crt"
  ssl-key = "/etc/ssl/certs/cert-key.key"
  insecure-skip-verify = true
```

当然，也可以配置其他不同的 handler，比如前面提到的 Alerta、E-mail、命令执行、Kafka、Log、MQTT、SNMPTrap、HTTP Post 等。这些都可以在官网的文档中查到，就不在书中列举了。

Kapacitor 既可以进行流处理（分别处理每一个数据项），也可以进行批处理，然后将处理结果通过 influxDBOut() 语句再返回到 InfluxDB 中。事实上，Kapacitor 能够完全取代 InfluxDB 的连续查询功能（Continuous Query）。另外，数据采集组件 Telegraf 也可以通过处理插件和聚合插件完成部分数据处理和聚合的功能。这三个组件在数据处理上其实是有重合的部分的，那么任何一个数据处理和聚合任务我们应该放到哪个组件中去做呢？其实这是很多组件系统都会遇到的问题，组件之间的功能是有重叠的。

处理这种问题有两个思路，一个是惯例，就是一开始是如何做的，后面就遵循这样的做法。比如最开始引入的是时序数据库 InfluxDB，所有的数据下降低采样率都是在连续查询中完成的，那么以后所有类似的任务都在连续查询中完成。加入 Kapacitor 后，将其他输出到外部系统的数据分析全部交给这个组件，因为 Kapacitor 的功能更加灵活强大。另外一个思路是参考业界的普遍做法，或者说是最佳实践。有些系统在业界往往有一些通行的做法和最优的解决方法，系统架构师的一个重要职责就是了解和研究业界的最佳实践，并将这些经验代入新设计的系统架构中。

最后一个需要介绍的组件是 Chronograf。Chronograf 是一个时序数据的可视化工具，如图 7-7 所示。Chronograf 也是和 InfluxDB 紧密绑定的一个组件，其数据源基本上只支持 InfluxDB 时序数据库。同时，Kapacitor 的预警数据可以和 Chronograf 进行比较容易的绑定。对于很多通用的应用程序和中间件，如 Apache、Consul、Docker、Elasticsearch、HAProxy、IIS、Nginx、Kubernetes、MySQL 等，可以通过 Telegraf 加上采集插件进行数据采集，同时可以通过 Chronograf 预创建的可视化仪表盘进行显示。

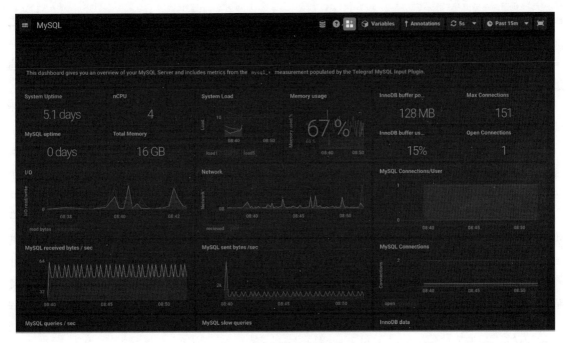

图 7-7　Chronograf 的 MySQL 监控页面

## 7.3.2 Prometheus 和 Grafana 监控系统

Prometheus 是云原生计算基金会(CNCF)的顶级项目之一,其最初的设计目的是为 Kubernetes 集群的监控提供一个时序数据处理和存储系统。不过,Prometheus 设计得非常出色,如今被用在各类 IT 系统监控和物联网设备监控系统中。经常与 Prometheus 一起使用的可视化工具是 Grafana,Grafana 的兼容性比 Chronograf 强很多,可以连接不同的数据源,而且可视化图表的效果也更加出色。

Prometheus 是一个比较全能的流数据处理工具,有数据采集插件,如 node_exporter、consul_exporter 等;有非常多的第三方提供的 exporter 可供使用;有 Alertmanager 处理告警信息;有 PushGateway 组件用于从防火墙内部发送度量数据给 Prometheus。Prometheus 本身也是一个简单的时序数据库,并且能够对时序数据进行实时处理和分析。

Prometheus 将度量分为 4 种类型,分别是 Counter(计数器)、Gauge(仪表盘)、Histogram(直方图)和 Summary(摘要)。

Counter 是一个累积计数的指标,仅支持增加或重置为 0(只增不减)。例如,可以用来统计服务请求的数量、任务完成数量,或者出错的数量。

Gauge 是一个纯数值型的能够经常进行增加或减少的指标。例如,可以记录温度数据、内存使用数据等,也可以给计算服务提供数据。传统意义上的度量就是 Gauge 类型的。

Histogram 在一段时间内进行采样,并能够对指定区间及总数进行统计。Histogram 会有一个基本的指标名称<basename>,Prometheus 的 Histogram 是一种累积直方图,它的划分方式如下:假设每个 Bucket 的时间窗口宽度是 0.2s,那么第一个 Bucket 表示响应时间小于等于 0.2s 的请求数量,第二个

Bucket表示响应时间小于等于0.4s的请求数量，以此类推。也就是说，每一个Bucket的样本包含了之前所有Bucket的样本，所以叫累积直方图。

Summary与Histogram类似，用于表示一段时间内的采样数据，但它直接存储了分位数，而不是通过区间来计算。

如果需要进行聚合运算，则使用Histogram的类型最合适。在TICK中，聚合功能是作为Kapacitor的聚合插件提供的，同时也可以通过InfluxDB的数据聚合查询语句做降频采样。

由于Prometheus最初是用于监控云计算节点的，所以采集数据的一个对象称为一个实例（Instance）。对于集群来说，一个实例对应于集群中的节点，由<host>:<port>这样的结构表示。一个Job设置成某一种监控任务，一个Job通常会监控很多个实例。

Prometheus包括的TSDB系统在功能上要弱于InfluxDB，不过由于其集成了用于大规模分布式系统的监控功能，使其几乎成为云平台和边缘云系统中应用最为广泛的监控系统。传统的Zabbix等网络设备监控系统虽然能够监控机房中网络设备和服务器的各项软硬件指标，但是面对大规模的云计算节点或有大量边缘节点的监控场景，在性能、易用性和适配性方面都远远不如Prometheus。面对复杂的拓扑结构和海量的节点数量，采用时序数据库的方式进行系统监控是必然的。图7-8和图7-9分别是传统的物理网络监控的拓扑图和微服务架构的系统监控中的拓扑图。可以看到，传统企业网络和微服务架构的节点数量和复杂度不是同一个数量级。

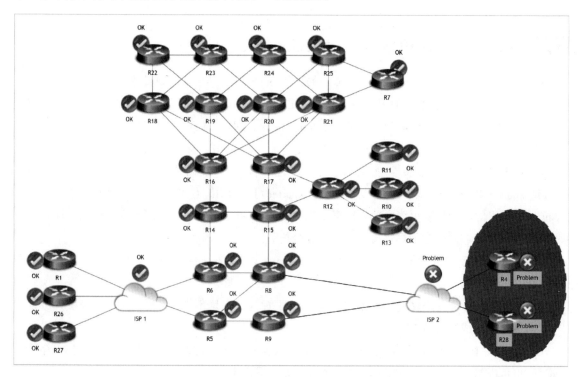

图7-8　Zabbix系统监控的物理网络

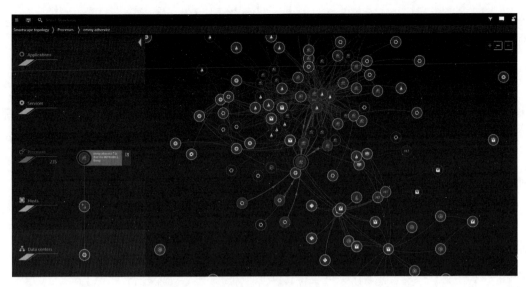

图 7-9　微服务构成的云计算系统节点监控

Prometheus+Grafana 的应用场景比较单一,主要集中于大规模的微服务系统的监控、预警和可视化。TICK 更加通用一些,可以作为监控系统,也可以作为物联网数据的高性能采集、处理和存储平台使用。我们可以看一下 Prometheus 的一个简单的监控节点的配置文件。

```yaml
global:
  scrape_interval: 15s
  evaluation_interval: 15s

alerting:
  alertmanagers:
  - static_configs:
    - targets:
      # - alertmanager: 9093

rule_files:
  # - "first_rules.yml"
  # - "second_rules.yml"

scrape_configs:
  - job_name: 'prometheus'
    static_configs:
    - targets: ['localhost:9090']
  - job_name: 'node'
    static_configs:
    - targets: ['192.168.100.111:9100', '192.168.30.112:9100', '192.168.30.113:9100']
```

可以看到,有几个大的配置节,即 global、alerting、rule_files 和 scrape_configs。global 节用于配置全

局的变量,比如采集周期、评估周期等。alerting 节用于配置预警信息的处理。rule_files 节用于设定采集到的数据如何分发、聚合和存储的规则。scrape_configs 是最为重要的配置节,job_name 是采集工作的名称,targets 则配置收集度量信息的地址和端口号。

上面的监控系统中,首先有一个 Job 用来监控 Prometheus 服务本身,然后新建了 3 个节点的数据采集 Job。当然,如果需要采集到每个分布式节点的运行信息,必须在每个节点中下载并部署 node_exporter。通过这个 exporter,采集节点的各种系统指标并等待 Promutheus 服务的刮取(scrape),Prometheus 采用主动读取每个采集服务和节点数据的方式。当然,对于某些局域网内没有办法直接访问的节点,可以通过 PushGateway 进行推送,上报到 Prometheus 服务。

上面代码的配置用的是静态地址配置的方式,将要采集的节点写到 static_configs 下的配置数组中。在实际的项目中,其实云平台或边缘云系统通常都会有服务发现组件,比如 Consul、Eureka、Etcd、Zookeeper 等。可以直接在这些服务发现组件中获得节点和服务列表,然后自动抓取数据。比如我们将 node_exporter 注册到 Consul 中,然后在 Prometheus 的配置文件 scrape_configs 节中加入。配置完成后重启服务,就能够自动发现 node_exporter 并开始收集数据。

```
...
- job_name: 'consul-prometheus'
  consul_sd_configs:
    - server: '192.168.100.199:8500'
      services: []
```

PromQL (Prometheus Query Language) 是 Prometheus 中自带的时序数据查询 DSL(领域特定语言),虽然后面也带了 QL,但并不像 InfluxQL 这类 SQL 语言,而是一种新的数据查询语言。下面查询的是一个 metric 名称是 node_cpu_usage_total,节点的 name 是 test01 的数据。

```
node_cpu_usage_total{name="test01"}

// 返回所有metric名称是http_requests_total时间序列的每秒速率,以最近5分钟为单位
rate(http_requests_total[5m])
// 查询192.168.30.135上组件的存活状态
up{instance=~"192.168.30.135.*"}
```

上面仅仅是一些例子,详细的介绍可以参考官方文档或相关的介绍书籍。PromQL 和其他类型的时序数据查询语句相似,支持各种流处理和批处理计算。但是,不支持联表查询、关系查询等关系型数据库特有的功能。

## 7.3.3 流处理系统

除了前面介绍的 TICK 架构的时序数据处理框架和组件,以及 Prometheus 这样的以时序数据处理功能为基础的监控系统,在实际的物联网和边缘计算系统中,往往还会用到专门设计的实时流数据处理引擎,比较典型的流数据处理引擎包括 Flink、Spark Streaming 和 Storm。

与时序数据库的介绍相似,笔者选取一种流数据处理引擎进行介绍,作为这类系统的一个示例。目前应用最广泛、性能最突出的流数据处理引擎肯定是Flink了,Flink项目是Apache软件基金会的顶级项目。Flink来源于柏林理工大学2008年的一个研究性项目,该项目研究的课题是下一代大数据分析引擎。Flink的开发语言主要是Java,是一个分布式流数据处理系统。

Flink有一个非常重要的特性就是Stateful,即有状态计算。Stateful是指Flink能够实时保存流数据的处理结果,以备查询、聚合和错误恢复使用。Flink刚出现时,在大数据技术领域中最火的应当是参照谷歌的MapReduce和BigTable理论开发出来的Hadoop生态系统。Hadoop的出现的确解决了当时互联网企业海量数据的数据挖掘和离线处理的难题,很多互联网企业参考Hadoop的源代码建立了自己的离线大数据处理系统。

当时的大数据领域,各大厂商都以拥有并运维了几百甚至上万节点规模的大型Hadoop集群作为自己大数据处理和分析能力的证明,很多企业或政府项目在根本不需要这样的海量数据分析系统的情况下也不切实际地采用了Hadoop。后来在伯克利大学诞生的Spark系统,是在Hadoop的基础上进行了创新和改进,总体来说是一个更加成功的大数据批处理系统。Spark提供了Python和Scala的API。在Hadoop体系中,Spark事实上取代了性能低下、使用复杂的MapReduce模式。Spark通过RDD(弹性分布式数据集)的形式保存节点数据和计算数据,中间结果也保存在RDD中。在集群上的RDD需要读取Hadoop的底层文件系统,例如,HDFS和HBase,读取后会将这些数据分别写入不同节点的内存中。

另外,Spark实现了共享参数的机制,在进行分布式并行计算时,所有节点的RDD都会保存一份运算中需要使用的共享参数,以提高整个系统的处理效率,相当于Hadoop自带的map+reduce两个步骤的大数据处理方式。Spark则要灵活得多,拥有非常多的分布式操作函数。除map()和reduce()函数外,还提供了filter、flatmap、uninon、group、collect、count等操作(某些中文书籍翻译为算子)。而且由于采用了内存中计算和保存中间结果的方式,其处理速度比MapReduce快百倍。同时,Spark有专门的流数据处理引擎Spark Streaming。Spark对于流处理的方式其实是一种微批次处理,Hadoop+Spark框架原本就是用于处理大规模的离线批次数据的,是一个分布式的OLAP系统。每经过一个固定的时间窗口,就会把数据源(可以是Kafka、Socket等)中接收下来的数据保存为一个小型的RDD,每个小型的RDD中的数据都会作为一个微批次来处理。

微批次的时间窗口大小是可以设置的,一般设在500毫秒到几秒之间。这么看来,Spark Streaming并不是真正意义上的流数据处理系统,而是用微批次处理的方式来模拟流数据处理。在真正强时效性的系统中还是不适用的,比如监测高速运动的物体状态,或者对高速变化的反应炉压力预警等。如果响应延迟几十毫秒,就有可能监控失效,造成损失或事故。类似这样的低延迟、高可靠性的要求在工业边缘计算、自动驾驶等领域其实非常常见。

下面简单介绍一下目前特别流行的Flink流数据处理引擎。

Flink作为新一代的流数据处理引擎,不但可以高效地处理各种批数据,而且还能够支持真正的实时流数据处理。很多大数据领域的工程师和研究者都认为,Flink代表大数据处理技术未来的发展方向。图7-10所示是Flink流处理的步骤。可以看到,Flink提供了从数据源读取数据,然后通过一系列的处理算子,最后将结果保存到数据库或传送到其他系统中的整个流程的功能。这么看来,似乎和Spark的处理流程有点像,但是其实设计思路是完全不同的。Flink没有RDD这种中间存储对象概念,而是把整个架构设计为不同的算子(Operator),包括数据源算子(Source Operator)、转换算子(Transformation Operators)和保存算子(Sink Operator)。其中转换算子是可以级联的,是数据处理和运算的核心功能单元。

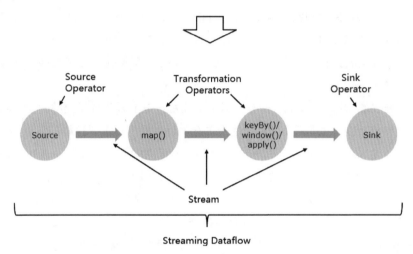

图7-10　Flink流处理的步骤

　　Flink一开始就是作为一个分布式大规模流数据处理引擎设计的,拥有非常好的伸缩性和灵活性,同时能够支持统一的Lambda大数据机器学习体系架构。Flink把流数据分为有界流数据和无界流数据两种类型。有界流数据处理其实很像批处理系统,流数据既有开始也有结束,可以接收全部数据后一起处理。无界流数据则更加符合通常意义上的流数据,有开始,但是没有结束,因此对这样的流数据应该能够进行实时不间断处理。绝大多数的日志数据、传感器数据及事件和预警信息都是无界流数据。作为一个分布式流数据处理引擎,如果数据的处理方法对于数据产生的时间先后是敏感的,就应该有机制能够保证乱序接收到的数据能够得到正确的重排及合并。Flink是可以保证时间敏感的流数据处理的正确性的,不但数据计算不能够漏算、错算,时序上也需要得到保证。Flink在低延迟、高吞吐、结果准确性和系统容错性这几个方面非常优秀。

　　介绍Flink应用,其实主要是考虑到未来的边缘计算平台及物联网数据的流量巨大,甚至远远超出目前电子商务和社交媒体的流量大小。因此,如果在云端处理这些海量汇聚的流数据,一定需要用到Flink这样新型的流数据处理引擎。当然,专门为边缘计算设计的,或者是云边协同专门设计的流处理引擎也出现了。百度在2019年年底就推出了Creek框架,对原有的Flink进行了改进,在资源有限的边缘服务器上也能够支持高性能的流数据和批数据处理。另外,EMQ公司的边缘流处理引擎eKuiper已经正式加入LF Edge基金会的边缘计算开源框架EdgeX Foundry中,作为EdgeX的默认规则引擎。

## 7.4 时序数据分析和预测方法

时序数据的处理是边缘计算数据处理中最重要的领域之一,因此对于如何去处理和预测时序数据,特别是其中涉及的概念和算法,我们应该了解和掌握。当然,时序数据处理的算法和理论其实是非常丰富的,本节主要对这些算法和数据处理的框架进行有重点的介绍,在需要进一步了解时可以通过本节的主要知识点深入下去。

### 7.4.1 时序数据的整理和可视化

我们分析时序数据之前,往往会对数据进行一些处理,然后进行一些前期的观察和分析,再选择一个工具或方法进行进一步的预测和分析。

本书中涉及的数据分析和机器学习的内容,主要都是使用Python语言作为示例。本小节将会使用Python的Pandas数据处理包进行时序数据分析和预测。对于学习用的数据集,我们采用从Kaggle网站上下载的Air Passenger数据集。

#### 1. 时序数据预处理

我们通常拿到的生产场景的时序数据或多或少都有一些问题,不能够直接导入程序中进行分析和预测。首先是数据本身的问题,如无序时间戳、缺失值(或时间戳)、异常值和数据中的噪声等。

另外,原始的数据格式往往需要转换才能够在程序中使用。我们从文件中读取Air Passenger的数据,然后做一下日期数据的格式转化,将其从字符型转换为日期型,这样才能够对时间戳进行排序。

```
import pandas as pd # 导入Pandas包

# 导入数据文件
passenger = pd.read_csv('AirPassengers.csv')
passenger['Month'] = pd.to_datetime(passenger['Month'])
passenger.sort_values(by=['Month'], inplace=True, ascending=True)
```

处理时序数据中的缺失值通常有两种方式,一种是将有数据缺失项的数据项直接删除,另一种是采用插值法填补空缺的数据。插值法一般是用缺失的时序数据的前后两个数据来估计缺失数据值,通常有基于时间插值、线性插值和样条插值法。首先用折线图显示数据,如图7-11所示。

```
from matplotlib.pyplot import figure
import matplotlib.pyplot as plt

figure(figsize=(12, 5), dpi=80, linewidth=10)
plt.rcParams['font.sans-serif'] = ['SimHei']
plt.rcParams['axes.unicode_minus'] = False
```

```
plt.plot(passenger['Month'], passenger['#Passengers'])
plt.title('Air Passengers数据集')
plt.xlabel('Years', fontsize=14)
plt.ylabel('乘客人数', fontsize=14)
plt.show()
```

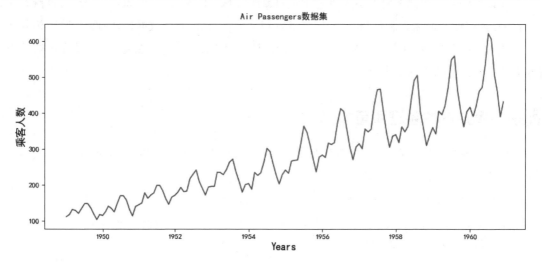

图7-11　航空公司乘客数据集可视化

可以去掉一些数据，如图7-12所示，中间有几个月份缺失了。

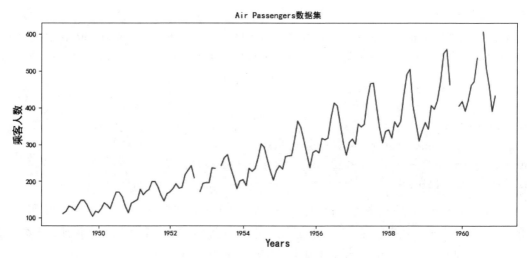

图7-12　航空公司乘客数据缺失

下面分别用其中两种插值方法进行处理。

```
passenger['Linear'] = passenger['#Passengers'].interpolate(method='linear')
passenger['Spline order 3'] = passenger['#Passengers'].interpolate(method='spline',
                                                                   order=3)
```

```
methods = ['Linear', 'Spline order 3']

from matplotlib.pyplot import figure
import matplotlib.pyplot as plt
for method in methods:
  figure(figsize=(12, 4), dpi=80, linewidth=10)
  plt.plot(passenger['Month'], passenger[method])
  plt.title('插值方法: ' + types)
  plt.xlabel("Years", fontsize=14)
  plt.ylabel("乘客人数", fontsize=14)
  plt.show()
```

　　如图7-13所示,经过两种插值方法,即线性插值和样条插值后,数据看上去还算比较完整,效果比较好。

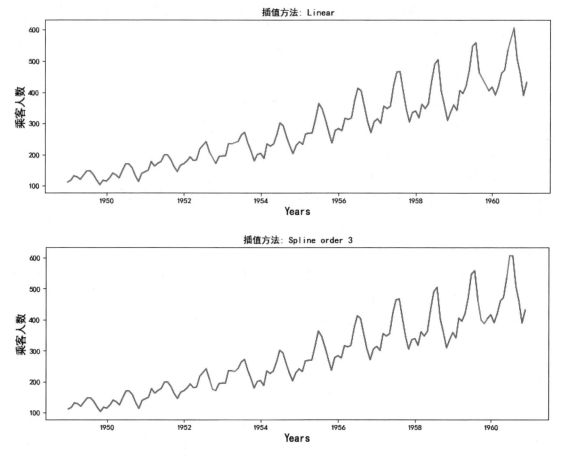

图7-13　采用线性插值和样条插值法后的数据显示

　　对于数据有噪声的情况,我们可以通过滚动平均值或傅里叶变换降低噪声。滚动平均值是对先前观察窗口内时间序列数据的一系列值进行平均计算,通过对每个有序窗口的值进行平均,可以显著减少时间序列数据中的噪声。图7-14所示是应用30天滚动平均值后的Facebook股票价格曲线。

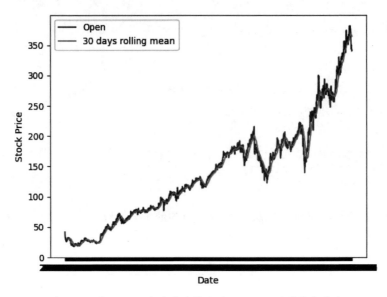

图7-14 应用30天滚动平均值后的Facebook股票价格曲线

```
fb_stock_price = pd.read_csv('FB_stock_history.csv')
rolling_fb = fb_stock_price['Open'].rolling(30).mean() # 30天平滑处理
plt.plot(google_stock_price['Date'], fb_stock_price['Open'])
plt.plot(fb_stock_price ['Date'], rolling_fb)
plt.xlabel('Date')
plt.ylabel('Stock Price')
plt.legend(['Open', '30 days rolling mean'])
plt.show()
```

**2. 离群数据分析**

对于时序数据处理,我们经常需要找出离群数据(数值大小远远超出正常范围)。离群数据也是有非常多应用的,质量管理中的SPC(Statistics Process Control,统计过程控制),其中一种异常就是需要在生产过程中发现离群的测量值,出现离群点的告警就是一个非常重要的过程不稳定的指标。离群值最常用的检测方法是滚动窗口法,如果某个值的大小超过时间窗口中所有点位数据值的平均值加上或减去3倍标准差,则认为是离群值。

$$V \notin (\bar{x} - 3s, \bar{x} + 3s)$$

式中,$\bar{x}$为平均值,$s$为标准差。$V$超出范围内的就是离群值。

做时序数据预测和分析时,有几个背后的假设必须说明。第一点是时序数据的可预测性。当我们获得一个时间序列数据后,用这个已知序列预测未来的数据,这至少说明我们认为以前发生的事件一定包含了部分未来的信息,这才有可能进行分析和预测。换成统计学的术语,就是历史数据和未来数据存在相关性。如果没有这种联系,则分析和预测将毫无意义。例如,白噪声就是均值和方差固定,并且无自相关性的纯粹随机数据,因此也就没有任何分析和预测的可能性。

第二点,处理和预测时不应带有超前数据(Lookahead)。也就是说,在处理训练数据和模型时,每一个步骤只能将预测时间点以前的时序数据作为输入,而不能引入预测时间点当时和未来的数据。如果引入,其实是在预测模型训练中加入了不可知数据,会对模型实际使用的准确性造成负面影响。但是,在实际的数据分析和处理中,往往有可能在无意中引入"未来数据"信息,这需要在数据处理和分析时非常小心,尤其在数据预处理的过程中,这是无意引入超前数据的重灾区。

## 7.4.2 时序数据的一些重要概念

在进行时序数据分析和预测方法的介绍之前,有必要对时间序列数据的几个重要特征进行说明,这几个特征分别是平稳性、自相关性、趋势性、季节性和周期性。

### 1. 平稳性

平稳性可以分为严平稳和弱平稳,严平稳要求时序数据的分布不会随时间的变化而变化,必须是严格可重现的。严平稳的要求比较苛刻,一般的时间序列不可能满足。弱平稳则要求时间序列在不同时间段的均值及不同时间点的协方差不变即可。在统计时序分析中,通常数据满足弱平稳性即可。

### 2. 自相关性

自相关性是 AR 和 ARIMA 模型成立的先决条件,指的是时间序列本身和延迟一个或几个时间点的该时间序列的相关性,延后 $l$ 的自相关值可以用如下公式表示。

$$\rho_l = \frac{\text{Cov}(r_t, r_{t-l})}{\sqrt{\text{Var}(r_t)\text{Var}(r_{t-l})}}$$

可以使用 statsmodels 包的 plot_acf、plot_pacf 函数检验和可视化序列的自相关性。这两个分布对应自相关函数(ACF)和偏自相关函数(PACF)。

### 3. 趋势性

趋势性比较容易理解,主要是序列的变化趋势,上升、不变还是下降。通常有趋势性的数据肯定是非平稳的。在实际的应用中,我们需要通过差分的方法将趋势数据转换成平稳数据序列后再进行处理。

### 4. 季节性

季节性是指按照天、周、季节或年度的时间周期而变化的情况。比如用电量的高峰和低谷,每年某个产品不同季节的销售量变化等。

### 5. 周期性

与季节性很像,也是规律的波动变换,但是它波动的时间频率不是固定的,例如,宏观经济周期的衰退和繁荣交替。

在大多数的情况下,时间序列变化主要受到上述趋势、季节、周期再加上不规则变化($\varepsilon$)这四个因素的影响。在实际的时间序列分析中,如何处理这些因素非常重要。

### 7.4.3 统计时序预测方法

统计时序预测方法曾经是最重要的时序预测方法,虽然现在通过深度学习方法可以更准确地进行时序预测,但是统计类模型在数据量比较小,要求快速模型训练的情况下仍然非常重要。而且其在大多数情况下已经足够准确,模型的性能也比较稳定。在边缘计算的设备计算能力有限,而且需要快速预测出结果的情景下,非常适用统计时序预测方法。在这一部分中,主要介绍 AR(Autoregressive,自回归)模型、MA(Moving Average,移动平均)模型和 ARIMA(Autoregressive Integrated Moving Average,差分整合移动平均自回归)模型等。

#### 1. AR模型

AR模型比较简单,就是用来描述当前值和历史值之间的关系,用自身的历史数据对未来做预测。使用 AR 模型必须满足平稳性要求,而且一般情况下自相关系数应该不小于 0.5。$p$ 阶自回归过程的公式如下。

$$y_t = \mu + \sum_{i=1}^{p} \gamma_i y_{t-i} + \varepsilon_t$$

式中,$y_t$ 为当前值;$\mu$ 为一个常数项;$p$ 为自回归的阶数,这个阶数指的是向后推几个时序加入自回归预测模型;$\gamma_i$ 为自相关系数;$\varepsilon_t$ 为误差。

#### 2. MA模型

MA模型是利用了模型中误差项 $\varepsilon$ 的累加,可以非常有效地消除随机波动。$q$ 阶移动平均的公式如下。

$$y_t = \mu + \epsilon_t + \sum_{i=1}^{q} \theta_i \varepsilon_{t-i}$$

式中,$\mu$ 为一个常数项,$q$ 为移动平均阶数,$\theta_i$ 为系统误差,$\epsilon_t$ 为不确定性波动误差。

#### 3. ARIMA模型

ARIMA模型是AR模型和MA模型结合的组合模型,公式可以写为

$$y_t = \mu + \sum_{i=1}^{p} \gamma_i y_{t-i} + \epsilon_t + \sum_{i=1}^{q} \theta_i \varepsilon_{t-i}$$

这个公式中的参数为 $p$、$q$ 这两个阶数,也就是我们训练这个模型时需要提供的。ARIMA 模型是在上面两个模型的基础上,提前做差分以去除数据中趋势性的影响。ARIMA 模型训练时,除 $p$ 和 $q$ 外,还需要一个参数 $d$ 作为差分的阶数。ARIMA 模型的好处是,能够将非平稳的时间序列数据转化为平稳的时间序列数据,然后建立模型做预测。

在做时序数据预测时,有一个非常重要的步骤,那就是对时间序列数据的平稳性进行检查。平稳性检查主要有三种方法,分别是观察法、摘要统计法和统计测试法。

观察法主要是通过将时序数据可视化,并观察是否有明显的趋势性或季节性,如果有,就不是平稳序列,需要进行转换或预处理。

摘要统计法主要是将数据序列分成几个部分,分别求各部分的均值和方差,看是否大致相同。下

面以航空公司乘客数据集为例进行说明。

```
from pandas import Series
X1, X2 = Series(passenger['#Passengers'], index=[1, split]),
            Series(passenger['#Passengers'], index=[split, len(X)-1])
mean1, mean2 = X1.mean(), X2.mean()
var1, var2 = X1.var(), X2.var()
print('均值1=%f, 均值2=%f' % (mean1, mean2))
print('方差1=%f, 方差2=%f' % (var1, var2))
```

我们将数据集分成了前后相等的两部分,最后得到结果如下。

```
均值1=180.000000, 均值2=337.000000
方差1=7688.000000, 方差2=18050.000000
```

可以看到,航空公司乘客数据集不是一个平稳序列。其实从前面的图7-11中就可以看到这个数据集的图形有上升趋势,并且有比较明显的季节性。

另外,也可以通过直方图的方式查看数据是否符合正态分布,如果不是正态分布,也可以直接推断出非平稳。

```
series = Series(passenger['#Passengers'])
series.hist()
pyplot.show()
```

如图7-15所示,显然航空公司乘客数据的直方图不符合正态分布,肯定是非平稳的。

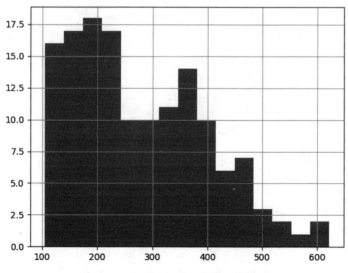

图7-15　航空公司乘客数据的直方图

上面是直观的方法,平稳性检查还可以采用Augmented Dickey-Fuller(ADF)检验进行量化的评估,这种方法往往更加可信。ADF是最常用的检验序列平稳性的统计测试法。ADF检验的原理就是判断是否存在单位根,如果存在,那就是非平稳序列;如果不存在,那就是平稳序列。

ADF检验的H0假设是存在单位根,如果得到的显著性检验统计量小于三个置信度(10%,5%,1%),则对应有(90%,95%,99%)的把握来拒绝原假设。通常情况下取5%。

```
from statsmodels.tsa.stattools import adfuller
print("the result:", adfuller(passenger['#Passengers']))
```

结果如下。

```
the result: (0.8153688792060512, 0.991880243437641, 13, 130,
{'1%': -3.4816817173418295, '5%': -2.8840418343195267, '10%': -2.578770059171598},
996.692930839019)
```

ADF检验的结果中,第一个值是ADF值,为测试统计值;第二个值是p-value,要求小于5%可以拒绝原假设。花括号中的字典数据{'1%': -3.4816817173418295, '5%': -2.8840418343195267, '10%': -2.578770059171598}是测试统计数据的临界值。可以看出,测试统计值远远大于10%的临界值-2.57877,且p-value非常大,远远超过了0.05的拒绝阈值。因此可以得出结论,原假设成立,该序列存在单位根,为非平稳序列。

为了进行下一步的计算,往往会对非平稳序列进行差分计算。我们对原来的序列进行一阶差分。

```
diffdata = np.diff(passenger['#Passengers'], n=1)
print("the result:", adfuller(diffdata))
```

可以得到以下结果。

```
the result: (-2.829266824169998, 0.054213290283825676, 12, 130,
{'1%': -3.4816817173418295, '5%': -2.8840418343195267, '10%': -2.578770059171598},
988.5069317854084)
```

可以发现,测试统计值-2.829小于10%的临界值,但是大于5%的临界值,同时p-value非常接近0.05。对于比较严格的情况,应该再做一次差分,以获得更加平稳的序列。

```
diffdata = np.diff(passenger['#Passengers'], n=2)
print("the result:", adfuller(diffdata))
```

将航空公司乘客数据做二次差分,结果如下。

```
the result: (-16.384231542468516, 2.7328918500141235e-29, 11, 130,
{'1%': -3.4816817173418295, '5%': -2.8840418343195267, '10%': -2.578770059171598},
988.6020417275607)
```

这一次的测试统计值-16.384小于1%的临界值-3.48168,同时p-value也非常小。我们能够拒绝原假设,也就是说,可以认为该序列平稳。然后将二阶差分的数据打印出来,如图7-16所示。

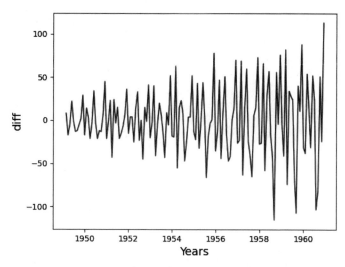

图 7-16　航空公司乘客数据二阶差分结果

### 7.4.4 ARIMA模型训练和预测

前面已经对时序预测的概念、模型、平稳性等对于时序数据预测非常重要的概念进行了介绍,本小节的主要内容就是训练ARIMA模型并进行预测。

使用ARIMA模型的第一步就是需要确定三个参数$p$、$d$和$q$,选取$d$的方法可以参看上一小节的步骤,表7-2说明了如何手工选择合适的$p$、$q$值,截尾是指落入95%置信区间的值可以截尾。

表7-2　ARIMA模型中参数$p$和$q$的选取

| 模型 | ACF(自相关函数) | PACF(偏自相关函数) |
|---|---|---|
| AR($p$) | 衰减趋于零 | $p$阶后截尾 |
| MA($q$) | $q$阶后截尾 | 衰减趋于零 |
| ARIMA($p$,$q$) | $q$阶后衰减趋于零 | $p$阶后衰减趋于零 |

可以通过观察自相关函数和偏自相关函数的图形,选出合适的$p$和$q$。前文提到过,可以通过plot_acf和plot_pacf这两个函数绘制出图形。

```
from numpy import log
from statsmodels.graphics.tsaplots import import plot_acf, plot_pacf
plot_acf(log(passenger['#Passengers']), lags=30, title='自相关函数').show()
plot_pacf(log(passenger['#Passengers']), lags=30, title='偏自相关函数').show()
```

根据图形(图7-17和图7-18),大致能够选取$p$为4,$q$为1。当然,也可以多选几组试验一下。

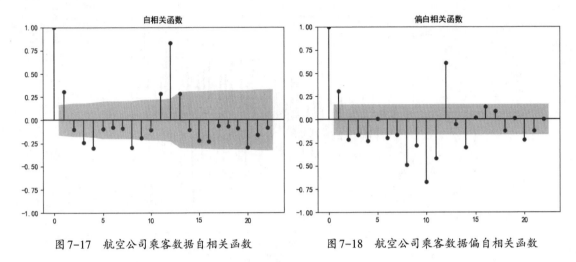

图7-17　航空公司乘客数据自相关函数　　　　图7-18　航空公司乘客数据偏自相关函数

当参数选定以后,就可以进行模型的训练和拟合了,训练模型的代码如下。

```python
from statsmodels.tsa.arima.model import ARIMA

themodel = ARIMA(passenger['#Passengers'], order=(4, 1, 1))  # 导入ARIMA模型
result = themodel.fit()
result.conf_int()
plt.plot(passenger['Month'][0:], passenger['#Passengers'], color='green')
plt.plot(passenger['Month'][0:], result.fittedvalues, color='red')
plt.show()
```

最后训练的效果如图7-19所示,由于手工选取的4,1,1的参数不是特别好,所以效果不太理想。

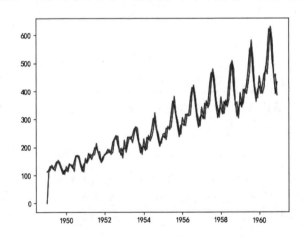

图7-19　航空公司乘客数据ARIMA模型训练的效果(参数4,1,1)

我们可以采用自动定阶的函数,这里需要设定自动取阶的$p$和$q$的最大值,即函数中的max_ar和max_ma。ic参数表示选用的选取标准,可以设置为aic,也可以设置为bic。函数会计算出每个$p$和$q$的组合,这里是[0,0]~[12,12]的AIC值和BIC值,一般取其中最小的作为最终结果。

```
import statsmodels.api as sm
AIC = sm.tsa.arma_order_select_ic(passenger['#Passengers'], max_ar=12, max_ma=12,
                                  ic='aic')['aic_min_order']
BIC = sm.tsa.arma_order_select_ic(passenger['#Passengers'], max_ar=12, max_ma=12,
                                  ic='bic')['bic_min_order']
print('the AIC is{},\nthe BIC is{}\n'.format(AIC, BIC))
```

我们获得$(p, q)$的结果是$(12, 11)$及$(12, 6)$,将这些值替换原先的参数,可以得到更好的模型效果。

```
the AIC is(12, 11),
the BIC is(12, 6)
```

在实际的应用中,我们应该划分测试集和训练集。测试集用于对结果进行测试,而训练集用于模型的训练。

```
# 创建训练集和测试集
n_train = int(0.95*length) + 1    # 95%作为训练集
n_forecast = length - n_train     # 5%作为测试集
# ts_df
ts_train = passenger iloc[:n_train]['#Passengers']
ts_test = passenger.iloc[n_train:]['#Passengers']
```

最后一步是对模型效果的评估,评估的方法可以参考第9章中对于回归模型评估的方法和指标。

# 第8章

## 工业边缘计算

　　工业边缘计算有可能是整个边缘计算技术行业需求和产值最大的一部分,同时边缘计算领域中复杂度和实施难度最大的项目通常也来自工业边缘计算。工业边缘计算的应用场景广泛,能为很多传统领域带来巨大的效率提升。但是在工业领域中,实施和部署边缘计算技术也会有很多的挑战和问题,例如,众多的工业通信协议的转换,至今还没有成熟的工业边缘端通用接入技术等。本章最后介绍了与实际实施边缘计算项目相关的基础设施和成本估算等内容。

# 8.1 工业边缘技术介绍

本节主要对工业边缘计算的发展历史做一个回顾,简要介绍工业边缘计算及结合物联网应用的各种场景和产生的价值,还介绍了在现有制造信息系统的基础上实施边缘计算的方法和思路。

## 8.1.1 工业边缘计算的发展现状

改革开放以来,中国装备制造业依靠成本优势、规模优势、制度优势获得了快速发展。但随着近年来世界发达经济体"制造业回归""再工业化"等的推进及新一轮工业技术变革的到来,制造业既面临全球产业格局调整、产业链重组的重大挑战,也受到各类新技术、新模式的不断冲击,传统发展优势日趋瓦解。我国大多数的生产制造企业不但需要在传统的制造工业和工业生产管理上进行"补课",追赶世界先进水平,同时在制造业信息化方面也必须能够紧跟前沿。由于我国本身的工业效率还远远达不到发达国家水平,因此通过先进技术提高生产效率极为重要。

另外,从世界范围看,在经历了20世纪工业自动化和精益生产等技术和管理手段的革新,以及21世纪初信息化和工业生产的结合后,工业生产效率得到了大幅度的提高,推动了全球经济高速增长。但在最近几年,原先的技术和管理方法都已经被主要的工业部门掌握和采用,新技术和管理手段的边际效益已经得到了充分的释放。因此,每年制造业劳动生产效率的年均增长只有0.5%~2%。远远低于20世纪80年代到90年代的自动化和精益化管理,以及21世纪初由于大规模信息化对制造业劳动生产效率的提升(1995年到2004年,美国的年均制造业劳动生产效率增长达到4.5%)。工业是现代社会物质基础的最根本来源,而近些年,随着物联网、边缘计算和人工智能技术的发展,并向工业领域渗透,有望可以带动新一轮的生产效率增长,尤其是工业边缘技术将在这一轮发展中起到非常关键的作用。

边缘计算是将部分数据处理功能和网络功能部署到靠近数据产生或存储的来源位置。这意味着在获取和处理数据时,不必访问集中式的公共网络或云服务,边缘计算可以确保在独立计算机、设备或设备的边缘即时收集数据并处理数据。工业边缘计算是指使用智能边缘设备收集并管理工业活动过程中的各种数据,并根据数据即时作出响应。在智能工厂中,IIoT设备和智能设备在获取、分析或预测数据时不需要访问云平台。同时,根据边缘数据和计算的重要性和计算量,信息也可以传输到云端进行进一步分析或汇总到更大的系统中。这赋予了工厂更加灵活和强大的数据分析和智能管理的能力。

工业边缘计算技术从长远来看,有可能给整个工业体系带来非常大的变革。工业边缘计算的优势包括能够提供实时决策过程、增强安全性和提高分析和响应速度等。工业边缘计算将是未来工业4.0的重要支撑技术之一。

## 8.1.2 工业边缘的应用场景

工业边缘计算可以应用于不同的垂直行业,包括制造业、消费品、零售、健康医疗、物流运输、农业、能源和智慧城市等不同的领域。

制造业是工业边缘计算应用发展最快的领域之一,同时也在整个边缘计算市场中占有非常大的需求比例。在生产线、仓储和物流环节中,有大量的自动化设备本身拥有数据采集和通信连接的能力。在制造车间层级,传统上我们将应用于这个场景的技术归类于运营技术(Operation Technology,OT),这些技术包括工厂范围内的各类设备、软件和监控系统。

一般的工厂设备运转、生产管理、物流调度、质量检验的车间级软件系统都是在独立的工控机或服务器上运行的。此外,部署在生产现场的工控机还会提供生产过程可视化、提示预警、返工、审核等功能。我们一般称这些系统为SCADA。

传统的制造企业中OT系统和IT系统的管理,运维和流程都是相对独立的。尽管企业的IT系统和车间的OT系统在数据采集和处理部分有很多共用的软件技术的设备类型,但是往往由不同的团队维护,执行不同的开发和管理流程,应用不同的标准体系。通常,车间的OT系统与企业的IT系统没有或只有有限的信息交互。工业边缘技术的发展和应用,将彻底打破这样的分割。

通过边缘计算技术能够很好地将IT和OT技术融合起来,当然这个过程也有很多难点需要克服,比如多种工业通信协议的转换。很多工业设备对实时性要求非常高,边缘网关需要在一定程度上支持时间敏感网络(TSN)。另外,由于边缘计算要求能够和云服务通信,这往往意味着数据要经过公网,因此对安全性也提出了更高的要求。此外,对于现有的工业设备的改造也是一个很大的挑战,许多运行了20~30年的工业设备,往往也不会很快淘汰,例如,发电站的机组。边缘计算系统为了兼容这些老旧设备,需要对各种非标准串口数据协议进行适配和转换。

消费品行业可能是最早采用物联网和边缘计算的场景了,早期的IoT和边缘应用都是基于蓝牙技术的一些小型器具,比如在20世纪90年代就出现了能够通过蓝牙连接进行远程控制的咖啡壶。如今,越来越多的智能器具被广泛接受并安装在家居、办公室和商业场所,例如,自动恒温器、智能灯泡、大厂商的家居智能助手(如亚马逊的Alexa、小米的小爱同学等)。人们也使用各种可穿戴智能设备(智能手表、智能手环、心率监测器、宠物监控器等),并可以实时将运动、健康监测、环境交互数据上传到边缘设备或云端。这个领域的主要制约因素仍然是不同协议的设备无法相互通信,比如蓝牙、ZigBee和Z-Wave这些WPAN技术,如果不通过设备转换就无法互相通信。不过总体来说,消费品领域的协议种类和复杂度与制造业领域相比,还是相对简单和容易处理一些。

零售、金融和市场营销,这些行业的覆盖面非常广,所有涉及消费者交易的场景都可以归在这个类别,大到综合商业广场、机场等;小至电话亭、自动售货机等,都可以纳入边缘计算技术的场景。在零售行业中,物联网和边缘计算技术已经得到了广泛的应用,无人值守的超市、自动收银终端等都已经广泛应用于线下的商店业务。此外,商场和人流密集的地点通过安装摄像头和智能感知系统,能够对目前场所的人流和特点进行判断,甚至可以精准定位到单个消费者,从而根据其特点提供个性化的产品和服务。但需要注意的是,采集和使用消费者个人信息是非常敏感的领域。国家对公民隐私有专门的法律,收集信息的流程、使用的范围和方式,都有非常严格的规定。企业在采集和使用这类信息时,必须考虑合规性;通常需要法务、安全及合规等相关部门的共同参与。

对于很多有特殊要求的商品,比如要求冷藏的食品和药品等,要求维持一定温度和湿度的区域等,我们可以通过边缘计算技术提供实时的监控、预警和响应,确保这些商品和场所一直处于稳定和合适的环境中。

对于保险行业,可以通过物联网和边缘计算技术实时监控投保的大额财物,使其能够得到妥善地使用和保管。目前,有的保险公司已经将驾驶行为习惯的监控纳入保险考虑范围内,例如,投保者是否有疲劳驾驶、危险驾驶行为等。

医疗和健康行业未来可能会成为对物联网和边缘计算的需求最为强劲的领域之一。在大多数发达国家和较为富裕的发展中国家,任何能够提高人们生活质量和健康水平,或者降低医疗和保健费用的系统都会受到关注。边缘计算技术能够帮助实时监控病人的身体状况,并及时自动提示和处理各种情况。这大大降低了病人的看护成本,而且还为医疗机构及病人家庭看护病人提供了更多的灵活性。

通过部署在边缘服务器的专家系统,机器人可以观察和诊断病人,并给医务人员提供各种建议或指导。根据Markets and Markets预测数据显示,全球可穿戴医疗保健设备的市场规模预计将从2021年的162亿美元增长到2026年的301亿美元,年复合增长率可达13.2%。

在医疗和健康行业中,边缘计算技术的主要挑战是边缘计算系统的可靠性和稳定性。由于很多病人的监控设备是在家中或户外工作,因此要求这些设备和边缘计算系统能够持续稳定地工作,同时能够随时可靠地连接到医院或急救中心的网络,报告紧急情况,并在医务人员赶到之前,预先给出一些治疗建议和指导。

交通和物流正在成为边缘计算技术的"重度使用"行业之一。首先,我们的快递行业已经使用了大量的物联网和边缘计算技术,对运输途中的包裹进行追踪,对于运输车辆和快递员的位置通过GPS和边缘计算系统进行实时定位。除车辆外,大量的船舶、火车和飞机等交通工具都已经安装上了定位装置,能够通过定位系统和边缘网关上传实时位置信息。

另外,现代导航系统也离不开边缘技术和物联网技术的发展,车辆导航软件必须实时获得位置,并通过路径规划算法实时反馈最佳路径。这些导航系统为了持续稳定地提供导航信息,通常也必须有边缘设备的配合,才能够在丢失信号的情况下进行位置预测和部分路径导航计算。

除导航和定位外,很多在运输和仓储过程中有特殊要求的商品,也需要通过传感器和边缘计算系统实时监控并预警。例如,需要冷链运输的食品和药品等,可以通过边缘计算技术实时获得当前环境的各种参数,确保这些产品在整个物流过程中处在正常的保存环境中。

农业和环境也是边缘计算能够发挥重要作用的领域。在农业领域中,边缘计算在家畜健康管理、土地和土壤质量分析、微气候预测、用水调节甚至自然灾害预报方面都能发挥重要的作用。21世纪,农业问题将会是全世界最重要的问题之一。尽管目前全球人口的增长速度已经有放缓的趋势,但是由于经济收入的提高,人均食品消费量逐年快速增加,预计在2035年,食品需求将会是目前的两倍。

高效、节能和环保的农业生产将会是未来农业的发展方向。边缘计算技术应用于农业能够大大提高农业和畜牧业的生产效率。在很多地方,边缘计算技术和农业物联网已经在发挥作用。例如,通过智能照明技术,可以根据家禽的特点和寿命,动态调节家禽养殖场所的光照时间和光谱范围,提高肉蛋的产量和质量,并可以有效减少家禽死亡率。与此同时,智能光照调节技术可以比目前人工控制灯光的方式大大节省电力和人工成本。

在种植业中,通过边缘计算技术可以自动控制农用机械设备。根据目前的季节、气候、土壤状态、病虫害等因素,自动进行各种田间管理,能够更加精准和高效地进行灌溉、施肥、除草、控制病虫害的工作,提高农作物的产出。

能源领域通过边缘计算技术可以监控能源从生产到消费的全过程。21世纪中期,要达到碳中和的目标,必须依靠新能源技术和能源管理技术的创新和应用。能源管理系统通过智能电表监控电力传输和使用路径上的各种参数,包括电压、功率、谐波、效率等。可以通过预测和自动调整来改善电力负载,也可以通过预测并综合使用储能和清洁能源技术,实现电能的错峰和平谷,整体上减少能耗,降低碳排放。

### 8.1.3 传统制造业信息系统改造

传统的制造行业有一整套的信息系统和生产线管理系统,生产制造管理的系统被称为 MES (Manufacturing Execution System),用来管理生产过程中的设备、订单、质量、人员和工具等,同时可以对现场库存和物流进行管理和对接。另外,可以结合 APS(高级排产系统),对生产进行排产和调度。一个典型的传统制造生产信息系统架构和层次如图8-1所示。

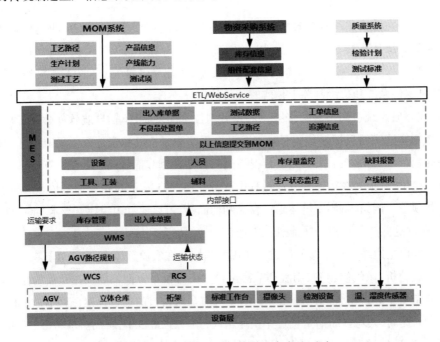

图 8-1　传统制造生产信息系统架构和层次

可以看到，传统制造业的核心是MES，对整个生产过程的工艺数据、流程、零配件的追溯和工单的执行都进行了密切的协调和管控。其中涉及相当多的定制程序和流程修改。在这样的场景下，原有的系统和流程对于整个企业的制造业务是必不可少的。我们去改造这个系统并引入边缘计算，必须保留原有的系统，然后引入相关的物联网和边缘计算的软硬件。

在新建系统的情况下，通常应该一开始就在数据采集层采用边缘计算网关和IT/OT融合技术将车间层数据和企业的信息系统打通。如果是改造旧有系统，应该保证系统的无缝衔接，非侵入式进行添加。应该尽量不要改变原有的系统，而是通过数据队列或OPC UA等技术，将原来的生产相关数据拆分一份给边缘计算系统。

对于制造过程中的边缘计算，最常见的应用有设备的预测性维护、产品质量综合管控、跨工厂和区域的协同制造等。图8-2所示是现代智能工厂的信息系统层次架构图，其中包含了工业云平台和工业边缘计算层。很多原有的车间系统功能，如预警、报表、质量追溯等的实现都可以放到边缘计算层处理。同时由于云边协同，能够完成传统制造信息系统很难实现的功能，如实时监控、远程调试、大规模数据分析预测及3D视觉分析、机器学习和协同制造等功能。

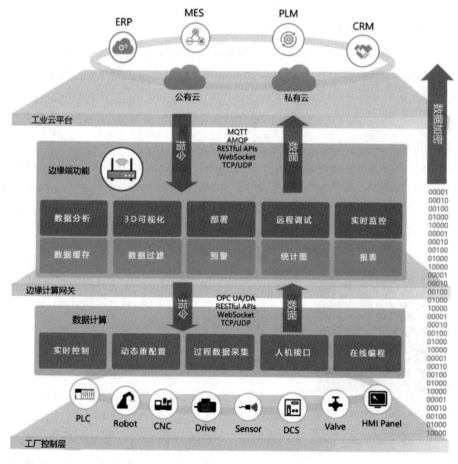

图8-2　智能工厂边缘计算信息系统架构和层次

# 8.2 工业通信协议与接入技术

由于工业设备的M2M通信的发展时间已经非常久了,其伴随着工业自动化技术的发展逐渐发展起来。但是,由于不同的工业领域和不同的企业在开发其工业产品时,往往都是在本领域中或某几个公司和组织内部制定一种通信机制和标准,这就造成了如今工业领域通信标准类型非常多,这给工业边缘计算的普及造成了一定的困难。在工业领域中,尤其是M2M的通信,很多车间级系统仍然采用SCADA这样的数据采集系统进行多协议的转化和支持。但是,目前工业SCADA系统的设计通常只是为了满足车间级数据互通和采集的需要,功能上和性能上都无法满足如今的边缘计算和工业互联网对于数据的互联互通要求。本节会介绍工业通信协议的现状,以及未来工业设备通用接入技术的实现方向。

## 8.2.1 不同工业通信协议介绍

目前主要的工业通信协议分为工业现场总线通信协议、工业以太网通信协议和工业无线通信协议这三种。工业无线通信协议实际上仍然是使用蓝牙和WLAN这些无线通信协议,由于无线通信协议在生产环境中的抗干扰和稳定性等问题,使用并不普遍。本小节主要介绍各类主流的工业现场总线(Field Bus)协议和工业以太网(Industrial Ethernet)协议。目前来看,工业以太网正在成为工业通信协议的主流,其中最常见的有EtherNet/IP、PROFINET、EtherCAT及Modbus TCP。工业现场总线比较常见的协议有PROFIBUS DP、Modbus RTU、CANopen等。

EtherNet/IP是由罗克韦尔自动化公司开发的工业以太网通信协议,由开放DeviceNet厂商协会(Open DeviceNet Vendors Association,ODVA)管理,可应用在程序控制及其他自动化的应用中,是通用工业协议(Common Industrial Protocol,CIP)中的一部分。其主要应用在工业控制中的信息层(主控室监控)和控制层(PLC数据交换和上位机组态信息等),部分设备层(执行层)也有使用。

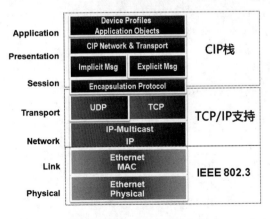

图 8-3 EtherNet/IP 的协议栈

EtherNet/IP 名称中的 IP 是"Industrial Protocol"(工业协议)的简称,并非互联网协议(Internet Protocol,IP)的意思。EtherNet/IP 的协议栈如图 8-3 所示,其底层是基于 IEEE 802.3 的标准以太网传输协议,网络层和传输层采用 TCP/IP 协议。网络的应用层则采用了一种独特的协议报文格式 CIP(Control and Information Protocol,控制信息协议)。CIP 与 DeviceNet 和 ControlNet 的网络应用层协议兼容。

EtherNet/IP 支持高速(100Mb/s)、大容量

（256个链接点、184832个字节）的数据交换；有比较好的兼容性和通用性，主流厂商的设备均提供支持；基于以太网通信，使用和配置比较简单。

PROFINET由PROFIBUS国际组织（PROFIBUS International，PI）推出，是新一代基于工业以太网技术的自动化总线标准。

PROFINET为自动化通信领域提供了一个完整的网络解决方案，囊括了诸如实时以太网、运动控制、分布式自动化、故障安全及网络安全等当前工业界的热点领域，并且作为开发性的跨供应商的技术，

可以完全兼容工业以太网及现场总线（如PROFIBUS）技术，能够获得较好的兼容性。PROFINET针对不同的应用场景，推出了三种基于场景的应用模式PROFINET CBA、PROFINET IO和PROFINET IRT。PROFINET CBA（Component-Based Automation）用于大量数据的传输，数据传输层协议采用标准TCP/IP协议，并支持DCOM组件远程调用，如图8-4所示。

PROFINET IO和PROFINET IRT除使用TCP/IP通道外，还可以利用高速通道，以支持低时延或固定周期数据的接收和发送。PROFINET IRT使用了以太网的CSMA/CD（Carrier Sense Multiple Access/Collision Detection）机制，不但能够支持低时延，而且能够支持固定周期数据和事件的首发。这两种模式的协议栈如图8-5所示。

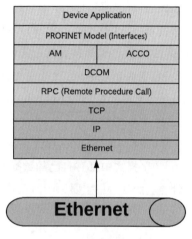

图8-4　PROFINET CBA

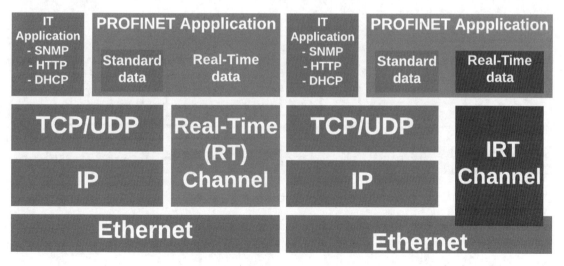

图8-5　PROFINET IO（左）和PROFINET IRT（右）的协议栈

EtherCAT（以太网控制自动化技术）是一个开放架构，以以太网为基础的现场总线系统，其名称中的CAT为控制自动化技术（Control Automation Technology）英文首字母的缩写。EtherCAT是确定性的工业以太网，最早由德国的Beckhoff公司研发。

自动化系统对数据通信的要求非常严格，一般会要求较短的信息更新时间（或称为周期时间）、降

低信息同步时的信号抖动,同时还需要满足硬件低成本的要求,EtherCAT的目的就是让以太网可以运用在自动化系统中。EtherCAT是一种底层完全符合以太网标准的协议,其可以与其他的基于以太网的通信协议运行在同一总线中。与PROFINET不同的是,EtherCAT网络可以接入普通的以太网设备(网线、网卡、交换机等)。

任何支持标准以太网的设备都可以作为EtherCAT的主站,包括PC或带有以太网的边缘嵌入式设备。EtherCAT另外一个非常重要的优势就是高速和低延迟,在理想的测试环境中,100个伺服轴的通信也非常快速,可在每100μs中更新带有命令值和控制数据的所有轴的实际位置及状态。超高性能的EtherCAT技术可以实现传统的现场总线系统无法实现的控制能力。EtherCAT使通信技术和现代高性能工业PC所具有的超强计算能力相适应,总线系统不再是控制理念的瓶颈,分布式I/O可能比大多数本地I/O接口运行速度更快。EtherCAT技术原理具有可塑性,并不束缚于100Mb/s的通信速率,甚至有可能扩展为1000Mb/s的以太网。同时,EtherCAT也具备高可靠性,支持环网冗余及实时热备份的主站冗余技术。

如图8-6所示,EtherCAT的同一个数据报文可以携带多个从站设备的输入和输出数据,每个从站在同一个报文中都有自己的数据块。这项技术被称为"On The Fly",是EtherCAT特有的模式,也是其高性能、低延迟最主要原因所在。

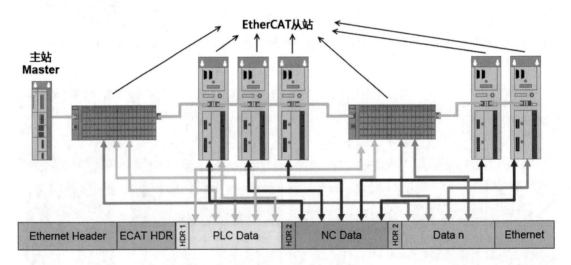

图8-6　EtherCAT主站和从站通信模式

PROFIBUS是最常用的工业自动化总线技术之一,1987年由西门子公司等十四家公司及五个研究机构所推动,PROFIBUS是程序总线网络(Process Field Bus)的简称。图8-7所示是PROFIBUS-DP总线的工控网络示例。

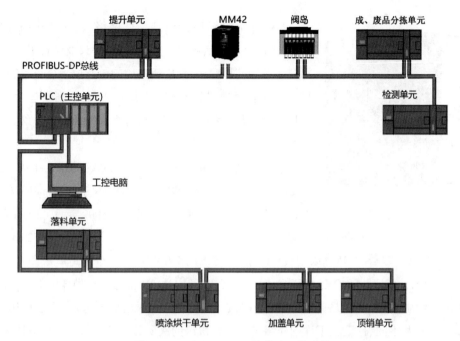

图8-7　PROFIBUS-DP总线的工控网络

PROFIBUS的链路层接口可以使用RS485串口,也可以使用光纤接口。PROFIBUS分为三种类型,每种类型对应于不同的使用场景和需求。

(1)PROFIBUS-DP用于现场层的高速数据传送。其主要特点就是高速,速率可达12Mb/s,在这一层,中央处理器(如PLC、DCS)通过高速串行线同分散的现场设备(I/O、驱动器、阀门等)进行通信,是PROFIBUS使用最多的一种模式。

(2)PROFIBUS-PA适用于PROFIBUS过程自动化。其主要特点就是本征安全,通信速率为32.15Kb/s,PA将自动化系统和过程控制系统与传感器、伺服器等现场设备连接起来,并可用来替代老式的4~20mA的模拟技术。

(3)PROFIBUS-FMS的设计旨在解决车间监控级通信任务,提供大量的通信服务。可编程序控制器和计算机(如PLC、PC等)之间通常需要比现场层更大量的数据传送,用以完成以中等传输速度进行的循环与非循环的通信服务,但通信的实时性要求低于现场层,目前在实际的车间环境中很少使用。

Modbus是MODICON公司(现为施耐德电气公司的一个品牌)最先提出并开发的一种软通信规约,并逐渐被大多数主流工业设备公司认可和应用,成为一种标准的通信规约。而且由于Modbus的专利已经过保护期,不需要授权和认证的费用就可以使用。Modbus协议本身有很多变体,最常用的是Modbus RTU和Modbus TCP。Modbus协议只允许在主机(PC、PLC等)和终端设备之间通信,而不允许独立的终端设备之间的数据交换,这样各终端设备不会在它们初始化时占据通信线路,而仅限于响应到达本机的查询信号。Modbus协议的性能并不高,但是其简单实用和完全开放,使其在工业边缘端的小数据量采集,以及对实时性要求不高的,不需要严格时钟周期访问的情况下应用非常广泛。

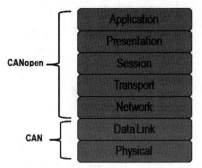

图8-8　CANopen协议层次

CANopen是架构在控制局域网络（Controller Area Network，CAN）上的高层通信协议，包括通信子协议及设备子协议，常在嵌入式系统中使用，是一种广泛使用的工业控制总线。CAN总线底层协议包含物理层和数据链路层，CANopen则是包含网络层、传输层、会话层、表示层、应用层这五个层次的高层协议。具体关系如图8-8所示。

CAN总线主要定义的是物理层和数据链路层的协议，其已经形成国际标准（ISO 11898）。CiA（CAN in Automation）是CAN总线的用户和设备制造商协会，成立于1992年，其目的是为CAN协议的未来发展提供一个公正的平台，并进行CAN技术的推广。截至2023年5月，已有729家公司加入CiA组织。CAN总线最早在车辆网络中被广泛采用，可以用于串行连接多个控制单元。

如图8-9所示，这是CAN协议的标准数据报文格式，其中DATA部分没有做详细的定义。CAN协议除有图中所示的标准帧和扩展帧外，还有遥控帧、错误帧、过载帧、间隔帧等。由于使用的场景不同，帧的定义也有些不同，这里就不详细介绍了。CAN协议的底层数据信号采用差分方法表示，并且规定ID部分的高7位不允许是隐性的（上下电平没有点位差的情况，在CAN协议中这种情况是1），也就是高位连续出现7个1的情况。11位的ID中，前4位作为功能码，后7位用作CANopen节点的ID。因此，在标准帧情况下能够最多支持127台设备连接（ID为0不使用），在CAN2.0B中，规定扩展帧的帧ID长度可以达到29位，可以超过127台设备的限制。不过，在实际的工业自动化控制场景中，很少会用到这么多设备。

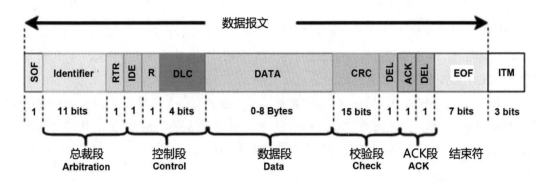

图8-9　CAN协议的标准数据报文格式

CANopen是CAN协议在工业自动化领域中应用的扩展，CANopen的内部设备结构有三个主要的逻辑部分。

（1）协议栈：可以通过CAN总线的物理层和数据链路层处理底层的通信。

（2）应用软件：可以支持内部控制功能，并为硬件提供接口。

（3）对象字典：是CANopen中的核心概念。每个CANopen设备都会有一个对象字典。对象字典主要用于设备的配置和通信。对象字典中的条目如下。

①索引：16位索引地址。

②对象名称：代表一个对象的名称，可以是数组、记录或一个变量。

③名称：描述这个条目的名称。

④类型：条目的数据类型。

⑤属性：对于该条目的访问限制，包括可读/写、只读、只写几个属性。

⑥必选项/可选项：规定是否必须实现和定义该对象。

另外，CANopen还有很多功能协议，用于同步数据、网络管理等，最主要的是PDO和SDO。

（1）PDO（过程数据对象）：用来在许多节点之间交换即时的数据。可透过一个PDO，传送最多8字节（64位元）数据给一个设备，或者由一个设备接收最多8字节（64位元）的数据。一个PDO可以由对象字典中几个不同索引的数据组成，规划方式则是通过对象字典对应PDO映射（PDO Mapping）及PDO参数的索引。

PDO分为两种：传送用的TPDO和接收用的RPDO。一个节点的TPDO是将数据由此节点传输到其他节点，而RPDO则是接收由其他节点传输的数据。一个节点分别有4个TPDO及4个RPDO。

PDO可以用同步或异步的方式传送：同步的PDO是由SYNC信息触发，而异步的PDO是由节点内部的条件或其他外部条件触发。例如，若一个节点规划为允许接受其他节点产生的TPDO请求，则可以由其他节点送出一个没有数据但有设定RTR位元的TPDO（TPDO请求），使该节点送出需求的数据。借由RPDO，也可以使两个或两个以上的设备同时启动，只要将其RPDO对应到相同的TPDO即可。

（2）SDO（服务数据对象）：可用来存取远端节点的对象字典，读取或设定其中的数据。提供对象字典的节点称为SDO Server，存取对象字典的节点称为SDO Client。SDO通信一定由SDO Client开始，并提供初始化相关的参数。在CANopen的术语中，上传是指从SDO Server中读取数据，下载是指设定SDO Server的数据。

## 8.2.2 OPC UA协议及IT与OT的融合

在工业界中，越来越多的企业开始对IT（信息技术）与OT（运营技术，包括物流和生产自动化等）进行深度整合，进而将车间、仓储、物流和企业管理信息系统之间的数据打通，形成一个由实时数据和信息驱动的管理体系和架构。在传统的企业信息系统和生产自动化系统之间，往往使用完全不同的通信协议，执行不同的信息交换和处理标准。这就给企业数据从顶部企业管理系统向底部工厂和物流的边缘计算和IoT系统的纵向打通造成了一定的困难。

虽然我们也可以借助云边结合的技术进行打通，但是在边缘端部署的边缘计算系统通常仍然是企业IT系统的一部分，执行的是信息化系统的管理和运维标准。传统的工业数据采集和现场控制采用SCADA系统，但是对于如今的工业边缘相关的协同制造及工业边缘智能应用是远远不够的。目前对于这个问题，业界主要希望能够通过一个综合标准通信和系统间协作模式的标准，进行IT系统和自动化系统之间的数据通信。OPC UA是最有可能能够承担这个愿景的核心技术标准。

如今,OPC UA 已经成为工业自动化设备及控制设备和上游信息系统对接中最常用的标准协议。由于其设计理念的先进性、联盟的广泛性和标准的开放性,已经获得越来越多的支持和越来越广泛的应用。尤其在工业物联网的数据通信领域中,其逐渐成为一个最为流行的标准和解决方案。OPC UA 的标准制定由 OPC Foundation 负责,这是一个集合了工业和信息技术行业几乎所有主流厂商的联盟。

OPC UA 标准的讨论和概念形成于 2003—2006 年,当时基于微软的 Windows 操作系统 DCOM 组件技术的 OPC Classic,被大量工业设备和通信系统采用。最早的 OPC 标准发布于 1996 年,当时主要是为了解决抽象化 PLC 的通信协议(Modbus、PROFIBUS 等),为上游的 HMI/SCADA 系统提供一个统一的中间件,能够实现 PLC 到上位机系统及上位机系统到 PLC 的数据读写操作。当时 OPC Classic 是基于微软 Windows 操作系统上的 DCOM 组件技术的。由于 OPC 技术所基于的 DCOM 通常仅仅在 Windows 系统中能够得到支持,这在协议的通用性上就成为一个制约因素。另外,随着信息技术的发展,对于数据传输和通信的可靠性要求越来越高;同时,对于信息安全的要求也越来越高。于是 OPC Foundation 开始制定通用的、面向未来 IT+OT 一体化的标准。

2006—2008 年,OPC UA 标准验证和实施工作开始开展,2009 年发布了第一个最终标准,2010—2012 年,OPC UA 成为 IEC 62541 标准。2017 年 7 月,《OPC 统一架构》正式成为国家标准 GB/T 33863.1~.8—2017。

OPC UA 除了有非常好的跨平台性,其设计也非常先进。其借鉴了 SOA 开发思想,设备通信包装成集成的信息模型。OPC UA 最有价值的部分就是支持各种自动化设备信息的统一模型。无论是实时传感器数据(DA)、历史数据(HDA)还是报警和事件信息(A&E)等,都可以通过统一的对象格式进行描述和传输。这使上游的 IT 系统和 OP 系统能够遵循相同模式和文件格式进行信息的交互。

OPC UA 不再基于传统 OPC DA 中以 DCOM 技术为数据交换的基础,而是可以通过二进制结构和 XML 文档格式进行通信,除了支持客户端/服务器模式,还可以支持发布/订阅的数据通信模式。该标准还定义了一种机制来支持冗余(当某个客户端无法工作时,另一个客户端可以立即顶替),在发生故障时快速恢复通信。数据传输可以通过传输层 TCP、HTTP/SOAP 或 HTTPS 进行。OPC UA 支持数字证书和加密传输数据的能力,而不是原先 OPC DA 的 Windows 访问控制机制。

OPC UA 可以适用于任何操作系统,支持不同的开发语言。OPC Foundation 官方提供了一个 C#.Net 的 OPC UA 的参考实现,源代码可以从 GitHub 上下载。OPC UA Server 的商业化产品中最著名的是 Kepware 公司研发的 OPC Server,商标名称是 KEPServerEX,目前 Kepware 公司是美国工业软件公司 PTC 的子公司。KEPServerEX 本身支持 150 多种底层的工业协议数据接入,能够和各类工业设备通信(上传数据和下发指令)。对于不同的设备通信,KEPServerEX 通过不同的驱动程序(Driver)实现。当然,很多需要授权许可的驱动程序都是要收费的。Kepware 的 UA 服务器可以支持优化二进制 TCP 和 DA 数据模型。

OPC UA 最主要的优势不仅仅是支持平台独立和标准的互联网协议(TCP/IP),更重要的是其定义了一套非常完善的设备建模方法。OPC UA 是以信息为中心的分层架构,其层次结构如图 8-10 所示,其中最基础的是 DA(Data Access)、AC(Alert&Condition)、HA(History Access)和 Prog。在这些之上构建了很多设备的参考模型结构,不同的供应商也可以根据自己设备的特点,扩展和修改这些信息模型结构。

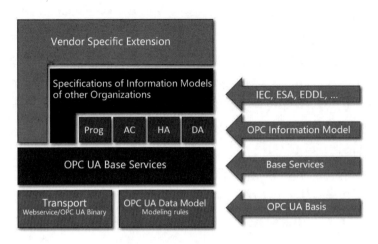

图 8-10　OPC UA 的分层信息模型

OPC UA 将各种设备通过一个层次化的模型进行描述。设备可以描述为一个节点,而一个工厂或一条生产线可以设置为一个配置(Configuration),一个配置下连接多个设备节点。我们可以将整个厂区或仓库拆分成不同的层级的配置进行管理,每个层级的配置可以设定该层级自身的元数据和过程数据,同时还可以设置对其他模型的引用,从而将整个厂区或仓库中的生产设备表示成不同对象之间的关系。

### 1. IT和OT融合的理念层面的一些思考

IT和OT的融合问题一直是工业信息化领域的难点和热点。由于机械/自动化工程领域和计算机/信息技术领域要解决的主要问题不同,造成了IT系统和OT系统在基础理论、实施思路和运作流程上的不同。一个企业中的OT和IT团队是不同领域的工程师组成的,他们经过不同的方法论训练。因此,有时由信息部门主导的工业边缘技术和物联网项目,往往并不能达成原来的设计规划和预期效果。如今,如何做好OT和IT的融合,让工业边缘计算能够顺利实施和落地,技术已经不再是主要的制约因素。团队之间的配合和理解,双方在理念和目标上达成一致更加重要,而这一点往往容易被有意或无意地回避和忽视。

传统的自动化过程,更加强调整个系统流程的设计、实现和控制,是一种流程思维的模式。在传统的SCADA系统中,生产线的配置数据、生产过程中产生的数据,都是和每一个生产工序和节拍绑定的。每一个数据的描述信息和数据间的关联性相对并不重要,但是数据的趋势和变化非常重要,因为这些变化直接影响产品质量。软件工程虽然在早期也经过了很长时间的流程式程序开发模式,但是现在面向对象开发已经成为主流,应用软件的设计和开发都是对象化和模块化的。另外,信息系统中数据的保存、使用和管理,都是以数据集相互之间的关联为基础的。

传统的工业项目设计和实施必须追求最大的可靠性,并且要求成本可控,严格按照进度完成设备及生产线的调试和部署,严格执行每一个节点。而软件和信息系统的开发大多采用的敏捷开发和测试驱动,是一种迭代的思维方式,不断完善改进。这在工业领域中肯定是不可接受的,任何制造业的管理和工程人员都不会允许已经投产的系统经常要修修补补。而对于IT系统来说,经常性地修复补丁、功能升级及新系统上线都已经是例行公事。

工业生产对质量管理的要求极高,六西格玛的流程和标准在工业企业中已经普遍执行。生产系统对误差、生产节拍、精度和时序等都有非常详细的要求,防呆、防错和安全机制非常严格。在信息系统领域中,除对于基础设施(网络、服务器等)的可靠性、可用性和性能有比较严格和详细的要求外,对于各种软件系统的SLA并没有一个统一的参考标准。同时,信息系统由于其整体的复杂性,没有办法保证100%的可靠,因此需要设置很多错误恢复机制和信息备份机制,再加上系统运维团队的努力,才能保证企业软件系统的相对稳定。

总之,企业的OT团队要控制各种设备、流程,努力通过机器、车辆、厂房等物理设施产出产品和服务。企业的IT团队关注的则是数据的存储、使用和流程,并通过数据和信息支撑企业运营。而工业边缘计算恰恰是OT和IT结合的汇聚点,OPC UA在这个汇聚中起到了OT层数据与IT层数据交互的作用。

### 2. OPC UA信息模型

OPC UA设计的初衷之一是能够支持各种平台,另外一个目的就是能够起到IT与OT信息桥梁的作用。了解这个目的其实就能够理解OPC UA信息模型的设计了。如图8-11所示,这是一个CNC(数控机床)的OPC UA信息模型,这个模型呈树状结构,所有的信息都用节点表示。主节点是CNC Type,包括不同的子节点,有的子节点用于描述属性(Property);有的是CNC的组成部件,比如控制器(Controller)、轴向(Axes)和刀具(Cutting Tool),每个部件都有自己的数据(Value)、事件(Event)或功能(Method)。

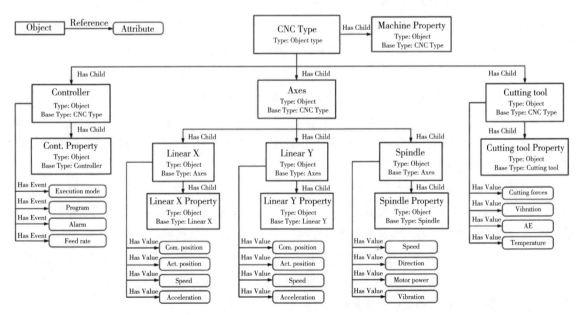

图8-11 CNC(数控机床)的OPC UA信息模型

OPC UA总共有8种节点类型,如图8-12所示,每种节点类型都有自己的属性(Attributes)。不同节点之间的关系用引用(Reference)表示。

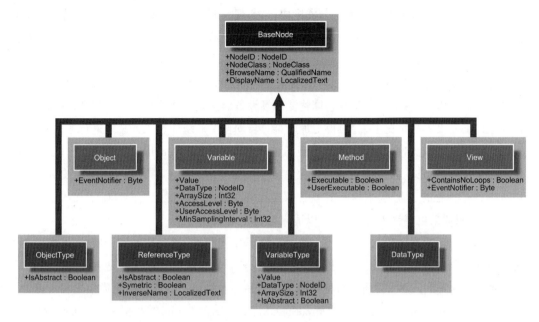

图8-12　OPC UA信息模型的8种节点类型

OPC UA 的信息模型实际上是将物理设备处理成对象模型的形式,便于在 IT 系统(PLM、MES、MOM 等)中进行建模和处理,这个信息模型是连接物理设备和信息系统的关键。物理设备的数字模型本身是能够自描述的,设备的名称、型号和状态等元数据都能够在属性中设置,所有采集到的实时数据将不再是离散的数据,而是通过元数据能够描述其实际意义、单位和用途的对象数据。这样,OT 和 IT 层就能够有一个数据交换的基础。对于数字模型的进一步应用,就是数据孪生技术。

OPC UA 为了不绑定特定技术和平台,尽量在抽象层面进行定义和设计,这也给理解这个协议的实质和协议的程序实现造成了一定的困扰。不过,OPC UA Foundation 给了参考实现,可以让开发人员理解和掌握标准的基于 WebService 或其他接口的实现。

从开发的角度来看,对于 OPC UA Server 的实现,其实最关键的是对标准的信息模型定义文件的解析和识别,以及如何通过标准规定的 XML/SOAP 或二进制格式进行数据传输。目前有商用的 OPC UA Server 产品可以直接购买。创建某个特定设备时,我们可以导入一个标准设备,然后在这个标准设备的基础上创建,创建成功后将模型编译和保存。OPC UA 的信息模型是标准的 XML 格式的 Nodeset 文件。

### 8.2.3 工业通用接入技术

在工业4.0时代,对于工业设备、传感器和控制系统的互联互通要求越来越高,迫切需要提供更加强大的连接和互通的能力。完善的设备之间,以及设备和上位机之间的通用接入能力,可以使工业系统的集成更加容易,通用接入技术也可以成为工业即插即用技术。如今,主要的工业设备企业都推出了以信息物理系统(CPS)为核心概念的新一代工业设备和体系。信息物理系统(Cyber-Physical

Systems，CPS）是一个综合计算、网络和物理环境的多维复杂系统，通过 3C（Computation、Communication、Control）技术的有机融合与深度协作，实现大型工程系统的实时感知、动态控制和信息服务。如今，依托于 CPS 的智能化工厂和数字孪生等新兴技术，工业系统集成商和设备生产商能够为制造业节省全流程成本，提高生产效率和质量管理水平。

尽管通过智能制造和工业物联网技术能够大大增加工业企业的生产力和提高管理水平，但是由于历史和现实的原因，实现生产车间和仓储物流现场设备的互联互通往往会非常复杂，耗时耗力。尤其是涉及改造旧有设备的情况下，会显得更加困难。自动化生产线通过工业总线进行通信，主要分为工业现场总线和工业以太网两种类型，工业现场总线比较常见的有 Modbus、PROFIBUS、CANopen 等，通常都有专用的通信方式、接线方式和数据报文规则。工业以太网主要有 EtherNet/IP、PROFINET 等基于以太网技术构建的工业通信协议，这些协议是在通用以太网协议架构的基础上加入了对于实时通信的支持，并对通信可靠性进行了加强，以适应工业环境的应用。

国内外相关的工业通用接入技术研究，绝大多数是由企业研发部门主导和开展的，并集中于工程领域进行应用性研究和开发。对工业通用接入技术投入研发力量的企业主要是传统设备供应商、自动化集成商和工业软件开发商，通常目标都是为其产品体系打造一种能够简化通信配置的能力。例如，施耐德电气的 EcoStruxure、西门子的 MindSphere，以及 GE 的 Predix 的数据采集层软硬件方案包。这些系统都是基于云计算和工业物联网结合的技术开发的，底层数据采集通常都采用了智能化和集中配置的接入方式。但是，这些方案通常都和厂商自己研制和生产的自动化产品或工业软件紧密相关，对其他的厂家产品并不能提供很好的支持，并没有实现通用和开放的工业通用接入技术标准和解决方案。

一些工业物联网软件的供应商也进行了通用接入技术的相关研究和开发工作。比较典型的例子是意大利 Alleantia 公司的 XPango Library，能够支持 5000 多种工业设备的驱动，并提供接口供新的设备驱动接入，这家公司也通过内置这个软件库开发了一系列工业物联网软硬件网关产品，号称是普遍适用的零代码 IoT 网关。Alleantia 已经和研华科技、AWS、Dell、思科、Intel 等行业顶尖企业建立了紧密的合作。但是，该软件库不开源，也不对外提供开放接入，完全封装成软件包销售，距离作为通用和开放的工业通用接入技术的解决方案还有相当的差距。

研究所和高校目前对于工业通用接入技术的研究主要还是集中在边缘通用接入技术软件架构上，上海交通大学的戴文斌教授和沈阳自动化所的王鹏研究员提出了通过一种边缘端微服务基础架构来实现设备的通用接入技术，这种微服务组件能够通过协同配置实现基于知识库的通用接入技术。比利时鲁汶大学的 N. Matthys 和法国国家信息与自动化研究所的 T. Watteyne 等人提出通过 SmartMesh IP 网络协议和 μPnP 技术实现物联网设备的通用接入技术。还有一些研究集中在某些细分的领域中，如智能电网、照明系统等，这些研究集中于特定技术和领域，通用性不是特别强。

由于原有工业设备和标准的分散性，很多工业通信技术和设备数据传输技术都是和厂商或行业组织的专有技术和标准紧密关联的。不同厂商或不同行业的设备互联互通往往涉及各种协议转换、接口和配置修改，甚至涉及硬件层面的改动，造成各种边缘端的工业设备数据采集和通信设备部署的困难，增加了数字化生产设备的部署成本，耗费大量时间和资源去处理设备互联互通方面的工作。这样的现实情况对工业物联网和智能制造技术的普及和发展是非常不利的。如今,标准化组织也在通用接入技术理论和技术研究的基础上开始制定工业通用接入技术相关的通用标准,以期建立统一开放的通用接入技术标准体系。

国际电工学会的IEC 61499标准第一版于2005年正式发布,是基于功能块的分布式自动化控制系统的国际标准。这个标准通过功能块的概念将设备的控制和通信拆分成不同的模块,通过标准的事件驱动的I/O接口形成互联互通,模块的功能和调用可以通过标准的指令获得。这种模块化的工业软件和通信接口的设计是一个非常有启发性的设计模式,如今在一些企业的实验车间已经取得了不错的效果,设备功能都以标准化的方式设计模块,实现互联互通。

OPC UA标准是期望通过一种统一和规范的工业自动化设备互联互通的协议进行交互。OPC UA是一项应用于自动化行业及其他行业的数据安全交换可互操作性标准,它独立于平台,并确保来自多个厂商的设备之间信息的无缝传输,OPC基金会负责该标准的开发和维护。OPC UA本质上是期望通过多种协议的"中间人"形式,通过OPC UA Server这样一个软件服务提供不同设备间的通信。同时,OPC UA提出了信息建模的概念,可以把小到一个电动螺丝刀,大到一台复杂的自动化机床的生产和状态信息通过信息模型表示出来。不过,采用OPC UA其实需要一个OPC Server工控机或服务器作为信息传输和中转的中心,底层仍然需要和各种工业现场总线或工业以太网进行交互。而且OPC UA采用了TCP/IP的协议栈,无论是采用UA-XML还是UA-Binary的消息机制,对于即时系统和工业物联网应用来说,仍然显得比较复杂和冗余。不过,OPC UA作为一种OT层和IT层衔接的通信协议,的确是非常适用的,这在前面关于OPC UA协议的一节已经深入讨论过。

第四版现场总线标准IEC 61158总共列出了20种工业现场总线类型,其中包括了我国自主开发的实时以太网标准协议EPA。由于该标准的制定经历了国际上各个企业和标准组织的协商和博弈,最终确定的20种标准协议具有广泛的代表性。以该标准为通信层基础的IEC 61499,则着力于工业控制和工业测量设备软件功能块的标准化和通用接入技术的实现,解决不同厂商设备的无缝对接问题。功能块可以通过标准的协议接口进行调用和通信,其通信的数据格式在IEC 61499中也给出了一个ASN.1编码的参考编码方式。

尽管已经有相关的国际标准,但是由于标准本身为了照顾各方的博弈,实际上包含了过多的内容,至今还没有完全按照该标准设计开发的商用系统出现。

表8-1列出了对于工业通用接入技术的研究,尽管已经有一定的进展,但是距离真正通用的工业即插即用技术的落地还任重而道远。

表8-1 对于工业通用接入技术的研究

| 名称 | 研究方向 | 机构 | 成果 |
|---|---|---|---|
| EcoStruxure | 企业应用类研发 | 施耐德电气 | 实现施耐德自有品牌设备和部分其他品牌设备的低配置连接和通信,支持以太网和OPC UA |
| MindSphere | 企业应用类研发 | 西门子 | 实现西门子自有品牌设备和部分其他品牌设备的低配置连接和通信,与云厂商合作,提供多种协议转化和上云的服务 |

续表

| 名称 | 研究方向 | 机构 | 成果 |
|---|---|---|---|
| Predix | 企业应用类研发 | GE | 实现GE品牌设备和部分其他品牌设备的低配置连接和通信,同时引入了APM相关的信息 |
| XPango Library | 企业应用类研发 | Alleantia | 能够支持5000多种工业设备的驱动程序库,零代码和低代码配置网关 |
| 边缘端微服务基础架构 | 理论研究 | 上海交通大学,沈阳自动化所 | 边缘端微服务基础架构 |
| SmartMesh IP网络协议和μPnP技术实现物联网设备的通用接入技术 | 理论研究 | 鲁汶大学,法国国家信息与自动化研究所 | 通过智能网络协议方式实现通用接入技术 |
| IEC 61499标准 | 标准 | 国际电工学会 | 多设备连接标准 |
| OPC UA | 标准 | OPC基金会 | 通用协议标准 |

# 8.3 边缘计算基础设施和成本

本节主要讨论部署边缘计算,尤其是工业边缘计算对于基础设施的要求和一些实施过程中的方法和要点,主要介绍了通信、消息处理、故障恢复及边缘安全问题。最后,对于边缘计算项目实施的成本估算给出了方法。

## 8.3.1 边缘计算对基础设施的影响

未来边缘计算的发展,必然会对已有的信息和通信技术基础设施提出新的要求,这将会大大改变目前的基础设施和架构。在通信领域中,由于设备端往往连接使用的是非IP通信协议,比如各种工业现场总线协议及一些近距离无线通信技术(蓝牙、ZigBee等)。这些信息如果需要经过边缘网关转化为标准的MQTT协议,然后通过4G/5G网络或固网将数据最终传输到云服务,这个过程实际上需要使用各种不同的硬件、无线信号传输、设备驱动及通信协议栈。在未来实施IT基础设施建设时,边缘计算网关的部署和IoT通信、边缘设备的协议,以及WAN数据的转换和安全性将成为必须考虑的因素。

对于边缘网关的部署,我们首先要考虑的应该是支持的工业协议或其他边缘设备的协议种类,配置相应的协议转换模块或工控软件。目前对工业边缘计算来说,协议转换是一个痛点。如前面提到的,对于工业边缘网关现场通用接入技术,仍然没有一个非常完美的标准和解决方案。因此,对目前的工业边缘计算来说,配置合适的协议转换是一个不可缺少的步骤。未来应该逐渐形成一系列比较通用的解决方案,这将会对边缘计算尤其是工业边缘计算的发展起到很大的推动作用。

除不同协议转换外,边缘计算网关连接到的边缘设备和传感器的数据采集通常有两种模式:事件驱动或轮询模式。边缘网关对于接收到的消息的处理通常有以下三种方式。

(1)忽略:根据设定的规则,某些消息会被过滤;也有可能是出于节能考虑,在某些时段网关不接收消息;当消息认证不通过时,网关也会忽略消息。

(2)缓存:根据不同的情况,数据可以暂时缓存在内存中或持久化存储中。消息中包含的数据、时间戳和元数据在需要的情况下,会缓存到一个不断增长的日志文件中,以便于被转发和查询。

(3)转发:消息会重新打包成新的数据格式报文,然后通过MQTT、CoAP或HTTP传输到接收这些消息的系统或发送到云服务存储并进一步处理数据。

边缘网关的故障恢复和带外管理也是设计边缘计算系统必须考虑的功能。故障恢复在很多边缘计算应用中尤其重要,例如,自动驾驶车辆和病人看护应用等。故障恢复功能包括边缘计算能力、存储能力及边缘通信能力的故障恢复。故障恢复的一般处理方式是增加系统中的冗余,比如配备双线外网通道,在移动车辆上安装不同运营商的SIM卡,以确保网络的通畅。对于边缘计算能力和存储能力的故障恢复,通常与服务器及网络设备故障转移方式相同,通过主备双机热备份的方式确保边缘数据处理和转发不会中断。对于关键应用的故障恢复,要求能够无缝切换和自动转移,从而确保不会丢失数据或出现明显的信号延迟。

带外管理(OOBM)指的是网络设备的某些部分无法通过主要数据通道和管理总线连接时,可以切换到其他的路径(Side-band)进行通信和管理。如图8-13所示,边缘网关的OOBM是指在主要通信网络丢失的情况下,能够通过OOBM设备临时连接上云服务进行管理和修复,并继续进行系统数据的传输和处理。这种方式其实也是一种故障恢复机制,区别是多个边缘网关会共用一个OOBM设备进行临时的设备维护或通信,而不是每一个网关都配备冗余。

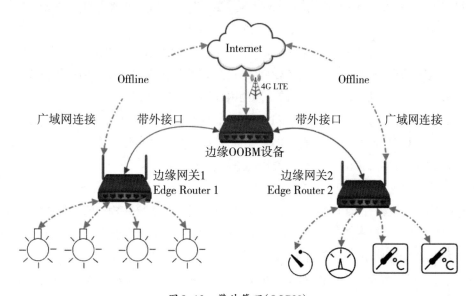

图8-13　带外管理(OOBM)

边缘网络的安全是另外一个非常重要的问题,我们在第5章中已经详细介绍了边缘计算的安全性问题。在边缘计算的基础设施上,我们必须考虑和配置安全相关的软硬件。在设计和定义一个边缘计算系统时,我们需要考虑从底层设备到云端的安全因素。

VLAN(虚拟局域网)技术可以分割办公网络、生产网络和边缘物联网,在企业网络中很常用,尤其在分割企业不同的网络区域时,可以将物理上并不是连接在同一个交换机上的计算机和其他设备组成一个虚拟的局域网。IEEE 802.1Q 是 VLAN 的国际标准,VLAN 工作在数据链路层。VLAN 使用一个在以太网报文头部的 12bits 的标签作为 ID 标志,因此一个物理网络中的 VLAN 数量最多为 4096 个。

交换机可以指定一个端口映射到某个 VLAN,由于 VLAN 是二层协议,因此交换机可以建立一个在三层网络层上的数据通道,连接一个地理上分散的,但是却能够共享同一个网络拓扑的虚拟局域网。在实际的企业网络中,一个场所中常常分成办公、研发、生产和边缘物联网几个不同的网络。通过 VLAN 技术,这些不同的网络可以在同一个区域并连接到同一台交换机上,但是不同的网络划分可以在链路层就分隔开来,各个网络互不影响,可以根据其用途采用不同的上层协议和不同的安全规则。这样可以大大增加网络部署的灵活性,而且避免了不同用途的子网络互相干扰。一个企业或组织内部的物联网和边缘网络可以单独划分一个或几个 VLAN,然后设置单独的安全机制和通信报文格式。

VLAN 用于隔离物联网和企业其他的网络设备和网络功能。但需要指出的是,VLAN 只有在处理 IP 可寻址设备时才能够发挥作用,因为目前子网需要依靠 IP 地址段来划分。

如果消息需要通过公网传输,同时这些信息属于内部数据,要求对外部和中间人不可见,那么采用 VPN 技术是一个很好的选择。VPN 技术能够安全地将不同地理位置的公司网络连接起来。对于边缘计算来说,VPN 技术往往是将遥远地区的数据传输到公司内网或云计算数据中心的必选方案。VPN 的实现方式非常多,主要有以下几类。

(1)互联网安全协议(IPSec):传统的 VPN 技术是建立在网络层安全通道的点对点通信模式,最常见的模式就是基于 IPSec 这样的 IP 协议安全机制的 VPN 技术。

(2)通用路由封装(Generic Routing Encapsulation,GRE):这种技术是直接将内部的数据报文整体包进外网的数据报文部分,通过 IP 网络传输到不同区域,然后再提取出内部网络的报文。这种方式不需要做内外部报文的转换,而且可以支持不同的内部协议和各类私有协议。

(3)第二层隧道协议(Layer 2 Tunneling Protocol,L2TP):这是在两个私有网络之间通过 UDP 协议建立 VPN 通道,有些互联网服务提供商(ISP)也会提供这种服务。由于这种方式没有内置的安全和加密协议,所以通常都需要依靠 IPSec 来保证数据传输的安全性。

上面的几类都是常用的企业自建 VPN 的类型,优点是可以通过技术手段建立企业自己的 VPN 网络连接,成本低、部署灵活且可以加入用户身份认证;缺点是由于需要在普通的公网传输,性能往往无法保证,而且也存在一定的安全隐患。在连接稳定性、性能和安全性要求比较高的场景下,可以考虑采用运营商提供的 VPN 服务。运营商提供的 VPN 服务主要是通过 MPLS 技术实现的。

MPLS 是多协议标签交换(Multi-Protocol Label Switching)的缩写,是一种在开放的通信网上利用标签引导数据高速、高效传输的新技术。MPLS 是一个三层传输标签通信协议,入口路由器将 MPLS 传输的数据包加入标签,中间路由器根据标签对数据包进行定向路由,同时可以根据优先级在运营商的主干网中提供固定的QoS,在网络层面确保数据连接的稳定性和高性能。但是,MPLS服务必须由运营商提供,而且需要连接特定的出口和入口路由器,成本比自建VPN高,通常只能支持点对点的通信。

另外,也有一些基于SSL/TLS技术的轻量级VPN应用,广泛应用于员工远程连入公司内网,或者普通用户在互联网上建立特殊通道,隐藏实际的身份和IP。这些技术需要用户名和密码认证,并且在建立连接时通过SSL技术进行密钥交换。比较常见的有OpenVPN,这种服务既可以支持点对点连接,也可以通过中转服务转发。

在绝大多数的情况下,边缘计算服务必须确保达到特定的SLA。在实际的项目中,很多边缘网络的底层网络交换设备和防火墙都要和其他IT应用和服务共享。虽然如前面介绍的,我们可以采用VLAN技术来分割边缘网络和其他内部网络服务,但是为了确保物联网系统和边缘计算系统能够达到特定的SLA,我们必须持续地监控网络状况并作出调整。常用的监控指标如下。

(1)WAN连接时间:趋势分析、连接质量。

(2)数据量:接收(Ingress)、发送(Egress)、汇总(Aggregation)、每个用户、每个应用。

(3)流量:随机或定时的出入流量分析。

(4)延迟:Ping延迟、TCP连接延迟、平均值、峰值。

(5)PAN健康度:带宽、异常流量。

(6)信号集成:信号强度、信号覆盖。

(7)位置:GPS定位、运动、位置变化。

(8)错误恢复:错误恢复次数、时间和间隔。

对这些指标需要定期收集、汇总和分析,以便掌握整个边缘计算系统的实际工作状态和工作情况。如果出现问题,系统的运维团队需要及时进行分析并作出相应的调整。

## 8.3.2 边缘计算解决方案成本估算

我们在决定实施和部署任何一个IT系统,或者启动一个IT类的项目之前,通常情况下都应该进行ROI(投资回报率)的计算。项目的回报和收益由于业务模式、使用场景和定价模式不同,计算方式差别非常大。收益的计算在本书中将不会进行详细讨论。在本小节中,希望能够对于边缘计算类的项目的成本做一个总结。

首先我们将一个物联网和边缘计算项目的成本分为开发成本、生产成本和运营成本几个部分。对于每一个企业级的边缘计算项目,通常都会涉及软硬件的开发工作。有时这些费用可以计算到企业的研发费用中,但是大部分时候往往都需要在项目预算中列支。对于软件的开发来说,主要会涉及以下几种软件类型的开发。

(1)嵌入式软件(设备固件)定制和开发。

(2)移动端应用开发。

(3)前端界面开发(移动端和Web端)。

（4）后端业务逻辑开发。

（5）定制后端软件的集成开发软件和中间件。

（6）发布和测试用软件系统。

软件功能的复杂程度和软件本身支持的性能和用户数量都会对软件开发时间、开发难度和价格造成影响。对于开发成本的估算，最主要的部分还是开发人力成本，通常用小时或人/天进行计算。这些工作通常需要架构师、软件工程师和项目经理一同，根据项目复杂程度和工作量，确定整个项目每个模块的功能和工时。预先估计工作量的方法在传统的瀑布式项目管理中比较常用。这类项目都要先确定好整体的需求，然后将项目中涉及的工作分解并形成可执行的WBS（工作分解结构），之后确定每个工作任务的工作量，最后确定需要的工时和成本。

对于敏捷开发的项目，可能一开始就通过任务分解的方式确定成本不一定可行，那么更常用的方法可能是有经验的项目经理和架构师的"专家判断"，以及类似项目的"类比估算"。对于这种情况，我们还应该对项目进行"三点估算"，将项目工作量的最乐观估计、最悲观估计和一般估计这三个值进行加权平均。

项目的生产成本主要是硬件制造和采购成本。对于边缘计算项目，主要涉及边缘网关硬件（包括采购和测试）、传感器、布线、机房搭建/改造的费用。这部分可以列出购买的硬件BOM（物料清单）和需要的服务并计算出价格。如果项目没有重大变更或异常，这部分的费用评估往往是比较准确的。但需要注意的是，对于高价值的硬件产品，如企业路由器等的数量一定要统计准确、反复核对，以避免中间出现比较大的费用变更。对于一些低价值的硬件，如电缆、开关等，可以适当留一定的余量，以备损耗和特殊情况。但是，这种余量通常不应超过实际估计的10%。

项目的运营成本涉及系统运维产生的电力、带宽、备件等，以及系统运维人员的成本。如果使用云计算服务，则云计算的费用也应该计入。这方面的成本是按照年度进入企业的运营费用中的，但是在项目规划时，尤其是计算ROI时，也必须考虑进去。而且这部分费用根据用户的数量、边缘端设备的数量和对云端服务的计算和存储能力要求，以及网络带宽大小的不同，会有很大差别。在费用评估时，应该充分考虑到系统部署以后可能的使用人数和接入设备数量的变化，进而进行预估。

# 第9章

## 机器学习和边缘计算

　　机器学习是目前计算机领域最热门的研究领域之一,其在边缘计算领域中也有着非常广泛的应用。本章首先回顾了机器学习的发展,并介绍了不同的机器学习方法的原理和应用。然后专门讨论了深度学习方法的应用。之后对边缘计算中的强化学习进行了介绍,并对其发展和应用进行了描述。最后通过一个实际的平台和应用,展示了实际应用中机器学习是如何应用在生产领域中的。本章重点是让读者对边缘计算中能够使用的机器学习方法,以及实际使用的场景有一个比较全面的认识。

# 9.1 常用机器学习方法

机器学习(ML)是一种致力于理解和建立计算机智能的方法,从而能够通过环境进行"学习",利用数据来提高某些任务的性能,被视为目前科技条件下实现人工智能的核心技术。机器学习算法一般基于样本数据建立模型,这些样本数据用于模型训练的部分称为训练数据,可以在没有明确编程的情况下,通过对训练数据集的"学习",获得对类似问题进行预测或决策的能力。如今,机器学习算法在各种各样的应用中被使用,例如,在医学、电子邮件过滤、语音识别和计算机视觉中。机器学习是一门交叉学科,也是一个非常热门的研究方向。如今,几乎所有行业都或多或少开始尝试应用机器学习的方法来解决实际问题,并且取得了不错的进展,原先通过传统方法很难解决的问题,通过机器学习的方法得到了解决,在很多方面还取得了突破性的进展。在边缘计算领域中,机器学习也可以发挥非常重要的作用。

## 9.1.1 机器学习的类型

机器学习的发展经过了一个比较漫长和曲折的过程,其间诞生了很多不同的方法和实现路径。最早的神经网络设备是由麻省理工学院(MIT)的马文·明斯基(Marvin Minsky)在20世纪50年代发明的,当时命名为感知机(Perceptron)。不过,受制于当时计算机技术和算法的局限性,并没有取得非常重大的进展。1969年,Minsky本人甚至写了一篇论文,批评了神经网络的研究,并指出了其局限性。尽管如此,20世纪60年代的很多人工智能理论上的进展,对后来的机器学习仍然起到了巨大的推动作用,比如神经网络的早期定义和研究、支持向量机、模糊逻辑等。

20世纪60年代后期到70年代早期,基于遗传算法和群智能的机器学习方法出现并获得了很大的关注度,并应用在了一些复杂的工程问题中。直到今天,遗传算法仍然在很多工程应用和自动化软件设计领域中发挥着重要作用。

隐马尔科夫模型是20世纪60年代中期被发明并应用的,与贝叶斯模型一起被称为概率AI(Probabilistic AI)。这是强化学习、生物信息学等方面的重要基础理论。

人工智能的研究在20世纪70年代后,由于无法达到预期的效果,因此热度大大降低,政府的资助也大大减少。直到20世纪80年代,随着逻辑系统的推出,出现了一类基于逻辑概念的编程语言,包括Prolog和LISP,允许程序员通过符号表达式进行语义逻辑的描述。但人们很快发现,这种基于逻辑概念的系统事实上无法成为真正的人工智能系统,因为很难用松散的逻辑概念去准确描述一个确定事物。20世纪80年代末,专家系统成为热门,当时的很多人工智能系统都建立在专家系统的理论基础之上。当时工程师们试图将某领域的各种知识放进计算机系统中,以期计算机能够获得类似人类专家的能力。这种系统在某些简单规则领域中取得了不错的成绩,比如1997年打败国际象棋大师卡斯帕罗夫的IBM"深蓝"计算机。

模糊逻辑(Fuzzy Logic)系统在1965年被提出,1985年被日立公司的研究人员应用到实际的控制系统中。这些进展引起了日本各大自动化公司和电子公司的兴趣,纷纷开始采用模糊逻辑开发产品,并在控制系统中发挥了重要的作用。

支持向量机(SVMs)是一种通过寻找最佳线性方程解来对数据集进行分类的新技术,成为线性和非线性分类的基础。这种方法在手写识别的应用中取得了不错的效果,在一定程度上也启发了后来的深度神经网络的诞生。

20世纪90年代,统计学习方法、隐马尔科夫模型及贝叶斯模型成为机器学习研究的热门,并应用于很多方向。

由于计算机技术的发展,尤其是GPU等并行计算设备性能的提高,以及神经网络反向传播算法的提出和应用,基于深度神经网络的机器学习算法在2012年后取得了显著的进步,首先是基于卷积神经网络(CNN)的AlexNet在图像识别上获得巨大成功,直接将图像识别错误率降低到了10%以下。

机器学习根据训练的模式可以分为监督学习和无监督学习两类。此外,还有一类比较特殊的强化学习。监督学习和无监督学习必须对照起来解释,因为这两种机器学习的定义是一对互反概念。

(1)监督学习是一种目的明确的训练方式,我们知道得到的是什么;无监督学习则是没有明确目的的训练方式,我们无法提前知道结果是什么。

(2)监督学习需要给数据打标签;而无监督学习不需要给数据打标签。

(3)监督学习由于目标明确,所以可以衡量效果;而无监督学习几乎无法单独量化效果如何。

强化学习是一类非常特殊的机器学习方法,总体来说,是通过智能体对环境的感知,采取动作改变状态(环境),在整个过程中,根据既定的目标不断学习,修改参数,提高整体收益。

机器学习中的监督学习解决的问题种类主要是分类(Classification)和回归(Regression)两种,事实上分类和回归的本质都是一样的,分类只是将回归问题离散化的特殊情况。例如,线性回归(Linear Regression)和逻辑回归(Logistic Regression)的区别。一维线性回归是将数据拟合到 $y = wx + b$ 这样一个一维函数上;而逻辑回归是将 $y = wx + b$ 通过Sigmoid函数把结果映射到(0,1)的区间上,并设定一个阈值划分为两个类别。当然,分类问题也可以更细分为二分类问题(是、否两种类型)和多分类问题(分出不同的类别)。

对于线性回归问题,我们采用最多的方法就是最小二乘法,这种将数据拟合到直线的方法是最简单的机器学习。如图9-1所示,这是采用最小二乘法进行线性回归的拟合。线性回归是最简单的回归方法,也是最常用的一种方式。很多算法,比如前面讲解的基于统计学的时序数据处理ARIMA模型实际上也是基于线性拟合的。在本章的后面,我们将会集中讨论基于统计学、概率及深度学习的机器学习方法,及其在物联网和边缘计算上的应用。而对于很多历史上使用过的,但目前已经不再常用或不适合边缘计算领域的方法,比如逻辑模型、专家系统、遗传算法和模糊逻辑,将不会在本书中涉及。

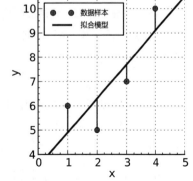

图9-1 采用最小二乘法的线性回归

## 9.1.2 机器学习的步骤和评估指标

开发机器学习应用通常可以分为数据收集、数据分析、数据准备、训练算法模型、测试算法模型和部署模型几个步骤。在机器学习中,数据是最核心的要素。数据的质量、数量、分布和特点,决定了需要采用哪种数据处理方法和机器学习算法,同时数据的质量和数量是影响最终训练完成的机器学习模型的效果的主要因素。与数据相关的步骤主要还是数据的收集、分析和准备。在物联网和边缘计算领域中,通过各种传感器、摄像头等采集的数据是非常丰富的。一台服务器一天的监控数据就能够达到几百吉字节之多。我们生活在一个数据爆炸的时代,如何通过数据分析和机器学习算法利用好这些数据,充分发挥数据的价值,是目前边缘计算领域最迫切和最重要的需求。机器学习的步骤的说明如下。

(1)数据收集。前面已经提到,在边缘计算领域中,数据采集的手段和方法多样,数据量呈指数级增长。我们不缺乏数据,不过在数据收集阶段最重要的一定是收集和存储对某个解决方案有意义的数据,并且获得足够的数据。数据的质量和数量同样重要。数据质量包括数据的精度、采集频率、准确性、时效性和真实性等。边缘计算中涉及大量机器采集的数据,其价值随着距离现在的时间间隔增大而逐渐降低。精度和采集频率也不是越高越好,高精度和高频率数据采集往往意味着采购更加精密和高端的传感器和设备,我们只需要针对特定问题,取得足够精度和频率的数据即可。

(2)数据分析。这一步是非常重要的步骤,优秀的机器学习或数据分析专家和普通水平的人员的主要区别也是在这个环节体现得最明显。这个环节往往需要借助数据可视化工具或其他特征提取工具,将数据的特点展现出来。我们可以根据数据的特点,决定下一步需要采取的行动,可以将数据转化为一维、二维或三维的形态进行查看。在这个过程中识别出一些有用的模式,用以指导后续数据处理和机器学习算法的选取。

(3)数据准备。这一步往往和数据分析是交织在一起的,在数据分析的过程中,通过各种方法对样本进行去毛刺、去无效值、缩放、平滑处理等。对于监督学习最重要的将数据集拆分为训练集和测试集的工作通常也是在数据准备阶段完成的。当然,数据的格式也必须调整为算法程序比较方便使用的格式。

(4)训练算法模型。当数据分析和数据准备完成后,可以根据数据的特点和模式及需要机器学习算法完成的预测工作,选择一种或几种机器学习模型,使用训练数据集进行算法训练。某些比较复杂的算法,特别是深度学习类的算法,在这一步往往需要比较强大的并行计算硬件和较长的训练时间才能完成。

(5)测试算法模型。当模型训练完成后,我们需要使用测试数据集对模型的效果进行评估。分类算法和回归算法的评估标准是不一样的。如果对于测试结果不满意,则需要回到第(4)步重新调整模型和参数。

(6)部署模型。当我们训练出一个足够好的模型后,就可以将模型部署到生产环境投入使用了。在正式部署生产环境前,我们通常要做以下几件事。首先是将训练好的模型保存,然后Scikit-learn使用joblib库导出模型。有些机器学习框架自带了部署工具和模块,比如用于深度学习的TensorFlow的

TensorFlow Serving。也可以用TensorFlow Lite在资源有限的设备中(在边缘计算中非常常见)部署训练好的轻量级模型。

前文提到过测试算法模型有一些指标,并且分类算法和回归算法的指标有区别。下面分别介绍模型评估指标。

### 1. 分类模型评估指标

涉及分类模型指标时,常用一个叫二维混淆矩阵的辅助表格(表9-1)来理解准确率、召回率、精确率。

表9-1　二维混淆矩阵

| 真实类别 | 预测结果 | |
|---|---|---|
| | 类别1(正例) | 类别2(反例) |
| 类别1(正例) | 真正例(True Positive,TP) | 假反例(False Negatibe,FN) |
| 类别2(反例) | 假正例(False Positive,FP) | 真反例(True Negatibe,TN) |

(1)准确率(Accuracy):表示正确分类的测试样本的个数占测试样本总数的比例,计算公式为

$$Accuracy = \frac{TP + TN}{TP + TN + FN + FP}$$

(2)召回率(Recall):也称为查全率,表示正确分类的正样本个数占实际正样本个数的比例,计算公式为

$$Recall = \frac{TP}{TP + FN}$$

(3)精确率(Precision):也称为查准率,表示正确分类的正样本个数占分类为正样本个数的比例,计算公式为

$$Precision = \frac{TP}{TP + FP}$$

(4)$F_1$:是基于召回率(Recall)与精确率(Precision)的调和平均,也是召回率和精确率的综合评价,计算公式为

$$F_1 = \frac{2 \times Recall \times Precision}{Recall + Precision}$$

(5)$F_\beta$:基于召回率(Recall)与精确率(Precision)的加权调和平均,$F_\beta$是$F_1$度量的一般形式,能让我们表达出对召回率、精确率的不同偏好。其中$\beta > 0$度量了召回率对精确率的相对重要性。当$\beta = 1$时转化为$F_1$;当$\beta > 1$时召回率有更大影响;当$\beta < 1$时精确率有更大影响。计算公式为

$$F_\beta = \frac{(1 + \beta^2) \times Recall \times Precision}{(\beta^2 \times Precision) + Recall}$$

(6)PR曲线:由召回率(Recall)和精确率(Precision)构成的曲线,包围的面积越大,说明模型性能越好,如图9-2所示。图9-2中的0.5表示所有样本全部认为Positive的召回率是50%,相当于二分类情况下完全瞎猜的正确率。

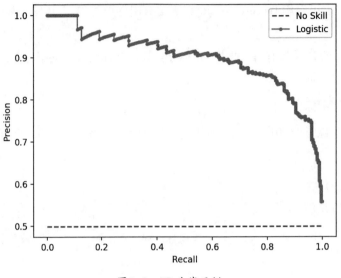

图 9-2　PR 曲线示例

（7）灵敏度、特异度、ROC 曲线：灵敏度（True Positive Rate，TPR）的定义为 TPR = TP / (TP + FN)，与召回率相同；特异度（False Positive Rate，FPR）的定义为 FPR = FP / (FP + TN)。以 TPR 为 $y$ 轴，以 FPR 为 $x$ 轴，调整不同的阈值得到 TPR、FPR，就可以得到 ROC 曲线，如图 9-3 所示。从 FPR 和 TPR 的定义可以理解，TPR 越高，FPR 越小，我们的模型和算法就越高效，也就是画出来的 ROC 曲线越靠近左边算法效果越好。

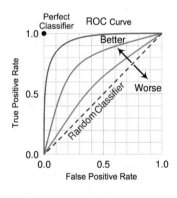

图 9-3　ROC 曲线

### 2. 回归模型评估指标

（1）均方误差（Mean Squared Error，MSE）：该指标计算的是拟合数据和原始数据对应样本点的误差的平方和的均值，其值越小，说明拟合效果越好。

$$MSE = \frac{1}{m} \sum_{i=1}^{m} (y_i - \hat{y}_i)^2$$

（2）均方根误差（Root Mean Square Error，RMSE）：也称为标准误差，它是观测值与真值偏差的平方与观测次数比值的平方根。均方根误差用来衡量观测值同真值之间的偏差，其对测量中的离群点反应非常敏感。

$$\text{RMSE} = \sqrt{\frac{1}{m}\sum_{i=1}^{m}(y_i - \hat{y}_i)^2}$$

（3）平均绝对误差（Mean Absolute Error，MAE）：用于评估预测结果和真实数据集的接近程度，其值越小，说明拟合效果越好。不过，虽然平均绝对误差能够获得一个评价值，但是我们并不知道这个值代表模型拟合是优还是劣，只有通过对比才能知道效果。

$$\text{MSE} = \frac{1}{m}\sum_{i=1}^{m}\left|y_i - \hat{y}_i\right|$$

（4）R方（$R^2$ score）：含义是解释回归模型的方差得分，其取值范围为[0,1]，越接近于1，说明自变量越能解释因变量的方差变化；值越小，则说明效果越差。R方又称为决定系数。

$$R^2 = 1 - \frac{\sum_{i=1}^{m}(y_i - \hat{y}_i)^2}{\sum_{i=1}^{m}(y_i - \bar{y})^2}$$

## 9.1.3 基于概率的机器学习方法——朴素贝叶斯分类

朴素贝叶斯分类是一种非常常用的分类方法，并且在训练数据集较小的情况下，也可以取得不错的效果。朴素贝叶斯分类是基于贝叶斯公式的。贝叶斯公式如下。

$$p(z|x) = \frac{p(x,z)}{p(x)} = \frac{p(x|z)\,p(z)}{p(x)}$$

我们需要求解的是一个条件概率 $p(z|x)$，也就是说，在条件 $x$ 发生的情况下，事件 $z$ 发生的概率。其中 $p(x)$ 称为证据（Evidence），其值被认为是基础的数据。通常，假设 $p(z)$ 根据经验取一个值，称为先验概率；而 $p(x,z)$ 称为似然估计，这个值是需要用数据样本进行估计的，或者说训练的。也就是说，在 $z$ 发生的情况下，$x$ 发生的概率是正比于 $p(x|z)p(z)$ 的。我们可以通过贝叶斯公式求解逆概率的问题。在不知道实际分布的情况下，根据训练样本数据给出一个估计的值。

在评估一个问题时，例如，有好几种可能性的症状，求得新冠、普通流感或其他疾病可能性。那我们首先可以根据统计获得新冠、流感和其他疾病在样本中各自的比例，作为一个先验的概率，然后获得在不同症状下得新冠的比例。假设症状分别是 $x_1$、$x_2$、$x_3$，那么得新冠的比例就应该根据样本获得，即 $p(x_1,x_2,x_3|z) = p(x_1|z)\cdot p(x_2|x_1,z)\cdot p(x_3|x_1,x_2,z)$。可以看到，这个计算条件还是比较复杂的，需要考虑所有症状之间的关系和条件概率。朴素贝叶斯分类算法则将问题做了简化，将所有的这些事件（症状）认为是独立同分布的。那计算就可以简化为 $p(x_1,x_2,x_3|z) = p(x_1|z)\cdot p(x_2|z)\cdot p(x_3|z)$，有这些症状并且得新冠的估计比例则应该为

$$p(z|x_1,x_2,x_3) = \frac{p(x_1|z)\cdot p(x_2|z)\cdot p(x_3|z)\cdot p(z)}{p(x_1,x_2,x_3)}$$

通常情况下，一个问题下的分布不可能都是独立同分布的，不同的事件之间一定是有一定的相关性的。但大多数时候相关性的影响有限，可以使用朴素贝叶斯分类算法进行求解，并且往往能够得到

不错的结果。朴素贝叶斯的另外一个假设是将样本的每个特征都认为同样重要。

朴素贝叶斯算法能够适用的地方比较广泛,在事件的分布符合二项分布、多项分布和高斯分布时都可以使用。在常用的机器学习软件包中,都能够找到可以直接调用的方法。

朴素贝叶斯算法在文本分类中有广泛的应用,在边缘计算领域中,涉及文本、语义分类及多变量分类等的场景都可以尝试采用。朴素贝叶斯算法有可能在某些情况下(尤其是事件之间的相关性比较强且样本数据足够多的情况)并没有深度学习方法的效果好,但是训练效率高,算法简单。它在数据集样本数量不多,且可以达到期望要求的情况下,是非常有用的一种机器学习算法。

贝叶斯公式除在机器学习的分类算法中有比较广泛的应用外,在决策理论中也是一种非常重要的数学模型。贝叶斯公式可以形成概率图,进而通过条件概率图进行计算。贝叶斯公式也是一个非常实用的公式,可以灵活应用于博弈论中。当我们不太清楚某个对象应对某事件的倾向时,可以通过不断检验实际发生的事件去更新这个先验猜测。这在多次博弈的决策中非常重要。下面主要介绍四种朴素贝叶斯分类算法。

### 1. 伯努利朴素贝叶斯分类

伯努利朴素贝叶斯分类主要是用于对服从二项分布的数据集进行分类,这种服从二项分布的实际问题还是非常普遍的。最简单的二项分布就是抛硬币,只有正面和反面两种情况。在用程序计算伯努利朴素贝叶斯分类时,样本的每一个特征必须是二项分布的形式。默认的二值化分界点为 0,如果输入样本的特征值大于 0,则设为 1;如果输入样本的特征值小于等于 0,则设为 0。当然,也可以根据实际情况设定需要的分界点。

### 2. 类型变量朴素贝叶斯分类

这是一种对分类分布的数据进行朴素贝叶斯分类的方法,其假定样本中的每一个特征都符合分类分布,那么就可以用类型变量朴素贝叶斯分类算法进行计算。

```
from sklearn.datasets import load_iris
from sklearn.model_selection import train_test_split
from sklearn.naive_bayes import CategoricalNB
# 加载鸢尾花(iris)数据集
X, y = load_iris(return_X_y=True)

X_train, X_test, y_train, y_test = train_test_split(X, y, test_size=0.25,
                                                     random_state=3)
# 采用类型变量朴素贝叶斯分类进行训练
cat = CategoricalNB().fit(X_train, y_train)
print(X_train, y_train)
y_pred = cat.predict(X_test)
print("测试集总数 %d; 错误数 %d"
      %(X_test.shape[0], (y_test!=y_pred).sum()))
```

最终的结果是测试数据集总共有 38 个数据样本(鸢尾花数据集的样本总数为 150 个,包含 3 个品种,具体如图9-4所示),错误数为2个。可以看到,在这种数据样本数量不多,而且特征的分类分布比较明显的问题上,类型变量朴素贝叶斯分类的效果还是不错的。

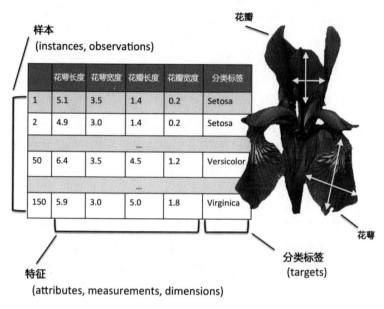

图9-4　鸢尾花分类数据样本

### 3. 高斯朴素贝叶斯分类

  Scikit-learn库中的高斯朴素贝叶斯分类的方法是naive_bayes.GuassianNB()。高斯分布也叫作正态分布,是自然界中最常见的一种分布形式,也就是俗称的钟形曲线。人的身高、体重,恒星的大小,马匹的耐力等自然形成的数据分布通常都符合高斯分布。高斯分布主要的参数是期望$\mu$和方差$\sigma^2$。如果样本的特征符合高斯分布的条件,则可以采用高斯朴素贝叶斯分类。这样看来,图9-4所示的鸢尾花分类似乎应该采用高斯朴素贝叶斯分类更加合理,因为自然界中的样本大致都符合高斯分布。把类型变量朴素贝叶斯换成高斯朴素贝叶斯的代码如下。

```
from sklearn.datasets import load_iris
from sklearn.model_selection import train_test_split
from sklearn.preprocessing import MinMaxScaler
# 引入高斯朴素贝叶斯分类
from sklearn.naive_bayes import GaussianNB
# 加载鸢尾花(iris)数据集
X, y = load_iris(return_X_y=True)


X_train, X_test, y_train, y_test = train_test_split(X, y, test_size=0.25,
                                                    random_state=3)
# 对数据进行归一化处理
scaler = MinMaxScaler()
scaler.fit(X_train)
```

```
X_train_s = scaler.transform(X_train)
X_test_s = scaler.transform(X_test)
# 采用高斯朴素贝叶斯分类
cat = GaussianNB().fit(X_train_s, y_train)
print(X_train_s, y_train)
y_pred = cat.predict(X_test_s)
print("测试集总数 %d; 错误数 %d"
      %(X_test.shape[0], (y_test!=y_pred).sum()))
```

最终的结果是测试数据集总共有38个数据样本,错误数为1个,效果的确超过类型变量朴素贝叶斯分类。可以注意到,在高斯朴素贝叶斯计算中,我们对数据进行了归一化处理,但类型变量朴素贝叶斯则不应该对数据进行归一化处理,否则会使分类特征弱化,导致分类效果变差。

**4. 多项式朴素贝叶斯分类**

Scikit-learn库中的多项式朴素贝叶斯分类的方法是naive_bayes.MultinomialNB()。多项式朴素贝叶斯分类算法主要被用在文本分类中,其是根据样本中每个特征出现的次数进行分类的算法。除根据词频进行文本分类外,也可以对不同特征有出现次数统计信息的数据集进行分类。多项式朴素贝叶斯分类特别适合文本长度比较短的文本样本,如电子邮件、短信息等。通常,该算法可以处理整型数值特征的样本数据集,也可以处理TF-IDF(词频-逆向文本频率)技术处理过的文本样本数据集。

尽管多项式朴素贝叶斯在文本分类中应用广泛,但是在边缘计算领域中需要进行文本分类的情况可能不多。

### 9.1.4 数据简化和降维

在使用传统的机器学习算法时,由于算法本身的限制,加上计算复杂度的考虑,同时为了获得更好的预测效果,我们通常希望能够将数据进行一定的处理和简化,最常见的方法包括特征值缩放、数据清理和降维等。

绝大部分的机器学习算法无法处理缺失的特征值,因此我们有必要对缺失项进行预先处理。我们可以通过Scikit-learn中DataFrame的dropna()、drop()和fillna()这三个方法进行处理,分别对应于删除有缺失特征值的数据样本、删除所有样本中有缺失项的特征和填充缺失项。填充缺失项可以填充0、平均值和中位数。

归一化是最常见的特征值缩放,像高斯贝叶斯分类这样的基于近似连续分布的算法,归一化对提高训练效果非常有效。另外一种同比例缩放方法是标准化,这种方法将样本的特征数据处理为期望值为0的数据集。具体做法是,将每一个样本特征值减去平均值,然后除以方差。

如果在样本中存在异常数据,就是偏离样本均值特别多的数据(有可能是错误数据,也有可能是正常数据),往往会对机器学习的效果产生很大影响。在不同的情况下,可以采用不同的方式处理,在偏离样本均值特别多的数据集中,往往可以采取指数平滑的方式,比如比较长时间段的股票市场数据。通常情况下,异常数据主要是那些服从高斯分布的自然产生的数据(如人的身高、体重等),偏离样本均值特别多往往意味错误数据(比如人的身高不可能超过5米),这种情况可以直接视为无效数据而从样本中删除。

需要注意的是,对于样本数据的任何一种预处理方法,都会对数据本身的特征和包含的信息造成一些影响。比如特征值缩放,会减小或放大特征值之间的差距,填充缺失项会引入不存在的数据和信息。因此,在实际的项目中应该慎重考虑。不正确的数据预处理反而会对算法预测结果造成负面的影响。

接下来我们讨论降维技术,这在物联网和边缘计算领域的数据分析和机器学习中非常有用。有时,我们采集到的数据由非常多的特征(维度)组成,为了更好地进行可视化展示或更加便于分析和计算,我们往往希望能够合并和减少样本的维度。最常用的数据样本的降维技术是主成分分析(Principal Component Analysis, PCA),另外还有因子分析(Factor Analysis)和独立成分分析(Independent Component Analysis, ICA)。

PCA的核心思想是,通过找到原始数据空间中方差最大的方向作为新坐标轴,然后再不断找方差最大的正交坐标轴。该过程一直重复,重复次数为原始数据中特征的维度。我们会发现,大部分方差都包含在最先变换的几个新坐标轴中。因此,我们可以忽略余下的坐标轴,从而实现对数据进行降维处理。但是,PCA方法在降低数据维度的同时,也丢失了一部分数据信息。这些信息的损失是否可以接受,需要通过最终降维后的数据分析结果来确定。

PCA的过程涉及线性代数中矩阵坐标系的变换等,在本书中不是重点。下面的代码列出了如何用Scikit-learn库中的API进行降维操作。数据集使用了库中自带的红酒数据集,总共有3个等级,每个样本有14个不同的特征。

```python
import numpy as np
import matplotlib.pyplot as plt
from sklearn import datasets, decomposition

# 使用Scikit-learn自带的红酒数据集
def load_wine_data():
    wine = datasets.load_wine()
    return wine.data, wine.target
# 测试数据集,查看主要成分
def test_pca(*data):
    x, y = data
    pca = decomposition.PCA(n_components=None)
    pca.fit(x)
    print('维度均方差占比:%s' %
            str(pca.explained_variance_ratio_))

x, y = load_wine_data()
print(x[0:5])
test_pca(x, y)
```

```
# 将红酒数据降维到二维，然后画出散点图
def plot_wine_pca(*data):
    x, y = data
    # 将数据集分解为两个主要成分维度
    pca = decomposition.PCA(n_components=2)
    pca.fit(x)
    x_r = pca.transform(x)
    fig = plt.figure()
    ax = fig.add_subplot(1, 1, 1)
    colors = ((1, 0, 0), (0, 1, 0), (0, 0, 1))
    for label, color in zip(np.unique(y), colors):
        position = y == label
        ax.scatter(x_r[position, 0], x_r[position, 1], label='Class=%d' % label)
    ax.set_xlabel('x[0]')
    ax.set_ylabel('y[0]')
    ax.legend(loc='best')
    plt.rcParams['axes.unicode_minus'] = False
    ax.set_title('PCA scatter for wine dataset')
    plt.show()

plot_wine_pca(x, y)
```

运行上述代码，得出降维到二维后的散点图，如图9-5所示。

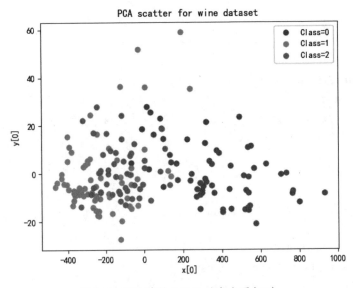

图9-5　PCA降维处理后的散点图(2D)

可以看到，只保留两个主要成分维度效果并不好，三个级别的红酒并没有明显的分类特征，尤其是Class1和Class2这两类重合的区域很大。接下来我们保留三个维度看一下效果。

```
def plot_wine_pca_3D(*data):
    x, y = data
    # 将数据集分解为三个主要成分维度
    pca = decomposition.PCA(n_components=3)
    pca.fit(x)
    x_r = pca.transform(x)
    fig = plt.figure()
    # ax = fig.add_subplot(1, 1, 1)
    ax = fig.add_subplot(111, projection='3d')
    colors = ((1, 0, 0), (0, 1, 0), (0, 0, 1))
    for label, color in zip(np.unique(y), colors):
        position = y == label
        ax.scatter(x_r[position, 0], x_r[position, 1], x_r[position, 2],
                   label='target=%d' % label)
    ax.set_xlabel('PCA_1')
    ax.set_ylabel('PCA_2')
    ax.set_ylabel('PCA_3')
    ax.legend(loc='best')
    plt.rcParams['axes.unicode_minus'] = False
    ax.set_title('PCA scatter for wine dataset')
    plt.show()
```

可以看到,保留三个主要成分的 PCA 处理后,如图 9-6 所示,数据集的分类特征更加明显了。当然,Class1 分类中仍然有一些数据点比较分散。根据实际情况,我们还可以继续保留第四和第五个主要成分维度,这样能够获得更好的分类特征。不过,这种情况就无法用可视化的图像展示出来了。

在有些情况下,我们可以通过降维进行数据的可视化分析,减少特征维度,以提高算法性能,以及消除过拟合现象。

对于 PCA,一个很重要的问题是,到底应该选择多少个主要成分维度。这个问题的关键是要看选取的几个维度是否已经包含了绝大部分的信息,而且丢失的信息是否会对后续数据处理和分析造成比较大的影响。

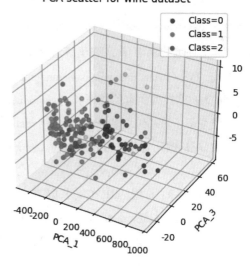

图 9-6　PCA 降维处理后的散点图(3D)

前面的代码中,我们看到方法 test_pca(*data)用于测试每个维度成分的均方差占比。根据信息论的原理,差异越大的数据成分,包含的信息越多。该方法对于红酒数据集得到以下数组。

$$[0.99809123, 0.00173592, 0.00009496, 0.00005022, 0.00001236, 0.00000846, 0.00000281,$$
$$0.00000152, 0.00000113, 0.00000072, 0.00000038, 0.00000021, 0.00000008]$$

可以看到，从第三个维度往后，剩下的十个维度的方差占比就已经非常低了。在上面的例子中，利用PCA降维到五维，就已经能够保证比较好的分类效果了。

另外一个非常重要的数据简化和降维的方法叫作奇异值分解（Singular Value Decomposition，SVD）。SVD方法的基础是线性代数中的矩阵分解。任意$m \times n$的矩阵$\boldsymbol{A}$都可以进行如下特征分解。

$$\boldsymbol{A} = \boldsymbol{U}\boldsymbol{\Sigma}\boldsymbol{V}^{\mathrm{T}}$$

式中，$\boldsymbol{U}$为一个$m \times m$矩阵，$\boldsymbol{V}$为一个$n \times n$矩阵，$\boldsymbol{\Sigma}$为一个$m \times n$矩阵。$\boldsymbol{U}$和$\boldsymbol{V}$都是酉矩阵，$\boldsymbol{\Sigma}$是一个除主对角线外其他元素全为0的对角矩阵，$\boldsymbol{\Sigma}$主对角线上的值$\sigma_0, \sigma_1, \cdots, \sigma_i$称为奇异值。SVD除降维外，在数据降噪、信息提取、图像和数据压缩方面都有广泛的应用。$\sigma_0, \sigma_1, \cdots, \sigma_i$这些奇异值通常按照从大到小的顺序排列。去掉$\boldsymbol{\Sigma}$后面非常小的$\sigma_k, \cdots, \sigma_i$以后，就可以通过SVD进行降维和压缩了。这个降维过程可以同时对行数据和列数据进行压缩，也可以分别进行压缩。PCA只是对变换过的特征维度降维，也就是相当于对原始矩阵的列进行降维。

现在，我们回到Scikit-learn库中，看SVD是如何应用在PCA方法中的。由于PCA只是对特征维度降维，也就是列向量降维，那么实际上只需要压缩一个维度，如果特征是$n$，样本数量是$m$，那么就采用SVD列数据压缩的方式得到维度压缩后的矩阵。上面的矩阵分解公式左右乘$\boldsymbol{V}$得到：

$$\boldsymbol{A}\boldsymbol{V} = \boldsymbol{U}\boldsymbol{\Sigma}$$

然后将降维后的$\boldsymbol{\Sigma}'$替换原来的$\boldsymbol{\Sigma}$，$\boldsymbol{U}$矩阵列数大于等于$k$的列全部都被削去，得到$\boldsymbol{U}'$，而矩阵$\boldsymbol{V}$直接去掉行数大于$k$的行得到$\boldsymbol{V}'$。直接采用$\boldsymbol{A}\boldsymbol{V}'$就对原来的样本和特征组成的矩阵进行了降维。也就是说，我们可以直接采用SVD获得PCA降维矩阵。

```
pca = decomposition.PCA(n_components=2, svd_solver='auto')
```

在上面的代码中，PCA降维算法多了一个参数svd_solver。这个参数主要用于指定采用的SVD计算方式，主要有auto、full、arpack和randomized几种方式。

（1）auto：根据样本的特征和n_components参数选择SVD求解器，如果数据样本大于$500 \times 500$且选取维度小于最小维度的80%，则采用randomized方法。

（2）full：调用标准LAPACK求解器精确计算SVD的成分，适合数据量不大和计算时间充分的情况。

（3）arpack：采用ARPACK求解器计算SVD并截断为n_components个主成分，且满足$0 < $ n_components $ < \min(\text{X.shape})$。主要用于特征矩阵很大，且为稀疏矩阵的情况。

（4）randomized：通过Halko等人的随机方法进行随机SVD，在数据量很大的情况下，速度比full快很多。

### 9.1.5 决策树分类

相比于前面基于概率统计的贝叶斯分类和基于线性代数的分类模型，k-近邻（kNN）算法和决策树算法相对来说比较容易理解。

　　首先来了解一下决策树,决策树最接近大多数人平时做决策的思考过程,也是一种最常用的数据挖掘算法。我们可以通过一个简单的树形结构来了解决策树的概念,就用我们每天早上起床以后的决策来举例。

　　如图9-7所示,这是一个早上是否早起的决策树。这个决策树中有一个根节点、多个中间节点和多个叶子节点。通过每个中间节点不断划分决策支线,最后获得结论。决策树的一大好处就是容易可视化,最后的结果非常容易理解,是可解释的。另外一个好处是,对于数据样本中的不同特征,通常不需要进行预处理。这是由于分析过程中,决策树算法是对每个特征单独进行判断的。专家系统最经常采用的算法就是决策树算法。这里我们继续使用鸢尾花数据集训练一个决策树分类器。先采用两个特征——花瓣的长和宽,来进行三次决策树划分。

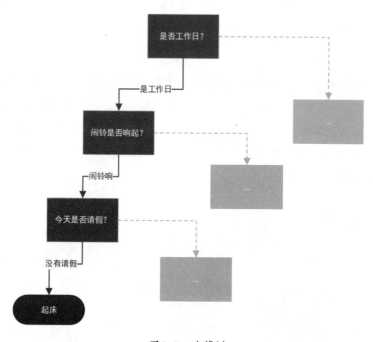

图9-7　决策树

```python
from sklearn.datasets import load_iris
from sklearn.tree import DecisionTreeClassifier

iris = load_iris()
# print(iris.data)
# 鸢尾花样本数据中的第三个和第四个特征分布是花瓣的长和宽
X = iris.data[:, 2:]
y = iris.target
# 用决策树分类法进行
tree_clf = DecisionTreeClassifier(max_depth=3, random_state=62)
tree_clf.fit(X, y)
```

使用决策树分类还是比较简单的,其中max_depth这个参数用于确定决策树划分的次数,划分次数越多,对于训练数据的分类越精确,但是同时也更容易造成过拟合现象,使模型的泛化能力降低。

```
from graphviz import Source
from sklearn.tree import export_graphviz

export_graphviz(
        tree_clf,
        out_file=os.path.join(IMAGES_PATH, "irisdivide.dot"),
        feature_names=iris.feature_names[2:],
        class_names=iris.target_names,
        rounded=True,
        filled=True
    )

Source.from_file(os.path.join(IMAGES_PATH, " irisdivide.dot"))
```

生成的决策树如图9-8所示。从图9-8中可以看到,算法的第一次划分,就能够通过花瓣宽度<=0.8这个条件将setosa这个品种完全区分出来。剩下的样本计算出花瓣宽度<= 1.75这个条件,进行了第二次划分,将样本又分成两组。这两组再通过花瓣长度的区别,分别再划分了一次。最后获得了一个三次划分后形成的分类树。

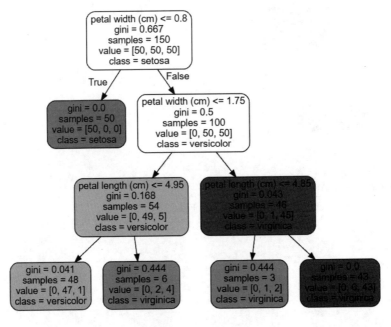

图9-8　鸢尾花数据决策树分类(三次划分)

决策树形成的模型是一个完全可解释的模型,这是一个优点。但是,决策树模型也有比较明显的缺点,那就是对于特征之间有相关性的情况下,效果不佳。另外,当划分次数过高时,容易出现过拟合现象。因此,在采用决策树分类时,往往需要配合其他方法一同使用,以提高分类的效果。

### 9.1.6 传统的回归预测方法

传统的回归预测方法主要有线性回归及相关的一些衍生方法。目前来看,比较简单的回归问题,采用传统的方法还是有一定的优势的,比如训练样本比较少,要求训练时间短、计算量小的情况。尤其是在边缘计算领域中,在资源有限的情况下,我们往往只需要一个精度和性能足够高的模型,就能满足实际的需求。

前文提到过线性回归模型,这是最简单的回归模型,应用也非常广泛。线性回归的公式如下。

$$\hat{y} = \theta_0 + \theta_1 x_1 + \theta_2 x_2 + \cdots + \theta_i x_i + \cdots + \theta_n x_n$$

式中,$\hat{y}$为预测值,$n$为特征数量,$x_i$为第$i$个特征值,$\theta_i$为模型的第$i$个参数。这个公式在计算机处理中,通常都是转化成向量进行处理的。

$$\hat{y} = h(\boldsymbol{x}) = \boldsymbol{\theta} \cdot \boldsymbol{x}$$

式中,$\boldsymbol{\theta}$为参数向量,$\boldsymbol{x}$为实际样本的特征值向量,其中$\theta_0$通常都处理为1。当然,上面的公式也可以写成$\hat{y} = \boldsymbol{\theta}^T \boldsymbol{x}$。在求解线性回归模型时,通常是将问题转化为求解模型参数向量$\boldsymbol{\theta}$,使均方误差(MSE)最小。也就是将下面式子的值最小化:

$$\mathrm{MSE} = \frac{1}{m} \sum_{i=1}^{m} (\boldsymbol{\theta}^T \boldsymbol{x}^{(i)} - \hat{y}_i)^2$$

式中,$\boldsymbol{x}^{(i)}$代表第$i$个样本的特征向量,$\hat{y}_i$为第$i$个样本的值。求解使均方误差最小的参数向量$\boldsymbol{\theta}$,我们有标准公式,能够通过矩阵变换进行求解。公式如下。

$$\hat{\boldsymbol{\theta}} = (\boldsymbol{X}^T \boldsymbol{X})^{-1} \boldsymbol{X}^T \boldsymbol{y}$$

由于标准公式涉及求解逆矩阵的运算,其算法复杂度在$O(n^{2.4})$至$O(n^3)$之间,因此随着样本的特征数量增长,计算复杂度呈指数级上升。当特征数量较多的情况下,采用标准公式就变得不可行了。因此,当训练样本的特征数量特别多时,会用到梯度下降法,这种方法也是目前深度学习模型训练的基础。

梯度下降法是一种有方向的试探性方法。就好比要爬上一座山,假设不考虑山坡陡峭程度和不同山体表面行进难易程度对速度的影响,我们想要快速上山,就要不断沿着最陡的方向行进。梯度下降法就是这样,先随机地寻找一个$\theta$向量,然后逐步尝试,不断降低损失函数,直到收敛到一个最小的值为止。这种方法对于损失函数为凸函数的情况效果特别好,而线性回归常用的均方误差损失函数恰巧就是一个凸函数。如果损失函数不是一个标准的凸函数,那么起始点的选取就不能是完全随机的,因为这样就有可能使最终结果收敛到局部最优解。此外,每次尝试的步长的选择对于梯度下降法也非常重要。如果步长选取得太短,那收敛速度就慢,计算时间就会很长。如果步长过长,就有可能越过收敛的点,最后结果反而发散了。

梯度下降法有两种,即批量梯度下降法和随机梯度下降法。我们知道,一个函数变化最陡峭的方向就是其一阶导数的方向。只有求得该函数每个维度上的偏导数,然后不断小步逼近,才能得到收敛的最小值。对MSE求偏导数，可以得到：

$$\frac{\partial y}{\partial \theta_i} \mathrm{MSE}(\boldsymbol{\theta}) = \frac{2}{m} \sum_{i=1}^{m} (\boldsymbol{\theta}^{\mathrm{T}} \boldsymbol{x}^{(i)} - \hat{y}_i) \boldsymbol{x}^{(i)}$$

公式等价于：

$$\nabla_{\boldsymbol{\theta}} \mathrm{MSE}(\boldsymbol{\theta}) = \frac{2}{m} \boldsymbol{X}^{\mathrm{T}} (\boldsymbol{X}\boldsymbol{\theta} - \boldsymbol{y})$$

当训练模型的样本数据有数十万的参数时，用梯度下降法远远好于标准公式。

如下面的例子，先生成一个由150个样本组成的样本空间。主要部分通过线性函数加上一定的随机变化构成，样本的散点图如图9-9所示。

```python
import numpy as np
import matplotlib.pyplot as plt

# 生成150个样本的测试数据集
X = 2 * np.random.rand(150, 1)
y = 5 + 6 * X + np.random.randn(150, 1)
plt.plot(X, y, "b.")
plt.xlabel("$x$", fontsize=18)
plt.ylabel("$y$", rotation=0, fontsize=18)
plt.show()
```

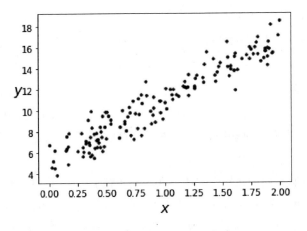

图9-9　生成的测试线性回归的样本数据

我们先采用标准公式进行拟合。使用NumPy的线性代数模块（np.linalg）中的inv()方法求逆矩阵，并用dot()方法计算两个矩阵的点积。

```python
X_b = np.c_[np.ones((150, 1)), X]
theta_best = np.linalg.inv(X_b.T.dot(X_b)).dot(X_b.T).dot(y)
```

最后拟合的结果如下。

```
array([[5.14023268], [ 5.84532879]])
```

理论上最好的拟合效果应该是 y = 5 + 6 * X + 小于1的随机数。计算后的结果可以写作 y = 5 + 5.85 * X + 0.14,结果看上去不错,预测的结果如图9-10所示。

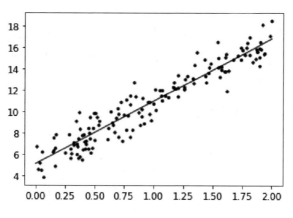

图9-10　标准公式线性回归的结果

```
# 直接调用Scikit-learn库的线性回归方法可以得到相同的结果
from sklearn.linear_model import LinearRegression

lin_reg = LinearRegression()
lin_reg.fit(X, y)
lin_reg.intercept_, lin_reg.coef_
```

上面的代码是直接运行Scikit-learn库的线性回归方法,运行后可以得到相同的结果。使用该模型进行预测的代码如下。

```
X_test = np.array([[0], [2]])
lin_reg.predict(X_test)
```

结果是array([[5.14023268],[16.83089027]]),即当X分别取0和2时的预测结果分别是5.14023268和16.83089027。

前文提到过,如果训练样本的特征数量特别多,则采用梯度下降法,即通过最小化损失函数来求解,这是非常高效的方法。不过,这种训练对于训练参数(步长、初始位置、计算次数等,在机器学习中的术语叫作超参数)非常敏感。选择好的超参数能够让计算时间大大缩短,精度提高。这里使用Scikit-learn中的SGDRegressor类进行随机梯度下降。

```
from sklearn.linear_model import SGDRegressor
# max_iter是最多运行次数,tol是提前结束阈值,eta0是学习率,也就是步长
sgd_reg = SGDRegressor(max_iter=1000, tol=1e-3, penalty=None, eta0=0.1)
sgd_reg.fit(X, y.ravel())
```

通过随机梯度下降,获得参数为(array([5.149999]),array([5.86346414])),与前面标准公式计算得到的参数接近。

当样本数据量非常大的情况下,我们还可以采用小批量梯度下降法。将样本划分成多个批次再进行处理,这种方法在深度学习的训练中被广泛采用。而且由于一次性处理多个样本,可以采用GPU并行计算进行加速。

上面讨论了线性回归的基本方法,对于更常见的非线性函数,我们可以采用多项式回归(Polynomial Regression)的方法进行拟合。这种方法就是将每一个高阶项都看作一个新的特征进行处理。下面以一元二次方程为例。

```
# 建立二次方程的数据集并加入随机变化
m = 150
X = 8 * np.random.rand(m, 1) - 4
y = 0.5 * X**2 + X - 1 + np.random.randn(m, 1)
# 绘制数据集的散点图
plt.plot(X, y, "b.")
plt.xlabel("$x$", fontsize=18)
plt.ylabel("$y$", rotation=0, fontsize=18)
plt.show()
```

数据集的散点图如图9-11所示。

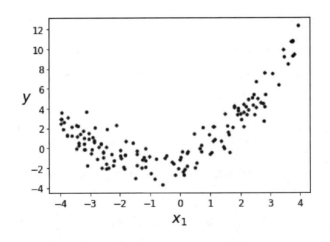

图9-11 二次方程数据集的散点图

然后用多项式回归的方法来拟合这些数据。将X增加一个维度,成为X_poly,然后用X_poly这个向量,第一个特征值是原来的X,第二个特征值则是$X^2$。

```
from sklearn.preprocessing import PolynomialFeatures
poly_features = PolynomialFeatures(degree=2, include_bias=False)
X_poly = poly_features.fit_transform(X)
lin_reg = LinearRegression()
lin_reg.fit(X_poly, y)
lin_reg.intercept_, lin_reg.coef_
```

经过多项式回归拟合,得到(array([-1.08529894]),array([[1.03737457,0.51213471]])),也就是y = 0.49X² + 0.96X – 1.09,基本上符合原来的等式y = 0.5X² + X – 1 + 随机数。拟合的图形如图9-12所示。

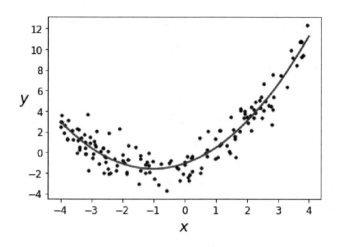

图9-12 多项式回归拟合的图形

PolynomialFeatures 可以将特征固定阶数的所有组合都添加进多项式中。例如,如果有两个特征 $a$ 和 $b$,则 degree = 3 的 PolynomialFeatures 不仅会添加特征 $a^2$、$a^3$、$b^2$ 和 $b^3$,还会添加组合 $ab$、$a^2b$ 和 $ab^2$。 PolynomialFeatures(degree=d)可以将一个包含 $n$ 个特征的样本转换为包含 $\dfrac{(n + d)!}{d!n!}$ 个特征的数组。可以根据实际的情况增加阶数。

如果在多项式拟合中设定比较高的阶数,比如达到几百阶,那么可能可以非常好地拟合样本数据,但是最终会造成过拟合现象。这样的模型泛化性能很差,用来预测样本以外的数据反而结果不好。

模型的正则化(Regularization)是一种很有效的防止过拟合的方法。最简单的方法就是控制某些特征的值,或者限制特征值的变化范围,从而增加过拟合的难度。对于线性模型来说,比较常用的正则化方法有岭(Ridge)回归、Lasso 回归和弹性网络(ElasticNet)。岭回归给损失函数加上一个正则化项 $\alpha \dfrac{1}{2} \sum_{i=1}^{n} \theta_i^2$。加上这一项其实就是要求线性函数在拟合时,$\boldsymbol{\theta}$ 尽量小。$\alpha$ 是岭回归正则化的超参数,越大则回归拟合的曲线越平滑。对于线性回归,加上正则化项的完整损失函数可以写成:

$$J(\boldsymbol{\theta}) = \mathrm{MSE}(\boldsymbol{\theta}) + \alpha \frac{1}{2} \sum_{i=1}^{n} \theta_i^2 = \frac{1}{m} \sum_{i=1}^{m} (\boldsymbol{\theta}^{\mathrm{T}} \boldsymbol{x}^{(i)} - \hat{y}_i)^2 + \alpha \frac{1}{2} \sum_{i=1}^{n} \theta_i^2$$

通过岭回归的方程可以看出,其可以通过线性代数矩阵变换的形式来求解,也可以采用梯度下降法进行计算。另外一种 Lasso 回归正则化,则是加入一个 $\theta$ 绝对值的和正则化项。损失函数的公式可以写成:

$$J(\boldsymbol{\theta}) = \mathrm{MSE}(\boldsymbol{\theta}) + \alpha \sum_{i=1}^{n} \left| \theta_i \right|$$

需要注意的是,常数偏置项 $\theta_0$ 是不包含在正则化项中的。弹性网络是将岭回归和 Lasso 回归结合起来的一种正则化方法。不过,从参数表示来看,弹性网络中 Lasso 方法起的作用更大。弹性网络的损失函数公式如下。

$$J(\boldsymbol{\theta}) = \mathrm{MSE}(\boldsymbol{\theta}) + \frac{1-r}{2}\alpha\frac{1}{2}\sum_{i=1}^{n}\theta_i^2 + r\alpha\sum_{i=1}^{n}|\theta_i|$$

当 $r=1$ 时，弹性网络正则化转化为 Lasso 回归正则化；当 $r=0$ 时，则相当于岭回归正则化。在超参数设置合理的情况下，加入正则化比纯粹的线性回归效果要好。一般情况下，选择岭回归正则化是比较好的方法。但是，当样本中特征的数量特别多，而且大多数特征起到的作用其实非常小时，可以采用弹性网络正则化或 Lasso 回归正则化。而且一般来说，弹性网络正则化优于 Lasso 回归正则化。采用弹性网络正则化的线性回归代码还是比较容易的。

```
from sklearn.linear_model import ElasticNet
# 超参数设置α=0.1,r=0.5
elastic_net = ElasticNet(alpha=0.1, l1_ratio=0.5)
elastic_net.fit(X, y)
elastic_net.predict([[1.5]])
```

传统的机器学习方法中，还有不少值得介绍的内容，例如，支持向量机、逻辑回归和聚类、集成学习等。有兴趣的读者可以参考相关的书籍和文章，这是一个非常值得深入探索的领域。

## 9.2 深度学习方法介绍

深度学习是目前发展最快、最受关注的机器学习领域，新的研究成果不断涌现，几乎成为现在人工智能的代名词，在机器学习的各个领域中都展现出了突破性的进展。对于深度学习为何能够有这么强大的能力，有一种说法是，深度学习最重要的成就是为多变量和高维函数的求解提供了一种可行的拟合方法。通过一些计算机算法来优化，能够取得计算速度和最终效果的一个平衡，于是成为目前来看最为实用的机器学习方法。

不过，也有部分研究者认为，对于极高维度的深度学习模型来说，并不存在拟合的说法。如果只是一种拟合，那么 VGG 这种参数极多的模型应该会像其他传统的回归模型一样，在维度过高的情况下存在过拟合的问题。但无论是在虚拟的数据上还是在实际应用的数据上，深度学习都展现出了非常好的泛化性能。因此，我们对于深度学习模型的原理认识还远远不够，并不能很好地解释模型内部的过程。在一定程度上，深度学习的内部过程对我们来说仍然是一个"黑盒"。

尽管深度学习有很多可以探讨的地方，不过本书重点关注的是对于边缘计算方面最重要的一些算法。

### 9.2.1 多层感知机

最初的感知机其实就是一层的神经网络，通过核函数(激活函数)进行非线性化处理。整个神经网络中,激活函数是最重要的。常见的激活函数有Sigmoid、Tanh和ReLU,如果没有激活函数存在,则无论多少层感知机,最终实际上都可以通过一层线性函数进行模拟。

多层感知机(MLP)就是最早出现的神经网络,通常是一个全连接神经网络。图9-13所示是一个单层感知机的结构,多层感知机是一种简单的ANN架构。虽然多层感知机是最早的神经网络结构,但是在近几年新的Transformer这样的模型中,仍然发挥了很重要的作用。

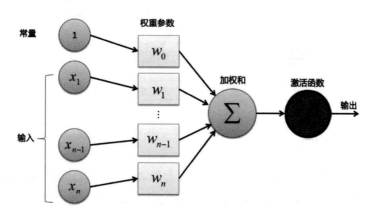

图9-13  单层感知机模型

我们用TensorFlow可以非常容易地搭建出多层的神经网络,下面的示例展示的就是一个多层全连接网络。这个网络构成一个多层感知机,用于对28×28像素的图像进行分类,keras.models.Sequential()用于建立一个顺序连接的神经网络。第一层是一个flatten层,用于将二维的图像压缩成一维的向量。然后连接到一个300个节点的全连接层,接着连接到一个100个节点的全连接层。最后通过10个节点的Softmax输出10个分类的概率。中间的300个节点和100个节点的层称为隐藏层,节点的激活函数采用ReLU函数。

```python
import tensorflow as tf
from tensorflow import keras


model = keras.models.Sequential()
model.add(keras.layers.Flatten(input_shape=[28, 28]))
model.add(keras.layers.Dense(300, activation="relu"))
model.add(keras.layers.Dense(100, activation="relu"))
model.add(keras.layers.Dense(10, activation="softmax"))
```

上面的这个多层感知机,最初是用来对手写的0~9阿拉伯数字进行识别。这种多层感知机能够很好地完成这种简单的分类任务,模型如图9-14所示。

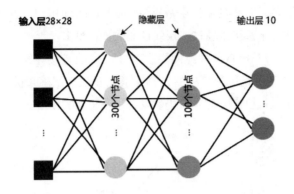

图9-14 代码中实现的多层感知机结构图

## 9.2.2 CNN和RNN

卷积神经网络(CNN)和循环神经网络(RNN)在新的Transformer结构没有出现前,分别是处理图像和时序数据的深度学习的两大主要网络结构。当然,CNN和RNN都有很多不同的变种和类型。

传统的CNN由以下几种层级结构组成。

(1)卷积层(Convolutional Layer):用于提取图像的部分特征。

(2)池化层(Max Pooling Layer):主要用于下采样(Down Sampling),压缩计算量。

(3)全连接层(Fully Connected Layer):这一层往往是CNN的最后一层,用于最终的分类。

图9-15所示是卷积神经网络深度学习模型的示意图,通过两个隐藏层(卷积层+池化层)加上最后的全连接层进行分类结果输出。

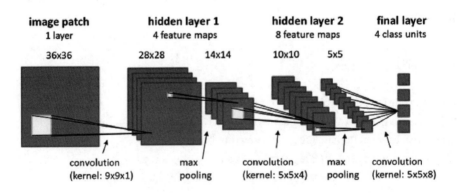

图9-15 卷积神经网络深度学习模型

尽管基于CNN模型的AlexNet在图像识别方面取得了突破性进展,但是当增加模型的深度,以期望能够取得更好的效果时,出现了瓶颈。传统的CNN模型在连接一定的深度后,在训练时会发生梯度消失,只是采取简单的Dropout(随机失活)并不能完全解决问题。随着ResNet(残差网络)的引入,使用更深的CNN模型变得可行。如图9-16所示,可以看到,两个卷积层之间加入了一个残差连接,这个连接也可以配置成一个隐藏层。这种ResNet连接提供了一种机制,能够跳过神经网络中的某些层,非常好地解决了深度学习模型的退化问题。

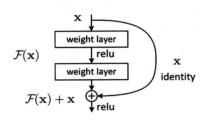

图9-16　深度残差网络单元块

对于序列化数据的模型,RNN及RNN的变化形式LSTM(长短期记忆网络)是主流的深度神经网络络解决方案。在物联网和边缘计算领域中,序列化的数据非常常见,因此有大量的场景可以采用LSTM,凡是时序数据处理的领域,通常也可以用RNN模型进行预测。不过,是选择传统的统计学方法还是神经网络方法,还需要考虑实际场景的训练时间、要求的计算能力等,然后进行综合考虑。一般来说,当数据量相对比较少,要求快速出预测结果,而且没有比较强的硬件提供机器学习加速的情况下,可以用传统的统计时序数据处理方法,比如ARIMA等。

# 9.3 强化学习

强化学习(RL)在边缘计算的控制和决策中有非常多的应用,例如,机器人动作控制、无人机自动巡航、自动驾驶及环境参数自动感知和调节等,相信在未来将会有更多的应用方向。强化学习近几年来最大的新闻当属2016年3月,DeepMind的AlphaGo在五番棋中以4:1的绝对优势击败了顶级职业围棋选手李世石。这次成功实际上是将深度学习技术和传统的强化学习算法结合产生的"化学反应",将机器学习的边界和能力进一步拓展到了需要顶级人类专业人士的复杂抽象思维能力的领域。关于深度强化学习的发展和应用可以写好几本书,本书限于篇幅,将会选取一些简单的例子,结合强化学习在现实世界的应用和设计方法进行介绍,便于感兴趣的读者进一步深入学习和探索这个领域。

强化学习和人类的学习过程非常相似,其四大核心要素是策略、收益、价值函数和环境模型。学习的主体是一个软件模拟的智能体,会受到环境影响,可以采取行动影响环境。在学习过程中,环境会不断给智能体正向(收益)或负向(惩罚)的反馈。智能体需要做的就是最大化收益和(或)最小化惩罚。智能体并不一定要是一个具体的物体或软件对象,也有可能是一个虚拟的东西。例如,可以是虚拟的棋手、游戏玩家、股票交易员等。

强化学习最常用的算法是遗传算法和策略梯度算法。遗传算法是借鉴了生物的遗传和自然选择的原理,构造每一代的种群,并选择一定比例的优势个体进入下一代。而下一代通常遗传上一代的特征并引入一定的变异,不断迭代,直到找到一个比较好的策略为止。

我们在后面的例子中会使用OpenAI的Gym库作为示范的模型库,用来演示一些简单的模型。整体的强化学习过程如图9-17所示。Gym是一个非常适合上手的强化学习库,其中包括了大量的模型环境,以及简单和直观的API,用于调用和训练这些经典的模型。

整个智能体(Agent)的学习过程是通过行动改变环境的状态(State),不同的状态将会获得不同的收益(Reward),智能体(Agent)通过观察每一次行动后状态改变的收益进行学习,获得最优的策略(Policy),也就是在每个状态(State)下,不同可选行为的最优概率。策略(Policy)在强化学习中用$\pi:(s,a)\mapsto[0,1]$表示。这是一个状态$s$下,行为$a$取值的条件概率密度函数,可以写成:

$$\pi(a|s) = P(A = a|S = s)$$

策略中为什么不使用一个固定动作,而要用一个概率。这主要是因为,我们应该保留一定的可能性让模型选择非最优动作,以便能够不断探索新的动作。因为很多情况下,外部的环境$S$的分布也会变化。下面来看一个简单的强化学习的示例,我们调用Gym中的CartPole-v1环境模型,这个环境模型中模拟了一根在一段固定铰链上可以左右摆动的杆。我们要做的就是提供一个算法,让杆能够尽量保持竖直状态,如图9-18所示。

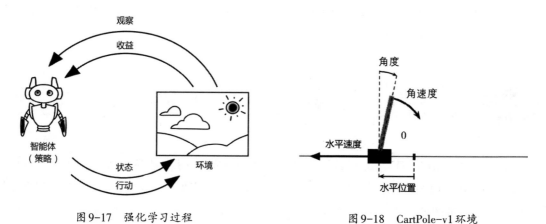

图9-17　强化学习过程　　　　　　　图9-18　CartPole-v1环境

从图9-18中可以看到,这个环境的变量有四个:水平位置、水平速度、角度和角速度。用代码初始化该环境:

```
# 导入Gym库
import gym
env = gym.make("CartPole-v1")
obs = env.reset() # 重置引入的环境
```

用print查看一下初始化后环境的观察值,即[0.0222814  -0.00449688  -0.04724393  0.00559845]。可以看到这四个环境变量的初始值,通过调用render()进行环境的显示。

在这个环境中,通过查看env.action_space,获得一个只能取两个数值的离散变量Discrete(2),也就是行为空间只能够取1和0这两个值,分别代表向右推(加速)和向左推(加速)。这个环境中的收益也很简单,每进行一步,就会有加1的奖励。

```
action = 1 # 向右退一下
obs, reward, done, info = env.step(action)
```

先随便运行一下模型,在初始值的基础上向右边推一下。也就是调用环境的step方法执行了一步,我们可以看到环境变量都有改变,奖励值加1,另外还会有done作为是否完成任务的标志。通常有三种情况会使一次任务结束(done=True),分别是杆的倾角过大、离开屏幕或超过200步(只有这种是成功了)。

我们首先采用策略梯度算法来更新和逼近最佳策略,策略梯度算法是直接求得策略函数$\pi(a|s)$的方法。有很多强化学习的问题,都是通过一连串改变状态的行为,产生连续过程,并最终导致成功或失败的结果。CartPole这个经典问题就是这样的环境,每一次尝试都会经过很多回合的移动小车,而且都会有一个明确的结束回合。要不就是杆倾斜过大或离开屏幕范围而失败;要不就是超过200个回合而获胜。对于策略梯度算法,一个非常核心的思想就是训练这个策略函数$\pi_\theta$,使这个函数在一定的状态$s$时,增加选择收益高的动作的概率,减少选择收益较低的动作的概率。那么在具体的操作上,应该怎么做呢?

对于CartPole这个环境,对应的动作action只会有右推(1)和左推(0)。如果我们希望训练的模型在某个状态$s'$的情况下趋近于选择某个动作,比如右推,那么每一次迭代,我们就希望让模型在状态$s'$或近似$s'$的情况下能够以更大的概率去得到1这个数。也就是模型沿正向梯度更新一步。如果在试探过程中发现某个状态$s''$,则应该避免采取右推动作,那么模型就应该沿反向梯度更新一步。

策略梯度算法背后的思想是蒙特卡洛方法,这个思想就是对一个概率分布空间不断随机采样。当采样的次数足够多时,统计出所有采样点的抽样概率值,就能够近似原概率分布的实际情况。

策略梯度算法就是智能体(Agent)不断地在环境中运行,然后根据每一个回合中不同状态$s$下采取不同行动的折扣收益$R_t$的总和,不断对模型进行修正,最后拟合出一个接近最优的策略函数。这个策略函数通常会用一个深度神经网络进行训练。根据蒙特卡洛方法的原理,可以认为只要尝试足够多轮次,就能够对可能出现的状态$s$都经历过若干次,并最终探索出每种状态$s$所有可能的动作,从而获得每种状况最优的动作。于是采用梯度下降法,可以逐渐收敛而获得相对较优的策略模型。

要应用强化学习算法,还有一个比较重要的点。那就是对某状态下一个动作的价值进行评估,这在Q-Learning中也非常重要。我们观察到,智能体完成了一个动作后,环境转移到下一个状态,同时获得了一个奖励(或惩罚);然后下一步,又获得了另外一个奖励。那如何将未来和现在的奖励联系在一起呢?因为实际上每一次的奖励可能并不一定是前一个行为和状态造成的,有可能和前面几步都有关系。但是,未来的收益和现在离得越远则关联越少。因此,对某个动作的收益,我们应该进行折扣收益计算,这个折扣率用$\gamma$来表示。于是某一个状态在时刻$t$下某个动作的折扣收益(Discounted Reward)公式可以写为

$$R_t = R_{t+1} + \gamma R_{t+2} + \gamma^2 R_{t+3} + \cdots = \sum_{k=0}^{n} \gamma^k R_{t+k+1}$$

在CartPole-v1这个环境中尝试执行一次动作的代码如下。

```
def play_one_step(env, obs, model, loss_fn):
    with tf.GradientTape() as tape:
        left_proba = model(obs[np.newaxis])
```

```
        action = (tf.random.uniform([1, 1]) > left_proba)
        y_target = tf.constant([[1.]]) - tf.cast(action, tf.float32)
        loss = tf.reduce_mean(loss_fn(y_target, left_proba))
    grads = tape.gradient(loss, model.trainable_variables)
    obs, reward, done, info = env.step(int(action[0, 0].numpy()))
    return obs, reward, done, grads
```

多次运行可以写成下面的方法,其中n_episodes是尝试回合的次数,model是需要训练的策略模型,这里会使用一个简单的多层感知机。loss_fn是损失函数,一般采用交叉熵损失函数。这个方法会记录每一轮中每一步的收益及梯度。

```
def play_multiple_episodes(env, n_episodes, n_max_steps, model, loss_fn):
    all_rewards = []
    all_grads = []
    for episode in range(n_episodes):
        current_rewards = []
        current_grads = []
        obs = env.reset()
        for step in range(n_max_steps):
            obs, reward, done, grads = play_one_step(env, obs, model, loss_fn)
            current_rewards.append(reward)
            current_grads.append(grads)
            if done:
                break
        all_rewards.append(current_rewards)
        all_grads.append(current_grads)
    return all_rewards, all_grads
```

计算折扣收益的方法如下,由于我们需要通过这个折扣收益作为更新策略模型的加权参数,因此需要对所有的折扣收益值进行正则化处理。收益大于0的动作我们认为比较有优势,需要沿梯度升高,收益小于0的动作则沿梯度降低。

```
def discount_rewards(rewards, discount_rate):
    discounted = np.array(rewards)
    for step in range(len(rewards) - 2, -1, -1):
        discounted[step] += discounted[step + 1] * discount_rate
    return discounted

def discount_and_normalize_rewards(all_rewards, discount_rate):
    all_discounted_rewards = [discount_rewards(rewards, discount_rate)
                              for rewards in all_rewards]
    flat_rewards = np.concatenate(all_discounted_rewards)
    reward_mean = flat_rewards.mean()
```

```
reward_std = flat_rewards.std()
return [(discounted_rewards - reward_mean) / reward_std
        for discounted_rewards in all_discounted_rewards]
```

建立简单的感知机模型,并初始化参数。

```
keras.backend.clear_session()
# 建立简单的感知机模型,作为策略模型的基本框架
model = keras.models.Sequential([
    keras.layers.Dense(5, activation="elu", input_shape=[4]),
    keras.layers.Dense(1, activation="sigmoid"),
])
n_iterations = 150              # 迭代150次
n_episodes_per_update = 10      # 每个迭代运行10轮
n_max_steps = 200              # 每轮的最大步数为200步
discount_rate = 0.95            # 收益折扣率为0.95
optimizer = keras.optimizers.Adam(learning_rate=0.01)    # 采用Adam优化
loss_fn = keras.losses.binary_crossentropy              # 采用交叉熵损失函数
```

进行迭代和训练的代码如下。

```
env = gym.make("CartPole-v1")

for iteration in range(n_iterations):
    all_rewards, all_grads = play_multiple_episodes(
        env, n_episodes_per_update, n_max_steps, model, loss_fn)
    total_rewards = sum(map(sum, all_rewards))
    print("\rIteration: {}, mean rewards: {:.1f}".format(
        iteration, total_rewards / n_episodes_per_update), end="")
    all_final_rewards = discount_and_normalize_rewards(all_rewards, discount_rate)
    all_mean_grads = []
    for var_index in range(len(model.trainable_variables)):
        mean_grads = tf.reduce_mean(
            [final_reward * all_grads[episode_index][step][var_index]
             for episode_index, final_rewards in enumerate(all_final_rewards)
                 for step, final_reward in enumerate(final_rewards)], axis=0)
        all_mean_grads.append(mean_grads)
    optimizer.apply_gradients(zip(all_mean_grads, model.trainable_variables))

env.close()
```

通过上述迭代,训练后的策略模型效果非常好。经过测试,能够以杆竖直状态维持500步以上。

强化学习算法 DQN,是指基于深度学习的 Q-Learning 算法,是一种深度学习和强化学习结合的算法。这种算法是在 2013 年由 V. Mnih 等人提出的,他们将这种算法应用于 Atari 游戏中,在大部分的

游戏项目上取得了非常好的结果,超过了人类玩家的水平。要理解DQN,需要预先理解一些知识。强化学习最困难的地方其实就是对大量概念的理解和把握。这里笔者打算略过大量的公式和原理的推导和解释,以尽量直观的方式讲清楚DQN,并给出一个简单的例子。

20世纪初期,数学家安德烈·马尔科夫(Andrey Markov)研究并提出了无记忆随机过程的理论,后来被称为马尔科夫过程或马尔科夫链。这个过程具有固定数量的状态,并且不同状态之间能够以一定的概率相互转移。状态s转移到状态s'的概率是固定的,并且不受其他过去状态的影响。图9-19是一个马尔科夫过程展示天气变化情况的例子,每种天气(阴、雨、晴)作为一个状态,状态之间又能够以固定概率转移,箭头表示能够转移的方向。

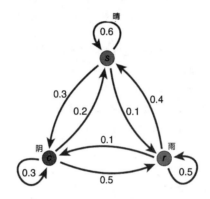

图9-19　马尔科夫过程的天气情况

马尔科夫决策过程(MDP)则是在20世纪50年代由理查德·贝尔曼(Richard Bellman)首先提出并使用的,它类似于马尔科夫过程,但还是有一些区别。在每个状态(State)中,智能体(Agent)可以选择几种可能动作中的一种,而转移概率将取决于所选的动作。此外,状态转换可能会返回一定的奖励或惩罚,而智能体的目标是找到一种能够随着时间的推移最大化奖励的策略。

在马尔科夫决策过程中,状态中可以采取的每个动作都能够通过计算获得收益的期望值,即使考虑到后续状态的期望奖励,每个状态通常总是能够找到一个最优的动作。贝尔曼方程可用于计算MDP的最优策略,它能够估计任何状态的最佳期望值(在有最优动作的情况下)。贝尔曼最优方程可以写成:

$$V^*(s) = \max_a \sum_s T(s, a, s') \left[ R(s, a, s') + \gamma \cdot V^*(s') \right]$$

式中,$T(s, a, s')$为给定了动作$a$,状态$s$到状态$s'$的转移概率;$R(s, a, s')$为给定了动作$a$,状态$s$到状态$s'$获得的奖励;$\gamma$为折扣率。

采用上述贝尔曼方程,在状态有限的情况下,经过大量的迭代,一定能够获得最佳策略对应的每个状态的最佳期望值$V^*(s)$。上述算法是动态规划方法的基础。我们将每个状态的最优动作$a$代入,那么就能够获得带有动作$a$的最佳$Q$值,其公式可以写成:

$$Q^*(s, a) = \sum_s T(s, a, s') \left[ R(s, a, s') + \gamma \cdot \max_{a'} Q^*(s', a') \right]$$

有了最佳的$Q$值,我们就可以得到对应的最优策略$\pi^*(s) = \max_a Q^*(s, a)$。这就是Q-Learning的思想基础。当我们知道所有状态中的动作转移概率和收益时(模型已知),采用随机的Q-Learning可以比较迅速地获得最优策略。但是,在模型信息完全不知道的情况下,随机探索的Q-Learning算法需要很长时间才能够收敛。另外,传统的Q-Learning中的状态和动作可以表示成一张状态转移二维表格,但是当a和s的数量非常多时,采用表格法的Q-Learning性能非常有限。

下面对CartPole-v1这个模型通过DQN的方式进行训练,我们来看一下代码和具体的效果。我们在训练这个模型时采用$\varepsilon$-贪婪策略,这个策略是指在整个训练过程中会以$\varepsilon$的概率选择随机动作进行探索,而在其他时候选择贪婪动作(当前估计收益最高的动作)。DQN的主要思想就是把深度神经网络引入Q-Learning中,将传统的动作转移表格替换成深度神经网络,通过训练深度神经网络进行模型的生成。

首先建立$Q$值函数的模型,我们采用两个32个节点的隐藏层构成多层感知机来模拟$Q$值函数。输入变量是4个:水平位置、水平速度、角度和角速度;输出值有两个,分别是向左和向右推动。具体模型可以参看图9-14。

```
keras.backend.clear_session()

env = gym.make("CartPole-v1")
input_shape = [4]
n_outputs = 2

model = keras.models.Sequential([
    keras.layers.Dense(32, activation="elu", input_shape=input_shape),
    keras.layers.Dense(32, activation="elu"),
    keras.layers.Dense(n_outputs)
])
```

建立$\varepsilon$-贪婪策略的方法,当小于$\varepsilon$时,进行随机探索;当大于$\varepsilon$时,则采取贪婪策略,选择$Q$值最大的动作。每一轮训练,将结果放入通过deque建立的重播缓冲区中。

```
def epsilon_greedy_policy(state, epsilon=0):
    if np.random.rand() < epsilon:
        return np.random.randint(n_outputs)
    else:
        Q_values = model.predict(state[np.newaxis])
        return np.argmax(Q_values[0])

# 使用deque建立重播缓冲区
from collections import deque
replay_memory = deque(maxlen=500)
```

接着建立一个随机取样的方法,这个方法返回包含5个数值的数组[states, actions, rewards, next_states, dones]。

```
def sample_experiences(batch_size):
    indices = np.random.randint(len(replay_memory), size=batch_size)
    batch = [replay_memory[index] for index in indices]
    states, actions, rewards, next_states, dones = [
        np.array([experience[field_index] for experience in batch])
        for field_index in range(5)]
    return states, actions, rewards, next_states, dones
```

采用$\varepsilon$-贪婪策略，执行单个步骤：

```
def play_one_step(env, state, epsilon):
    action = epsilon_greedy_policy(state, epsilon)
    next_state, reward, done, info = env.step(action)
    replay_memory.append((state, action, reward, next_state, done))
    return next_state, reward, done, info
```

最后是DQN进行梯度下降的方法。

```
# 定义各种超参数，批次样本数、折扣率、优化器和损失函数
batch_size = 32
discount_rate = 0.95
optimizer = keras.optimizers.Adam(learning_rate=1e-2)
loss_fn = keras.losses.mean_squared_error

def training_step(batch_size):
    experiences = sample_experiences(batch_size)
    states, actions, rewards, next_states, dones = experiences
    next_Q_values = model.predict(next_states)
    max_next_Q_values = np.max(next_Q_values, axis=1)
    target_Q_values = (rewards +
                        (1 - dones) * discount_rate * max_next_Q_values)
    target_Q_values = target_Q_values.reshape(-1, 1)
    mask = tf.one_hot(actions, n_outputs)
    # 采用梯度下降法进行一次迭代
    with tf.GradientTape() as tape:
        all_Q_values = model(states)
        Q_values = tf.reduce_sum(all_Q_values * mask, axis=1, keepdims=True)
        loss = tf.reduce_mean(loss_fn(target_Q_values, Q_values))
    grads = tape.gradient(loss, model.trainable_variables)
    optimizer.apply_gradients(zip(grads, model.trainable_variables))
```

设定进行600次迭代，训练模型：

```
rewards = []
best_score = 0
```

```
# %%
for episode in range(600):
    obs = env.reset()
    for step in range(200):
        epsilon = max(1 - episode / 500, 0.01)
        obs, reward, done, info = play_one_step(env, obs, epsilon)
        if done:
            break
    rewards.append(step)
    if step >= best_score:
        best_weights = model.get_weights()
        best_score = step
    print("\rEpisode: {}, Steps: {}, eps: {:.3f}".format(episode, step + 1,
            epsilon), end="") # Not shown
    if episode > 50:
        training_step(batch_size)

model.set_weights(best_weights)
```

经过600次的迭代训练后,模型基本收敛,如图9-20所示。

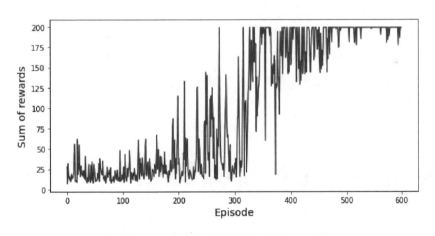

图9-20　DQN模型训练(学习率为0.01)

但是,DQN这样的深度强化学习,对于训练的超参数非常敏感。如果参数设置得不理想,整个模型参数的训练需要耗费更多计算时间,甚至有可能根本不收敛。例如,如果将学习率设置为0.001,训练时间和效果都会受到影响,最后出现了"灾难性遗忘",如图9-21所示。在400次迭代后反而模型的性能下降了,主要是将前面学到的给"忘记"了,而将最新的训练数据作为主要的训练样本来源。此外,如果将神经网络的隐藏层参数从32更改为30或34,都不会获得理想的结果(DQN的隐藏层往往越少越稳定)。这只是一个非常简单的环境,在实际的应用中,动作和状态的参数往往数量大得多。因此,对于深度强化学习模型的训练,往往需要大量的时间和精力进行调参。

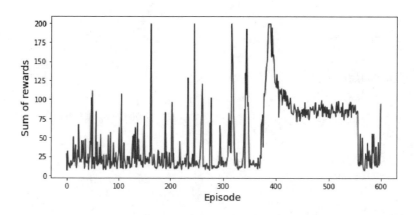

图 9-21　DQN 模型训练（学习率为 0.001）

当然，在 DeepMind 的研究中，研究人员通过一些技巧避免了深度神经网络的训练效果不稳定的情况。他们同时使用了两个 DQN 模型，两个模型结构相同，一个用于训练，另一个作为定义目标的目标模型，从而避免了训练和目标设定都使用同一模型造成的不稳定因素。

在实际训练时，训练模型的权重参数定期（如 60 个回合）对目标模型进行复制。由于目标函数的变化相对缓慢，因此整个模型的训练会更加平稳。

2013 年以后，为了提高 DQN 的效率和模型稳定度，很多新的改进模型被提出，比如双 DQN、优先经验重放（PER）、竞争 DQN 等。

在边缘网络中，往往有很多设备，如传感器、仪器、机器人等，需要根据观测到的过程值、测试值和其他环境参数进行精细控制和调控。在以前，这些控制往往需要人工进行反复测试和调整，而且还需要定期校准。如果将强化学习的方法应用到这些领域，能够大大节省成本、减少人力，而且在很多情况下，可以取得比人工更好的效果和质量。

# 9.4　机器学习在边缘计算中的应用

本节我们来看一下在实际的应用中是如何使用机器学习的。笔者将会从实际参与的项目中，以及其他研究文章中，选取一些典型的应用平台和应用领域中的几个例子，希望能够起到抛砖引玉的作用。

## 9.4.1　工业边缘计算平台机器学习案例

笔者在参与的项目中，有机会接触到目前国内软件企业最新开发的一些平台。这里以浙江蓝卓开发的 supOS 工业操作系统为例，来看一下这个平台的功能、设计和应用，以供参考。

平台中与机器学习密切相关的是工业大数据和计算任务这两部分，如图 9-22 所示。工业大数据部分涉及样本集管理、建模管理、决策优化模型库和人工智能算法库。计算任务主要是定时执行模型训练任务,通过最新的数据对机器学习模型重新训练并进行更新。

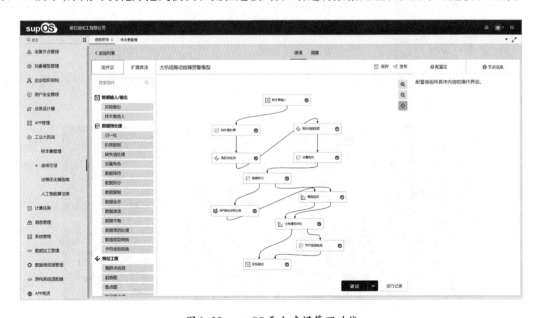

图9-22　supOS平台机器学习数据样本集管理

系统中的数据可以直接通过采集获得,也可以通过文件导入。平台提供了数据样本的管理,可以查看数据的样本字段、数据结构等信息。建模管理功能是数据处理、分析和机器学习功能构建的模块。如图9-23所示,采用可视化并拖曳模块和流程连接的方式,进行数据处理和机器学习建模和训练。

图9-23　supOS平台建模管理功能

建模管理功能可以搭建数据处理和训练的模型,必须包含数据输入和实验输出模块,我们可以通过模块进行数据预处理,例如,归一化、空缺数据处理、训练集拆分等。我们可以通过特征工程对数据进行查看,寻找特点。例如,如图9-24所示,我们用变量的相关性分析,查看各数据特征之间的相关系数,从而选取和预测目标相关系数较高的特征进行训练。同时,建模管理功能也支持可视化的散点图、趋势图等展示数据的分布,还可以进行主成分分析,获取关键性的特征值。

| | VE2802 | VE2801 | TE2806 | TE2804 | TE2805 | TE2807 | TE2801 | TE2808 | TE2802 | TE2803 | VE2712 | XT2802 | VE2711 | PI2164 | SE2804 | SE2805 | SE2806 | XT2801 | TU |
|---|---|---|---|---|---|---|---|---|---|---|---|---|---|---|---|---|---|---|---|
| VE2802 | 1 | 0.9268 | -0.6650 | -0.6540 | -0.6505 | -0.6497 | -0.6492 | -0.6484 | -0.6461 | -0.6370 | 0.5500 | -0.5223 | 0.5025 | -0.4935 | -0.4903 | -0.4902 | -0.4895 | -0.4661 | -0. |
| VE2801 | | 1 | -0.5943 | -0.5793 | -0.5753 | -0.5738 | -0.5713 | -0.5744 | -0.5686 | -0.5501 | 0.4619 | -0.4646 | 0.4152 | -0.4754 | -0.3957 | -0.3954 | -0.3946 | -0.4103 | -0. |
| TE2806 | | | 1 | 0.9878 | 0.9958 | 0.9967 | 0.9876 | 0.9964 | 0.9870 | 0.9855 | -0.8848 | 0.7729 | -0.8501 | 0.6483 | 0.8070 | 0.8057 | 0.8055 | 0.7172 | 0. |
| TE2804 | | | | 1 | 0.9928 | 0.9939 | 0.9981 | 0.9900 | 0.9977 | 0.9903 | -0.8594 | 0.7278 | -0.8245 | 0.6940 | 0.7760 | 0.7746 | 0.7743 | 0.6740 | 0. |
| TE2805 | | | | | 1 | 0.9990 | 0.9938 | 0.9950 | 0.9941 | 0.9945 | -0.9022 | 0.7697 | -0.8694 | 0.6523 | 0.8301 | 0.8288 | 0.8286 | 0.7119 | 0. |
| TE2807 | | | | | | 1 | 0.9944 | 0.9959 | 0.9944 | 0.9935 | -0.8931 | 0.7645 | -0.8598 | 0.6623 | 0.8179 | 0.8166 | 0.8164 | 0.7071 | 0. |
| TE2801 | | | | | | | 1 | 0.9906 | 0.9995 | 0.9947 | -0.8691 | 0.7176 | -0.8318 | 0.6826 | 0.7881 | 0.7868 | 0.7864 | 0.6603 | 0. |
| TE2808 | | | | | | | | 1 | 0.9905 | 0.9889 | -0.8856 | 0.7615 | -0.8533 | 0.6481 | 0.8051 | 0.8039 | 0.8037 | 0.7031 | 0. |
| TE2802 | | | | | | | | | 1 | 0.9956 | -0.8752 | 0.7156 | -0.8397 | 0.6743 | 0.7958 | 0.7946 | 0.7942 | 0.6562 | 0. |
| TE2803 | | | | | | | | | | 1 | -0.9084 | 0.7320 | -0.8731 | 0.6412 | 0.8392 | 0.8381 | 0.8378 | 0.6685 | 0. |
| VE2712 | | | | | | | | | | | 1 | -0.7961 | 0.9830 | -0.3962 | -0.9837 | -0.9836 | -0.9833 | -0.7146 | -0. |

图9-24　数据特征相关系数分析

下面是一个实际使用的例子,C5001加氢循环氢大机组是加氢装置中最关键的动力设备,循环氢压缩机的运行可靠与否关系到加氢装置的正常运行(图9-25)。长期生产中经常会出现主轴震颤异常,从而直接影响产品质量,甚至要停机检修,带来直接经济损失。原先采取的措施是设定传感器报警阈值,当异常发生时进行报警。该方案存在严重滞后性,且对生产易产生不可逆影响,因此对主轴震颤异常建立预测性报警机制十分重要。我们通过对这个设备进行数字化建模,从而实时监控和采集该设备的各项实时数据指标。

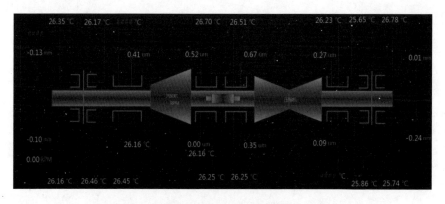

图9-25　C5001加氢循环氢大机组数字化建模

将大机组历史故障记录和相关振动数据进行收集和标注,将故障时的振动数据趋势标注成异常状态;将故障发生前5~10分钟的振动数据趋势标注成危险状态;将其他时期的振动数据趋势标注成正常生产状态,如图9-26所示。

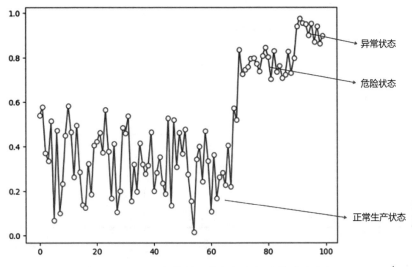

图9-26  C5001加氢循环氢大机组振动异常状态标识

对表9-2中的关键参数(相关权重大于0.4),通过机器学习模型进行建模,从而建立稳定的预测性维护模型,通过反复试验来调参,预测评估可以达到98.21%的健康度,如图9-27所示。

表9-2  C5001加氢循环氢大机组建模采集的数据

| 特征 | 位号名 | 内容 | 时间粒度/s | 数据来源 |
|---|---|---|---|---|
| 输入特征 | TE2715 | 压缩机自由端轴瓦温度 | 1 | DCS实时数据库 |
| | TE2716 | 压缩机自由端轴瓦温度 | 1 | |
| | TE2717 | 压缩机驱动端轴瓦温度 | 1 | |
| | TE2718 | 压缩机驱动端轴瓦温度 | 1 | |
| | TE2805 | 自由端轴瓦温度 | 1 | |
| | TE2806 | 自由端轴瓦温度 | 1 | |
| | TE2807 | 驱动端轴瓦温度 | 1 | |
| | TE2808 | 驱动端轴瓦温度 | 1 | |
| | VE2711 | 压缩机自由端轴振 | 1 | |
| | VE2712 | 压缩机自由端轴振 | 1 | |
| | VE2713 | 压缩机驱动端轴振 | 1 | |
| | VE2714 | 压缩机驱动端轴振 | 1 | |
| | VE2801 | 压缩机自由端轴振 | 1 | |
| | VE2802 | 压缩机自由端轴振 | 1 | |

续表

| 特征 | 位号名 | 内容 | 时间粒度/s | 数据来源 |
|------|--------|------|-----------|----------|
| 输入特征 | VE2803 | 压缩机驱动端轴振 | 1 | DCS实时数据库 |
| | VE2804 | 压缩机驱动端轴振 | 1 | |
| | XT2711 | 压缩机轴位移 | 1 | |
| | XT2712 | 压缩机轴位移 | 1 | |
| | SE2804 | 转速 | 1 | |
| | SE2805 | 转速 | 1 | |
| | SE2806 | 转速 | 1 | |
| | TI2164 | 蒸汽进气温度 | 1 | |
| | PI2164 | 蒸汽进气压力 | 1 | |
| | FIQ2164 | 进气量 | 1 | |
| 标签特征 | 异常时间点 | 历史数据中设备的异常时间点 | — | |

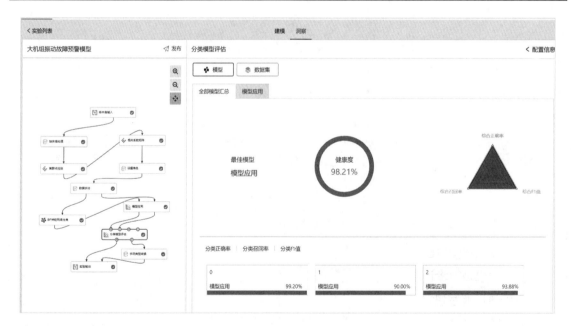

图9-27　C5001模型创建—训练—评估

最后一步是通过平台的部署工具,将训练好的模型部署到生产环境中,部署完成后的可视化界面如图9-28所示。利用大机组现场设备实时采集的数据进行模型的场景化部署和调试,具体过程如下。

(1)将 VE2801~2804 轴振、VE2711~2714 轴振、TE2801~2808 温度、XT2801~2803 位移、SE2804~2806 转速、TI2164 蒸汽进气温度、PI2164 蒸汽进气压力、FIQ2164 进气量接入模型中。

(2)在大数据分析平台部署在线服务模型,将上述接入信号作为输入数据,从而得到C5001大机组运行振动异常指标。

（3）对生产设备健康度进行24小时检测，并在发生异常故障的前5分钟进行预警。

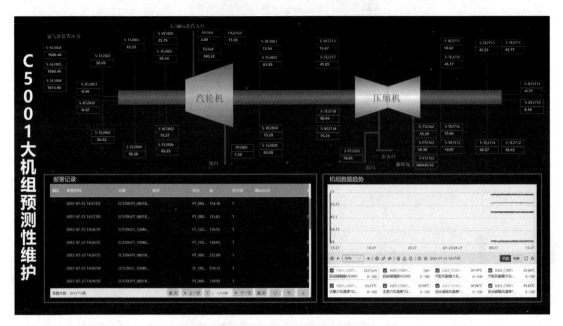

图9-28　C5001大机组振动预警应用界面

## 9.4.2 强化学习在机器人控制中的应用

　　未来的边缘计算领域将会有越来越多的智能设备，其中机器人的强化学习和控制将会是一个非常重要而且非常有商业价值的方向。机器人的强化学习也是近年来发展非常迅速的一个方向，例如，在处理连续动作空间、物体抓取等方面，有很多研究进展。尽管在这个方向目前还不能完全替代传统的调试方法，但是发展趋势和方向已经比较明确，在未来将会是非常重要的方向。

　　由于深度强化学习已经应用于各种机器人运动控制、自动化车辆驾驶及四足机器人行走等方向，同时这些方向也是边缘计算技术和机器学习技术结合的最前沿和最热门的方向之一。这些方向最近几年的发展速度非常快，新的技术、理论和成果非常多。对于一个比较典型的强化学习问题，我们的"套路"是先寻找和设定合适的动作空间、状态空间和奖励函数，将这几部分确定以后，再通过算法和训练数据进行训练。

　　目前对于机器人控制的算法主要有策略引导算法和无模型算法。策略引导算法，比如LQR算法和PI2算法，通常都需要在另外的强化学习模型引导下进行训练和学习。这种机器学习通常都会有一个全局策略，通过这个全局策略进行学习。LQR算法是由伯克利大学的Sergey Levine团队开创的，在机器人动作学习和智能驾驶等领域中取得了非常不错的效果。这种算法在机器人动作这个领域中的学习效率非常高，通常只需要在几个小时的几百次尝试之内就能获得不错的效果。如图9-29所示，这是Sergey Levine团队在2016年实现的将木块放入对应孔洞的实验。

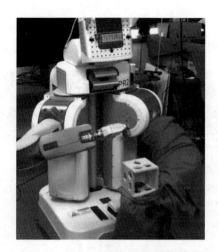

图 9-29　Sergey Levine 团队训练机器人将木块放入正确位置

无模型算法通常没有策略引导算法在机器学习方面的限制,例如,不需要将任务分解为各种初始化的状态,以及和模型相关的优化器等,但是无模型算法通常会耗费更多时间和计算量才能够达到相似的训练效果。无模型算法主要有 DDPG、NAF 和 Soft Actor-Critic。图 9-30 展示了一些研究中的无模型机器人强化学习算法的案例。

图 9-30　使用无模型算法的机器学习案例(乐高积木-左;自动开门-右)

这些算法的基础都是深度 Q-Learning,通常采用的都是离线学习的方式进行训练。目前也有一些在线学习的算法,如 TRPO、NPG 和 PPO。不过,这些算法的效率比离线学习的算法还要低 50%~60%。

# 第10章

## 边缘计算开源框架

　　目前业界已经有很多开源或商业化的边缘计算框架,每种框架都有其自身的功能特点和适用场景。本章选取三个比较有代表性的边缘计算开源框架进行介绍,这三个框架分别是EdgeX Foundry、KubeEdge和TensorFlow Lite。本章的最后一节,先介绍边缘网络价值的估算,然后简单介绍未来宏观层面上信息技术发展面临的挑战及其制约因素,以及给边缘计算领域带来的挑战和机遇。

# 10.1 EdgeX Foundry

EdgeX Foundry 的原型是由 Dell 公司开发的一个物联网中间件平台，主要用来支持 Dell 公司的 IoT 网关。2017 年 4 月，Dell 公司将这个项目作为独立的边缘计算平台全部开源，并在 2017 年的汉诺威工业博览会上以 EdgeX 的名称首次对外发布。EdgeX Foundry 是一个非常典型且功能完整的通用边缘计算框架，也是目前最流行的边缘计算开源框架之一。

## 10.1.1 EdgeX Foundry 简介

EdgeX Foundry 项目由 Linux 基金会作为项目召集方，总共有 50 个创始成员组织。这 50 个创始成员组织共同组成了最早的 EdgeX 生态体系，这个体系的目标是设计并开发一款通用的边缘计算平台。Foundry 这个词来自 VMware 的 Cloud Foundry；与云端相对应，EdgeX Foundry 是要打造一款通用边缘计算的解决方案。到目前为止，EdgeX Foundry 已经成为最流行的开源边缘计算平台之一。这个项目刚开源时，EdgeX Foundry 是用 Java 语言开发的，经过几年的发展，目前已经全部改为 Golang。笔者认为，我们对于这些开源平台的研究和学习，不应只是停留在能够拿过来用的阶段，更重要的是学习这些框架的设计理念，进一步加深对整个边缘计算架构的理解，并且进一步思考目前的框架还有哪些不足的地方。

EdgeX Foundry 的整体架构如图 10-1 所示。在边缘计算系统中，经常能够看到南向和北向这样的说法。这其实是一个形象的比喻，所谓的南向（Southbound）就是设备端传感器等数据源或现场部署的控制系统；北向（Northbound）则指的是从底层的设备传感器向上游边缘服务器、云服务器等传输数据。

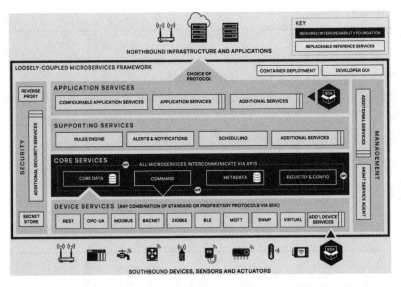

图 10-1　EdgeX Foundry 架构（截取自 EdgeX Foundry 官方网站）

EdgeX Foundry 在从 Java 转换到 Golang 的过程中,将整体架构也重构成了微服务架构,并成为 LF Edge 旗下的生态系统中的重要基础开源平台之一(Impact 级别)。通过联合硬件商、传感器和设备制造商、应用提供商、基础设施服务商、系统集成商和开发者,基于这个开源的系统,以及 LF Edge 的其他开源解决方案,建立起一套完整的生态系统。目前 LF Edge 的成员包括顶级的软硬件系统和设备供应商及信息技术服务商,例如,芯片领域的 Intel、AMD、ARM;通信领域的华为、爱立信、F5、AT&T;IT 服务领域的 IBM、HP、Dell;软件和互联网领域的腾讯、VMware、百度等。

对于一个开源平台,一般来说要考虑的是通用性、规范化和可扩展性,能够对某种实际需求提供通用和可行的解决方案。我们来看看 EdgeX Foundry 是如何做到这些的。EdgeX Foundry 的官方文档中提及采用该开源平台的方案能够降低成本和风险,提高资源重用性,并且该开源平台有很多商业化的定制方案(EdgeX Ready)。针对不同行业的定制方案,用户可直接付费购买。EdgeX Foundry 的开源部分采用 Apache 2.0 协议。上述这些特点使 EdgeX Foundry 成为一个比较优秀的开源系统。

另外,EdgeX Foundry 采用了云原生的设计理念,整个架构设计为松耦合微服务架构,可以适配大量分布式节点,支持不同协议,以及满足对于安全性和企业级系统运维管理的要求等;支持根据不同的数据源或基于不同的伺服器实施本地决策。总之,了解完 EdgeX Foundry 的功能和特点以后,感觉其整体上能够满足基本的边缘计算系统的要求,尽管没有特别令人瞩目的地方,但是这个平台对通用边缘计算解决方案的架构设计和开发思路非常值得我们学习。作为一个通用边缘计算平台,EdgeX Foundry 仍然是目前最为完备并且被广泛使用的边缘计算开源框架之一。

## 10.1.2 EdgeX Foundry 的设备服务和核心服务

EdgeX Foundry 主要由设备服务(Device Services)、核心服务(Core Services)、支持服务(Supporting Services)和应用服务(Application Services)这几个功能部分构成。另外,还有安全和管理组件两个辅助的部分分别作为平台的安全管理服务和系统管理服务,被其他四个功能部分共用,如图 10-2 所示。各个部分都被分成了不同的微服务,提供相关功能。微服务的注册和协同管理采用 Consul 组件,官方提供基于 Docker Compose 和 Snaps 包管理器进行快速部署的脚本和工具。当然,也可以将这些微服务组件或容器通过其他方式进行部署和使用。

图 10-2　EdgeX Foundry 的主要组成模块(截取自 EdgeX Foundry 官方网站)

### 1. 设备服务

设备服务是与传感器/设备或物联网对象("物")交互的边缘连接器,其中包括机器、机器人、无人机、HVAC 设备、相机等。通过利用可用的连接器,可以控制设备并/或传输数据至 EdgeX 或从其传输数据。可以使用设备服务 SDK 来创建 EdgeX 设备服务。

平台目前可用的设备服务包括 MQTT、Modbus TCP、Modbus RTU、BACnet IP&MSTP、REST、OVNIF IP 相机、OPC UA 服务器、虚拟模拟器、SNMP、适用于 BLE GATT 的蓝牙。这些不同的设备服务通常都通过不同的微服务进行管理和数据访问。我们可以到 EdgeX 的 GitHub 主页查看各种设备服务的源代码。设备服务的项目名称通常都是以 device-xxx-go 这样的形式命名的，xxx 一般是协议类型名称。

设备服务用于读取边缘部署的各种设备的数据，或者向各种设备和传感器发送指令。

### 2. 核心服务

核心服务是 EdgeX 的核心部分，包含核心数据（Core Data）、命令（Command）、元数据（Metadata）、注册表和配置（Registry and Configuration）四个微服务。

其中核心数据服务提供持久化数据存储和管理的功能。命令服务提供从北到南的对设备的控制指令和管理功能。元数据管理服务是一个元数据的存储服务，用于保存设备的注册信息、提供设备访问及设备和服务之间的关联。注册表和配置服务是通过 Consul 这个微服务注册组件对整个 EdgeX 的微服务系统进行服务的注册管理。

EdgeX 的核心服务应运行在边缘服务器或边缘网关。默认的核心数据功能使用 Redis，当然也可以通过配置将核心存储设置为其他存储服务。从 EdgeX 2.0 开始，核心数据是可选项，而不是必选项。设备服务收集到的数据可以直接通过消息总线传输给应用服务。早期的 EdgeX 服务间通过 RESTful API 进行消息传输，2.0 版本以后可以通过消息总线进行传输，这使数据传输的灵活性和效率都得到了提高。图 10-3 所示是最新的核心数据和消息总线数据机制。

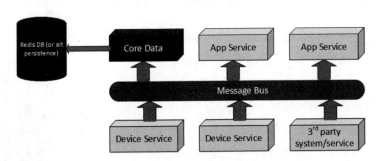

图 10-3　核心数据和消息总线数据机制

当边缘服务的数据不需要保存在本地的边缘网关上时，为了节省资源和减少延迟，可以关闭核心数据，在配置中设置为 Writable.PersistData=false。但是，在目前版本的 EdgeX 中，一旦关闭了核心数据功能，就意味着所有的设备服务都不会使用核心数据功能。

在 EdgeX 中，收集的边缘数据被整合成 Events 和 Readings，每个 Events 会包含一个或多个 Readings。数据可以 JSON 格式或以 CBOR（Concise Binary Object Representation）编码的二进制对象进行传输。不同的设备或传感器的一次数据采集往往会给一个或一组数据，因此 Event 代表的是设备一次产生的数据集合，每个单个的数据则称为一个 Reading。所有的 Reading 都是一个键值对，键名是资源名称（Resource Name）。当然，每个 Reading 可以包含其他的属性，比如数据类型、描述等。图 10-4

展示了Event和Reading的关系。

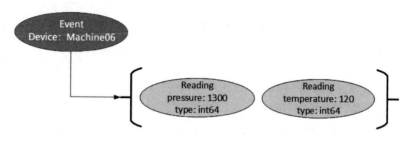

图10-4　EdgeX中的Event和Reading的关系

Reading上的value type属性(图10-4中的type)让数据的消费者可以知道该数值是一个64位整型。第二个读数在获得机器的压力数据的同时,也获得了机器的温度为120度(可能还需要额外的属性来确定是华氏度还是摄氏度)。

元数据服务负责记录和读取设备与传感器的描述信息,以及设备和传感器如何与其他服务(如核心数据、命令等)通信和使用的相关配置信息。具体来说,元数据服务管理与EdgeX连接的设备的基本信息,能够获得设备上传数据的类型,并且存储设备的功能、描述及接收和处理的命令等。但元数据服务不会直接负责数据收集和命令的下发,首先,它不负责从设备上收集数据,这些功能由设备服务和核心数据服务这两个微服务执行;其次,它不负责向设备发出命令,这些功能由命令服务和设备服务这两个微服务执行。可以认为,元数据是边缘计算系统中的主数据,这些数据用于管理和维护整个边缘计算系统和业务流程。

命令服务的功能主要是根据设备的配置数据和元数据控制设备,并向设备发送命令。所有其他内部的服务及外部的应用程序要给南向的设备发送命令并进行控制和操作,必须通过命令服务进行。

命令服务是以一种通用的、规范化的方式提供下层设备的命令接口,以简化其他应用程序与设备的通信。在EdgeX中,有两种类型的命令,具体如下。

(1)GET命令:从设备请求数据,通常用于请求从设备读取最新的传感器读数。

(2)SET命令:向设备发送数据或请求,以驱动设备执行动作或设置设备上的一些配置。

通常情况下,GET命令只是读取设备或传感器的最新数据,因此不需要提供参数;SET命令需要带有请求报文(Request Body),报文中会带有key/value参数,用于控制或配置设备。它们可以类比HTTP中的GET和POST两种访问方式。

命令服务主要在设备服务和元数据服务之间进行数据通信和功能调用,它从元数据服务中获取设备的信息和访问方式、命令参数等,并通过设备服务访问南向的设备。命令服务不会也不应该直接访问设备,而是作为一个代理(Proxy),通过访问设备服务的方式和设备进行数据交互。

事实上,设备服务是可以通过消息总线或RESTful API和其他服务及应用进行通信和交互的,那为什么要在EdgeX的核心服务中设计命令服务呢? 其实这主要还是为了在这个服务层统一实现对设备访问的安全性进行控制、屏蔽过多的访问、避免不必要的唤醒、缓存返回数据等功能。

## 10.1.3 EdgeX Foundry 的支持服务和应用服务

支持服务(Supporting Services)和应用服务(Application Services)建立在核心服务和设备服务之上,起到了给北向的云计算和应用程序提供具体数据和功能接口的作用。

### 1. 支持服务

支持服务主要包括规则引擎(Rule Engine)、计划调度(Scheduler)程序及预警和通知(Alerts&Notifications)程序等,这些服务程序都能够以容器化的微服务形式部署和管理。

EdgeX 的规则引擎采用的是 eKuiper,这是 LF Edge 基金会旗下的边缘端数据处理和过滤引擎,最早由 EMQ 提供,这是一家位于杭州的中国公司。eKuiper 使用 Golang 开发,是一个轻量级的开源规则引擎,可以用于物联网边缘的数据分析和流处理,尤其适合运行在资源有限的边缘设备上,支持边缘端的高速数据处理,以及使用 SQL 编写数据处理规则。eKuiper 规则引擎有三个主要组件,分别是 Source、SQL 和 Sink。

其中 Source 指的是数据源。对于 EdgeX 来说,其数据源其实就是消息总线。消息总线主要有 ZeroMQ 和 MQTT 这两种方式。eKuiper 提供了以 SQL 语句的方式进行数据提取、过滤、聚合和转换等功能。Sink 用于将处理的数据发送到其他的服务或通过 MQTT Broker 或其他协议传输到云端。如表 10-1 所示,eKuiper 在树莓派 3B+ 这样的微型单片机上,采用 JMeter MQTT 插件和 EMQ X Broker 作为 MQTT 中转服务,可以达到每秒 12000 条消息的传输速率。

表 10-1　eKuiper 在资源有限的设备上 MQTT 数据传输的性能

| 设备类型 | 每秒消息数 | CPU 使用率 | 内存占用 |
| --- | --- | --- | --- |
| Raspberry Pi 3B+ | 12000 | sys+user: 70% | 20MB |
| AWS t2.micro( 1 Core * 1 GB) Ubuntu18.04 | 10000 | sys+user: 25% | 20MB |

通过 ZeroMQ 消息总线(Message Bus)在 1GB 内存和 1 核心 CPU 的 AWS 实例上,可以达到大约每秒 11400 条消息的传输速率,如表 10-2 所示。

表 10-2　eKuiper 在资源有限的设备上 ZeroMQ 消息总线的性能

| 设备类型 | 每秒消息数 | CPU 使用率 | 内存占用 |
| --- | --- | --- | --- |
| AWS t2.micro( 1 Core * 1 GB) Ubuntu18.04 | 11400 | sys+user: 25% | 32MB |

计划调度微服务用于固定时间间隔调用系统中其他微服务的 RESTful API,这个服务可以看作 EdgeX 中的计划任务管理器。

预警和通知微服务用于向人员或应用发送 EdgeX 中产生的预警和通知信息。图 10-5 所示是目前 EdgeX 中的预警和通知服务框架,其中的阴影线部分是目前版本还没有实现,准备在未来的版本中加入的功能。可以看到,目前支持平台中的服务和应用通过 REST 接口调用预警和通知服务,并能够通过电子邮件和REST接口将预警和通知信息发送给设备、系统或相关人员。

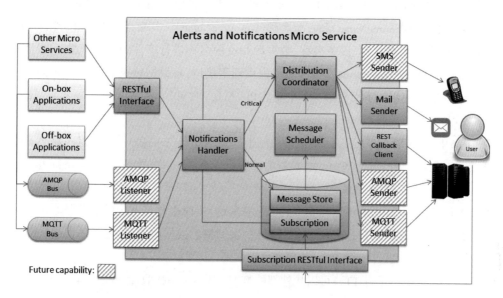

图10-5　EdgeX中的预警和通知服务框架

　　这些通知消息分成两种类型:普通消息(Normal)会放入消息暂存库,通过消息调度或订阅接口发送给外部系统或人员;重要(Critical)消息为了保证其时效性,直接通过分发组件发送出去,不进行预存。同时,为了保证重要消息可以发送给接收方,还提供了重发功能,可以配置重发的时间间隔和次数。

### 2. 应用服务

　　应用服务主要用于边缘端数据加工处理和传输到云端或其他外部系统。应用服务主要提供数据准备(转换、加工、过滤等)和数据处理(格式化、压缩、加密等)的方法,然后将数据发送到外部的端口或其他应用程序和服务,目前支持HTTP和MQTT这两种数据端口传输方式。应用服务的设计采用的是管道(Pipeline)的形式,如图10-6所示。通过前后相连的功能模块,完成数据的准备和处理,并通过标准的格式和协议提供给其他的应用程序。这与工作流模式是非常相似的。

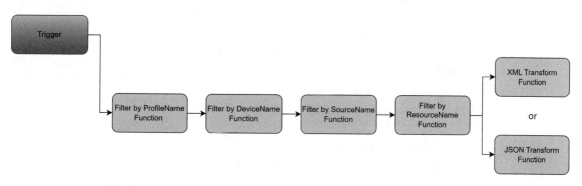

图10-6　EdgeX应用服务中的管道(Pipeline)

标准的应用服务流程包括6个主要的管道功能(Pipeline Function),其中有4个是过滤器(Filter),两个是转换方法(Transform Function)。这4个过滤器分别是档案名称(ProfileName)、设备名称(DeviceName)、数据源(SourceName)和资源名称(ResourceName)。其实根据名称就可以知道,它们分别根据配置文件中的档案名称、设备名称、数据源和资源名称进行事件的过滤。最后两个转换方法(XML Transform或JSON Transform)是通过SDK提供调用接口,将数据转换为XML或JSON格式,以供云端程序和其他服务使用。下面介绍一下主要的Pipeline组件和功能。

(1)触发器。

在图10-6中,这个管道(Pipeline)的初始功能组件是触发器(Trigger)。这个组件定义了整个管道的开始节点,也就是最初的数据来源。触发器的参数可以在EdgeX的配置文件configuration.toml中定义和设置。目前支持以下4种触发器的形式。

①EdgeX消息总线(EdgeX Message Bus):这是默认的,同时也是最常用的触发器形式。触发器从EdgeX的消息总线中接收事件(Events),这些事件可以从核心数据中获取,也可以直接从设备服务中读取。

②外部MQTT(External MQTT):可以从外部的MQTT Broker中接收命令和数据。

③HTTP:通过HTTP的接口获得数据,通常用于开发和测试阶段。

④定制化(Custom):用户可以根据自身的应用场景,定制自己的触发器。

(2)可配置应用服务。

可配置应用服务(App-Service-Configurable)可以通过修改配置文件的方法,添加常用的应用服务管道功能。图10-6中的6个常用管道功能都是可配置应用服务。下面的例子是使用配置文件,通过DeviceName过滤器筛选设备,将数据转换为JSON格式,最后通过HTTPExport功能导出。

```
[Writable]
LogLevel = "DEBUG"
  [Writable.Pipeline]
    ExecutionOrder = "FilterByDeviceName, Transform, HTTPExport"
    [Writable.Pipeline.Functions]
      [Writable.Pipeline.Functions.FilterByDeviceName]
        [Writable.Pipeline.Functions.FilterByDeviceName.Parameters]
        FilterValues = "Random-Float-Simulator, Random-Integer-Simulator"
      [Writable.Pipeline.Functions.Transform]
        [Writable.Pipeline.Functions.Transform.Parameters]
        Type = "json"
      [Writable.Pipeline.Functions.HTTPExport]
        [Writable.Pipeline.Functions.HTTPExport.Parameters]
        Method = "post"
        MimeType = "application/xml"
        Url = http://test.exampleapi.com/edgextestdata
```

可配置应用服务也支持配置多个规则的Pipeline(Pipeline Per Topic),这是从EdgeX 2.1开始加入的新功能。下面是配置多个Pipeline的配置文件。

```
[Writable]
LogLevel = "DEBUG"
  [Writable.Pipeline]
    [Writable.Pipeline.PerTopicPipelines]
      [Writable.Pipeline.PerTopicPipelines.float]
      Id = "float-pipeline"
      Topics = "edgex/events/device/#/Random-Float- Simulator/#,
                edgex/events/device/#/Random-Integer- Simulator/#"
      ExecutionOrder = "TransformJson, HTTPExport"
      [Writable.Pipeline.PerTopicPipelines.int8]
      Id = "int8-pipeline"
      Topic = "edgex/events/device/#/#/Int8"
      ExecutionOrder = "TransformXml, HTTPExport"
```

上述配置文件中设置了两个Pipeline规则(Topic)，ID分别是float-pipeline和int8-pipeline，Topic采用通配符地址进行过滤。下面是EdgeX的通配符定义规则示例。

```
"#"                            - 接收所有的消息
"edegex/events/#"              - 接收所有符合base规则`edegex/events/`的消息
"edegex/events/core/#"         - 接收所有的核心数据消息
"edegex/events/device/#"       - 只接收来自设备服务的消息
"edegex/events/#/my-profile/#" - 接收所有核心数据或设备服务中Profile`my-profile`
                                 下的消息
"edegex/events/#/#/my-device/#"- 接收所有核心数据或设备服务中设备`my-device`下的
                                 消息
"edegex/events/#/#/#/my-source"- 接收所有核心数据或设备服务中所有符合消息源
                                 `my-source`下的消息
```

### 10.1.4 系统管理微服务

EdgeX的系统管理工具为外部的管理系统提供了集中的通信接口，通过这些接口可以启动/停止/重启EdgeX服务，获取服务的配置、服务的状态/健康状况，以及EdgeX服务的指标(如内存使用情况)，从而支持通过企业级的运维监控工具管理EdgeX服务。系统管理服务(System Management Services)和EdgeX平台中其他微服务的关系如图10-7所示。当然，这个服务并不是框架必须包含的组件，而是一个可选项。如果边缘设备的性能足够强大，可以运行Kubernetes或Swarm这样的微服务容器编排系统，我们完全可以将微服务的通信和管理交给这些编排工具。在官方网站中已经说明了，系统管理服务在未来将会被重新设计，会包含更多的功能，包括本地的启动/关闭控制、在Consul中保存配置文件，以及更加强大的参数监控管理服务。

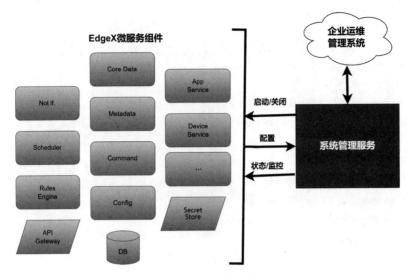

图 10-7　EdgeX 系统管理微服务

# 10.2 KubeEdge

KubeEdge 的名字来源于 Kube+Edge,是面向边缘计算场景、专为云边协同设计的业界首个云原生边缘计算框架,在 Kubernetes 原生的容器编排调度能力之上,实现了云边之间的应用协同、资源协同、数据协同和设备协同等能力,完整打通了边缘计算系统中云、边、设备协同的场景。

KubeEdge 于 2019 年 3 月正式进入 CNCF 成为沙箱级(Sandbox)项目,也成为 CNCF 首个云原生边缘计算项目,并于 2020 年 9 月晋升为孵化级(Incubating)项目,成为 CNCF 首个孵化的云原生边缘计算项目。

官方网站介绍 KubeEdge 是一个开源系统,用于将容器化应用程序编排功能扩展到 Edge 的主机。它基于 Kubernetes 构建,并为网络应用程序提供基础架构支持,云和边缘之间的部署和元数据同步。KubeEdge 使用 Apache 2.0 开源许可证书。

## 10.2.1 KubeEdge简介

在云原生体系下的边缘计算中,使用 KubeEdge 的目的非常明确,就是能够像 Kubernetes 管理云端的容器集群一样管理边缘计算的容器化微服务。开发人员可以将应用程序数据通过 HTTP 或 MQTT 的方式传输;同时,能够根据实际的环境特点,将应用程序部署到边缘端或云端。我们知道,Kubernetes 几乎已经是云原生容器集群管理和编排的标准框架,那么在边缘端采用和 Kubernetes 兼容且相似的方式管理容器,可以使开发的容器应用无缝地在边缘端或云端部署。KubeEdge 主要由以下组件构成,如图10-8所示。

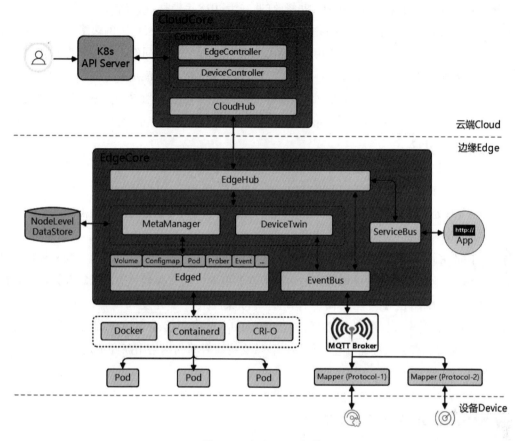

图10-8 KubeEdge架构

(1)Edged:在边缘节点上运行并管理容器化应用程序的代理,相当于K8s中Kubelet的功能。

(2)EdgeHub:Web套接字客户端,负责与Cloud Service进行交互,以进行边缘计算(例如,KubeEdge体系结构中的EdgeController)。这包括将云端资源更新同步到边缘,并将边缘端主机和设备状态变更报告给云。

(3)CloudHub:Web套接字服务器,负责在云端缓存信息、监视变更,并向EdgeHub端发送消息。

(4)EdgeController:Kubernetes的扩展控制器,用于管理边缘节点和Pod的元数据,以便将数据定位到对应的边缘节点。

(5)EventBus:一个与MQTT服务器(Mosquito等)进行交互的MQTT客户端,为其他组件提供发布和订阅功能。

(6)DeviceTwin:负责存储设备状态并将设备状态同步到云端,它还为应用程序提供查询接口。

(7)MetaManager:Edged端和EdgeHub端之间的消息处理器,它还负责将元数据存储到轻量级数据库(SQLite)或从轻量级数据库(SQLite)中检索元数据。

KubeEdge一个非常重要的特点,同时也是一个主要优势,就是能够比较容易地实现云边协同。

云端在Kubernetes集群中运行CloudCore服务,包括EdgeController和DeviceController。

KubeEdge最早是基于华为云IEF开发并修改的,并于2018年捐献给CNCF。

很多时候,大家常常会将KubeEdge和K3s这两个与Kubernetes紧密相关的边缘计算容器管理框架进行比较。事实上,这两个框架在应用场景和设计思路上是完全不同的。由于华为原有的华为云IEF是为了配合其云服务所提供的Kubernetes容器集群服务,重点是解决不同场景下云边协同的能力问题。其次,还要解决云端和边缘端应用的兼容性和通用性问题(微服务应用既可以部署在边缘计算服务器,也可以部署在云端),以及云端和边缘端容器微服务管理面板的一致性问题(可以使用相同的管理界面和管理API)。

IEF通过云服务统一管理边缘节点,将云端的AI应用、函数计算等能力下沉到边缘节点(EdgeNode),将公有云能力延伸到靠近设备的一端,在某些场景下,可以使边缘节点拥有与云端相同的能力,能够实时处理终端设备的计算需求。因此,在设计这个框架的过程中,就需要在边缘设备端也采用和Kubernetes一致的接口和容器管理功能。

与K3s不同,KubeEdge的目的并不是为边缘服务器开发一个简化版的K8s,而是为了提供一套和K8s云端容器化微服务应用管理能够兼容的边缘端容器框架。前文提到过边缘计算和云计算相比的一些特殊性,KubeEdge也在功能层面上针对这些特殊性进行了开发和调整。用户并不能基于KubeEdge在边缘端创建容器服务的集群,而且KubeEdge分成了云端和边缘端两个部分。实际上KubeEdge是不支持脱离云服务而独立工作的(当然,支持短时间的网络中断并不是脱离云服务,而是边缘计算的必备功能)。

## 10.2.2 KubeEdge的安装和配置

在深入介绍KubeEdge之前,我们先来了解一下KubeEdge的安装和基本操作。由于KubeEdge需要依赖云端的环境,因此首先需要有一个Kubernetes环境。另外,由于KubeEdge是一个容器管理的平台,因此在边缘服务器端应该安装容器运行时(Container Runtimes),目前支持的容器运行时有Docker、Containerd、CRI-O、Virtlet。如果需要支持使用MQTT进行云端数据传输,就需要安装MQTT Broker。

KubeEdge最新发布的版本可以从GitHub网站上下载,目前的最新版本是v1.9,兼容Kubernetes的版本包括1.16~1.22。项目采用Golang开发,操作系统要求是Ubuntu或CentOS这两个Linux发行版,未来会支持Raspberry Pi;支持ARM和X86的硬件系统架构。

Keadm这个工具用于安装KubeEdge的云端和边缘端的组件。首先安装Keadm这个工具,运行以下命令。

```
# docker run --rm kubeedge/installation-package:v1.10.0 cat /usr/local/bin/keadm
> /usr/local/bin/keadm && chmod +x /usr/local/bin/keadm
```

## 1. 部署云端部分

云端部署的CloudCore默认端口是10000和10002,安装命令如下。

```
# keadm init
```

这条命令会安装CloudCore、CRD,并生成CloudCore的证书。安装KubeEdge之前,必须正确安装CloudCore和配置证书,以确保CloudCore相关的服务能够正常安装,同时Keadm在安装时可以正常验证K8s的版本等信息。可以用--advertise-address这个参数修改访问CloudCore的IP地址,默认为本地IP。

除了默认的安装方式,还可以用以下命令通过KubeEdge Helm Chart进行安装。

```
# keadm beta init --advertise-address="THE-EXPOSED-IP"
--set cloudcore-tag=v1.9.0 --kube-config=/root/.kube/config
```

## 2. 部署边缘端部分

部署边缘端首先要在安装了CloudCore的K8s系统中生成一个Token,这个Token用于作为将边缘端连入CloudCore的凭据。将下面命令生成的Token保存下来。

```
# keadm gettoken
87a37ef16159yrertetu688fae95d588...
```

生成了Token以后,就可以通过keadm join命令将边缘服务节点加入KubeEdge系统。

```
# keadm join --cloudcore-ipport=192.168.100.10:10000
--token=87a37ef16159yrertetu688fae95d58...
```

其中参数--cloudcore-ipport是必选项,这是云端部分的IP地址和端口号。如果需要部署metrics-server对KubeEdge进行状态监控,那么还需要配置日志功能。除通过Keadm进行部署外,我们还可以通过二进制可执行文件的形式进行部署。

## 3. 云端和边缘端的配置

需要创建云端配置文件目录和文件本身。首先新建文件夹/etc/kubeedge/config。

```
# mkdir -p /etc/kubeedge/config/
```

生成最简单的云端配置文件:

```
# ~/kubeedge/cloudcore --minconfig > /etc/kubeedge/config/cloudcore.yaml
```

也可以生成一个完整的配置文件:

```
# ~/kubeedge/cloudcore --defaultconfig > /etc/kubeedge/config/cloudcore.yaml
```

打开配置文件进行编辑:

```
# vim /etc/kubeedge/config/cloudcore.yaml
```

接下来就是对CloudCore进行配置和修改。其中kubeAPIConfig.kubeConfig或kubeAPIConfig.

master 这两个参数需要设置成 K8s 的配置文件地址，通常是/root/.kube/config 或/home/\<username\>/. kube/config,在配置文件中加入 CloudCore 的 IP 地址。根据 CloudCore 的节点，如果有多个节点，则可以配置多个IP。

```
modules:
  cloudHub:
    advertiseAddress:
    - 10.1.11.86
```

将边缘服务节点加入云端核心有两种配置方式，分别是自动加入和手动加入。自动加入可以在EdgeCore 的配置文件中加入以下内容。

```
modules:
  edged:
    registerNode: true
```

手动加入可以将 Node.json 拷贝出来，文件在源代码文件夹下，即 $GOPATH/src/github.com/ kubeedge/kubeedge/build/node.json。修改 Node.json 文件：

```
{
  "kind": "Node",
  "apiVersion": "v1",
  "metadata": {
    "name": "edge-node-name",
    "labels": {
      "name": "edge-node",
      "node-role.kubernetes.io/edge-node-name": ""
    }
  }
}
```

部署边缘节点：

```
# kubectl apply -f ~/kubeedge/yaml/node.json
```

先运行 EdgeCore 的安装命令。

```
# ~/kubeedge/edgecore --minconfig > /etc/kubeedge/config/edgecore.yaml
或
# ~/kubeedge/edgecore --defaultconfig > /etc/kubeedge/config/edgecore.yaml
```

使用vim工具编辑 EdgeCore 文件。

```
# vim /etc/kubeedge/config/edgecore.yaml
```

修改 modules. edgehub. websocket. server 和 modules. edgehub. quic. server 字段，更改为 KubeEdge CloudCore 的 IP 地址和端口。接着设置runtimeType配置节，可以选择docker或remote。配置节用于设

定CRI的runtime类型,默认情况下是docker。对于Docker 18.09以下版本,需要另外安装Containerd,安装Containerd的命令如下。

```
# 安装Containerd
apt-get update && apt-get install -y containerd.io
# 初始化Containerd的配置文件
mkdir -p /etc/containerd
containerd config default > /etc/containerd/config.toml
```

最后重新启动Containerd服务即可。为了能够正常使用Containerd,还要更新EdgeCore的配置文件edgecore.yaml。

```
remoteRuntimeEndpoint: unix:///var/run/containerd/containerd.sock
remoteImageEndpoint: unix:///var/run/containerd/containerd.sock
runtimeRequestTimeout: 2
podSandboxImage: k8s.gcr.io/pause:3.2
runtimeType: remote
```

edgecore.yaml中需要设置的最关键的一个配置节是podSandboxImage,对于不同的硬件架构,通常要配置不同的容器image类型。

指定为ARM32位处理器架构:

```
podSandboxImage: `kubeedge/pause-arm:3.1`
```

指定为ARM64位处理器架构:

```
podSandboxImage: `kubeedge/pause-arm64:3.1`
```

指定为X86处理器架构:

```
podSandboxImage: `kubeedge/pause:3.1`
```

还需要设置EdgeHub的httpServer的访问地址,主要用于申请证书等。

```
modules:
  edgeHub:
    httpServer: https://10.1.11.85:10002
```

最后一步是配置EdgeCore的Token,运行命令:

```
# kubectl get secret tokensecret -n kubeedge -oyaml
```

可以获取到如下信息。

```
apiVersion: v1
data:
  tokendata: MmRlZjY4YWQwMGQ3ZDcwOTIzYmU3...(省略)
kind: Secret
metadata:
```

```
    creationTimestamp: "2020-05-10T01:53:10Z"
    name: tokensecret
    namespace: kubeedge
    resourceVersion: "19124039"
    selfLink: /api/v1/namespaces/kubeedge/secrets/tokensecret
    uid: 48429ce1-2d5a-4f0e-9ff1-f0f1455a12b4
type: Opaque
```

将 Token 数据解码,得到 base64 的数据表示:

```
echo MmRlZjY4YWQwMGQ3ZDcwOTIzYmU3...(省略)|base64 -d
# 获得
81356ccc08232b1154ca1bb92def68ad00d7...(省略)
```

配置 MQTT 的模式,DeviceTwin 和 Devices 之间可以设置为通过 MQTT 进行通信,主要有 internalMqttMode、bothMqttMode、externalMqttMode 这三种模式,分别对应于 mqttMode=0、1、2 这三个 QoS 配置。在 bothMqttMode 和 externalMqttMode 模式下,需要在边缘服务器上部署 Mosquito 或 EMQX Edge 作为 MQTT Broker。

## 10.2.3 KubeEdge 对于 K8s 的改进

对于 Kubernetes 的集群节点管理,采取了 List-Watch 的机制,用于 API Server 和节点之间的管理与元数据信息的下发。通过 Kubectl、Cotroller Manager、Scheduler 和 Kubelet 向 API Server 发送 watch 请求,然后根据 watch 请求向 Etcd 查询、添加或变更数据。在整个过程中,API Server 充当了 Etcd 分布式数据库和管理组件之间通信的中介作用。Etcd 中保存的是整个容器集群中的元数据(Metadata),这些元数据包括所有 Pod 的注册和状态信息、集群的资源调度情况及各种策略和配置信息。

由于 Kubernetes 的设计出发点是管理部署在数据中心的容器服务集群,以及对集群中的容器化微服务进行编排。因此,对于边缘计算环境下的特殊需求,并没有很好的支持。默认情况下,所有节点通常都能够正常连接到 API Server 读取和写入元数据,不会出现经常和管理面板断开的情况。尽管容器化的微服务应用也非常适用于边缘计算环境,尤其是在需要边缘端服务能够支持快速部署、具有灵活性和可配置性及高度的云边协同能力的情况下,容器化的边缘应用服务有着天然的优势。但是,直接将 Kubernetes 移到边缘服务器上也是不可行的,主要有以下几点问题。

(1)完整部署的 Kubernetes 组件本身就会占用大量系统资源,正常情况下安装这些组件会占用 1GB 以上的存储空间,同时能够正常运行所要求的内存容量和 CPU 内核数往往会超过边缘设备的实际能力范围。推荐配置为 Master 节点的要求是至少 2 核心 CPU 和 4GB 内存,普通节点要求 4 核心 CPU 和 16GB 内存,这样的要求已经超过了大多数实际生产环境中使用的边缘服务器或有计算能力的边缘设备的配置。同时,大多数的 Kubernetes 发行版不支持 ARM 架构的 CPU,而 ARM 架构系统在边缘计算系统中最为常见。

(2)Kubernetes 非常依赖 list/watch 机制,而这个机制默认节点和控制面的服务都是能够正常连接的。但是,在物联网和边缘计算应用中,网络不稳定的情况非常常见。有时,边缘设备为了节省能量或数据流量,甚至会主动休眠很长时间。

(3)K8s对于容器微服务环境运维和配置的功能对于边缘计算来说过于冗余累赘;但是,对于边缘端非常重要的功能,比如多租户的支持、多协议的接入等,却没有支持。

(4)Kubernetes的元数据存储在Etcd中,每个节点通过list/watch来同步最新的集群数据,但不保存所有相关的元数据。如果节点因为故障重启后无法依靠本地保存的数据重新拉起服务,而这个需求在边缘计算中非常重要,则要求边缘服务有一定的自治能力,不依赖云端控制系统的情况下仍然能够正常重启并提供服务。

KubeEdge针对这些问题进行了改进。首先在边缘节点中加入了持久化存储机制,默认使用SQLite轻量化数据库存储设备的元数据。MetaManager负责从SQLite中存取设备元数据,因此离线时,Edged和EdgeHub之间仍然可以进行数据交互并管理和读写边缘设备的数据。边缘节点重启后能够通过在SQLite中存储的元数据恢复边缘运行的容器。

由于对KubeEdge做了非常大的优化,因此在资源非常有限的情况下,部署在边缘节点中的KubeEdge最小只需要10MB的内存。Edged基本上是一个简化版的Kubelet,它可以承担边缘服务器上的Pod、Volume和Node等Kubernetes资源对象的生命周期管理。为了达到轻量化的目的,KubeEdge可以支持Containerd这样的轻量级CRI,而不需要绑定功能相对强大但是资源消耗较多的Docker。

在云边协同方面,CloudCore和EdgeCore分别部署在云端和边缘端,CloudHub和EdgeHub分别属于CloudCore和EdgeCore的云边通信组件。CloudHub可以看成是一个WebSocket服务器,而EdgeHub是一个WebSocket客户端,它们可以通过WebSocket或QUIC协议进行通信。KubeEdge对元数据的下发做了优化,支持边缘数据下发的断点续传模式。一旦边缘端失去连接后再恢复,CloudHub可以在断点位置继续传输数据给边缘节点,而不需要重新将所有的数据再传输一遍。这个机制对于连接不太稳定的边缘计算系统非常有用,可以大大减少数据传输量,减轻数据同步的压力。

DeviceTwin提供边缘的设备管理和通信功能,Mapper则是负责和终端的设备连接的组件,支持不同的协议,包括Modbus、OPCUA、Bluetooth等。DeviceTwin采用设备孪生的概念,将连接设备的数据类型分为元数据和可变动态数据。此外,还引入了Expected State(期望的状态)进行状态更新,设备实时反馈自身的Actual State(真实的状态)。通过设定期望状态对连接的设备进行操作。

Beehive是KubeEdge的消息框架,如图10-9所示。可以看到,数据上传到云端是通过Beehive消息框架收集设备孪生(Device Twin)、元数据管理

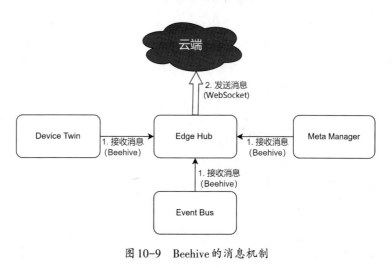

图10-9 Beehive的消息机制

（Meta Manager）和事件总线（Event Bus）中的数据，然后负责以消息队列的形式上传到云端。

# 10.3 轻量级机器学习框架 TensorFlow Lite

TensorFlow Lite 是一组工具，可帮助开发者在移动设备、嵌入式设备和 IoT 设备上运行机器学习模型，实现设备端机器学习。第9章介绍了一些适用于边缘计算的机器学习算法。在深度学习这部分，主要使用 TensorFlow 这个框架作为参考框架进行讲解。TensorFlow 是一个成熟和强大的机器学习开发框架，尤其适用于工业应用，不过 TensorFlow 框架主要应用于工作站和机器学习服务器。如果要正常运行 TensorFlow Core，对系统硬件配置是有一定的要求的。而且 TensorFlow 本身被定义为一个端到端的机器学习解决方案，附带的功能和工具比较多，在边缘计算环境下往往并不需要这些功能。而且在边缘端，大多数情况下以模型推理为主，模型训练通常还是放在云端或服务器上执行，并通过 GPU 或 TPU 进行加速。TensorFlow Lite 的大部分概念和使用习惯与 TensorFlow 相似，但是在设计时考虑到主要是运行在资源有限的边缘设备上，因此做了很多优化和裁剪，以适应不同的边缘计算环境。

TensorFlow Lite 可以运行在多种操作系统中，包括移动端操作系统 Android 和 iOS，以及边缘网关上常见的嵌入式 Linux 和微控制器系统。TensorFlow Lite 能够支持多种开发语言，其中包括 Java、Swift、Objective-C、C++ 及 Python。其对于嵌入式设备做了优化，可以支持边缘设备的硬件加速和低功耗设备的端到端机器学习任务。

TensorFlow Lite 使用其特有的模型格式，称为 FlatBuffer。模型文件后缀名为 .fllite，这与 TensorFlow 的协议缓冲区模型文件完全不同。对于边缘计算来说，FlatBuffer 文件更小，使用更加方便，同时减少了模型解析和解压消耗的时间。通常，有三种方式可以生成 TensorFlow Lite 模型。

（1）使用现有的 TensorFlow Lite 模型。TensorFlow 的官网提供了很多已经训练好的模型，这些模型大多数包含元数据。

（2）通过 TensorFlow Lite Model Maker 创建 TensorFlow Lite 模型，并使用数据自行训练模型。

（3）使用 TensorFlow Lite Converter 将 TensorFlow 模型转化为 TensorFlow Lite 模型。过程中可以通过优化措施，缩小模型和缩短时延。

TensorFlow Lite 能够部署在不同配置的设备上，根据其工作的系统环境，分为 Android 版本、iOS 版本、Python 版本和微控制器版本。不同版本的 TensorFlow Lite 的开发语言和功能有比较大的区别。

其中 Android 版本的 TensorFlow Lite 使用 Java 语言，可以使用 Android Studio 进行构建和开发。使用时需要引用 TensorFlow Lite 的包，在 gradle 配置文件中需要加入对包的加载。

```
dependencies {
    implementation 'org.tensorflow:tensorflow-lite:0.0.0-nightly'
}
```

iOS 版本的 TensorFlow Lite 可以使用 Swift 或 Objective-C 进行开发,需要引入 TensorFlow Lite 相关的库。

Python 版本的 TensorFlow Lite 可以运行于基于 Linux 的小型设备,大多数低功耗的边缘服务器设备都属于这一类,比如 Raspberry Pi。要使用 Python 快速运行 TensorFlow Lite 模型推理功能,只需安装 TensorFlow Lite 解释器,而不需要安装完整的 TensorFlow 软件包,减少在小型设备上占用的资源。

微控制器版本的 TensorFlow Lite 使用 C++ 11 进行开发,主要提供给各类 32 位微控制器系统使用,这些系统通常资源极为有限,内存仅有几十千字节,但是仍然可以使用一些简单的模型运行诸如单词识别、运动状态判断等机器学习功能。

后面的介绍主要是 Python 版本的 TensorFlow Lite,这个版本在边缘服务器等设备上更常用。当然,其他版本其实也有非常多的应用方向,比如在移动设备领域中,现在的智能手机和平板电脑的性能已经比较强大,可以支持相对复杂的机器学习推理和训练任务。不过,这些内容超出了本书的范围,就不做进一步介绍了。

### 10.3.1 TensorFlow Lite 的安装和运行

对于不同的硬件架构,TensorFlow Lite 有不同的运行时(Runtime)安装包,一般通过 Python Wheel 进行安装。目前支持的系统平台和架构主要有 Linux ARM32、Linux ARM64、Linux X86-64、macOS 10.14 及 Windows 10。以 Raspbian Buster 系统,Python 3.8 为例,安装命令如下。

```
pip3 install https://dl.google.com/coral/python/tflite_runtime-2.1.0.post1-cp37-
cp38m-linux_armv7l.whl
```

国内用户安装可能需要将 https://dl.google.com 换成国内的下载镜像。如果我们在边缘设备上只是使用 tflite_runtime 运行推理,那通过上面的命令行安装 TensorFlow 的 Runtime 即可。也可以同时安装完整的 TensorFlow 软件包,两者并不冲突。

如果只是安装了解释器,那么导入包时应该使用以下语句。

```
import tflite_runtime.interpreter as tflite
```

导入模型则可以使用以下语句。

```
interpreter = tflite.Interpreter(model_path=args.model_file)
```

如果安装了完整的 TensorFlow,导入模型可以写成以下形式。

```
import tensorflow as tf
interpreter = tf.lite.Interpreter(model_path=args.model_file)
```

在机器学习中,使用训练好的模型完成预测和分类等任务称为推理(Inference)。可以使用 TensorFlow Lite 的解释器(Interpreter)在资源有限的边缘设备上使用模型进行推理,这个解释器本身就被设计成简洁而快速的模型推理工具。对于运行推理任务,通常会涉及以下几个步骤。

（1）加载模型：将 .tflite 文件模型加载到设备内存中，这个文件中包含了模型的执行图。

（2）转化数据：在边缘端或传感器直接收集的原始数据通常是不符合模型对数据的要求的。例如，对于一张图片，我们可能需要将其尺寸进行缩小，以便用于特定模型的推理。

（3）运行推理：这个步骤需要真正调用 TensorFlow Lite 的 API 并运行模型，这一步涉及几个小步骤，包括构建解释器、分配张量参数等。

（4）对输出进行解释：当得到模型的推理结果后，应该将结果进行解释和处理，并应用到实际问题中。例如，机器学习的分类问题的输出结果通常都是一些概率值，如何去使用、展示这些结果，需要根据应用场景、用户特点和需求来确定。

TensorFlow Lite 的 API 有 C++、Java、C 及 Python 等不同版本，可用于不同的设备和操作系统。下面是使用 Python 调用 TensorFlow API 进行签名的代码。

```python
class UseModel(tf.Module):
  def __init__(self):
    super(UseModel, self).__init__()

  @tf.function(input_signature=[tf.TensorSpec(shape=[1, 10], dtype=tf.float32)])
  def add(self, x):
    '''
    定义一个简单的方法,返回x+6的结果
    '''
    # Name the output 'result' for convenience
    return {'result' : x + 6}


SAVED_MODEL_PATH = 'content/saved_models/test_variable'
TFLITE_FILE_PATH = 'content/test_variable.tflite'


# 保存模型
module = UseModel()
# 签名这部分可以省略,这样就会直接创建默认名称 serving_default
tf.saved_model.save(
    module, SAVED_MODEL_PATH,
    signatures={'my_signature':module.add.get_concrete_function()})


# 使用TFLiteConverter转换模型
converter = tf.lite.TFLiteConverter.from_saved_model(SAVED_MODEL_PATH)
tflite_model = converter.convert()
with open(TFLITE_FILE_PATH, 'wb') as f:
  f. write(tflite_model)


# 在TFLite解释器中加载TFLite使用的模型
interpreter = tf.lite.Interpreter(TFLITE_FILE_PATH)
```

```
# 由于只有一个签名,因此只会默认返回这个模型
# 如果有多个签名,则可以传入名称
my_signature = interpreter.get_signature_runner()

# my_signature可以作为输入参数
output = my_signature(x=tf.constant([1.0], shape=(1, 10), dtype=tf.float32))
# output的输出是一个数组,在这个例子中只有一个值
print(output['result'])
```

TensorFlow Lite 支持的运算仅仅是完整版 TensorFlow 的一个子集,因此并不是所有的 TensorFlow 模型都可以转换成 TensorFlow Lite 模型。同时,即使是某些支持的运算,由于性能方面的考虑,TensorFlow Lite 也做了一些调整,有很多特定要求。大多数 TensorFlow Lite 运算只能支持浮点(float32)和整型(uint8、int8)推断,许多算子还不适用于其他类型的数据(如tf.float16和字符串)。

借助 TensorFlow Lite Model Maker 库,可以简化使用自定义数据集训练 TensorFlow Lite 模型的过程,该库主要通过迁移学习减少训练数据量并缩短训练时间。目前 Model Maker 支持的模型有以下几种。

(1)图像分类:可以将图像分成预定义的类别。

(2)文本分类:可以将文本分成预定义的类别。

(3)BERT问答:可以使用BERT模型在某个场景中找到问题的答案。

下面是一个简单调用Model Maker对图片进行分类的例子。

```
# 导入需要训练的数据
data = ImageClassifierDataLoader.from_folder('flower_photos/')
train_data, test_data = data.split(0.9)

# 快速定制化模型
model = image_classifier.create(train_data)

# 评估模型
loss, accuracy = model.evaluate(test_data)

# 导出模型到export_dir文件夹
model.export(export_dir='/tmp/')
```

可以看到,使用Model Maker处理和训练模型还是非常方便和快捷的。

## 10.3.2 TensorFlow Lite 模型的优化

对于边缘计算机器学习的推理,有必要对模型进行优化,以取得效果和速度的平衡。通过 Tensorflow Lite 和 Tensorflow Model Optimization Toolkit,我们可以对模型进行性能优化。

边缘设备的存储容量和性能在大多数场景中都不会特别强大,因此我们希望能够尽量压缩和简

化模型,以减少模型存储占用的空间,以及模型推理的计算量和消耗的时间。目前对于简化和压缩模型最常用的方法之一就是模型的量化,其思路非常简单,就是将模型中的权重参数替换成比较小的整型数。例如,可以将32位的浮点数改成8位的整数型,这样就能够节省四分之三的存储空间。另外,整型数计算比浮点数能够显著减少计算量。

目前对于Tensorflow Lite模型的优化主要就是采用模型量化技术。虽然模型量化可能会损失一定的精度,但是对于大部分的CNN模型和RNN模型等,压缩后的影响非常有限。根据高通公司2021年发表的研究报告 *A White Paper on Neural Network Quantization*,经过int8量化之后,ResNet18、ResNet50、InceptionV3、MobileNetV2、DeeplabV3、BERT-base等模型的预测准确性和采用32位浮点数参数时的准确性几乎相等,甚至更高。采用int4量化,也仅仅有非常微小的精度损失。无论是用于机器学习的服务器还是用于边缘端,都在逐渐采用量化技术,支持int8参数的模型,某些情况下甚至将参数精度下降至int4。

模型的量化需要采用量化函数,不同的量化函数也有不同的效果和特点。在实际使用时,可以多做试验,找到比较合适的量化函数和方法。在绝大多数场景中,我们采用的是线性量化技术,就是用一个线性函数将参数压缩成8位的整型。线性量化过程可以用以下公式描述。

$$r = \text{Round}(S(q - Z))$$

式中,$q$表示原先的32位浮点数的模型参数;$Z$表示浮点数的偏移量,又叫作Zero Point;$S$表示32位浮点数的缩放因子,也叫作Scale;Round是四舍五入取整函数;$r$表示量化后的整型数值。

$Z$取0时,称为对称量化;$Z$不取0时,则称为非对称量化。如图10-10所示,对称量化,即使用一个映射公式将输入数据映射到[-128, 127]的范围内,图中 $-\max(|x|)$ 表示输入数据的最小值,$+\max(|x|)$ 表示输入数据的最大值。对称量化的一个关键点是对于零值的处理,映射函数需要保证原始的输入数据中的零点通过映射公式后仍然对应到[-128, 127]区间的零点。通用的$n$位整型对称量化中,求解缩放因子$S$的公式如下。

$$S = \frac{2^{n-1} - 1}{\max(|x|)}$$

非对称量化,即使用一个映射公式将输入数据映射到[0, 255]的范围内,图中 $\min(|x|)$ 表示输入数据的最小值,$\max(|x|)$ 表示输入数据的最

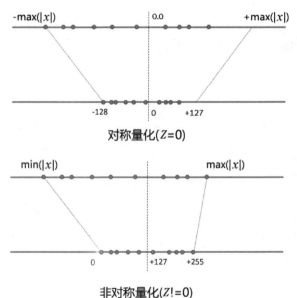

对称量化(Z=0)

非对称量化(Z!=0)

图 10-10 模型的对称量化和非对称量化

大值。在非对称量化中,$r$是用无符号的整型数值(uint8)来表示的。在非对称量化中,我们可以取 $Z = \min(x)$。通用的$n$位整型非对称量化中,求解缩放因子$S$的公式如下。

$$S = \frac{2^{n-1} - 1}{\max(x) - \min(x)}$$

模型量化的粒度可以分为逐层量化、逐组量化和逐通道量化。逐层量化是指以神经网络的一个层(layer)为单位,共享一组量化参数(缩放因子$S$和偏移量$Z$)。逐组量化是指以一个组(group)为单位,共享一组量化参数。逐通道量化是指以通道(channel)为单位,共享一组量化参数。当group = 1时,逐组量化与逐层量化等价;当group和卷积filter通道数量相同时,逐组量化与逐通道量化等价。

此外,根据激活值的量化方式,可以分为在线(Online)量化和离线(Offline)量化。在线量化,即激活值的$S$和$Z$在实际推断过程中根据实际的激活值动态计算;离线量化,即提前确定好激活值的$S$和$Z$。离线量化由于预先确定$S$和$Z$值,因此更容易计算,在边缘计算领域中更常用。

在使用TensorFlow Lite时,我们通常会采用训练后量化。针对已经训练好的大多数模型来说,均可使用这个方法进行模型量化。TensorFlow提供了一整套完整的模型量化工具,比如TensorFlow Lite Optimizing Converter(TOCO命令工具)及TensorFlow Lite Converter(API源码调用接口)。

在TensorFlow Lite中,比较常用的量化方式主要有两种,一种是只量化模型的权重参数,另一种是同时量化模型的权重参数及激活值。在TensorFlow中,并不是所有的算子都可以进行量化压缩的。因此,很多情况下,轻量化模型实际上是一种混合量化的模型,部分不支持int8量化的算子依然会保持浮点型。权重参数保存为int8类型,同时支持quantize和dequantize操作。在TensorFlow中实现模型的量化还是比较容易的。

```
import tensorflow as tf
# 加载原始的模型
converter = tf.lite.TFLiteConverter.from_saved_model(saved_model_dir)
# 设置优化器
converter.optimizations = [tf.lite.Optimize.OPTIMIZE_FOR_SIZE]
# 执行转换操作
tflite_quant_model = converter.convert()
```

对于全整型量化,则是将模型权重参数、激活值和输入全部进行int8的量化,以达到最优化的效果。当然,在实际的应用中,全整型量化后的模型的输出和输入仍然是浮点型,输入值在传入模型推理前会被自动转化为量化的值。示例代码如下。

```
import tensorflow as tf

def representative_dataset_gen():
  for _ in range(num_calibration_steps):
    # 生产具有代表性的小数据集,用于统计激活值和输入值的浮点型范围,以便进行精准的量化
    yield [input]

# 加载原始的模型
converter = tf.lite.TFLiteConverter.from_saved_model(saved_model_dir)
```

```
# 设置优化器
converter.optimizations = [tf.lite.Optimize.DEFAULT]
# 生成标注数据
converter.representative_dataset = representative_dataset_gen
# 执行转化操作
tflite_quant_model = converter.convert()
```

另外,TensorFlow也是支持训练时量化的,这种量化是在模型训练时就进行量化权重参数的生成。在训练的操作步骤中嵌入伪量化节点,可以实时统计训练时通过该节点的数据的最大值和最小值,便于使用TOCO转换TFLite格式时,降低精度损失。伪节点可以参与模型训练的前向推理过程,但梯度更新仍然在浮点权重参数的节点下,因此其不参与反向传播过程。这是一种在线的量化模式,在训练的同时就能够产生量化模型。总体来说,训练时量化生成的模型在性能和效果上比训练后量化都要好一些。其对比可以参考官方数据,如表10-3所示。

表10-3　不同模型量化对各种CNN模型的优化效果

| Model | Top-1 Accuracy (原模型)/% | Top-1 Accuracy (训练后量化)/% | Top-1 Accuracy(训练时量化)/% | Latency (原模型)/ms | Latency (训练后量化)/ms | Latency(训练时量化)/ms | Size(原模型)/MB | Size(优化后)/MB |
|---|---|---|---|---|---|---|---|---|
| Mobilenet_v1_1_224 | 70.9 | 65.7 | 70 | 124 | 112 | 64 | 16.9 | 4.3 |
| Mobilenet_v2_1_224 | 71.9 | 63.7 | 70.9 | 89 | 98 | 54 | 14 | 3.6 |
| Inception_v3 | 78 | 77.2 | 77.5 | 1130 | 845 | 543 | 95.7 | 23.9 |
| Resnet_v2_101 | 77 | 76.8 | N/A | 3973 | 2868 | N/A | 178.3 | 44.9 |

虽然全整型量化提供了改进的模型大小和延迟,但量化的模型并不总是像预期的那样工作。通常,预期模型质量(如精度、平均精度均值、均方误差)会比原始浮动模型略低。当然,在少数情况下,模型质量可能会大大低于预期,甚至输出完全错误的结果。

当这些问题发生时,找出模型量化出现问题的根本原因是一件非常困难的事情,而修复量化错误往往更加困难。这种情况下,我们可以使用量化调试器找到并识别出现问题的层,然后采用选择性量化让那些有问题的层保持浮点数权重参数,这样可以减少部分量化,以便恢复一定的精度。

### 10.3.3　给TensorFlow Lite模型添加元数据(Metadata)

TensorFlow Lite的元数据为模型提供了一个标准的描述,元数据是关于模型的功能及其输入/输出信息的重要描述内容,TensorFlow Hub中发布的所有模型的镜像文件都包含元数据。其实元数据的作用就是告诉使用这个模型的用户和调用的系统,这个模型是干什么的,是如何使用的。元数据由以下两部分构成。

（1）人类可读信息：主要是用来给模型使用者一些模型的使用方法、最佳实践等描述信息。

（2）机器可读信息：这部分信息是调用模型的程序来自动生成一些推理，或者是输入/输出数据处理的信息。

Metadata是包含在TFLite模型文件中的，所在位置如图10-11所示。可以看到，带有Metadata的TFLite模型文件是几个不同文件拼接在一起组成的。模型元数据在FlatBuffer文件中，名称为"TFLITE_METADATA"。有时，一些附加文件会以ZIP格式的append模式加在模型文件后面，比如分类标签等数据。

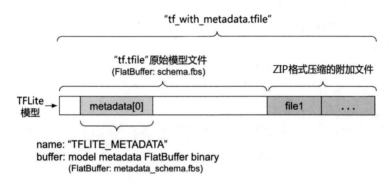

图 10-11　TFLite文件的结构

如果需要添加Metadata，则要安装一些额外的支持工具。可以运行以下pip命令进行安装。

```
pip install tflite-support
```

可以调用FlatBuffers的Python API添加Metadata。元数据分为三个部分，具体如下。

（1）模型信息：对模型的总体介绍及License信息等。

（2）输入信息：描述输入数据的要求和预处理的要求，比如是否需要预先做归一化等。

（3）输出信息：对输出数据的描述，同时也有对输出数据后的一些处理要求，例如，需要绑定结果标签等。

TensorFlow Lite 只支持单个子图，因此 TensorFlow Lite Code Generator 和 Android Studio ML Binding Feature使用ModelMetadata.name和ModelMetadata.description这两个名称。

TensorFlow Lite中Metadata支持的输入/输出类型主要是以下几类。

（1）特征（Feature）：无符号整型或32位浮点数。

（2）图像（Image）：目前支持RGB图像和灰度图像。

（3）边界框（Bounding Box）：形状为长方形的二维矩阵块，能够支持很多种不同的数据结构。

下面的代码是给一个模型加入模型描述信息的例子。

```
from tflite_support import flatbuffers
from tflite_support import metadata as _metadata
from tflite_support import metadata_schema_py_generated as _metadata_fb
```

```
""" ... """
"""创建一个分类器"""

# 模型描述的元数据
model_meta = _metadata_fb.ModelMetadataT()
model_meta.name = "MobileNetV1 image classifier"
model_meta.description = ("识别各图片中的主要目标物体 "
                          "总共有1001个分类标签,其中包括:"
                          "trees, animals, food, vehicles, person等.")
model_meta.version = "v1"
model_meta.author = "TensorFlow"
# 模型元数据的License信息
model_meta.license = ("Apache License. Ver. 2.0 "
                      "http://www.apache.org/licenses/LICENSE-2.0.")
```

下面是创建输入/输出的元数据信息。

```
# 创建输入信息
input_meta = _metadata_fb.TensorMetadataT()

# 创建输出信息
output_meta = _metadata_fb.TensorMetadataT()
```

在机器学习中,图像信息是一种非常常见的输入数据,对于图像数据,很多元数据并不需要手动填写。Metadata 提供了很多自动填充的内容。

```
input_meta.name = "image"
input_meta.description = (
    "Input image to be classified. The expected image is {0} x {1}, with "
    "three channels (red, blue, and green) per pixel. Each value in the "
    "tensor is a single byte between 0 and 255.".format(160, 160)) # 大小是160 × 160
                                                                   # 的图片
input_meta.content = _metadata_fb.ContentT()
input_meta.content.contentProperties = _metadata_fb.ImagePropertiesT()
input_meta.content.contentProperties.colorSpace = (
    _metadata_fb.ColorSpaceType.RGB)
input_meta.content.contentPropertiesType = (
    _metadata_fb.ContentProperties.ImageProperties)
input_normalization = _metadata_fb.ProcessUnitT()
input_normalization.optionsType = (
    _metadata_fb.ProcessUnitOptions.NormalizationOptions)
input_normalization.options = _metadata_fb.NormalizationOptionsT()
input_normalization.options.mean = [127.5]
```

```
input_normalization.options.std = [127.5]
input_meta.processUnits = [input_normalization]
input_stats = _metadata_fb.StatsT()
input_stats.max = [255]
input_stats.min = [0]
input_meta.stats = input_stats
```

创建图片分类的输出 Metadata：

```
# 创建输出信息
output_meta = _metadata_fb.TensorMetadataT()
output_meta.name = "probability"
output_meta.description = "Probabilities of the 1001 labels respectively."
output_meta.content = _metadata_fb.ContentT()
output_meta.content.content_properties = _metadata_fb.FeaturePropertiesT()
output_meta.content.contentPropertiesType = (
    _metadata_fb.ContentProperties.FeatureProperties)
output_stats = _metadata_fb.StatsT()
output_stats.max = [1.0]
output_stats.min = [0.0]
output_meta.stats = output_stats
label_file = _metadata_fb.AssociatedFileT()
label_file.name = os.path.basename("your_path_to_label_file")
label_file.description = "Labels for objects that the model can recognize."
label_file.type = _metadata_fb.AssociatedFileType.TENSOR_AXIS_LABELS
output_meta.associatedFiles = [label_file]
```

通过 TENSOR_AXIS_LABELS 这个标识，标签文件会附加到模型文件末尾，标签文件格式是每行一个标签。

创建元数据 FlatBuffers：

```
# 创建子图信息
subgraph = _metadata_fb.SubGraphMetadataT()
subgraph.inputTensorMetadata = [input_meta]
subgraph.outputTensorMetadata = [output_meta]
model_meta.subgraphMetadata = [subgraph]

b = flatbuffers.Builder(0)
b. Finish(
    model_meta.Pack(b),
    _metadata.MetadataPopulator.METADATA_FILE_IDENTIFIER)
metadata_buf = b.Output()
```

最后一步，将元数据和附加文件（标签数据）添加到 TFLite 模型文件。

```
populator = _metadata.MetadataPopulator.with_model_file(model_file)
populator.load_metadata_buffer(metadata_buf)
populator.load_associated_files(["your_path_to_label_file"])
populator.populate()
```

可以用 Netron 这个工具将元数据可视化。

由于训练好的模型在边缘计算的场景下常常会被部署到不同的设备和系统中,因此这些元数据提供了在不同的系统和环境中快速和高效部署轻量化模型的基础信息,从而支持更加广泛的部署和应用。

# ◆10.4 边缘网络价值和未来的挑战

我们为什么需要学习和发展边缘计算技术?边缘计算是否会成为下一个技术爆发点?计算机网络的发展主流方向是否从云端走向边缘端?边缘计算的价值如何估算……作为本书的最后一个部分,在理论上和未来趋势上给读者一些回答。

## 10.4.1 梅特卡夫定律和贝克斯特罗姆定律

对网络系统的价值评估的研究已经有几十年的历史了,但其中最著名的两个研究成果是梅特卡夫定律(Metcalfe's Law)和贝克斯特罗姆定律(Beckstrom's Law),下面就这两个定律分别介绍,从而进一步引申出边缘计算和未来万物互联能够带来的经济价值,使我们能够对边缘计算技术经济价值的量级有一个比较客观的评价和了解。

虽然比较有争议,但梅特卡夫定律仍然是最为广泛接受的网络价值评估方法之一。这个定律是由以太网的发明者、3COM 公司的创始人罗伯特·梅特卡夫(Robert Metcalfe)在 1980 年提出的。这个定律是一个定性的公式,非常简明,用一句话就能够描述清楚,即一个网络的价值与连接到网络中的用户总数的平方成正比,用公式可以表示如下。

$$V \propto N^2$$

式中,$V$ 代表网络的价值,$N$ 代表连接到网络中的用户总数。在边缘计算技术中,我们可以用连接的设备数 $D$ 和用户数 $N$ 的总和代替用户总数,那么可以得到 $V \propto (N + D)^2$。根据第 1 章的预测,未来通过各种无线和有线网络连接的边缘网络接入设备数量将达到百亿甚至千亿级,根据这个定律,我们可以推断出这将产生极为巨大的价值。另外,根据梅特卡夫定律,我们还可以得到一个结论,那就是当一个网络系统中的接入设备和用户数量达到一个临界值时,网络的投资回报将会呈指数级上升,如图 10-12 所示。

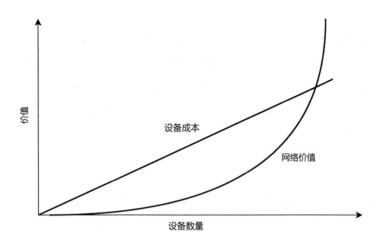

图 10-12　梅特卡夫的成本和价值曲线

梅特卡夫理论在互联网领域中已经得到了很好的验证,互联网产品随着用户数量的增长,其产生的价值和用户数量的确是呈指数关系的。此外,区块链和虚拟货币领域的发展实际上也验证了这个定律的成立。因此,有理由认为,将这个定律推广至物联网和边缘计算领域也是合适的。在边缘计算领域中,每一个边缘设备的成本是固定的(对应于互联网中每一个客户的获取和维护成本往往也是一个比较固定的值)。随着接入设备数量的上升,成本是线性增长的,但是网络的价值是和接入设备数量的平方成正比的。因此,一旦超过某个"盈亏平衡点",那么继续增长的设备接入量将会带来超额的价值回报。

尽管梅特卡夫定律在一定程度上揭示了网络用户(设备)数量和网络价值的关系,但是这个定律考虑的因素只有用户和设备数量。实际上,网络中每个用户的可达性、网络规模扩大后的连接性能下降、人均带宽和资源的分配,以及网络稳定性等因素对网络价值的影响并没有被充分考虑进去。如果将这些因素都考虑进去,我们可以得到贝克斯特罗姆定律,公式如下。

$$\sum_{i=1}^{n} V_{i,j} = \sum_{i=1}^{n} \sum_{k=1}^{m} \frac{B_{i,j,k} - C_{i,j,k}}{(1 + r_k)^{t_k}}$$

式中,$V_{i,j}$ 表示网络 $j$ 上设备 $i$ 的现值,$i$ 为网络中的某一个用户或设备,$j$ 为网络本身,$k$ 为单次事务,$B_{i,j,k}$ 表示事务 $k$ 带来的收益在网络 $j$ 上给设备 $i$ 带来的好处,$C_{i,j,k}$ 表示事务 $k$ 在网络 $j$ 上给设备 $i$ 带来的交易成本,$r_k$ 表示事务 $k$ 发生时的贴现率,$t_k$ 表示事务 $k$ 发生完成的时间(以年为单位),$n$ 为用户(设备)数量,$m$ 为事务数量。

贝克斯特罗姆定律告诉我们,计算一个网络的价值需要考虑整个网络中的所有设备产生的事务(业务)的总的价值、事务过程中产生的成本,以及每个事务的价值基于时间的贴现率。在边缘计算领域中,这个公式中最难确定的变量是 $B$,也就是单次事务的价值。因为在边缘计算或物联网中的一次事务可以是收集一次温度数据、发送一次启动指令等。这些事务大都价值非常微小,以至于无法估算单个事务的价值。但是,在某些情况下这些事务却又价值巨大,比如某个压力容器的传感器失灵,造成容器爆炸,最终导致事故。那么,事故发生前的几次数据采集价值非常大。因此,作为系统架构师或边缘计算的设计和开发人员,对于某个边缘网络和边缘设备的价值估算需要充分考虑其使用场景,而不是单单考虑数量。对于高价值的情况,我们应该提高成本以换取事务的可靠性和稳定性。对于低价值的情况,则可以通过降低一定的性能指标来换取部署成本的降低。

梅特卡夫定律更加适合对一个网络的整体价值进行估算,而贝克斯特罗姆定律对实际网络中的架构设计和设备选型更具有指导意义。

### 10.4.2 未来信息技术发展的制约因素和边缘计算的关系

未来,伴随着数据计算和处理技术、数据采集技术、传输技术和存储技术的发展,信息技术将在各个领域中继续渗透和普及,但是由于其他相关工业领域的发展速度(能源、原材料、通信等)和信息技术需求增长速度存在差异,因此会遇到以下三个发展瓶颈问题,而边缘计算技术的发展在这些方面都会受到非常重大的影响。这些发展瓶颈问题既是挑战,也蕴藏着巨大的机会。

**1. 存储需求的增长超过半导体原材料产量的增长**

如图10-13和图10-14所示,全球对于存储产品的需求量将呈指数级增长,而半导体原材料的产量一直是呈线性增长。在存储技术、材料技术没有突破性发展的情况下,将很难满足未来对于半导体存储系统的需求。这两个图是SRC(美国半导体研究联盟)根据当前的数据进行的预测。既然存储设备可能无法满足未来的需求,那么就给未来边缘计算系统的设计和部署提出了新的要求。未来,我们可能必须让边缘服务器承担数据清理、提取、聚合和压缩的功能。在接近数据采集地点的地方将数据进行预存、处理和缩减将成为边缘计算的必备功能。

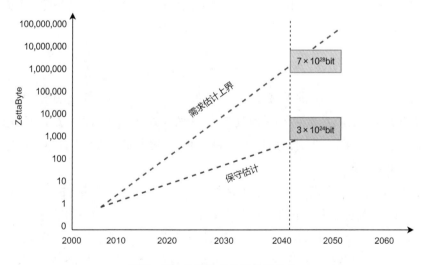

图10-13 存储需求呈指数级增长

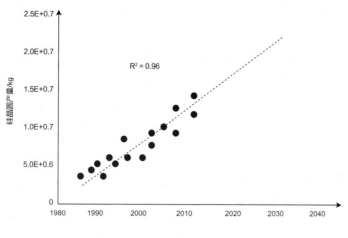

图 10-14　硅晶圆产量呈线性增长

## 2. 数据存储能力的增长超过通信能力的增长

图 10-15 所示的趋势图也是根据 SRC 的研究报告得出的,这个研究报告指出,如果目前的数据传输和通信能力的总和能够将全世界现有数据在一年内传输完毕,那么根据目前存储能力和通信能力发展速度的不对称性,到 2040 年,传输完所有存储的数据需要花费 20 年时间。根据预测,全球整体存储能力和通信能力平衡的交汇点是在 2022 年。这个发展趋势对于未来的通信行业和信息技术行业的发展会有非常重大的影响。

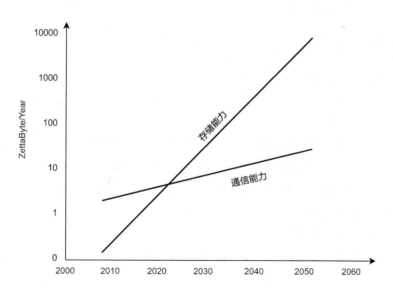

图 10-15　数据存储能力的增长超过通信能力的增长

为了应对数据存储和通信发展速度不平衡的问题,一方面需要加大新的通信技术的研发投入的密度和强度。另一方面,也需要在边缘端采取措施,对数据就近处理,将冗余数据和不需要传输到云数据中心的数据在边缘端进行清理和处理。尤其是边缘智能,可以大大改善延迟和加强数据处理能力。

同时,由于边缘端距离数据产生的设备和传感器非常接近,我们可以采用大量的近距离通信技术,而不需要过多考虑长距离传输造成的信号衰减。目前在高频段和超高频段,仍然有大量的无线频谱可用。这些高频谱无线信号的带宽可以非常高,但是传输距离有限,传输路径上衰减比较大。对于边缘计算来说,由于接近设备和用户,因此能够充分利用这些高频段频谱进行通信。例如,5G的毫米波通信就必须结合MEC设备的能力,才能够获得最佳的通信效果。

未来,整个信息技术领域的存储系统有可能会从目前的云计算中心的大规模存储系统逐渐向边缘端倾斜,甚至边缘端的分布式存储系统有可能成为未来整个IT架构的存储核心所在。

### 3. 能源供应量对计算能力增长的制约

目前各种信息系统相关的设备及数据中心对能源的需求越来越大,而且这个趋势没有趋缓的迹象。未来,大规模的边缘设备和物联网系统的部署和实施,势必会进一步增大能源的消耗。我们知道,目前人类获取的能源最主要的还是化石能源及少量的核能源和可再生能源,每年全世界能源产量的增长率大约为2%。另外,到目前为止,对于计算能力的需求的增长一直都非常强劲,而且是呈指数级增长。尽管40多年来,随着半导体技术的发展,单位能耗的计算能力已经大大提高,但是和计算能力需求的增长相比仍然显得不足。研究显示,在不久的将来,能源供应有可能成为制约计算能力进一步发展的瓶颈问题,如图10-16所示。

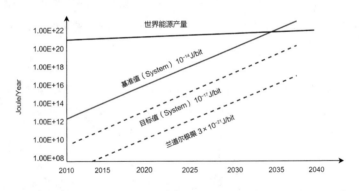

图10-16　信息技术能源消耗的增长和能源产能的增长预测

为了解决这一问题,一方面是能源技术的突破;另一方面,需要大力发展节能的计算技术,边缘计算领域的节能硬件和智能能量管理系统都将会是未来非常重要的研究和发展方向。

上述三点是未来几十年整个信息计算领域将会面临的工业基础能力层面的重大挑战,是信息计算领域非常明显的发展制约因素。边缘计算同样也会在这三个重大的挑战中不断发展和完善,在发展的过程中一定会涌现出很多新的技术和方向,从而对未来的整个IT体系架构和系统设计产生颠覆性的影响。